中国石油高技能人才培训丛书

仪表维修技师培训教程

（下册）

中国石油天然气集团公司人事部　编

石油工业出版社

内容提要

本书为《中国石油高技能人才培训丛书》中的一本，分上、下两册。上册讲述了大型机组控制技术；执行器的结构、测试、安装、设计及故障分析；集散控制系统的配置、编程；可编程控制系统及其应用程序。下册讲述了现场总线控制系统的结构、特征；安全仪表系统的安全等级、应用程序；数据采集与监控系统及其应用；控制系统通信网络组成、特点及应用实例；先进控制技术的概念及工业应用；企业管理信息系统的组成、功能及应用。

本书主要用于仪表维修技师的培训，也可供工程技术人员参考。

图书在版编目（CIP）数据

仪表维修技师培训教程：全2册/中国石油天然气集团公司人事部编．北京：石油工业出版社，2011.12

（中国石油高技能人才培训丛书）

ISBN 978-7-5021-8595-4

Ⅰ. 仪…

Ⅱ. 中…

Ⅲ. 仪表-维修-技术培训-教材

Ⅳ. TH707

中国版本图书馆 CIP 数据核字（2011）第157404号

出版发行：石油工业出版社

（北京安定门外安华里2区1号　100011）

网　址：www.petropub.com

编辑部：（010）64523580　图书营销中心：（010）64523633

经　销：全国新华书店

印　刷：北京中石油彩色印刷有限责任公司

2011年12月第1版　2018年4月第2次印刷

787×1092毫米　开本：1/16　印张：56.25

字数：1400千字

定价：120.00元（上、下册）

（如出现印装质量问题，我社图书营销中心负责调换）

《中国石油高技能人才培训丛书》
编　委　会

前　言

为加快高技能人才知识更新，提升高技能人才职业素养、专业知识水平和解决生产实际问题的能力，进一步发挥高端带动作用，在总结“十一五”技师、高级技师跨企业、跨区域开展脱产集中培训的基础上，中国石油天然气集团公司人事部依托承担集团公司技师培训项目的培训机构，组织专家力量，历时一年多时间，将教学讲义、专家讲座、现场经验及学员技术交流成果资料加以系统整理、归纳、提炼，开发出首批15个职业（工种）高技能人才培训系列教材，由石油工业出版社陆续出版。

本套教材在内容选择上，突出新知识、新技术、新材料、新工艺等“四新”技术介绍，重视工艺原理、操作规程、核心技术、关键技能、故障处理、典型案例、系统集成技术、相关专业联系等方面的知识和技能，以及综合技能与创新能力的知识介绍，力求体现“特、深，专、实”的特点，追求理论知识体系的通俗易懂和工作实践经验的总结提炼。

本套教材是集团公司加快适用于高技能人才现代培训技术和特色教材开发的有益尝试，适合于已取得技师、高级技师职业资格的人员自学提高、研修培训、传承技艺使用，也适合后备高技能人才超前储备知识使用，同时，也为现场技术人员和培训机构提供了一套实践参考用书。

《仪表维修技师培训教程》由中国石油辽阳石化机电仪培训中心组织编写，雷军任主编，参加编写的人员有金大勇、郑文革、李志峰、段立国、冯恩辉、汪春竹、王虎威、刘忠鹏、赵鑫、蒋国亮、荣小晶、于宏恩、崔高斌、郑友海、马鑫、韩广涛，参加审定的人员有中国石油炼油与化工分公司赵俊松、钟艳阳；大庆石化公司李迎涛、董佩峰；独山子石化公司彭守泉；大连石化公司张军；东北炼化抚顺工程建设公司张凤光、邓树伟等。

由于编者水平有限，书中错误、疏漏之处在所难免，请广大读者提出宝贵意见。

编者

2011 年 10 月

前言

目　　录

（上　　册）

（下　　册）

第五章 现场总线控制系统

第一节 概 述

现场总线(Fieldbus)是顺应智能现场仪表而发展起来的一种开放型的数字通信技术,其发展的初衷是用数字通信代替4~20mA模拟传输技术,把数字通信网络延伸到工业过程现场。随着现场总线技术与智能仪表管控一体化(仪表调校、控制组态、诊断、报警、记录)的发展,这种开放型的工厂底层控制网络构造了新一代的网络集成式全分布计算机控制系统,即现场总线控制系统(Fieldbus Control System,简称FCS)。

现场总线控制系统兴起于20世纪90年代,它采用现场总线作为系统的底层控制网络,沟通生产过程中现场仪表、控制设备及其与更高控制管理层之间的联系,相互间可以直接进行数字通信。作为新一代控制系统,一方面FCS突破了DCS采用专用通信网络的局限,采用了基于开放式、标准化的通信技术,克服了封闭系统所造成的缺陷;另一方面FCS进一步变革了DCS中"集散"系统结构,形成了全分布式系统构架,把控制功能彻底下放到现场。需要提醒的是,DCS以其成熟的发展、完备的功能及广泛的应用,在目前的工业控制领域内仍然扮演着极其重要的角色。

第二节 现场总线

一、现场总线的概念

在传统的计算机控制系统中,现场层设备与控制器之间采用一对一的(一个I/O点对应于设备的一个测控点)连接方式,传输信号采用4~20mA等的模拟量信号或24VDC的开关量信号。根据IEC和美国仪表协会ISA的定义,现场总线是连接智能现场设备和自动化系统的数字式、双向传输、多分支结构的通信网络,它的关键标志是能支持双向、多节点、总线式的全数字通信。

简而言之,现场总线将把全厂范围内的最基础的现场控制设备变成网络节点连接起来,与控制系统实现全数字化通信。它给自动化领域带来的变化是把自控系统与设备带到了信息网络的时代,把企业信息沟通的覆盖范围延伸到了工业现场。因此,现场总线可以认为是通信总线在现场设备中的延伸。

现场总线顺应了工业控制系统向分散化、网络化、智能化的方向发展,它一经产生便成为全球工业自动化技术的热点,受到全世界的普遍关注,被认为是21世纪自动控制系统的基础。它的出现和应用将使传统的自动控制系统产生一系列重大变革,例如,变革传统的信号标准、通信标准、系统标准;变革现有自动控制系统的体系结构、产品结构;变革惯用的设计、安装、调试、维护方法等。

二、现场总线的结构特点

现场总线控制系统打破了传统计算机控制系统的结构形式。在如图5-1所示的传统计算机控制系统中,广泛使用了模拟仪表系统中的传感器、变送器和执行机构等现场仪表设备。现场仪表和位于控制室的控制器之间均采用一对一的物理连接,一只现场仪表需要由一对传输线来单向传送一个模拟信号,所有这些输入或输出的模拟量信号都要通过I/O组件进行信号转换。

现场总线系统的拓扑结构则更为简单,如图5-2所示。由于采用数字信号传输取代模拟信号传输,现场总线允许在一条通信线缆上挂接多个现场设备,而不再需要A/D、D/A等I/O组件。当需要增加现场控制设备时,现场仪表可就近连接在原有的通信线上,无需增设其他组件,与传统的一对一连接方式相比,现场总线可节省大量的线缆、桥架和连接件。此外,现场总线在为总线上的现场设备传送数字信号的同时,还可以为总线上的现场仪表提供电源,这不仅可以简化系统的结构,更主要的是它可以满足工业生产现场的本质安全防爆要求。

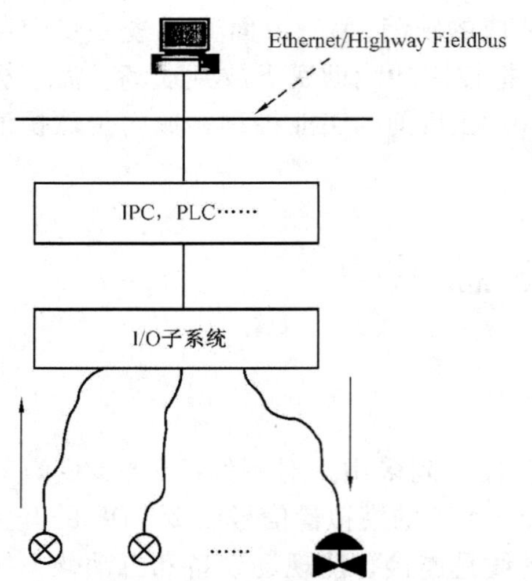

图5-1　传统计算机控制系统结构示意图

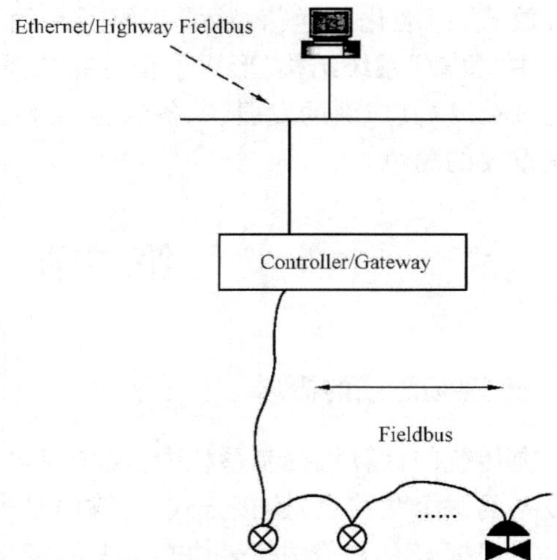

图5-2　现场总线控制系统结构示意图

从结构上看,DCS实际上是“半分散”、“半数字”的系统,而FCS采用的是一个完全分散的控制方式。在一般的FCS系统中,遵循特定现场总线协议的现场仪表可以组成控制回路,使控制站的部分控制功能下移分散到各个现场仪表中,各种控制设备本身能够进行相互通信,从而减轻了控制站负担,使得控制站可以专职于执行复杂的高层次的控制算法。对于简单的控制应用,甚至可以把控制站取消,在控制站的位置代之以起连接现场总线作用的网桥和集线器,操作站直接与现场仪表相连,构成分布式控制系统。

三、现场总线的技术特征

(一)全数字化通信

在现场总线控制系统中,现场信号都保持着数字特性,所有现场控制设备采用全数字化通信。许多总线在通信介质、信息检验、信息纠错、重复地址检测等方面都有严格的规定,从而确保总线通信能快速、完全可靠的进行。

(二)开放型的互联网络

开放的概念主要是指通信协议公开,也就是指对相关标准的一致性、公开性,强调对标准的共识与遵从。一个开放系统,它可以与任何遵守相同标准的其他设备或系统相连。现场总线就是要致力于建立一个开放型的工厂底层网络。

(三)互操作性与互用性

互操作性的含义是指来自不同制造厂的现场设备可以互相通信、统一组态,构成所需的控制系统;而互用性则意味着不同生产厂家的性能类似的设备可进行互换而实现互用。由于现场总线强调遵循公开统一的技术标准,因而有条件实现这种可能。用户可以根据性能、价格选用不同厂商的产品,通过网络对现场设备统一组态,把不同产品集成在同一个系统内,并可在同功能的产品之间进行相互替换,使用户具有了系统集成的主动权。

(四)现场设备的智能化

现场总线仪表本身具有自诊断功能,它可以处理各种参数、运行状态及故障信息,系统可以随时掌握现场设备的运行状态,这在传统模拟仪表中是做不到的。

(五)系统结构的高度分散性

数字、双向传输方式使得现场总线仪表可以摆脱传统仪表功能单一的制约,可以在一个仪表中集成多种功能,甚至做成集检测、运算、控制于一体的变送控制器,把 DCS 控制站的功能块分散地分配给现场仪表,构成一种全分布式控制系统的体系结构。

总之,开放性、分散性与数字通信是现场总线系统最显著的特征,FCS 更好地体现了“信息集中,控制分散”的思想。首先,FCS 系统具有高度的分散性,它可以由现场设备组成自治的控制回路,现场仪表或设备具有高度的智能化和功能自主性,可完成控制的基本功能,也使其可靠性得到提高。其次,FCS 具有开放性,而开放性又决定了它具有互操作性和互用性。另外,由于结构上的改变,使用 FCS 可以减少大量的隔离器、端子柜、I/O 接口和信号传输电缆,这可以简化系统安装、维护和管理,降低系统的投资和运行成本。

四、现场总线国际标准化概况

现场总线技术自 20 世纪 90 年代初开始发展以来,一直是世界各国关注和发展的热点,目前具有一定规模的现场总线已有数十种之多。为了开发应用以及争夺市场的需要,世界各国所采用的技术路线基本上都是在开发研究的过程中同步制订了各自的国家标准(或协会标准),同时力求将自己的协议标准转化成各区域标准化组织的标准。

由于现场总线是以开放的、全数字化的双向多变量通信代替传统的模拟传输技术,因此现

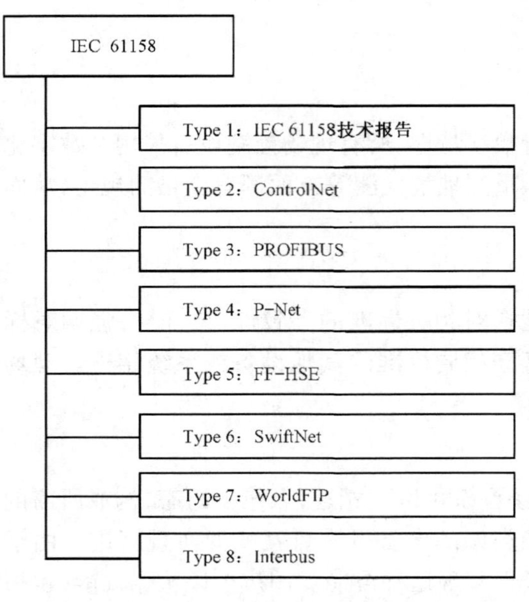

图 5-3 IEC 61158 采用的八种类型

场总线标准化是该领域的重点课题。国际电工委员会、国际标准化组织、各大公司及世界各国的标准化组织对于现场总线的标准化工作都给予了极大的关注,现场总线技术在历经了群雄并起,分散割据的初始阶段后,尽管已有一定范围的磋商合并,但由于行业与地域发展等历史原因,加上各公司和企业集团受自身利益的驱使,致使现场总线的标准化工作进展缓慢,直至1999 年形成了一个由八个类型组成的 IEC61158 现场总线国际标准。

IEC 61158 包括的八个组成部分分别是:IEC61158 原先的技术报告、ControlNet、PROFIBUS、P - Net、FF - HSE、SwiftNet、WorldFIP 和 Interbus,如图 5-3 所示。IEC 61158 国际标准只是一种模式,它既不改变原 IEC 技术报告的内容,也不改变各组织专有的行规,各组织按照 IEC 技术报告 Type 1 的框架组织各自的行规。IEC 标准的八种类型都是平等的,其中 Type 2 ~ Type 8 需要对 Type 1 提供接口,而标准本身不要求在 Type 2 ~ Type 8 之内提供接口,用户在应用各类型时仍可使用各自的行规,其目的就是为了保护各自的利益。

除此之外,还相继出现了 HART、FF、PROFIBUS 等总线协议,在以后的章节中将分别介绍。

第三节 常用数据总线

一、HART 总线

1986 年,Rosemount 公司开发了 HART(Highway Addressable Remote Transducer)协议,应用于智能变送器。经过不断地开发并使之用于其他设备,1989 年 HART 发展成为一种开放的协议,1990 年成立了 HART 用户集团,HART 用户集团的成员 1990 年有 13 家,到 1993 年已经发展为 79 家,于是,1993 年 7 月成立了 HART 通信基金会(HART Communication Foundation - HCF),同时 Fisher - Rosemount 将 HART 协议的所有权转让给了 HCF。HCF 是一个独立的、非盈利的组织,负责推广 HART 协议在工业中的应用并满足 HART 用户的需要,它的唯一任务就是协调、推动并支持 HART 技术在世界范围的应用。

HART 采用统一的设备描述语言 DDL。现场设备开发商采用这种标准语言来描述设备特性,由 HART 基金会负责登记管理这些设备,描述并把它们编为设备描述字典,主设备运用 DDL 技术来理解这些设备的特性参数而不必为这些设备开发专用接口。但由于这种模拟数字混合信号制,导致难以开发出一种能满足各公司要求的通信接口芯片。

(一)基本功能

HART 能利用总线供电,可满足本质安全防爆要求,并可组成由手持编程器与管理系统主机作为主设备的双主设备系统。

HART 协议基于 Bell202 电话通信标准,使用了 FSK(Frequency Shift Keying)技术,在 4 ~ 20mA 信号过程测量模拟信号上叠加了频率信号,它成功地使模拟信号与数字双向通信能同时进行,而不相互干扰。HART 还可在一根双绞线上以全数字的方式通信,支持 15 个现场设备的多站网络,并且能对现场仪表的各项特性进行清楚的描述。

(二)网络构成

HART 网络应用原理如图 5-4 所示。HART 设备可以组态成两种网络形式。

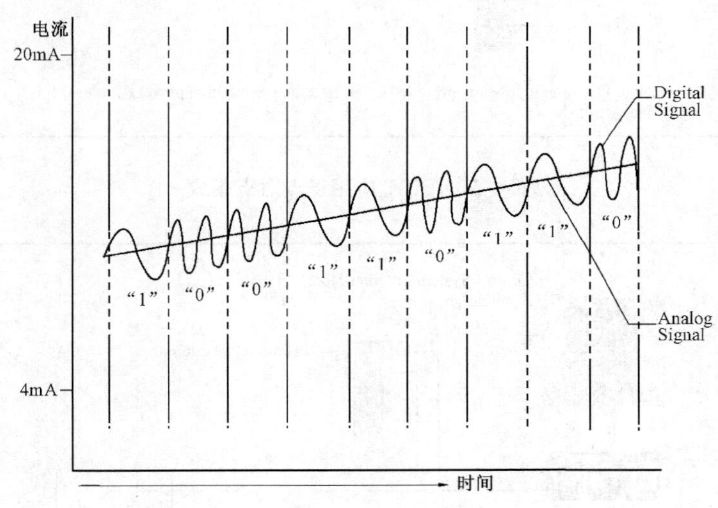

图 5-4 HART 网络应用原理

(1)点对点模式(图 5-5)。在这种模式下,传统的 4 ~ 20mA 信号传送一个过程变量,附加的过程变量、组态参数和其他设备数据使用 HART 协议通过数字信号转送。4 ~ 20mA 的模拟信号不会受到 HART 信号的影响,可用于正常的控制。而由 HART 传送的附加的数字信号有利于指导操作和对设备的调试、维护与诊断。

(2)多站模式(图 5-6)。这种模式只需要一对导线就可连接多达 15 个现场设备,所有的过程变量都是以数字的形式传送,流经每个设备的电流都被固定在最小的值上(通常为 4mA)。

HART 协议被认为是事实上的工业标准,但它本身并不算现场总线,只能说是现场总线的雏形,是一种过渡性协议。它的不足之处是速度较慢(1200bps),而一台智能设备要么选用"成组"方式,要么在"主—从"方式中充当从设备回答主设备的询问,它不像一台现场总线设备既可作从设备,又可作主设备。由于目前使用 4 ~ 20mA 标准的现场仪表大量存在,所以,现场总线进入工业应用之后,HART 仍会应用很多年。

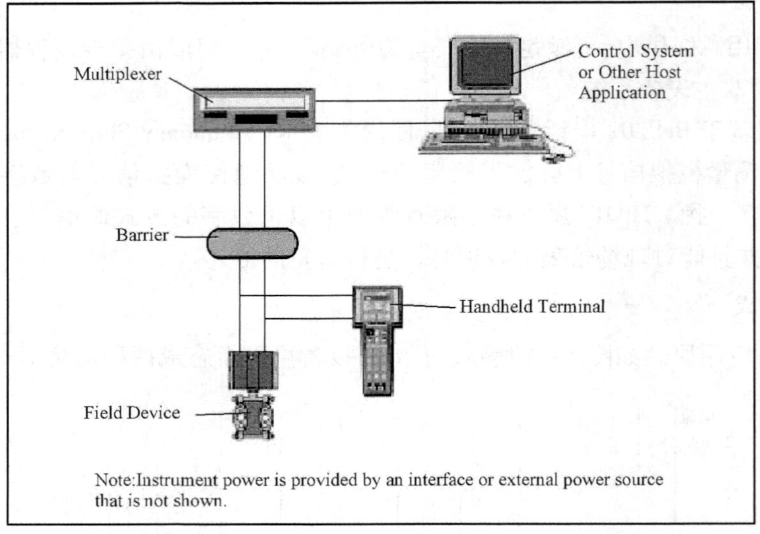

图 5-5 HART 应用于点对点模式

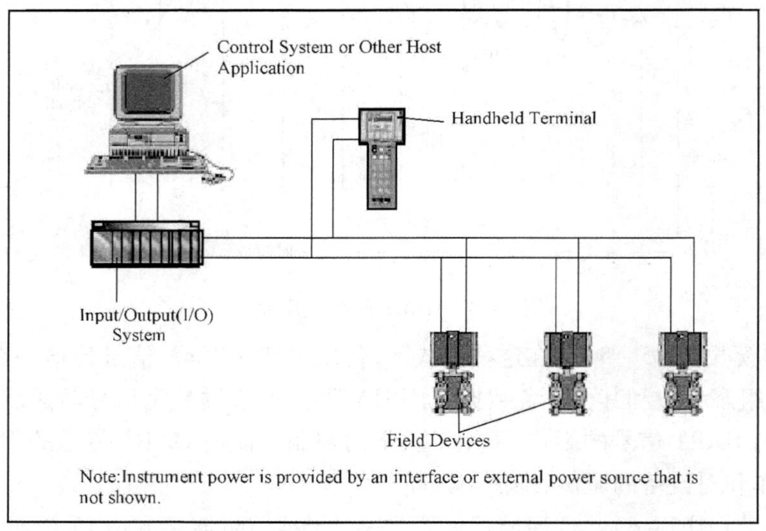

图 5-6 HART 应用于多站模式

(三)特点与优势

模拟信号带有过程控制信息,同时,数字信号允许双向通信。动态控制回路更灵活、有效和安全。

(1)因为 HART 协议能同时进行模拟和数字通信,因此,在与智能化现场仪表通信时还可使用模拟表、记录仪及控制器。

(2)支持多主站数字通信:在一根双绞线上可同时连接几个智能化仪表,可节省接线费用。

(3)物理层技术规范。HART 是用于为过程控制设备提供可寻址远程通信服务的。HART 提供相对低的带宽和中等响应时间的通信,用于扩展传统的 4~20mA 的模拟传输,其典型应用包括远程过程变量查询、参数设定和对话。

为说明方便,通常根据 OSI 七层通信模型将其通信设备分为数据链路层及物理层。但就硬件与软件而言,层与层之间并不一定要有明确的界限。按层划分可看作按功能区分,数据链路层需要物理层的特殊服务,这些服务可通过不同的方式来实现。

数据链路层说明了基本的 HART 协议,而物理层则规定了信号的传输方式、信号电压、设备阻抗和传输介质等。通常情况下,物理层以双绞线为介质,它或是单独提供数字通信,或是在完成 4~20mA 模拟信号传输的同时进行数字通信(1500m)。图 5-7 所示为 HART 网络物理层结构关系。

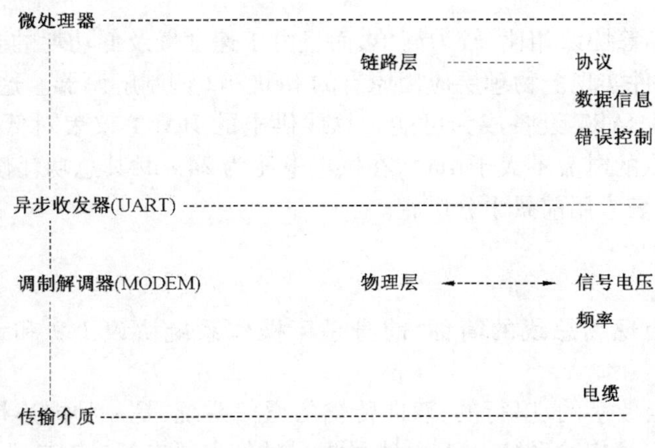

图 5-7 HART 网络物理层结构关系

HART 数据的传输是传统 4~20mA 信号传输的一种扩展。它在低频的 4~20mA 电流上叠加了一高频电流,两种信号共享硬件,但在频率上是分开的。

HART 能辨认三种不同的设备,其中最基本的是现场设备,它能对主设备发出的命令做出响应。现场设备还可进一步分为从设备(slave device)及成组模式设备(burst-mode device)。第二种设备是基本主设备,它是与现场设备进行通信的主要设备。一个过程控制器单元是使用一个或多个基本主设备的例子。第三种设备是副主设备,它是链路的临时使用者。手持通信器便是一例。其他的 HART 通信方式,如租用电话线及射频,允许进行远距离通信,但需满足其他的特殊要求。

HART 的通信物理层规范提供了建立和使用 HART 网络和设备的基本信息,这些信息用来提供 HART 设备间的互操作性,在各种条件下提供可接受的通信,减小与 4~20mA 信号之间的窜扰。

(四)应用前景

HART 通信的应用通常有三种方式,最普通的是用手持通信终端(HHT)与现场智能仪表进行通信。通常,HHT 供仪表维护人员使用,不适合于工艺操作人员经常使用。HHT 完全用手操作,无法自编程序对智能仪表进行自动操作,这种方式简单,但不够方便灵活。

为克服上述不足,市场上出现了一些带 HART 通信功能的控制室仪表,如 Arocom 公司的壁挂式仪表 MID,它可与多台 HART 仪表进行通信并组态,实现罐区、加热炉等小规模控制系统。

第三种方式是与 PC 机或 DCS 操作站进行通信。这是一种功能丰富、使用灵活的方案,但它会涉及接口硬件和通信软件问题,特别是这种应用带有系统性质,以使它与整个系统成为有机的整体。在 DCS 上增加 HART 功能被认为是一种较勉强的方式,因为 HART 通信传输的信息大多为仪表维护及管理信息,挤占 DCS 的操作站不太合适。而在 PC 机上增加 HART 通信功能及相应软件构成的设备管理系统(EMS)则较受欢迎。

由于 HART 仪表与原 4 ~ 20mA 标准的仪表具有兼容性,HART 仪表的开发与应用发展迅速,特别是在设备改造中受到欢迎。尽管 HART 通信被认为是一种过渡性的标准,但其发展之快令人注目。

HART 协议与 FF 等协议相比,较为简单,而且由于速度慢及低功耗的要求,其数据链路层及应用层一般均由软件实现。物理层应用原有的 Bell 202 调制解调器。这使得一些小型企业独立地开发一些专用 HART 设备成为可能。总线供电的 HART 仪表对低功耗的要求较为苛刻,要求其从总线吸取的电流不大于 4mA,在供电电压为 24V 时其总功耗仅约 100mW。因此,总线供电的 HART 仪表应用前景十分广阔。

二、FF 总线

FF 总线是基金会现场总线的简称,前身是可操作系统协议 ISP 和世界工厂仪表协议 WorldFIP 标准。

FF 总线是一种全数字的、串行的、双向传输的通信系统,是一种能连接现场各种传感器、控制器、执行单元的信号传输系统。FF 总线最根本的特点是专门针对工业过程自动化而开发的,在满足要求苛刻的使用环境、本质安全、总线供电等方面都有完善的措施。FF 采用了标准功能块和 DDL 设备描述技术,确保不同厂家的产品有良好的互换性和互操作性。为此,有人称 FF 总线是专门为过程控制设计的现场总线。

在起初的 FF 协议标准中,FF 分为低速 H_1 总线和高速 H_2 总线。低速总线协议 H_1 主要用于过程自动化,其传输速率为 31.25kbps,传输距离可达 1900m,可采用中继器延长传输距离,并可支持总线供电,支持本质安全防爆环境。H_1 协议标准已于 1996 年发表,目前已经进入实用阶段。高速总线协议 H_2 主要用于制造自动化,传输速率分为 1Mbps 和 2.5Mbps 两种,通信距离分别为 750m 和 500m。但原来规划的 H_2 高速总线标准现在已经被现场总线基金会所放弃,取而代之的是基于 EtherNet 的高速总线技术规范 HSE。

(一)基本功能

FF 总线的核心功能是实现现场总线信号的数字通信。为了实现通信系统的开放性,其通信模型参考了 IS0/OSI 参考模型,并在此基础上根据自动化系统的特点进行演变后得到的,如图 5 - 8 所示。

H_1 总线的通信模型以 IS0/OSI 开放系统模型为基础,采用了物理层、数据链路层、应用层,并在其上增加了用户层,各厂家的产品在用户层的基础上实现。

HSE 充分利用了低成本和成熟可用的以太网技术,以太网作为高速主干网,传输速率为

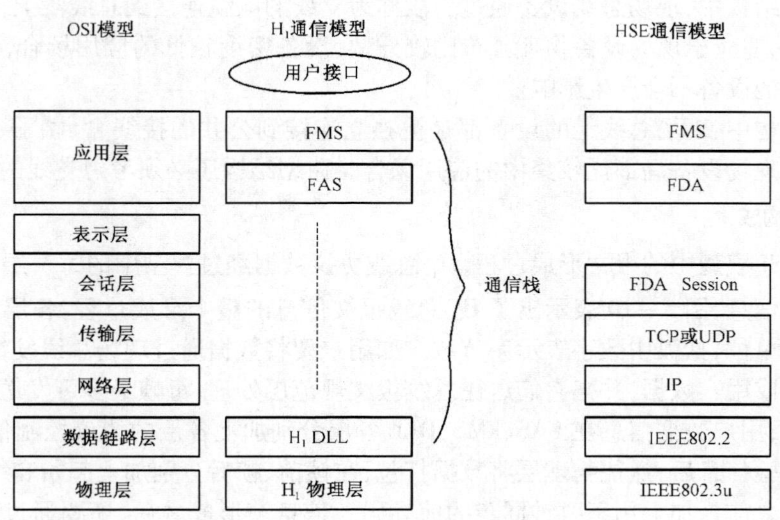

图 5-8 FF 通信模型

100Mbps 到 1Gbps,或以更高的速度运行,主要用于复杂控制、子系统集成、数据服务器的组网等。HSE 和 Hl 两个网络都符合 IEC 61158 标准,HSE 支持所有的 H_1 总线的功能,支持 H_1 设备通过链接设备接口与基于以太网设备的连接。与链接设备连接的 H_1 设备之间可以进行点对点通信,一个链接上的 H_1 设备还可以直接与另一个链接上的 H_1 设备通信,无需主机的干涉。此外,HSE 现场设备支持标准的 FOUNDATION 功能模块,例如,AI,AO 和 PID 以及一些新的、具体应用于离散控制和 I/O 子系统集成的“柔性功能模块”FFB。

FF 现场总线的网络拓扑比较灵活,如图 5-9 所示,通常包括点对点型拓扑、总线型拓扑、菊花链型拓扑、树型拓扑以及多种拓扑组合在一起构成的混合型结构。其中,总线型和树型拓扑在工程中使用较多。

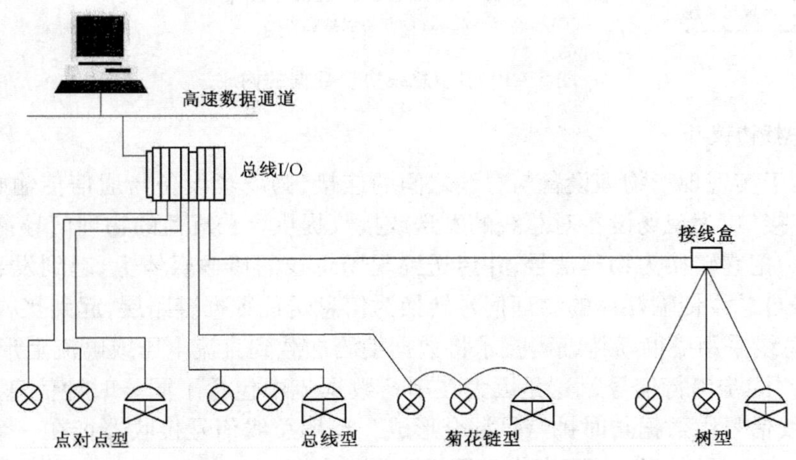

图 5-9 基金会现场总线常见的网络拓扑

在总线型结构中,现场总线设备通过一段称为支线的电缆连接到总线段上,支线长度一般小于120m。它适应于现场设备物理分布比较分散、设备密度较低的应用场合,分支上现场设备的拆装对其他设备不会产生影响。

在树型结构中,现场总线上的设备都是被独立连接到公共的接线盒、端子、仪表板或I/O卡。它适应于现场设备局部比较集中的应用场合。树型结构还必须考虑支线的最大长度。

(二)网络构成

类似于OSI模型中的报文形成过程,H_1 总线协议数据经过模型中的每一层都会加上或去除附加的控制信息,图5-10表示出了 H_1 总线报文信息的整个形成过程,各层上传输的数据以八位字节为单位,括弧中数字表示字节数。如用户要将数据通过现场总线发往其他设备,首先在用户层形成用户数据,并把它们送往总线报文规范层处理,每帧最多可发送251个字节的用户数据信息;用户数据信息在FAS、FMS、DLL各层分别加上各层的协议控制信息,在数据链路层加上帧校验信息后,送往物理层将数据打包,在帧前、帧后分别加上起始和结束定界码,并在起始定界码之前再加上用于时钟同步的前导码。信息帧形成之后,还要通过物理层转换为符合规范的物理信号,在网络系统的管理控制下,发送到现场总线网段上。

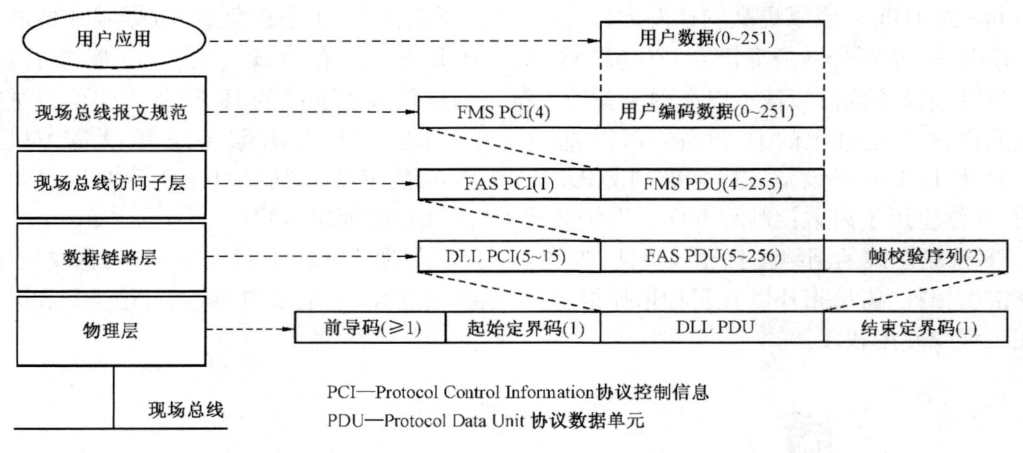

图5-10 H_1 总线协议数据的构成

(三)FF总线协议

物理层用于实现现场物理设备与总线之间的连接,为现场设备与通信传输媒体的连接提供机械和电气接口,为现场设备对总线的发送或接收提供合乎规范的物理信号:接收来自数据链路层的信息,把它转换为物理信号,并传送到现场总线的传输媒体上,起到发送驱动器的作用;反之,把来自总线传输媒体的物理信号转换为信息送往数据链路层,起到接收器的作用。

FF现场总线采用曼彻斯特编码技术将数据编码加载到直流电压或电流上形成物理信号,该信号被称为“同步串行信号”,这是因为在串行数据流中包含了同步时钟信息。如图5-11所示,现场总线信号由数据与时钟信号混合形成。现场总线信号接收器把在一个时钟周期 T_c 中间的正跳变作为逻辑“0”,负跳变作为逻辑“1”。

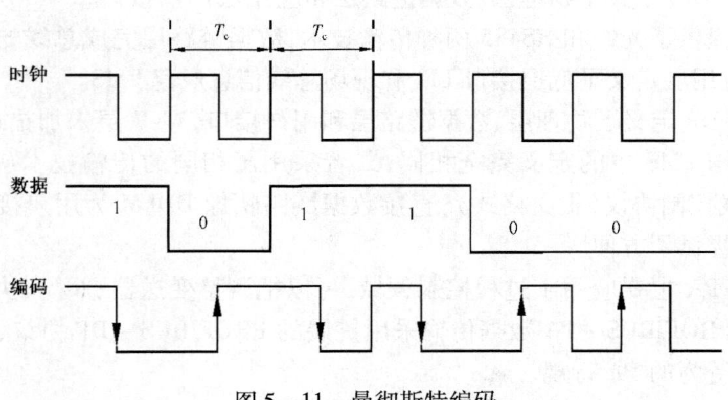

图 5－11　曼彻斯特编码

三、PROFIBUS 现场总线

PROFIBUS 是在 1987 年由 SIEMENS 等 13 家企业和 5 家研究机构联合研制开发的开放式现场总线标准，共包括 PROFIBUS－FMS，PROFIBUS－DP 和 PROFIBUS－PA 三个兼容系列。1989 年该协议被批准成为德国标准 DINl9245（PROFIBUS －FMS/－DP），经应用完善后于 1996 年 3 月被欧洲电工委员会批准列为欧洲标准 EN50170（PROFIBUS－FMS/－DP）。1998 年 PROFIBUS－PA 批准纳入 EN50170（PROFIBUS－FMS/－DP/－PA），1999 年 PROFIBUS 成为国际标准 IEC 61158 的组成部分。

（一）技术特征

1. 协议结构

PROFIBUS 协议结构是根据 ISO 7498 国际标准，以七层开放式系统互联网络作为参考模型的，各系列的协议结构如图 5－12 所示。

		PROFIBUS-FMS	PROFIBUS-DP	PROFIBUS-PA
用户接口		FMS 行规	DP行规	PA行规
			DP扩展功能	DP扩展功能
			DP基本功能	
OSI (ISO7498)	应用层（7）	FMS	没有定义	没有定义
	表示层（6）	没有定义		
	会话层（5）			
	传输层（4）			
	网络层（3）			
	数据链路层（2）	现场总线数据链路（FDL）		IEC接口
	物理层（1）	RS485，光纤		IEC1158-2

图 5－12　PROFIBUS 协议结构

PROFIBUS－FMS 定义了物理层、数据链路层和应用层用户接口,3～6 层未加描述。FMS 协议中的物理层提供了光纤和 RS485 两种传输技术,数据链路层完成总线的存取控制并保证数据的可靠性,应用层定义了低层接口 LLI 和现场总线信息规范 FMS。

PROFIBUS－DP 定义了物理层、数据链路层和用户接口,3～7 层未加描述。DP 中的物理层和数据链路层与 FMS 中的定义完全相同,二者采用了相同的传输技术(光纤或 RS485 传输)和统一的总线控制协议(报文格式),直接数据链路映像 DDLM 为用户接口的数据链路层之间的信息交换提供了方便。

PROFIBUS－PA 主要应用于过程控制领域,可以把测量变送器、阀门、执行机构用同一根总线连接起来。PROFIBUS－PA 数据传输采用扩展的 PROFIBUS－DP 协议,只是在上层增加了描述现场设备行为的 PA 行规。

PROFIBUS 现场总线是世界上应用最广泛的现场总线技术之一,DP 和 PA 的完美结合使得 PROFIBUS 现场总线在结构和性能上优越于其他现场总线。PROFIBUS 既适合于自动化系统与现场 I/O 单元的通信,也可用于直接连接带有接口的变送器、执行器、传动装置和其他现场仪表及设备,对现场信号进行采集和监控,并且用一对双绞线替代了传统的大量的传输电缆,大大节省了电缆的费用,也相应节省了施工调试以及系统投运后的维护时间和费用。

2. 数据传输技术

现场总线系统的应用在很大程度上取决于选择哪种传输技术。除了传输可靠性、传输速率、传输距离等通用的要求以外,考虑一些使用的灵活性及其他一些机电因素也十分重要。例如,当应用于过程自动化时,特别是涉及本质安全防爆的应用场合,数据和电源在同一根总线上传输就很有必要。由于单一的传输技术不可能满足所有要求,因此 PROFIBUS 提供了 RS－485 传输、IEC 61158—2 传输和光纤传输三种类型。

1)RS－485 传输技术

RS－485 传输用于 PROFIBUS－DP/－FMS,总线电缆在 EN50170 标准中规定为 A 型双绞铜芯电缆,其最大允许的长度与数据传输速率是直接相关的。RS－485 传输技术的基本特征、A 型导线的特性参数以及传输速率与总线长度的关系分别见表 5－1、表 5－2、表 5－3。

表 5－1　RS－485 传输的基本特征

网络拓扑	线型总线,两端安装有源的总线终端电阻
传输介质	双绞电缆,可根据现场环境选择和取消屏蔽
站点数	不带中继,每分段可带 32 个站,带中继最多可带 126 个站
连接插头	最好使用九针 D 型插头

表 5－2　A 型导线的特性参数

参　数	A 型导线	参　数	A 型导线
阻抗,Ω	135～165	线芯直径,mm	0.64
电容,pF/km	<30	线芯截面,mm^2	>0.34
回路电阻,Ω/km	110		

表 5 - 3 传输速率与总线长度的关系

传输速率,kbps	9.6	19.2	93.75	187.5	500	1500	12000
最大允许总线长度,m	1200	1200	1200	1000	400	200	100

若使用 EN50170 标准规定的 A 型电缆,需要在总线的两个终端匹配终端电阻,以保证总线的空载状态电位。总线终端电阻如图 5 - 13 所示。

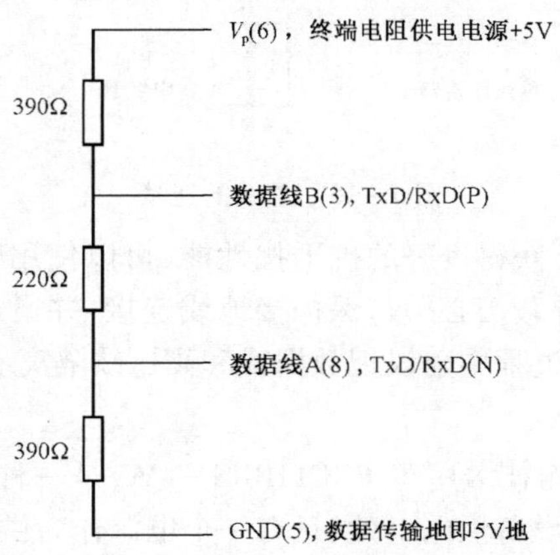

图 5 - 13 A 型导线的终端电阻

按照 EN50170 标准,PROFIBUS 的总线连接器是九针 SUB D 型插头,每个站点必须保证提供 V_p(+5V)和 GND 到针脚 5 和 6,这样总线可以用终端电阻终止。图 5 - 14 为有进入和引出数据线,并集成终端电阻的九针连接器示意图。

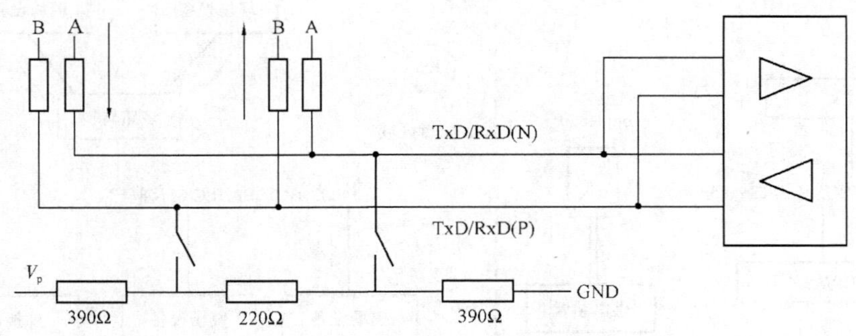

图 5 - 14 总线连接器的结构示意图

在一个 PROFIBUS 系统中最大可连接 126 个站,总线系统分为若干个段,每个分段最多可以连接 32 个站(主站和从站),每段的头尾都需要一个永久有源的总线连接器,标准的总线连接器用一个开关来控制终端电阻。如果总线上超过 32 个站点,各个总线分支段之间用中继器(线路放大器)连接,中继器也计数为其中的一个站点。作为被动的总线站,中继器的作用是保证能明确识别与之连接站点之间所交换的数据。如果 PROFIBUS 总线要覆盖更长的距离,中间可建立连接段,如图 5 - 15 所示。连接段内不挂接任何站点,一般情况下,建议使用的中继器不超过三个。

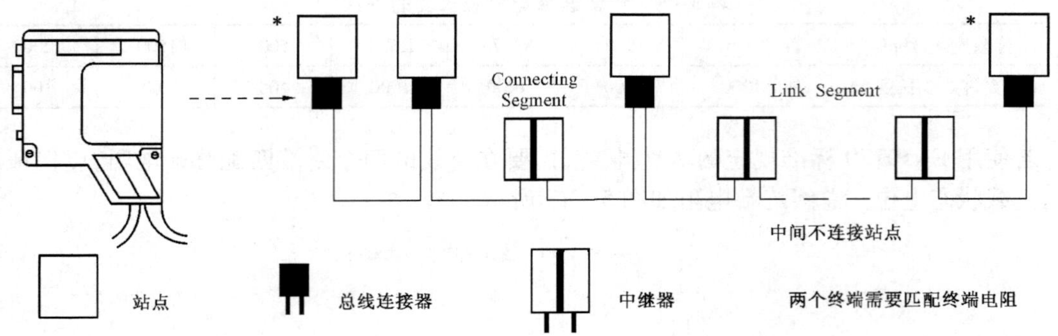

图5-15 总线的连接

为了在高电磁辐射环境下获得良好的抗干扰性能,可以使用带屏蔽的数据传输电缆。屏蔽电缆两端的屏蔽编织线或屏蔽箔必须与保护接地线连接,并通过尽可能大面积的屏蔽接线来覆盖。此外,在线缆的敷设过程中建议把数据线和高压线隔离。

2)IEC 61158—2 传输技术

数据 IEC 61158—2 的传输技术用于 PROFIBUS - PA,是一种位同步协议,它可保持其本质安全性,并通过总线对现场设备供电,每段只有一个电源作为供电装置,当站收发信息时,不向总线供电,每站现场设备所消耗的为常量稳态基本电流。现场设备的作用如同无源的电流吸收装置。图5-16 为 PROFIBUS - DP 与 PA 的连接图。基于 IEC 61158—2 传输技术总线段与基于 RS-485 传输技术总线段可以通过耦合装置相连,耦合器使 RS - 485 信号和 IEC 61158—2 信号相适配。

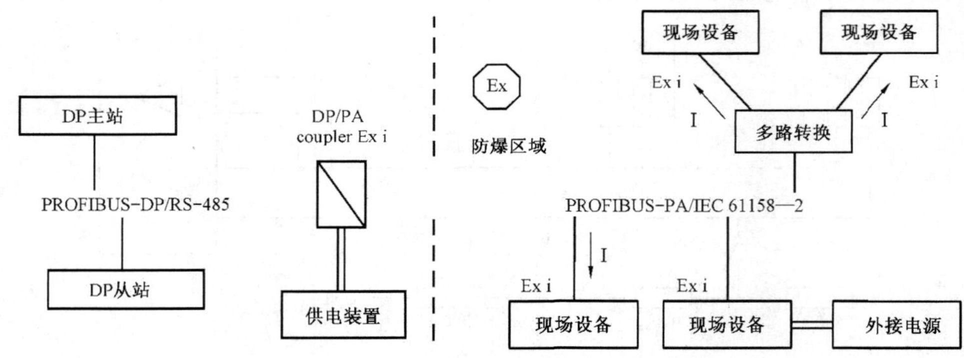

图5-16 DP/PA 的连接

连接到一个端的站点数量最多限于 32 个。如果使用本质安全型总线供电方式,总线上的最大供电电压和最大供电电流均具有明确的规定。按防爆等级和总线供电装置,总线上的站点数量也将受到限制。PROFIBUS - PA 总线段的设计应遵循的原则:根据现场仪表的型号和数量初步计算所需要的电流;根据现场的防爆要求和电源装置的功率要求选择合适的电源装置;根据现场对总线长度的要求确定电缆类型。

3)光纤传输技术

PROFIBUS 系统要桥接更长的距离或在电磁干扰很大的环境下应用时,可使用光纤导体(塑料和玻璃)传输。光链路插头可以实现 RS-485 信号和光纤导体信号的相互转换,价格低廉的塑料纤维导体适用于50m 以内的信号传输,玻璃纤维导体供距离小于 1km 情况下的使用。为此,用户可以十分方便地在 PROFIBUS 系统同时使用 RS-485 传输技术和光纤传输技术。

(二)PROFIBUS-DP

PROFIBUS-DP 主要应用于现场设备级的高速数据传输。PROFIBUS-DP 除了安装简单之外,它具有很高的传输速率、多种网络拓扑结构(总线型、星型、环型等)以及可选的光纤双环冗余。在这一级,中央控制器(主站)通过高速串行线同分散的现场设备(从站)进行通信。主站与分散的从站进行数据交换采用循环通信方式,循环通信功能由 PROFIBUS-DP 的基本功能所规定。对智能化现场设备进行的组态、诊断和报警则采用非循环的通信方式,这些非循环的通信功能由 PROFIBUS-DP 的扩展功能所规定。

1. 基本 DP 功能

主站循环地读取从站的输入信息并周期地向从站发送输出信息,总线循环时间必须要比中央控制器的程序循环时间为短,在很多应用场合,程序循环时间约为 10ms。PROFIBUS-DP 主要的基本功能见表 5-4。

表 5-4 PROFIBUS-DP 主要的基本功能

传输技术	RS-485 传输,传输介质可以是双绞线、双线电缆或光缆
传输速率	9.6kbps~12Mbps
MAC 协议	主站之间是令牌传递,主站和从站之间是主从传递
最大有效长度	246 字节
站地址	0~126,其中 126 只能用于投运目的,不可用于数据交换
数据传输	点对点方式循环传输
控制命令传输	广播方式(或有选择的广播方式)
总线冗余	采用光学链路模块 OLM 和光纤构成双环冗余

2. 设备类型

PROFIBUS 具体说明了串行现场总线的技术和功能特性,它可使分散式数字化控制器从现场底层到车间级网络化。该系统分为主站和从站,主站决定总线的数据通信,当主站得到总线控制权(令牌)时,不用外界请求就可以主动发送信息。

PROFIBUS 可支持单主站系统(图 5-17),也支持多主站系统(图 5-18)。单主站系统在总线系统的运行阶段,只有一个活动的一类 DP 主站,它可以获得最短的总线循环时间。多主站系统的总线上连有多个主站,各主站与各自从站构成相互独立的子系统,每个子系统包括 DPM1、若干从站及可能的 DPM2 设备。任何一个主站均可读取 DP 从站的输入、输出映像,但同时只有一个主站允许对从站写入数据。

3. 扩展 DP 功能

DP 扩展功能是对 DP 基本功能的补充,它与 DP 基本功能兼容。

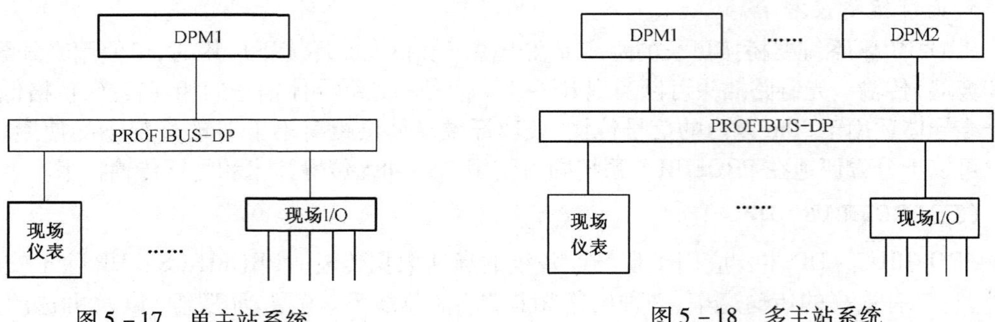

图 5 - 17　单主站系统　　　图 5 - 18　多主站系统

1)DPMl 与 DP 从站间扩展的数据通信

在这种数据通信的服务顺序中,DPMl 与 DP 从站间先建立连接,该连接称为 MSAC - C1,它与主、从站之间的循环数据传输紧密连接在一起。当连接成功建立以后,DPMl 就可以通过 MSCY - Cl 连接来执行循环数据传输,也可以通过 MSAC - Cl 连接来执行非循环数据传输。

2)DPM2 与从站间的非循环的数据传输

DP 扩展功能允许一个或几个诊断或操作员控制设备(DPM2)对 DP 从站的任何数据块进行非循环读、写服务。这也是一种面向连接的通信功能,称为 MSAC - C2。新的 DDLM - Initiate 服务用于在用户数据传输开始之前建立连接,从站确认应答 DDLM - Initiate,res 确认连接成功。连接成功以后,在通过 DDLM 读、写服务的过程中,允许任何长度的间歇。如果连接监视器监测到故障,将自动终止主站和从站的连接。

4. PROFIBUS - DP 行规

PROFIBUS - DP 协议明确规定了用户数据怎样在总线各站之间传递,但与应用有关的用户数据的含义是在 PROFIBUS 行规中具体说明的。另外,行规还具体规定了 PROFIBUS - DP 如何用于应用领域。使用行规可使用户享受互换不同厂商生产设备的利益,互换使用不同厂商所生产的不同设备,而用户无须关心两者之间的差异。

(三)PROFIBUS - PA

PROFIBUS - PA 是专为过程自动化而设计的,它是在保持 PROFIBUS - DP 通信协议的条件下,增加了对现场仪表实现总线供电的 IECll58 - 2 的传输技术,使 PROFIBUS 也可以应用于本质安全领域,同时也保证 PROFIBUS - DP 总线系统的通用性。图 5 - 19(a)和图 5 - 19(b)分别表示在常规计算机控制系统和 PROFIBUS - PA 总线系统中现场仪表与主控系统的连接示意图。

在常规系统中,现场仪表与主控系统的 I/O 模块之间采用一对一的连接方式。PA 总线可以延伸到控制现场,使用 PA 只需要一根与 IEC 61158—2 技术相同的数据传输电缆就可以完成所有现场仪表的信息传送,还可以通过传输电缆在传送信息的同时向现场设备直接供电。总线上的电源来自单一的供电装置,现场仪表与控制室之间无需附加隔离装置,即使在本质安全地区也如此。由于 PROFIBUS - PA 的开发是专门针对过程控制领域进行的,为此 PA 总线还具有以下重要特征:PA 描述了适合过程自动化应用的各种行规,这些行规使不同厂家生产的现场设备具有互换性;PA 允许设备在操作过程中进行维修,增加或去除总线站点,即使在本质安全地区也不会影响到其他站点。

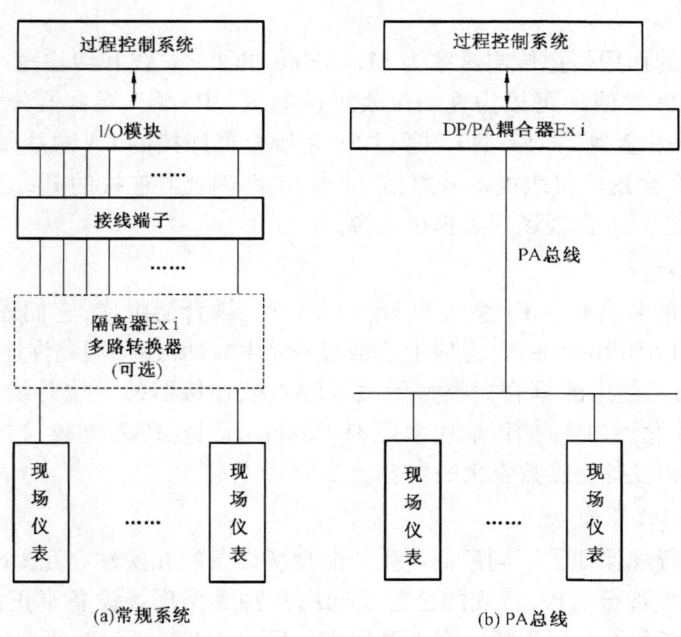

图 5－19 现场仪表与主控系统的连接

1. PROFIBUS－PA 传输协议

PROFIBUSPA 采用 PROFIBUS－DP 的基本功能来传送测量值和状态，用 PROFIBUS－DP 的扩展功能来进行现场设备的参数化和操作。PROFIBUS－PA 第一层采用 IEC 61158—2 技术，第二层总线存取协议和第一层之间的接口在 DINl9245 系列标准的第四部分做了规定。

2. PA/DP 的连接

PA/DP 总线段之间通过连接器或耦合器连接，以实现两个不同总线的透明通信，在本质安全地区可使用防爆型 PA/DP 耦合器或 PA/DP 连接器，如图 5－20 所示。

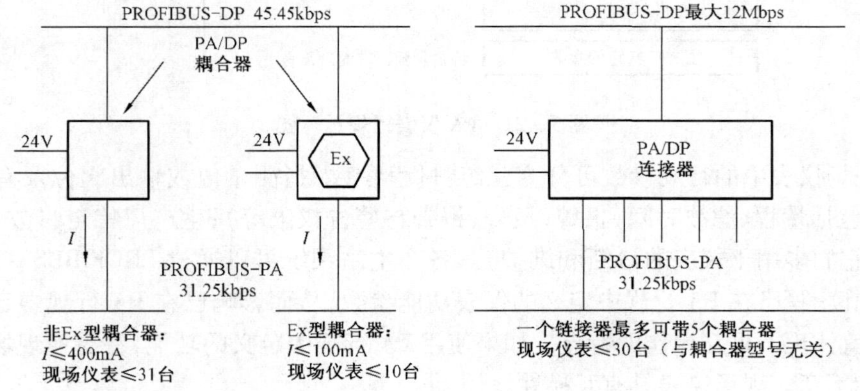

图 5－20 PA/DP 的连接示意图

1)PA/DP 耦合器

PA/DP 耦合器的作用是把传输速率为 31.25kbps 的 PA 总线和传输速率为 45.45kbps 的 DP 总线连接起来,PA 总线还可以为现场仪表提供电源。PA/DP 耦合器分为两类:本质安全型(Ex 型)和非本质安全型(非 Ex 型)。通过 Ex 型耦合器连接的 PA 总线最大的输出电流是 100mA,它可以为 10 台现场仪表提供电源;通过非 Ex 型耦合器连接的 PA 总线最大的输出电流是 400mA,最多可为 31 台现场仪表提供电源。

2)PA/DP 连接器

PA/DP 连接器最多由五个 Ex 型或非 Ex 型 PA/DP 耦合器组成,它们通过一块主板作为一个工作站连接到 PROFIBUS - DP 总线上。通过一个 PA/DP 连接器允许连接不超过 30 台现场仪表,这个限制与所使用的耦合器类型无关。PA/DP 连接器的上位总线(DP)的最大传输速率是 l2Mbps,下位总线(PA)的传输速率是 31.25kbps,因此,PA/DP 连接器主要应用于对总线循环时间要求高和设备连接数量大的场合。

3)PROFIBUS - PA 行规

PROFIBU&PA 行规保证了不同厂商所生产的现场设备的互换性和互操作性,它是 PROFIBUS - PA 的一个组成部分。PA 行规的任务是选用各种类型现场设备真正需要通信的功能,并提供这些设备功能和设备行为的一切必要规格。目前,PA 行规已对所有通用的测量变送器和其他选择的一些设备类型做了具体规定,例如,压力、液位、温度和流量的变送器,数字量输入和输出,模拟量输入和输出,阀门,定位器等。图 5 - 21 所示为一类现场仪表的行规示例。

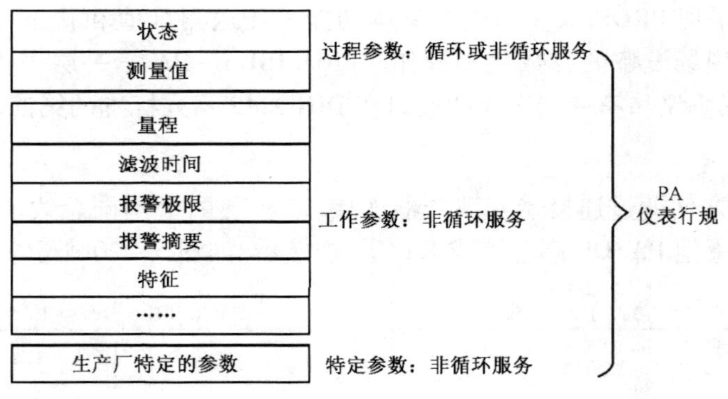

图 5 - 21 PA 仪表行规示意图

一台现场仪表中的行规参数可分为三组:过程参数(指测量值或输出阀位及有关状态);工作参数(包括量程、滤波时间、报警、报告、报警与警告权限等);生产厂特定参数(如专用诊断信息等,它们多用于仪表的诊断和维护)。各个主站系统可以通过 PROFIBUS - PA 从所有现场仪表中读、写已在 PA 行规中定义的仪表功能参数,从而影响已在 PA 行规中定义的仪表功能,这也就体现了可互操作的特点。如果使用 PA 行规中定义的功能,在更换现场仪表后能够保持性能不变。现场仪表具有互换性。

(四)PROFIBUS - FMS

PROFIBUS - FMS 主要用来解决车间级通用性通信任务,因此,更大量的数据传送功能和各种高级功能比通信的实时性更为重要。

1. PROFIBUS－FMS 应用层

PROFIBUS－FMS 应用层向用户提供了包括访问变量、程序传递、事件控制等通信服务，它由现场总线信息规范 FMS（描述了通信对象，向用户提供广泛选用的强有力的通信服务）和低层接口 LLI（协调不同的通信关系并向 FMS 提供不依赖设备访问的数据链路层）两部分构成。

2. PROFIBUS－FMS 服务

FMS 服务项目是 ISO 9506 制造信息规范 MMS 服务项目的子集。应用层到数据链路层映射由 LLI 来解决，其主要任务包括数据流控制和连接监视。用户通过称之为通信关系的逻辑通道与其他应用过程进行通信。FMS 设备的全部通信关系都列入通信关系表 CRL，CRL 中包含了通信索引和数据链路层及 LLI 地址间的关系。

面向连接的通信关系表示两个应用过程之间的点对点逻辑连接，面向连接的确认服务的执行顺序如图 5－22 所示。在传送数据之前，首先必须用“初始化服务”建立连接。建立成功后，连接受到保护，防止第三者非授权的存取并传送数据。如果该建立的连接已不再需要了，则可用“退出服务”来中断连接。对面向连接的通信关系，LLI 允许时间控制的连接监视。

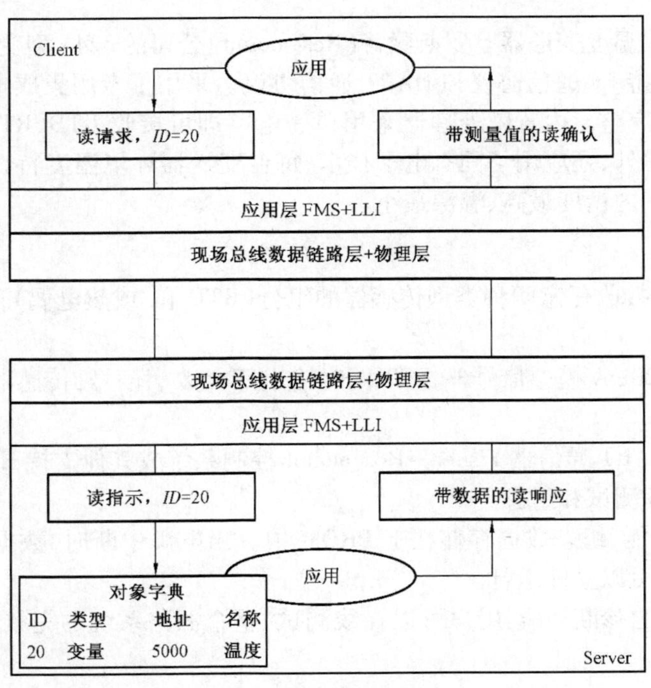

图 5－22 FMS 确认服务

非连接的通信关系允许一台设备使用非确认服务的同时与好几个站进行通信。在广播通信关系中，FMS 非确认服务可同时发送到其他所有站。在有选择的广播通信关系中，FMS 非确认服务可同时发送给预选定的站组。

3. PROFIBUS - FMS 行规

FMS 提供了范围广泛的功能来保证它的普遍应用,具体的应用领域在 FMS 行规中规定。FMS 对行规做了以下一些规定(括号中的数字是文件编号):

(1)控制间的通信(3.002),定义了用于可编程控制器(PLC)之间通信的 FMS 服务。

(2)楼宇自动化(3.011),该行规对楼宇自动化系统使用 FMS 进行监视、闭环和开环控制、操作控制、报警处理及系统档案管理做了描述。

(3)低压开关设备(3.032),具体说明了通过 FMS 在通信过程中低压开关设备的应用行为。

第四节 现场总线仪表

现场总线仪表无论从结构、通信方式上,还是与总线控制系统的关系上,都存在着较强的相似性,本节中,主要以温度现场仪表为例,并简要介绍其他现场总线仪表的基本功能、结构形式和通信方式。

一、温度测量仪表

典型的现场总线温度变送器有罗斯蒙特(Rosemount)公司的 3244 型变送器,它采用 FF 现场总线通信方式,支持 FF 通信协议和 HART 通信协议。采用了专用集成电路的数字技术,确保了精度最高、信号完整。内置微处理器采用单一电路即可接收 RTD、RTD 温差、热电偶、电阻及微电压输入。另外,还应用了固态电子技术,每台变送器环境温度特性化,从而保证了在较宽的工作温度范围内精度最高、温漂最小。

(一)基本功能

(1)变送器可以接收任意两种类型传感器的组合(RTD 和/或热电偶),而且两个传感器均以数字信号输出。

(2)除直流 4 - 20mA 模拟信号外,可以同时输出四个数字信号:传感器 1、传感器 2、温差及端子温度。

(3)可以使用 HART 通信器 Fisher - Rosemount 控制系统或其他支持 HART 通信协议的主机对变送器进行远程测试和组态。

(4)具有存储功能,组态数据存储在 E^2PROM 中。当电源中断时,数据驻留在变送器中,再次通电后,变送器可以立即运行。

(5)具有较强的自诊断功能,用户可以在线测试,整个回路系统的完整性在几秒钟内即可完成。

(二)参数性能

测量温度参数的现场总线变送器符合 FF 现场总线通信协议,双向通信,多站挂接,有功能块应用进程并可与其他总线设备构成用户应用。温度变送器技术性能如下:

(1)输入信号:三个输入通道,分别对应差压、压力和温度参数。

(2)输出信号:FF 低速总线(31.25kbps)、电压方式、二线制。

(3)供电电源:总线供电,9~32VDC,静态电流消耗小于15mA;输出阻抗,本安应用不小于400Ω(频率范围7.8~39kHz),非本安应用不小于3000Ω(频率范围7.8~39kHz)。

(三)仪表结构

温度变送器由通信圆卡和仪表卡两部分组成,各部分含各自的软件和硬件,如图5-23所示。

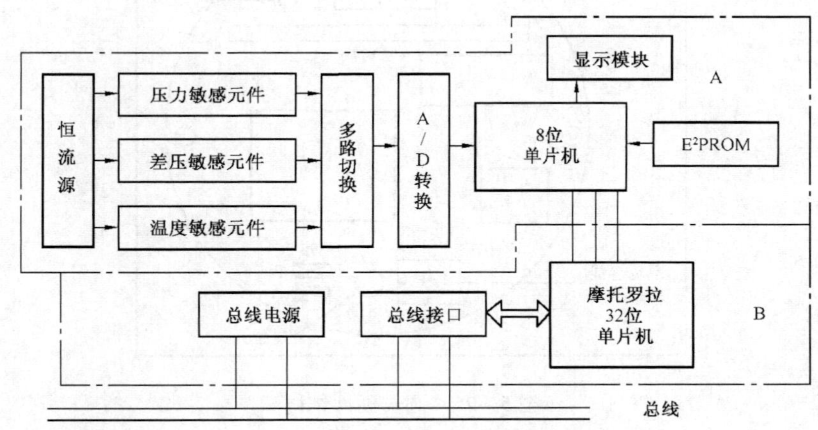

图5-23 温度变送器总体结构

其中仪表卡(图5-23中A部分)负责采集现场信号,进行信号处理,将处理完毕的信息传送到圆卡,并提供必要的人机接口;圆卡(图5-23中B部分)包括通信控制器、通信栈软件及通信接口,主要提供总线接口、总线通信以及功能块应用的处理能力。

1. 仪表卡结构和功能

根据对输入信号的测量精度要求,选择合适的敏感元件,并设计必要的信号调理电路。同时,还要为敏感元件选择合适的激励源,以实现低功耗和高精度测量。仪表卡基本结构如图5-24所示。

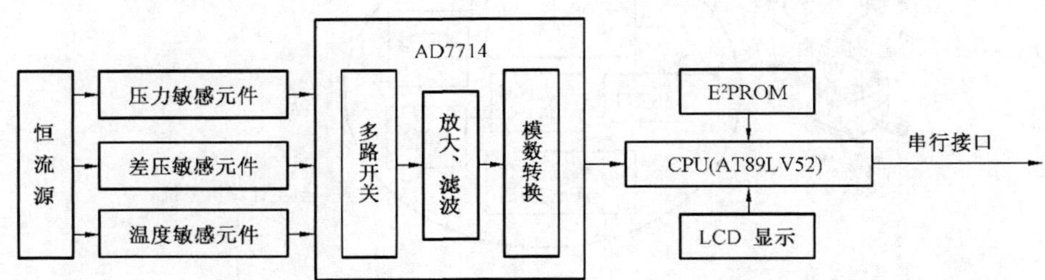

图5-24 仪表卡基本结构

仪表卡完成仪表的测量、计算、显示等功能,是仪表的本体部分。对温度信号进行采集,在8位单片机内进行非线性校正、工程量计算后,把数据送到圆卡,进行通信。

2. 圆卡结构和功能

圆卡是现场总线仪表内的通信控制部件,通过它,仪表可以与符合FF HI标准的网络连接,根据需要将数据以约定的格式发送出去,也能调用控制功能模块,完成一定的控制任务。另外,通信圆卡接收外来信息,如参数设定、报警值设定等。圆卡硬件结构如图 5 - 25 所示。

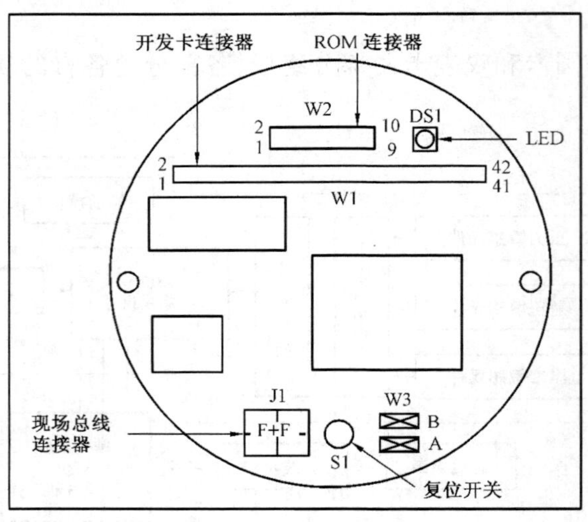

图 5 - 25 圆卡硬件结构

3. 总线仪表与系统的结构关系

如图 5 - 26 所示,图中的圆卡板是总线圆卡,它是一个现场总线协议的通信控制部件,承担现场总线仪表和总线控制系统的通信和控制中枢,总线仪表可以通过它与符合 FF H1 标准的网络连接。它由总线供电,内置 4k × 8 的串口 ROM,作为非易失性存储器,用来存储总线管理信息库参数和块参数。

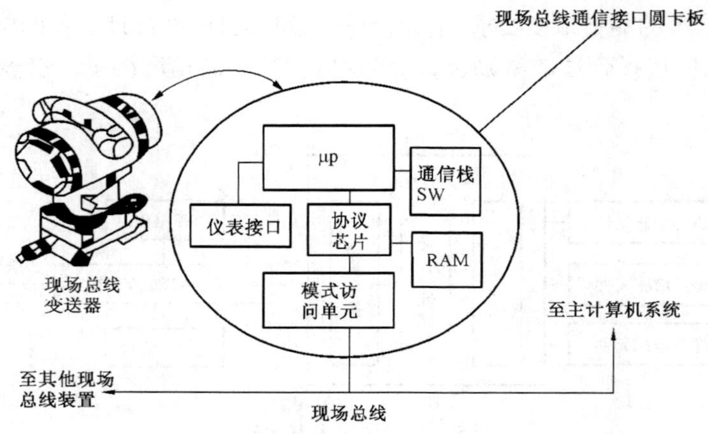

图 5 - 26 总线仪表与系统的结构关系

圆卡提供到总线的接口。它与设备测量电子部件的连接是通过子卡适配器实现的。适配器的接口完全标准化,可以根据这些标准接口,选用合适的 CPU 及外围芯片,设计完成独特功能的测控电路。

二、压力测量仪表

典型的压力现场总线仪表有 HONEYWELLSTD924 系列仪表。这种压力表具有先进的传感器技术：采用离子注入硅技术，在差压传感器上集成了静压和温度传感器，随时修正过程温度和静压引起的误差，提高了测量精度和稳定性。现场总线压力仪表可选 HART 协议或基金会现场总线（FF）通信协议。使用现场通信器或 MTC 多协议通信器对变送器进行组态、校验和故障诊断，也可用其他组态工具组态。

现场总线压力变送器的结构和功能可从硬件和软件两方面介绍。

（一）现场总线压力变送器硬件结构和功能

为实现变送器的基本功能，如线性化、温度压力补偿、量程调整和数字通信等，通常采用单片机、A/D、D/A 和通信芯片。图 5－27 所示是现场总线压力变送器的原理框图，图中注明了可选的单片机和主要芯片。传感器输出的模拟量经 A/D 转换成数字量后送入单片机，单片机将处理后的数字量通过 D/A 转换器，再经 V/I 转换电路输出 4～20mA 的标准电流信号。

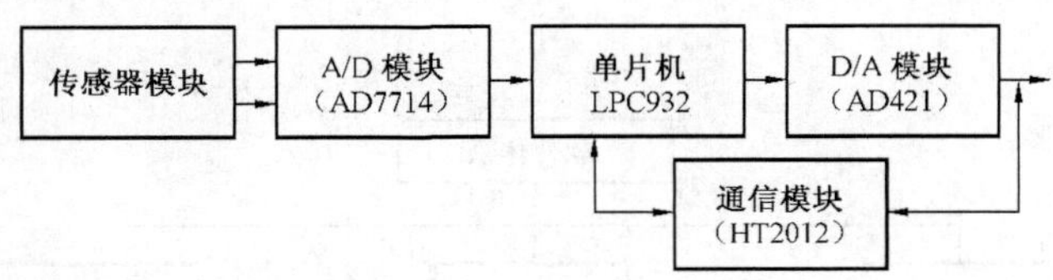

图 5－27　现场总线压力变送器原理框图

现场总线压力仪表以智能仪表的硬件结构为基础，引入微处理器和数字通信。在实际应用中，兼容了数字和模拟两种信号。

1. 传感器模块

传感器是测量系统中的一种前置部件，它将输入变量转换成可供测量的信号。传感器的工作环境是复杂多样的，进入传感器的信号幅度通常是很小的，而且常常混杂有干扰信号和噪声。因此，为提高满量程输出，减少零点和提高线性度，传感器一般采用具有平衡和补偿功能的惠斯登电桥，电桥一般采用恒流源供电，可以进一步减小传感器的非线性和温度对传感器输出灵敏度的影响。

2. 微处理器模块

以 PHILIPS 公司的 LPC932 为例，仪表用微处理器以先进的 CMOS 工艺制造，通过片内集成的丰富特性和功能实现了非常高的性能价格比，速度六倍于标准 80C51 单片机，具有在线可编程功能，也更适合当前各种各样的嵌入式系统设计要求。

3. A/D 和 D/A 模块

为实现现场总线仪表的功能，需要设计一个增益可调的放大器和分辨率至少在 16 位以上的 A/D 转换器对传感器输出信号进行放大和模数转换。同时，为了将数字频率信号转换成最大不超过 0.5mA 的正弦波周期电流，以叠加在两线制的 4～20mA 电流环上，美国 AD 公司专门开发了 AD421 产品，这是为 HART 总线协议智能仪表设计的，内置了 16 位的 A/D 转换器，与 HART 协议兼容,其开关模块和滤波器功能模块,可将 HART 电压信号转换为 0.5mA 的正弦波周期电流,这为智能化现场总线仪表的设计开发带来了方便条件。

4. 通信模块

现场总线压力变送器硬件结构中,HT2012 是由 SMAR 公司生产的智能变送器现场通信或控制室控制的核心芯片。单片 CMOS 低功耗 FSK 调制解调器,用来实现 HART 协议中通信信号的解调与调制过程,它是为设计过程控制检测仪器和其他低功耗装备中提供 HART 通信协议的专用芯片。HT2012 主要有四个功能模块:载体检测模块、时钟模块、调制和解调模块。时钟模块接收外部输入的 460.8kHz 时钟信号,用于建立内部时钟,作为模块工作的时序基础。

(二)现场总线压力变送器软件结构和功能

现场总线压力变送器的系统软件不仅要处理来自通信接口、手持终端的命令,实现人机对话,更重要的是它具有实时处理能力,即根据被控对象或过程,实时申请中断,完成各种测量及控制功能。按其功能可分为三个模块:监控、测控和通信程序,其中监控程序是核心部分,因为整个系统是在监控程序的控制下工作的,它直接影响系统的工作和运行,其基本组成如图 5-28 所示。

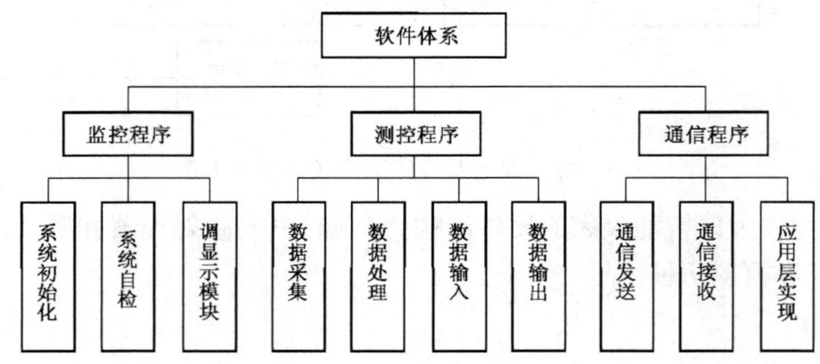

图 5-28 软件系统结构

1. 监控程序

监控程序是软件系统的主程序。上电复位后,仪器首先进入监控主程序,开始对可编程器件输入、输出口参数,定时器,异步串行通信口进行初始化,以及实时中断和处理模块等功能。除初始化和自检外,监控程序一般总是把其余部分联系起来,构成一个循环,仪表的所有功能都在这一循环中周而复始有选择地进行。

2. 测控程序

测控程序主要包括数据采集程序,数据融合、数字滤波等数据处理程序,以及数据输入、输出等功能。在测控程序中用到的许多参数都是可以通过网络由主机发送下来的。数据采集程序主要是对温度、压力信号采样,采用中断采样方式,由系统定时器触发采样,以此来保证采样的实时性和准确性。

3. 通信程序

HART 通信软件也是 HART 协议数据链路层和应用层的软件,是 HART 智能变送器模块设计的重点。HART 通信为主、从方式，智能变送器作为从设备，除了处于突发模式外，只有在接收到主设备发来的命令后才做出应答。

三、现场总线阀门定位器

阀门定位器是控制阀的最主要部件之一。它接收调节阀的输出信号，并用输出信号去控制气动调节阀，调节阀动作后，阀杆的位移又通过阀门位置反馈到阀门定位器。因此，阀门定位器与控制阀构成一个控制闭环，使阀门位置控制更加精确。FF 现场总线阀门定位器基本结构如图 5－29 所示。

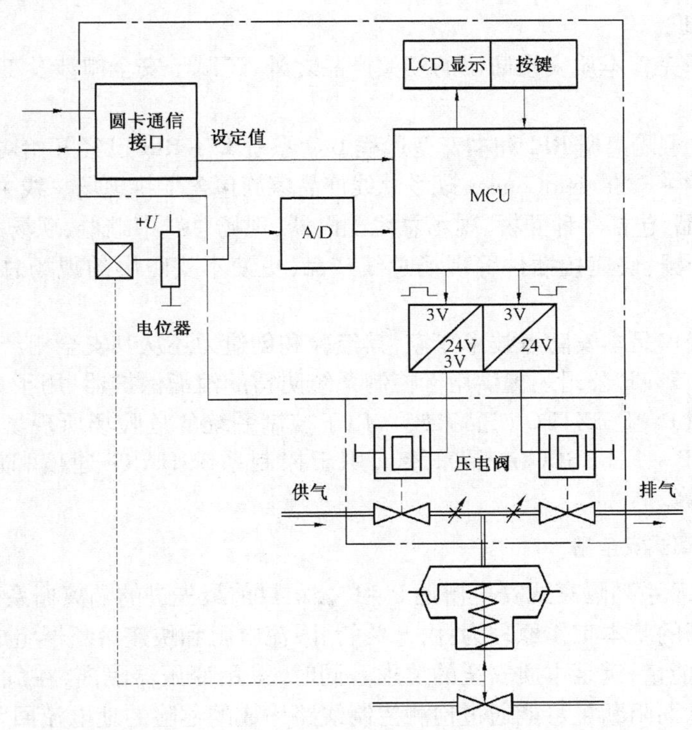

图 5－29 FF 现场总线阀门定位器基本结构

(1)FF 总线阀门定位器由仪表卡和通信圆卡构成，是 FF 阀门定位器区别于其他定位器的关键之处。它主要由 FF 通信控制芯片、CPU，以及外围电路构成，可完成圆卡与总线、与仪表卡的数据通信及部分控制算法。

(2)通过标准的输入、输出参数，可方便地实现仪表间的互操作和互换。通过仪表间不同功能块的连接，可直接构成控制回路，由现场仪表完成控制功能。

(3)工作过程。在不加电状态下，压电陶瓷进气阀关闭、排气阀打开。在进气状态时，应使进端和出端均输出“高”，从而使进气阀打开、排气阀关闭；在排气状态时，应使进端和出端均输出“低”，从而使进气阀关闭、排气阀打开；在阀位保持状态时，应在进端输出“低”、出端输出“高”，从而使进气阀和排气阀均关闭。

四、安全栅

以德国 Pepperl + Fuchs 公司的产品为例介绍安全栅作为现场总线仪表的具体应用。

(一)公司情况介绍

德国 Pepperl + Fuchs 公司成立于 1945 年。1958 年,P + F 发明的世界首例本安型接近开关及与之配套的隔离式安全栅使工业防爆应用领域发生了全新的变革。如今,P + F 公司已发展成为世界上最大、最有经验的本安接口生产商。其安全栅品种之丰富、处理特殊应用难题之能力一直处于世界领先地位。其产品应用遍及石油、天然气、化工、石化、医药等存在易燃易爆危险场所的工业领域。

P + F 公司除了完善本质安全防爆的相关产品之外,还赋予安全栅涉及工厂安全的其他方面的特性和功能。

P + F 远程 I/O 型隔离栅 RPI 和本安型远程 I/O 系统 IS – RPI 已经开始对本安接口的应用产生深远的影响。P + F 的 FieldConnex 现场总线产品家族包含了将现场总线主机与现场仪表相连接的全套配件产品,包括各种网桥、现场总线配电器、现场总线中继器、现场总线 I/O 模盒、接线盒、现场总线安全栅、快速接插件等现场总线产品,更使本安防爆的现场总线全面进入实用阶段。

P + F 公司不仅仅是本安防爆技术专家,其经验和创造力还从其安全栅产品本身延伸至系统配套方面。比如,P + F 公司还提供用于控制系统防雷的浪涌保护器,用于 PLC 和 DCS 的防爆型现场操作终端(P + F EXTEC 产品家族),用于控制系统的危险场所现场安装部件的正压外壳型防爆机箱(P + F BEBCO 产品家族),用于控制系统 HART 通信和设备管理的多路 HART 信号转换器等。

(二)KF 系列隔离式安全栅

P + F 公司的 KF 系列隔离式安全栅是 P + F 公司目前最先进的隔离栅系列。

KF 系列隔离栅的基本工作原理为:由开关管、限流电阻和快速熔断器组成基本限能回路,限制去危险区的电能量,满足本质安全的要求。同时,采用变压器隔离,在危险侧和安全侧之间实现电流隔离,从而阻断了可能通过检测控制线路构成的危险的地电流回路。此外,隔离栅通过模/频和频/模转换技术,实现隔离器两边的能量和信号传递。在安全侧,还可集成信号处理电路,从而实现信号转换和报警等功能。

KF 系列隔离栅的主要性能及特点:

(1)本安防爆等级:Ex[ia]IIC。

(2)采用变压器隔离,隔离性能好。危险侧和安全侧之间出厂测试大于 1500V/50Hz 隔离。

(3)在充分保证本安防爆性能的同时,兼顾工厂整体安全的最新要求,隔离栅的主要产品符合国际标准 IEC61508 和 IEC61511,达到安全整体性水平 SIL2 或 SIL3。

(4)安装方式为标准 DIN 导轨安装。

(5)采用可插拔的接线端子,可带电热拔插,便于隔离栅的维护和接线。端子上设有编码销,可防止相邻端子插错位置。

(6)采用三端隔离模式,即危险侧信号与安全侧信号相互隔离、安全侧信号与电源相互隔离、危险侧信号与电源相互隔离。

(7)供电电源为 20 ~ 30VDC。

(8)供电方式:冗余外供电。

(9)KF 系列隔离栅的外形尺寸 20(W)mm × 118(H)mm × 115(D)mm。

第五节 现场总线控制系统应用

本节以中海石油化学股份有限公司日产 2500t 甲醇项目为例,介绍现场总线控制系统的具体应用。

一、系统结构和应用

本项目控制系统为横河电机 CENTUM CS 3000 VP 集散控制系统(DCS),是一个结构真正开放的系统,如图 5 - 30 所示。

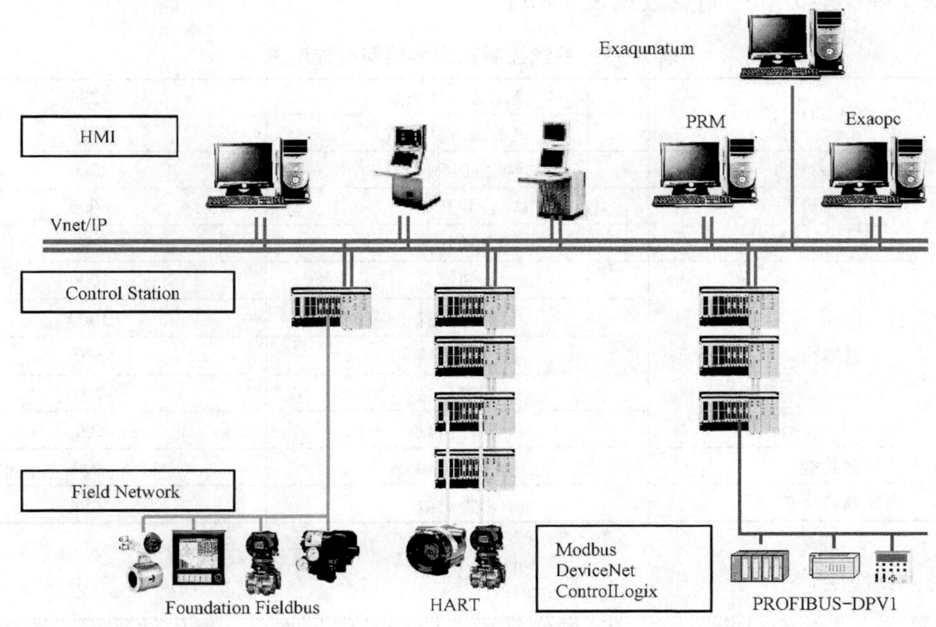

图 5 - 30 系统结构图

(一)系统组成

(1)在中央控制室配置了四台操作员站。

(2)在工程师室中提供一台工程师站,可以实现开工正常前后在工程师室中集中对所有工作区的 DCS 系统进行组态、访问和修改。工程师站具有操作和监视功能。

(3)横河电机 CS3000 DCS 控制网络采用 1Gbps 网络,内部总线采用目前世界上最快的 128Mbps 控制总线和内部通信总线,并提供专用的总线接口卡件 VI702,可保证 DCS 控制信息快速安全可靠访问。同时在控制总线 BUS2 中加入了 Ethernet TCP/IP 协议,在保证快速、可靠信息访问的同时又实现了信息的可靠开放。这个特点被 IEC 确定为工业可接受的标准(IEC/PAS 62405/Ed. 1)。

(4)提供的 DCS 控制器控制站的微处理机为 32 位机,主频为 133MHz,控制器内存为 32M,最大可连接 14 个卡件箱,最多可安装 118 块 I/O 卡件,一个控制器可访问模拟量 I/O 点最大为 1280 点,可访问数字量 I/O 点最大为 4096 点。

(5)提供横河 PRM 资源管理系统,可对整个装置的 FF 总线仪表和 HART 协议的仪表进行管理。

(6)提供横河的 EXAOPC 软件,将横河 DCS 和 ESD 数据上传给工厂的信息管理网。

(7)提供的操作站软件数据库容量满足监控 8000 过程信号点(位号 Tag)的要求,所有的操作站都直接通过 V－net/IP 控制网络与控制器相连(点对点)。这样,操作站的操作和监视功能是对等方式(不是客户、服务器方式),操作站直接从控制器读、写过程数据。横河 DCS 的每一台操作站都具有独立的实时和历史数据库,可以实时监视和操作工厂中所有生产数据。操作站间相互备用,一台操作站故障,其他操作站可相应承担故障操作站的所有操作功能。控制站的系统控制能力和控制点数见表 5－5。

表 5－5 系统控制能力和控制点数汇总

过程 I/O	模拟量 I/O 点数	1280
	离散量 I/O 点数	4096
通信 I/O	数据帧数(16 位单位)	4000
内部开关	公共开关	4000
	全局开关	256
信息输出	通知信息	1000
	打印信息	1000
	操作指南信息	500
	请求信息	200
	事件信息	500
控制功能	Control drawings	200
高速趋势采集	采集点数	256

(二)系统应用

(1)Human Interface Station(HIS)操作站用于运行操作和监视。操作站采用了微软公司的 Windows XP 作为操作系统的横河公司指定的高性能计算机。系统工作站具有很强的安全性和可靠性。

(2)Field Control Station (FCS)现场控制器用于过程 I/O 信号处理,完成模拟量调节、顺序控制、逻辑运算等实时控制运算功能。

(3)Engineering Station(EWS)工程师站用于设计组态、仿真调试及操作监视。采用微软公司的 Windows XP 作为操作系统的横河公司指定的高性能计算机。

(4)ESB 总线(Extended Serial Backboard Bus)用于控制站内,中央主控制器 FCU 同本地 I/O 节点之间进行数据传输的双重化实时通信总线。网络拓扑构成:总线型;通信速率:

128Mbps;每台控制站可连接14个I/O NODE;ESB总线最大通信距离10m。

(5)ER总线(Enhanced Remote Bus)用于控制站内本地I/O节点与远程I/O节点之间进行数据传输的双重化实时通信总线。网络拓扑构成:总线型;通信速率:10Mbps;每台控制站可从本地节点连接八个远程I/O节点。

(6)OPC SERVER(OPC服务器)用于连接DCS控制系统和工厂上位管理网及其他外围设备的通信接口。

(7)System Integration OPC Station(SIOS)OPC系统集成网关用于将系统控制总线V net/IP与子系统以太网相连接的网关。

(8)V net/IP控制总线用于进行操作监视及信息交换的双重化实时控制网络,兼容V-net和TCP/IP协议。通信速率:1Gbps;通信距离最大40km;连接站数:64站/域、256站/系统。

二、系统特点

系统的结构决定了系统具有下述特点。

(一)开放的网络结构

采用Windows XP标准操作系统,支持OPC,既可以直接使用PC机通用的MS-Excel,Visual Basic编制报表及程序开发,也可以同时在UNIX上运行的大型Oracal数据库进行数据交换。此外,横河公司提供了系统接口和网络接口用于与不同厂家的系统、产品管理系统、设备管理系统和安全管理系统进行通信。

(二)高可靠性

独家采用了4CPU冗余容错技术(pair & spare成对热后备)的现场控制站,实现了在任何故障及随机错误产生的情况下进行纠错与连续不间断地控制;I/O模件采用表面封装技术,具有1500VAC、分抗冲击性能;系统接地电阻小于100Ω等多项高可靠性尖端技术,使系统具有极高的抗干扰、耐环境等特点,适用于运行在条件较差的工业环境。

(三)高速的控制总线

CS3000采用横河公司的V-NET/IP控制总线,该控制总线速度可高达1Gbps,满足了用户对实时性和大规模数据通信的要求。在保证可靠性的同时,又可以与开放的网络设备直接相连,使系统结构更加简单。而且横河公司已经将该标准提交IEC组织,希望将该标准作为下一代控制系统的总线标准。

(四)现场控制站的高效性

控制站FCS采用高速RISC处理器VR5432,可进行64位浮点运算,具有强大的运算和处理功能。此外,还可以实现诸如多变量控制、模型预测控制、模糊逻辑等多种高级控制功能。

(五)支持各种工业标准信号的输入、输出卡

CS3000有丰富的过程输入、输出接口,并且所有的输入、输出接口都可以冗余。

(六)高效的工程化方法

CENTUM-CS3000采用Control Drawing图进行软件设计及组态,使方案设计及软件组态同步进行,最大限度地简化了软件开发流程;提供动态仿真测试软件,有效地减少了现场软件

调试时间。

(七)可扩展性

具有构造大型实时过程信息网的拓扑结构,可以构成多工段、多集控单元,以及全厂综合管理与控制综合信息自动化系统。

(八)与既有系统的兼容性

CENTUM - CS3000 与横河公司以往的系统可通过总线转换单元方便地连接在一起,实现对既有系统的监视和操作,保护用户投资利益。

三、现场控制站

横河电机提供的现场控制站(FCS)是新一代的控制站。它集过程控制功能、计算机和批量控制过程为一体,对过程数据采用循环扫描的方式,每个功能块的循环扫描周期可以单独定义(从 50ms ~ 1s)。

控制站 FCS 所有的模件都采用集成度高、散热量低的固态电路以及表面封装技术,防尘、抗干扰能力强,适合各种恶劣的运行环境。模件的编址与物理位置的对应关系简单明了,容易掌握。模件带电插拔不会引起本模件故障,也不会影响其他模件的正常工作。模件插拔都有导轨和连锁装置,防止损坏或引起故障。模件通用性强,种类规格少,有效地减少了备品备件的费用支出。图 5 - 31 所示为现场控制站功能构成图。

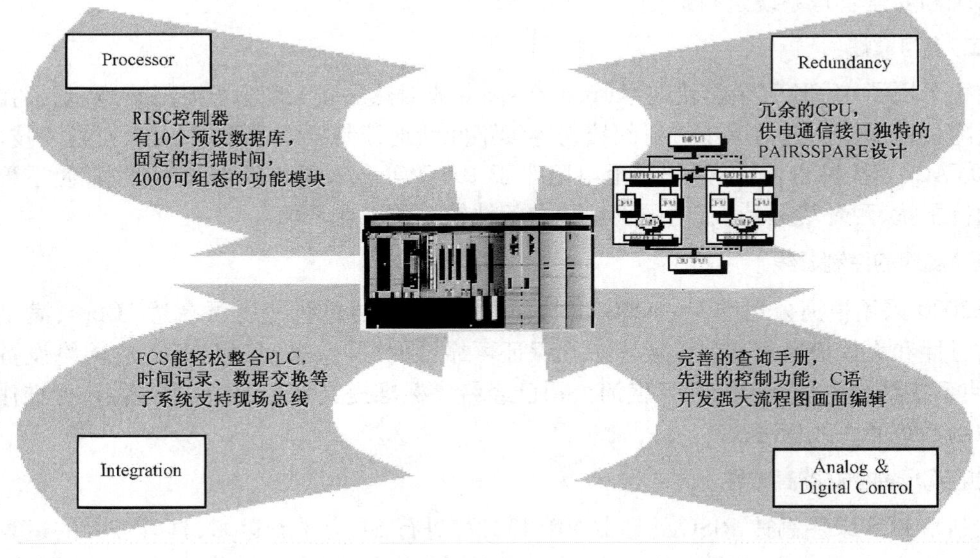

图 5 - 31 现场控制站功能构成图

图 5 - 32 所示为横河 CENTUM CS3000 FCS(现场控制站)以及 FIO(现场 I/O)系统连接方式示意图。系统包括以下主要的组件:现场控制站;节点单元(本地、远程);Vnet/IP 控制总线;I/O 总线 - ESB 总线(本地 I/O)和 ER 总线(远程 I/O);I/O 模块。

(一)现场控制站(FCS)

CENTUM CS3000 系统 FCS 可以最多支持 14 个 I/O 节点单元,每节点单元可安装 8 块输

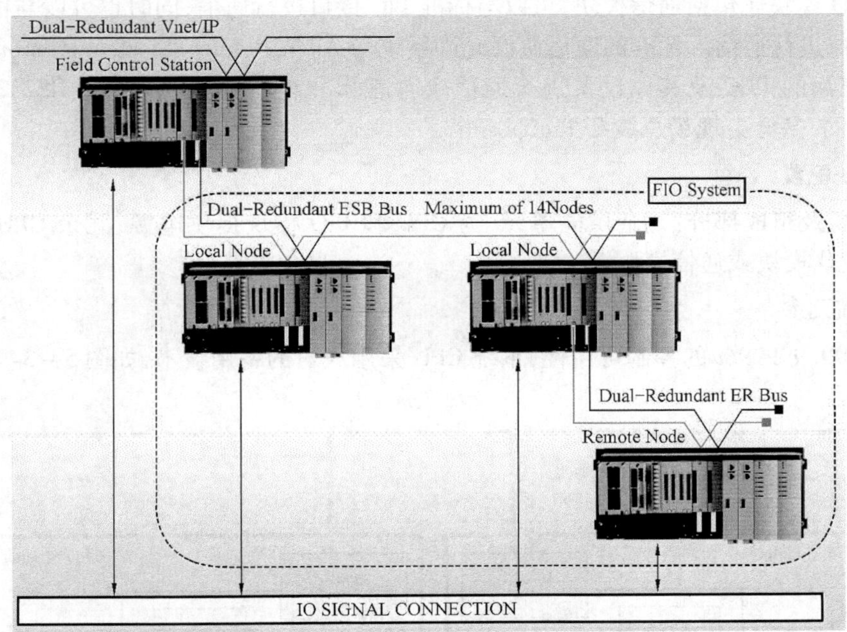

图 5－32 现场控制站的连接方式

入、输出模块。一个典型的 FCS 可以支持大约 200 个模拟量点或 1000 个数字量点；一个扩展的 FCS(带 LFS1500 数据包)可以支持 1280 个模拟量点或 4096 个数据量点。实际的 I/O 数量取决于不同的因素，如模拟量 I/O 和数字量 I/O 混合的情况、扫描周期要求等。对 CPU 的负载进行计算，可以决定系统的规模大小。现场控制站外形如图 5－33 所示。

图 5－33 现场控制站外形

过程 I/O 是由安装在 I/O 节点单元背板上的 I/O 模块接入 FCS 系统。I/O 节点单元提供自身供电，同时对模拟量 I/O 及通信模块供电。

模拟量 I/O 模块具有对现场信号的调节功能。模块输出格式为浮点型工程单位数据，符合 IEE475 标准。数字量 I/O 模块向 I/O 节点单元收、发数字量状态。

过程 I/O 模块还包括通信模块,可以与标准 PlC 接口进行通信,同时也可以与可开发的非标准系统接口进行通信。标准的通信协议允许系统与 Allen Bradley、Siemens、Omron、Modicon、Mitsubishi、横河的 PLC 及其他设备进行通信。通信标准有 HART for AI/O、RS232C、RS422、RS485、以太网、基金会现场总线和 Profibus 等。

(二)系统配置

系统配置及组成部分:冗余供电单元,为 CPU 和 I/O 模块提供电源;冗余 CPU;八个 I/O 插槽,可插 I/O 模块或通信模块。

(三)系统冗余

为达到 99.99999% 的控制可用性,系统 CPU 采用成对的备用技术,如图 5-34 所示。

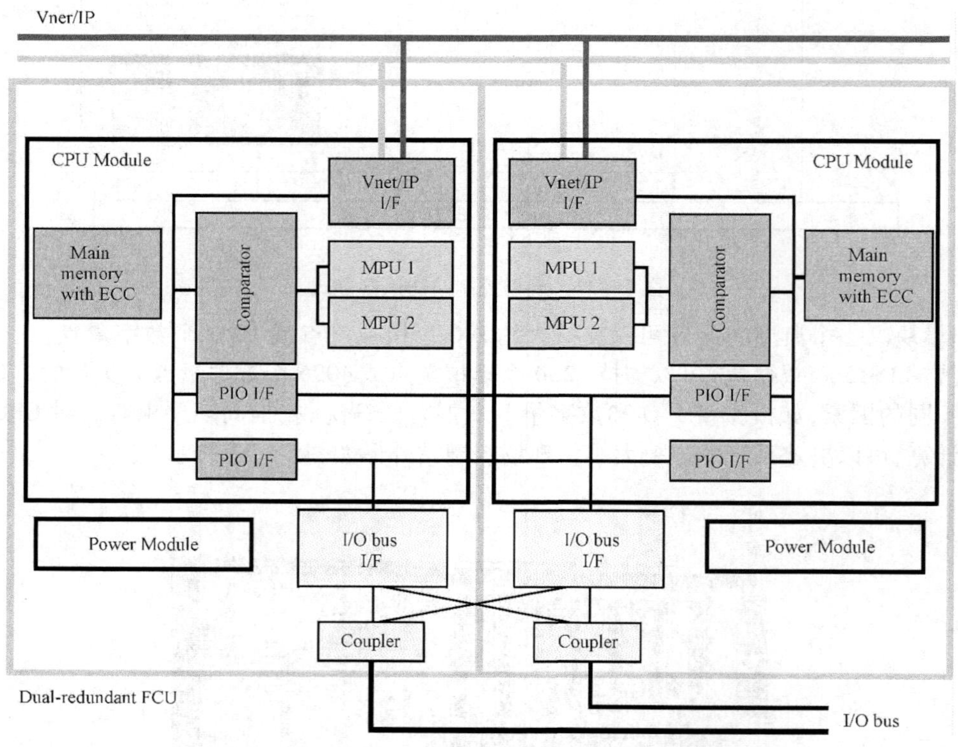

图 5-34 成对备用技术示意图

现场控制站处理器采用“成对备用”的结构,即每个处理器单元都包含两个 CPU,两个 CPU 同时工作并时刻对输出的内容进行相互比较,以便在有差异的情况下可以切换到备用的处理器,并保证内容的同步。这种独特的结构可以使 FCS 具有其他控制系统所不能达到的优势,即:

(1)瞬间便可完成从故障端处理器到备用端处理器的切换。

(2)成对的处理器可同时保证数据的完整性,只用一个数据位便可完成错误检测。这种出众的错误检测机制可以使用户在微处理器系统瞬时故障发生时,灵活地实现过程参数的安全控制。

(3)处理器的自诊断功能可以在一个错误发生后,监测出真正的错误原因所在。如果错误是即刻的,如瞬时的信号错误,则处理器可自动地恢复到正常状态。

(4)I/O 节点单元通过冗余的 I/O 总线(ESB 总线或 ER 总线)连接 FCS,有本地、远程两种形式。节点单元采用 19in 机架安装的方式,使安装更加简便。

节点单元的标准温度规格为 0~50℃(32~122℉),安全等级为 Zone2/Div 1 Class 2 本安型,气体防腐符合 G3 标准,可选温度等级为 -20~70℃(-4~158℉)。另外,可为模拟量、数字量输入、输出型号选择隔离或不隔离类型。

(四)现场控制站 I/O 模块

FCU 为现场控制站中央控制单元,在 DCS 领域率先采用了可靠性极高的四个 CPU 的"Pair&Spare""Fail Safe"结构设计,实现了完全的容错冗余,解决了过去的单纯双重化方式下不能解决的问题。现场控制站 I/O 模块如图 5-35 所示。

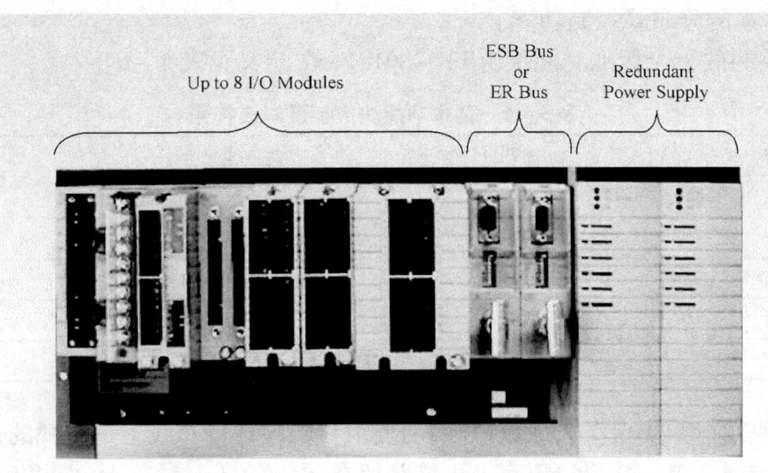

图 5-35 现场控制站 I/O 模块

CPU 硬件采用 VR5432 的 RISC 处理器,32MB 误码校正存储器,可进行 64 位浮点运算,具有强大的控制运算功能。

1. 连续控制功能块

连续控制功能块包括用于过程监视和控制的 PID 控制器、自整定 PID-STC、输入指示、软手操、信号选择器等。

2. 顺序控制功能块

顺序控制功能块用于实现顺序安全连锁。工艺管理顺序控制和在回路仪表级实现通用顺序功能的顺序功能块。顺序控制的表达形式是顺控表或逻辑图。

3. 计算块

计算功能是连续控制功能和顺序控制功能的补充,对模拟信号以及接点逻辑信号进行运算,也可提供高速的趋势功能块。

4. 仪表面板功能块

一个仪表面板(单一工位)可以代表一个或多个功能块,可提供模拟、顺序和混合型的仪表面板块。

5. 其他功能块

顺序执行可以用顺序功能图(Sequence Function Chart)来表示,这种功能块用 SFC 语言,符合 IECSC65A/WG6 标准。SEBOL 语言也可用于顺序控制。

四、基本功能块

用户层的核心是功能块,功能块是数据采集、控制及输出等应用当中通用功能的一般化模型,是传统现场仪表与控制系统中,诸如模拟输入(AI)处理、模拟输出(AO)处理以及 PID 控制运算等基本功能的进一步推广。通过功能块模型及其参数,可以组态、维护以及定制用户应用,易于实现基本的分布式控制功能。

(1)基本控制的十个标准功能块由 FF-891. Part2 定义见表 5-6。

表 5-6 基本功能块类型及对应符号

功能块名称	符号	离散输出	DO
模拟输入	AI	手动装入	ML
模拟输出	AO	比例微分	PD
偏置/增益	BG	比例积分、微分	PID
控制选择	CS	比率系数	RA
离散输入	DI		

一个功能块的行为决定于其参数值,而功能块参数在现场总线上是可视的,并可借助网络通信服务进行访问。单一功能块事实上可能驻留在网络的任一设备上,而相互连接构成某一特定应用的一组功能块则可能驻留在一个设备中,也可能分布在不同的现场设备当中。

(2)变换块是传感器与执行器的模型,具有类似功能块的描述结构。传统的传感器,如压力变送器等,可映射为变换块。变换块将功能块与特定的 I/O 硬件相隔离,并借助制造商特定的实现方法控制对 I/O 的访问,包括从 I/O 获取数据或将控制数据发送给 I/O。一个变换块通过功能块的通道号参数“CHANNEL”,实现与功能块间的连接。

变换块与功能块不同,其与硬件电路及测量原理有关。例如,压力变送器和电磁流量计具有不同的测量原理,但可提供近似的测量值。二者共同的部分是建模为模拟输入(AI)块,不同的部分是建模为变换块,由变换块提供关于测量原理的信息。

(3)一个功能块参数可分为三类:输入参数、输出参数及内含参数。内含参数既不是输入参数,也不是输出参数,只能够根据要求,采用 Read 或 Write 申请来对其访问,访问可根据 FMS 索引号来进行。功能块参数具有连续的索引号,其数据类型可以是基金会现场总线定义的任意数据类型。资源块与变换块只具有内含参数。功能块参数又可划分为动态参数与静态参数,其中动态参数值在功能块执行时会发生改变,在断电时,其值会丢失。而静态参数在功能块执行时不会改变,但可要求对其进行写操作,静态参数的数值上电后是可以恢复的。输入、输出参数及一部分内含参数是由参数数值(VALUE)及参数状态(STATUS)两部分组成的记录描述,状态域显示出该数值是否是可用的,如可用,则状态为“好(GOOD)”,否则为“坏(BAD)”。但该功能块不能够100%确认该值是否可用时,参数状态则为“不确定(UNCERTAIN)”。功能块有一个选项,可将“不确定”解释为“好”或“坏”。功能块根据实际模式进行工作,实际模式由目标模式和参数状态决定,而目标模式只能在允许模式中选择。具体可选择的运行模式包括:O/S、MAN、AUTO、CAS、RCAS以及ROUT。在O/S(Out of service)模式下,功能块不做任何事情,仅仅设置参数状态为BAD。在MAN(Manual)模式下,功能块的执行不影响其输出。在AUTO(Automatic)模式下,该功能块的执行独立于其上游的功能块。在CAS(Cascade)模式下,功能块接收来自于上游功能块的设定值。不同的功能块,其允许模式是不同的,例如,资源块只有O/S和AUTO两种模式。变送器块可有O/S、MAN及AUTO三种模式。

① 失效模式(O/S):功能块的输出值不再随着外界变化,而是维持在最后的输出值上,或者维持在设定的安全值上。

② 初始化模式(IMAN):功能块的输出值由反向输入(BKCAL_IN)值设定。

③ 手动模式(MAN):功能块的输出值不通过计算,它直接由操作员通过接口设备设定。

④ 自动模式(AUTO):在计算功能块的输出时,设定点由操作员通过接口设备设定。

⑤ 级联模式(CAS):在计算功能块的输出时,设定点通过级连输入(CAS_IN)由其他功能块的输入参数设定。

五、系统管理

系统管理是所有基金会现场设备中重要的应用进程,用以管理设备信息,并协调分布式现场总线系统中各设备的运行。基金会现场总线采用管理员—代理者模式,每个设备的系统管理内核(SMK)承担代理者的角色,对来自系统管理者的指示做出响应。系统管理者可全部包含在一个设备中,也可分布在多个设备之间。包括功能块调度表在内的系统管理所需要的所有组态信息都由每一设备中的网络与系统管理VFD中的对象描述提供,该VFD提供了对系统管理信息库(SMIB)以及网络管理信息库(NMIB)的访问。

(一)设备管理

帮助获得在特定地址上有关设备的信息,包括:

(1)设备ID、设备制造商、设备名及类型。

(2)利用设备ID,为设备分配节点地址。需要指出,即使设备的节点地址被复位,设备依然能够借助特殊的缺省地址空间(0xF8 - 0xFB)中的某一地址接入网络中。

(3)给设备设置物理设备位号。每一现场总线设备必须具有唯一的网络地址及物理设备位号,以进行正确的总线操作。SMKP提供特定服务,用来给设备分配网络地址及物理设备位号。

(4)根据物理设备位号寻找设备。

(二)功能块管理

功能块算法必须在规定的时刻启动执行,系统管理—代理存储有功能块的调度信息,会在规定的时刻启动功能块的执行。宏周期是总的系统周期,调度表内时间设计为距离宏周期起始点的时间偏移量。

(三)应用时间管理

在系统中的所有系统管理—代理内部都持有应用时间(或称为“系统时间”),用于记录事件发生的时刻。系统时间与链路调度时间(又称为“网络时间”)是不同的。链路调度时间是数据链路层中的本地时间,用于通信及功能块的执行。系统时间是更加通用的时间,其在包含多个现场总线网络的系统中,所有设备内都是相同的。

应用时钟通常被设置成等于本地当日时间(不同于数据链路时间)。系统管理者有一个时间发布器,它向所有现场总线设备周期性地发布应用时钟同步信息,数据链路调度时间与应用时钟信息一起被采样、发送,以使接收设备可以调整它们的本地时钟。在时间同步间隙,每一设备内部基于自身的内部时钟,独立维持着应用时钟的时间更新。

思 考 题

1. 和 DCS 相比,现场总线控制系统在哪几个方面有较大突破?
2. 现场总线控制系统在采用技术方面有哪些特征?
3. 常用的现场总线通信方式有几种?
4. 与常规仪表对比,现场总线仪表在信号传输上有什么优势?
5. 现场总线仪表和系统的结构关系如何?
6. 现场总线控制系统有哪些基本功能块?
7. 现场总线控制系统在设备管理方面有什么特点?

第六章　安全仪表系统

第一节　概　　述

根据IEC标准,安全型系统(safety – related system)适用于所有工业系统。通常所说的安全控制系统就是指仪表和控制设备构成的保护系统,主要包括现场检测仪表、控制逻辑单元和现场执行装置三部分,其中控制逻辑单元是整个控制系统的核心。在安全控制系统的设计中,为了定量分析各种生产装置的安全性,IEC61508定义了四个安全度等级,每个等级包括两个定量的安全要求,即系统连续操作每小时故障概率(PFH)和按要求模式执行指定功能的故障概率(PFD)。安全控制系统的设计以及系统结构既要满足工业过程的安全度要求,又要保证可靠性和可用性,因此,必须对具体的工业过程进行安全评价。我国目前还没有具体的安全等级评价和设计标准,而目前国际上通用的标准有德国的DIN19250、美国的ISA S84.01和IEC 61508,权威的认证机构有德国的TUV。

SIS是Safety Instrumented System的简称,中文的意思是安全仪表系统,它是根据美国仪表学会(ISA)对安全控制系统的定义而得名的。安全仪表系统(SIS)也称为紧急停车系统(ESD)、安全连锁系统(SIS)或仪表保护系统(IPS)。

安全仪表系统(SIS)用于监视生产装置或独立单元的操作,如果生产过程超出安全操作范围,可以使其进入安全状态,确保装置或独立单元具有一定的安全度。安全仪表系统(SIS)不同于批量控制、顺序控制及过程控制的工艺连锁,当过程变量(温度、压力、流量、液位等)越限,机械设备故障,系统本身故障或能源中断时,安全仪表系统(SIS)能自动(必要时可手动)地完成预先设定的动作,使操作人员、工艺装置处于安全状态。

容错技术是Tricon控制器最重要的特性,它可以在线识别瞬态和稳态的故障并进行适当的修正。容错技术提高了控制器的安全能力和可用性,使过程得到安全控制。

第二节　安全仪表系统安全等级要求

近年来,由于钢铁、石化、核电及过程成套设备等工业产品的飞速发展,防止火灾、爆炸等事故的发生已成为非常突出的问题。国外尤其是欧共体国家,在功能安全的评估方面有着越来越强烈的要求,因此,要求取得认证的产品越来越多,产品的范围也在逐步扩大。对于安全事故多发的我国,功能安全和安全完整性等级只是作为一个名词概念,在国内工业领域内流传。由于安全生产越来越引起国家领导人和民众的广泛关注(人的生命高于一切),已成为衡量现代工业的重要指标,特别是国外工程投资的增加和工程设计的全面介入,带动了我国安全仪表系统功能安全技术的应用需求。因此,对用于安全系统中的相关产品进行安全完整性的认证是非常必要的。

一、安全完整性等级(SIL)

美国、欧共体等国家相继在各自工业领域开展对功能安全的研究,制订了相应的国家标准,直到2000年IEC 61508.1—7《电气、电子和可编程电子安全相关系统的功能安全》标准的颁布,才标志着功能安全作为独立的安全学科,进入实际的应用阶段。

IEC 61508发布后,欧盟的强制指令(如ATEX指令)、美国职业安全与卫生管理局、美国环保署和英国(HSE)都将其纳入安全法规范畴。

随后,各个应用领域的功能安全标准也相继制定,2003年颁布IEC 61511.1—3《过程工业领域安全仪表系统SIS的功能安全》标准,2005年颁布IEC 62061《机械安全与安全有关的电气、电子和可编程序电子控制系统的功能安全》。IEC 61784—3 Data communications for measurement and control – Part 2 Profiles for functional safety communications in industry networks(用于工业网络功能安全通信)正在制订中。这些标准都以安全完整性等级(SIL)来评估仪表和系统的风险程度。

二、安全相关系统功能安全评价标准简介

IEC 61508是基于安全相关系统的可靠性,它是安全相关系统功能安全的基础标准,由七个部分组成,描述了安全相关系统的软件、硬件的要求(从危险分析和安全功能的详细说明开始,直到系统停用和处理)。它提出了四个安全完整性等级,提出了影响安全完整性等级的两个因素以及安全故障的比例和目标失效量的测量。

IEC 61511是IEC 61508在过程工业领域的应用。本标准给出了安全仪表系统的规范、设计、安装、运行和维护要求,以及它的应用指南和确定要求的安全完整性等级的指南,主要适用于包括化工、炼油、油气生产、纸浆和造纸等在内的过程控制领域。它适用于安全仪表系统的设计师、集成商和用户,但并不适用于过程工业领域的安全仪表系统的制造商。

IEC 62061是IEC 61508在机械应用领域中E/E/PES的功能安全要求,它包括机械设计完整性、安全相关电气控制系统的有效性等方面的要求和建议。本标准只考虑高要求(连续)操作模式下的安全完整性等级。

上述标准的区别是IEC 61508是一个基础标准,而IEC 61511和IEC 62061是基于IEC 61508在各自工业领域中的功能安全应用标准。

三、认证的模式

根据ISO/IEC出版物《认证的原则与实践》,将现行的认证制度归纳为八种模式。安全完整性等级(SIL)认证的模式应按产品的不同,而分为"型式试验+工厂质量体系评定+认证后监督"或"型式试验+工厂质量体系评定"。SIL的评估是贯穿于系统和产品的全生命周期的。

四、对评估人的要求

在IEC61508.1中对评估人员和部门做了规定。可进行功能安全评估的人、部门或组织必须是独立的,与被评估的项目没有任何关系。对于SIL1的系统可以由个人或部门来完成,SIL2的系统可以由相关的部门进行。只有SIL3以上的系统和产品要求第三方机构来认证。

五、SIL 认证涉及的基本概念和认证内容

(一)功能安全的概念

功能安全是与 EUC 或 EUC 控制系统有关的整体安全的组成部分,取决于电气、电子和可编程电子(E/E/PE)安全系统,其他技术安全系统,以及外界风险降低设施功能的正确行使。

正确行使的主要内容包括管理和技术两方面,即在技术上和管理上保证 E/E/PE 安全系统、其他技术安全系统和外界风险降低设施在需要时能执行安全功能。在过程工业领域,如石化、化工等,是用安全仪表系统来表述安全相关系统,即 SIS(Safty Instrumented Systems)用来实现一个或几个仪表安全功能的仪表系统,可以由传感器、逻辑解算器和终端元件的任何组合组成。

仪表安全功能(Safty Instrumented Function)就是具有某个特定 SIL 的,用以达到功能安全的安全功能,它既可以是安全保护系统,也可以是安全控制系统。

(二)SIS 整体安全生命周期

一个 SIS 整体安全生命周期包括概念、整体范围定义、危险和风险分析、整体安全要求、安全要求分配、整体的安全计划编制(操作和维护计划、整体安全确认计划、整体安装和试运行计划)、E/E/PES 安全相关系统的实现、其他安全相关系统的实现、外部危险降低设施的实现、整体安装和试运行、整体安全确认、整体操作维护和维修、整体修改和改型、停用和处理。

在整体安全生命周期的各阶段都有各自相关的功能安全活动和要求。其中 E/E/PES 安全相关系统的实现包括两个部分,即硬件的实现和软件的实现。这个阶段是通过设计满足系统的 SIL 要求。E/E/PES 安全相关系统的实现阶段包括安全要求规范(安全功能要求规范和安全完整性要求规范)、安全确认计划、设计和开发、集成、操作和维护规程、安全确认。

软件安全生命周期(实现阶段)包括:软件安全要求规范(安全功能要求规范和安全完整性要求规范)、软件安全确认计划、软件设计和开发、PE 集成(硬件和软件)、软件操作和维护规程、软件安全确认。

(三)功能安全的评估

功能安全评估的目的是调查并判断 E/E/PE 安全相关系统所达到的功能安全。对 SIS 的功能安全评估可从两个方面来进行。

第一,评估为了确保满足功能安全目的所必需的管理活动是否有效。

第二,评估安全仪表系统或安全仪表是否达到了要求的 SIL。

如何确认设计和生产的安全仪表和 SIS 的 SIL 达到要求？可以从下述几个方面来考虑。

1. 建立功能安全管理体系

建立功能安全管理体系目的是确定整体的、E/E/PES 的和软件的安全生命周期所有阶段的管理和技术活动,这些阶段是达到 E/E/PE 安全相关系统要求的功能安全所必需的;确定人员、部门和组织对整体的、E/E/PES 的和软件的安全生命周期各阶段或各阶段中活动所负的责任。通过体系来保障能达到要求的安全完整性。

2. 建立与功能安全相关的文件

有关文件应规定能够有效执行整体安全生命周期、E/E/PES 安全生命周期和软件安全生

命周期各阶段所必需的信息;规定能够有效执行功能安全管理、验证以及功能安全评估等活动所必需的信息。在对有关的报告和记录功能进行安全评估时,为了满足 IEC61508 对文档的要求,在整体安全生命周期的各阶段的各个活动都要给出相关的文档。

3. 安全完整性和安全完整性等级的确定

安全完整性是指在规定条件下、规定时间内成功实现所要求的仪表安全功能的平均概率。安全完整性等级是用来规定分配给 SIS 安全功能的安全完整性要求的分离等级,记为 SIL,共分四个等级,SIL4 为最高等级。

IEC61508—1 规定了目标失效量,在确定安全完整性时,应包括导致非安全状态的所有失效因素(硬件随机失效和系统失效)。安全相关系统使用方式,按要求产生的频率可分为:低要求模式(≤1 次/年)和高要求或连续模式(>1 次/年)。低要求模式和高要求模式 SIL 的目标失效量是不同的,见表 6-1。

表 6-1 低要求模式和高要求模式 SIL 的目标失效量

SIL	风险降低	低要求操作模式下(平均失效概率)	高要求或连续操作模式下(每小时危险失效概率)
1	10~100	$\geq 10^{-2} \sim < 10^{-1}$	$\geq 10^{-6} \sim < 10^{-5}$
2	100~1000	$\geq 10^{-3} \sim < 10^{-2}$	$\geq 10^{-7} \sim < 10^{-6}$
3	1000~10000	$\geq 10^{-4} \sim < 10^{-3}$	$\geq 10^{-8} \sim < 10^{-7}$
4	10000~100000	$\geq 10^{-5} \sim < 10^{-4}$	$\geq 10^{-9} \sim < 10^{-8}$

4. 硬件 SIL 的评估

1)硬件故障裕度的要求

硬件故障裕度是指部件或子系统在出现一个或几个硬件故障的情况下,功能单元继续执行所要求的仪表安全功能的能力。硬件故障裕度 N 意味着 $N+1$ 个故障会导致全功能的丧失。例如,硬件故障裕度为 1,表示如有两台设备,它们的结构应使得两个部件之一的危险失效不得阻止安全动作发生。对仪表安全功能而言,传感器、逻辑解算器和最终元件应具有最低的硬件故障裕度,硬件故障裕度表示了最低的部件或子系统冗余。

2)硬件安全完整性的结构约束

硬件安全功能所声明的最高安全完整性等级受限于硬件故障裕度及执行该安全功能的子系统的安全失效分数(SFF)。在进行 SIL 评估时,首先要根据部件或子系统的失效模式是否已知、数据是否可靠、故障行为是否确定来区别硬件的结构约束。然后,进行 SFF 及 PFD 计算,可以得到相对应的 SIL,即部件和相关子系统的安全完整性等级。在确定子系统最大硬件安全完整性等级时,必须考虑系统结构约束,即在 SFF 确定前提下,故障裕度要求与 SIL 的对应关系。

5. SIL 认证的结论

要满足功能安全标准的要求,必须证明提出的所有要求都符合相关功能安全标准的规定(如安全完整性等级)并已达到各章和各条的要求。但是对于有些系统和仪表只要有理由认为是不必要的,标准中的这些条款要求是可以不考虑的。在功能安全评估结束时,它的结论只有三个,即接受、有条件的接受或不接受。

6. 功能安全与 EMC 环境的关系

一个 E/E/PES 安全相关系统在执行安全功能时，如果遇到电磁骚扰，可能会产生错误、误动作、故障和损坏，从而导致安全相关系统的性能下降或失效，甚至引起危险。在功能安全标准中特别强调了 E/E/PES 安全相关系统对系统的 EMC 特性进行评估，以保证要求 SIL 规定的失效率。目前国际上相关组织正着手研究和制订安全相关系统（设备）的电磁兼容性要求，在这种背景下形成了 IEC 61326—3（草案）。IEC 61326—3（草案）规定了安全相关系统设备的抗扰度水平的附加要求，而且与安全相关系统（设备）的 EMC 性能判据也不同于通用标准和 IEC 61326—1 定义的性能判据。因此，在认证时，产品必须符合与功能安全相关的电磁兼容的要求。

第三节 TRICON TMR 系统概述

一、TRICON 系统概述

TRICON 系统是一种现代化的可编程逻辑与过程控制器，它提供了高水平的系统容错能力，可作为石化生产装置的连锁保护系统，实现装置的紧急停车。

对于 V9 型 TRICON 系统，有三种形式的机架：主机架、扩展机架和远程延伸机架。主机架与扩展机架最多相距 30m，与远程延伸机架最多相距 2km。系统最多包含一个主机架、八个扩展机架和六个远程延伸机架，支持总数多达 118 组输入、输出模件或通信模件，最大点数为：2048 个数字输入点，1024 个数字输出点，1024 个模拟输入点，512 个模拟输出点和 80 个脉冲输入点。其通信模件不仅可与 Modbus 装置和集散控制系统（DCS）连接，还能通过点对点（Peer—to—Peer）或 802.3 网络与外部主机相连接。

TRICON 系统通过三重化冗余结构（TMR）实现容错能力。系统有三个完全相同的分支，每一分支都能独立地执行控制程序，并与其他两路并行工作。专用的软件、硬件机制可对 I/O 进行“三取二表决”。图 6－1 为 TRICON 控制器的三重化结构图。

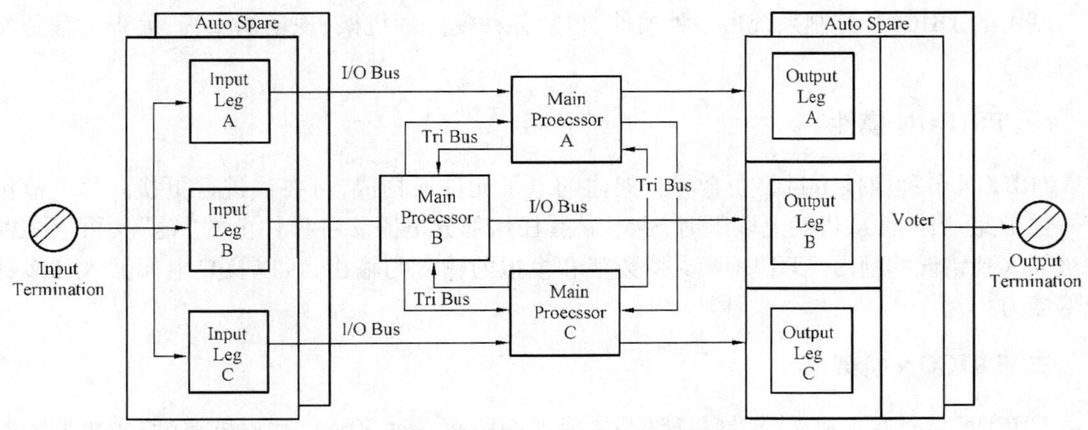

图 6－1 TRICON 控制器的三重化结构图

硬件表决机制则对所有来自现场的数字式输入和输出进行表决和诊断。模拟输入则进行取中值的处理。因为每一个分电路都是和其他两个隔离的,任一分电路内的任何一个故障都不会传递给其他两个分电路。处理故障如果需要拆卸或更换有故障的分电路模件都可以在线进行,而不中断过程控制(在有热备卡件的情况下,确认热备卡件处于工作状态,方可进行)。对于各个分电路、各模件和各功能电路都具有诊断功能,能够及时地检查到运行中的故障,并进行指示或报警。诊断还可以把有关故障的信息存储在系统变量内,在发现有故障时,操作员可以利用诊断信息以修改控制动作,或者指导其维护过程。

二、TRICON 系统的特点

(1)提供三重模件冗余结构;三个完全相同的分电路各自独立地执行控制程序;能耐受严酷的工业环境。

(2)能够现场安装,可以现场在线地进行模件的安装和修复工作而不需打乱现场接线;能支持多达 118 个 I/O 模件(模拟的和数字的)和选装的通信模件,通信模件可以与 Modbus 主机和从属机连接,或者 Foxboro 与 Honeywell 分布控制系统(DCS)、其他在 Peer - to - Peer 网络内的各个 TRICON,以及在 TCP/IP 网络上的外部主机相连接。

(3)可以支持位于远离主机架 12km(7.5mile)以内的远程 I/O 模件。

(4)利用基于 WINDOWS NT 系统的编程软件完成控制程序的开发及调试。

(5)在输入和输出模件内备有智能功能,减轻主处理器的工作负荷。每个 I/O 模件都有三个微处理器。输入模件的微处理器对输入进行过滤和修复,并诊断模件上的硬件故障。输出模件微处理器对输出数据的表决提供信息、通过输出端的反馈回路电压检查输出状态的有效性,并能诊断现场线路的问题。

(6)提供全面的在线诊断,并具有修理能力,可以在 TRICON 正常运行时进行常规维护而不中断控制过程。

第四节 TRICON 系统硬件及配置

基本的 TRICON 控制系统由各种模件、容纳各种模件的机架、现场端子板、编程工程师站等组成。

一、TRICON 模件

TRICON 各种模件由封装在金属骨架内的电子元件所构成,可在线进行更换。每个槽位有一保护盖,当模件从机架上取下时,也不暴露任何部分电路。各模件上的“键”又可避免模件被插入到错误的槽内。TRICON 支持数字和模拟的输入与输出点,以及热电偶输入和多种通信能力。

二、TRICON 机架

TRICON 机架有主机架、扩展机架(与主机架的距离最远 30m)、远程机架(与主机架的距离最远 12km)三种形式。

(一)主机架

主机架的前视图如图 6－2 所示。图中 A 为带有机架号的键开关；B、C 为冗余电源模件；D、E、F 为三个主处理器；G 为网络通信模件（NCM），在 COM 槽内；H、I 空白；J、K 为数字输入模件，带热备；L、M 空白；N、O 为数字输出模件，带热备；P、Q 留空；R 为加强型智能通信模件（EICM）；S 空白。

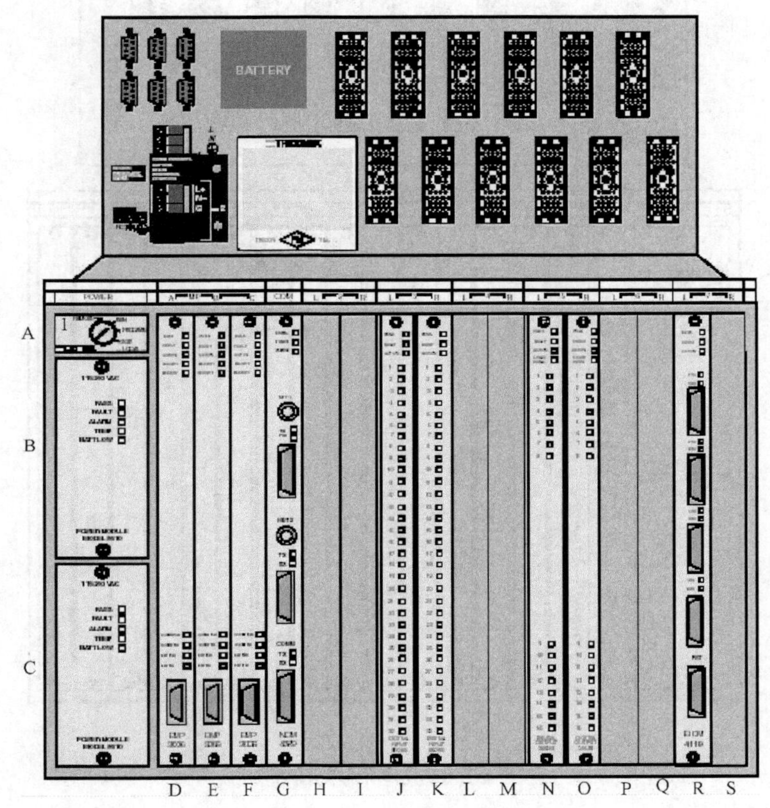

图 6－2 主机架的前视图

主机架可以支持下列模件：

两个电源模件；三个主处理器；通信模件，例如，ICM、NCM、ACM 或者 SMM；I/O 模件，带热备；通信模件（仅限于 2 号扩展机架）。

每个机架具有不同的总线地址（1～15）；机架内的每个模件具有地址，由位置或槽位决定它的具体地址。主机架上有一个四位置的键开关，用以控制整个的 TRICON 系统。开关的设定为 RUN（运行）、PROGRAM（编程）、STOP（停止）和 REMOTE（远程）。

TRICON 系统的主机架安装主处理器模件，以及最多六个 I/O 模件组。在机架内的各 I/O 模件通过三重的 RS－485 双向通信口而连接。

(二)扩展机架

扩展机架的前视图如图 6－3 所示。图中 A、B 为冗余电源模件；C、D 为网络通信模件，相邻槽口;E、F 为数字输入模件,带热备;G、H 为数字输入模件,带热备;I、J 为数字输入模件,带热备;K、L 为数字输入模件,带热备;M、N 为数字输入模件,带热备;O、P 为数字输入模件,带热备;Q、R 为数字输入模件,带热备。

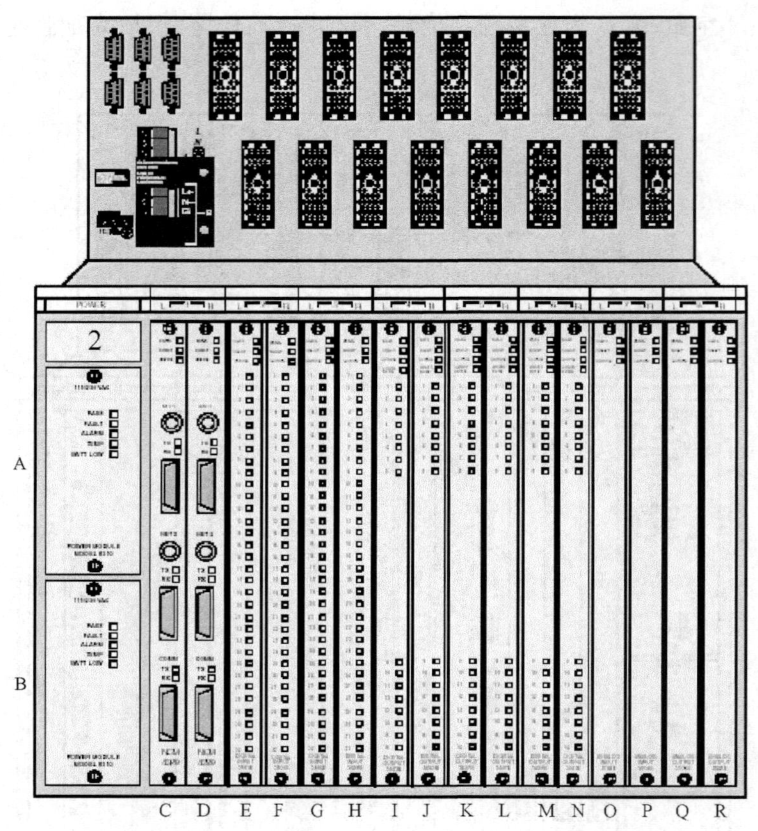

图 6-3 扩展机架的前视图

如图 6-4 所示,在 V9 TRICON 系统的配置中有:3 号扩展机架;4~14 号扩展机架;15 号扩展机架;2 号扩展机架;主机架(1 号机架);TriStation(IBM PC 兼容)。扩展机架(机架号 2~15)每一个可以支持最多八个 I/O 组。扩展机架通过一个三重的 RS-485 双向通信口而与主机架连接。可以用来连接一组主机架和扩展机架的标准缆的总长最多为 30m(100ft)。

RS-485 扩展总线口如图 6-5 所示。图中:① 表示 I/O 总线口;② 表示 TRICON 机架前视图;③ 表示 I/O 总线连接;OUT A 表示支路 A 出口;OUT B 表示支路 B 出口;OUT C 表示支路 C 出口;IN A 表示支路 A 入口;IN B 表示支路 B 入口;IN C 表示支路 C 入口。

三、TRICON 现场端子板

外部端子板 ETP 用来与现场的设备连接。另外,ETP 可以将电缆直接连接到 TRICON 背板顶部的 56 针的接头上。

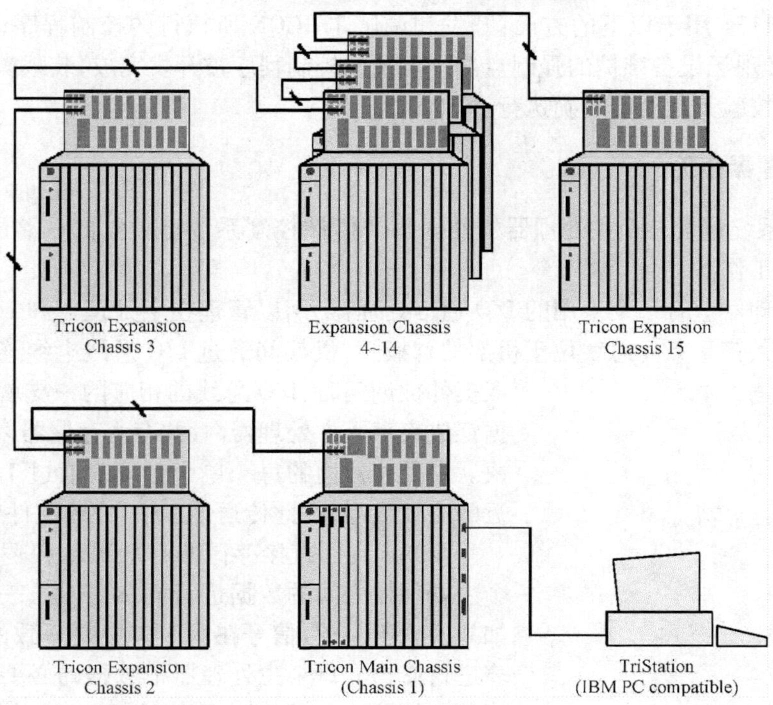

图 6－4 V9 TRICON 系统的配置

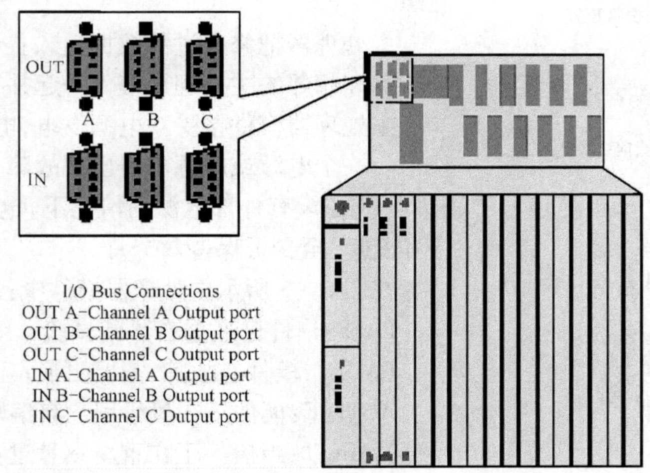

图 6－5 扩展总线口

四、编程工程师站

TRICON 系统通过称为 Tristation 的工程及维护用的工程师站进行编程。Tristation 1131 的开发平台运行环境是 WINDOWS NT4.0 或更新的操作系统。Tristation 1131 支持三种编程语言:功能块语言、梯形图语言及结构文本语言。

Tristation 1131 用于以下的方面:开发和调试 TRICON 所执行的控制程序;诊断系统的状态;回路检测和现场设备维护的强制点。一旦某一控制程序被开发完成,装载操作可将程序装入控制器内并校验其是否能正确执行。

五、主处理器模件

TRICON 系统包含三个主处理器模件。每个模件控制系统有独立的一路,并与其他两个主处理器并行工作。

每个主处理器上有一个专用的 I/O 通信处理器,用以管理在主处理器和 I/O 模件之间交换的数据。一条三重 I/O 总线位于机架的背板上,机架间通过 I/O 总线电缆连接。当每个输入模件被询问时,I/O 总线的相应的一支就把新的输入数据汇成表存入主处理器内,并存入存储器以备用于硬件表决。主处理器内的每一单个输入表通过 TriBus 传到其邻近的主处理器,在此传送过程中,完成硬件表决。

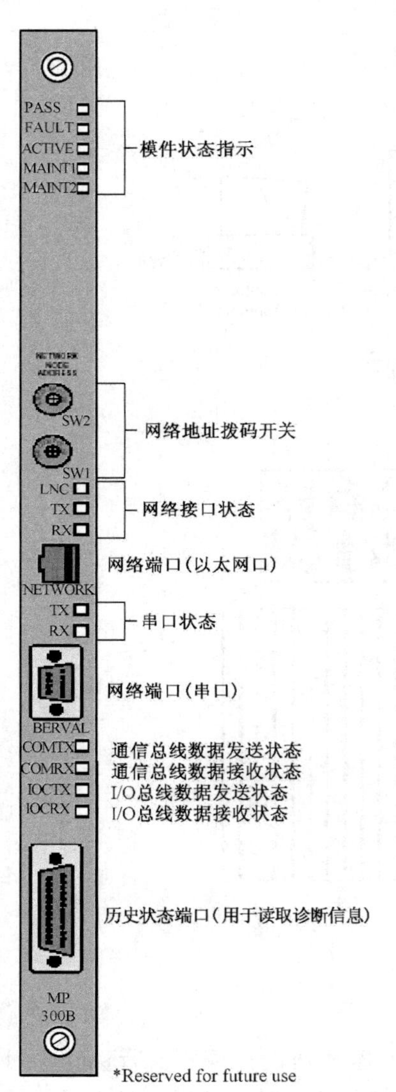

图 6-6 主处理器模件

TriBus 利用直接存储器存取可编程逻辑数据并对三个主处理器之间的数据进行同步、传送、表决,以及比较。如果发现不一致,信号在两个表中是一致的,则对第三个表进行修正。每个主处理器把数据的必要的修正保持在当地存储器内。任何差异都被标识,并在扫描结束时用 TRICON 的内部故障分析器来判断某一模件是否存在故障。

主处理器把修正过的数据送入控制程序。32 位的主处理器和相邻的主处理器模件一起并行执行控制程序。

主处理器模件接受双电源供电,电源母线排列在主机架内。一个电源或电源母线出现故障不会影响系统性能。TRICON 在没有外部电源的情况下,电池能完整地保持程序和变量,至少可保持六个月。

在图 6-6 所示主处理器模件中:

PASS:模件已通过自诊断试验;

FAULT:模件有故障,需要更换;

ACTIVE:模件正在执行用户自编写的控制程序;

MAINT1:当模件正在重新熟悉过程中,此灯闪烁;

MANT2:发现有软错误,更换模件以避免硬失效;

COMTX:通过 COMM 总线传送数据;

COMRX:从 COMM 总线接收数据;

IOCTX:通过 I/O 总线传送数据;

IOCRX:从 I/O 总线接收数据;

历史/状态口:用于读取诊断信息。

六、总线系统及电源分配

总线系统如图 6 - 7 所示,三条三重总线系统都蚀刻在机架背板上,三条总线为 TriBus 总线、I/O 总线及通信总线。

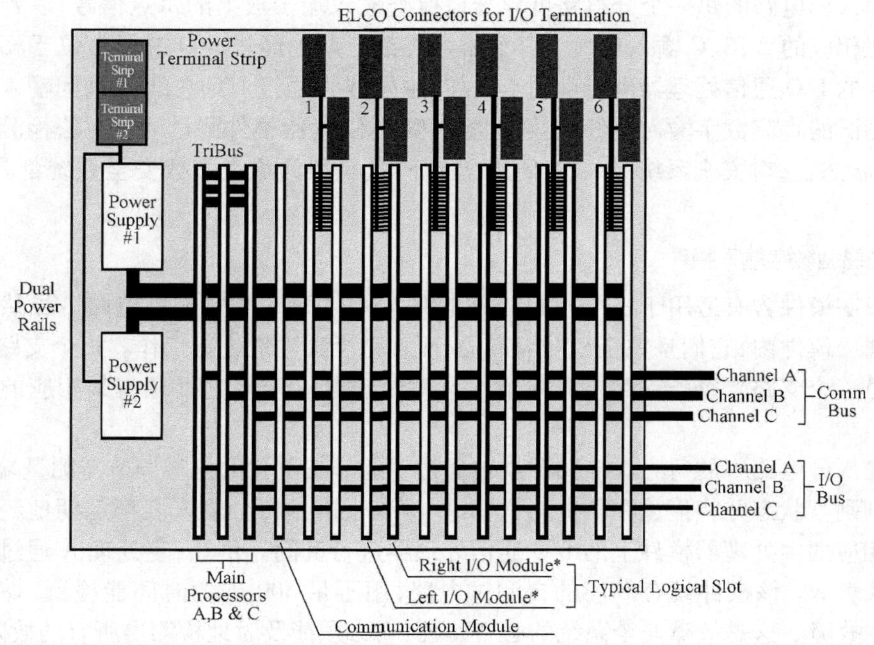

图 6 - 7 TRICON 主机架背板

TriBus 总线完成三种功能:传输模拟数据、诊断数据和通信数据。

传输和表决数字输入数据是指对上次扫描的输出数据和控制程序存储器进行数据比较,并对不同之处进行标识。

I/O 总线可使信息在 I/O 模件和主处理器之间传送,速率为 375kbps。

通信总线在主处理器和通信模件之间传输信息,速率为 2Mbps。

TRICON 容错结构的一个重要特征是,每一个 MP 使用了同一个数据发送器将数据同时送给上游和下游的主处理器,保证了上游处理器和下游处理器接收相同的数据。

七、各种模件

TRICON 数字输入模件提供两种基本类型的数字输入模件:TMR 模件和简易型模件。在 TMR 模件上,全部关键的信道都被 100% 地三重化,以保证安全性和最大的利用率。在简易型模件上,只有那些保证安全运行所需的信号通路部分才被三重化。

(一)TMR 数字输入模件

每个数字输入模件内有三个相同的分电路(A、B、C)。虽然三个分电路都装在同一模件内,但它们是完全相互隔离的,并独立运行。每个分电路可独立地对信号进行处理并在现场和TRICON之间采用光电隔离(3504E型64点高密度数字输入模件是一个例外,它没有隔离),一条分电路上的故障不会扩散到另外的分电路。此外,每条支路含有一个八位微处理器(IOP),它处理与其相应的主处理器的通信。

三个输入分电路的每一个分电路可异步地检查输入端子板上的每点信号,以判别其状态并将值放在相应的A、B、C输入表内。每个输入表都定期地经过I/O总线由位于相应的主处理器模件上的I/O通信处理器进行询问。例如,主处理A通过I/O总线A询问输入表A。

带自测试的直流数字输入模件,能够检测"ON粘住"(指模件测量回路无法检测到现场信号断开)的状态,这对安全系统是一个重要的特征,这是因为绝大多数安全系统都是"去磁跳闸"。

(二)简易型数字输入模件

每个数字模件含有适用于三个相同的分电路(A、B、C)的智能控制电路。虽然这些分电路都装在同一模件内,它们是完全相互隔离的,而且完全独立地进行工作。一个支路上的故障不会传给另一个支路。每条支路含有一个八位微处理器(IOP),它处理与其相应的主处理器的通信。

三个输入分电路中的每一个支路独立地通过一组非三重化的信号调节器测量端子板。每个分电路判别其状态并将值放在相应的A、B、C输入表内。每个输入表都定期地经过I/O总线由位于相应的主处理器模件上的I/O通信处理器进行询问。例如,主处理A通过I/O总线A询问输入表A。该模件具有专门的自测试电路,用不足500μs的时间能检测"ON"粘住和"OFF"粘住故障。这是故障安全系统的必备特性,它必须能及时地检测出所有的故障,并在检测到有输入故障时,把测量输入值强制在安全状态。因为TRICON更适合用于"去磁跳闸"系统,所以在输入电路中发现故障时就能把各分电路的值强制在"OFF"(去磁的)状态。

(三)数字输出模件

数字输出模件有四种基本形式:双通道DC数字输出模件;监督型数字输出模件;DC电压数字输出模件;AC电压数字输出模件。

每个数字输出模件都包含有三个完全相同的相互隔离的分电路。每一分电路含有一个IOP微处理器,它从相应的主处理器上的通信处理器接收其输出表。所有的数字输出模件,除了双通道DC模件以外,都采用"四方输出表决器",该电路对各个的输出信号在它们刚要被送至负载之前进行表决。这个表决电路以并行—串行通路为基础,它在分电路A和B,或者分电路B和C,或者分电路A和C闭合时,也就是说,通过三取二输出表决。

(1)双通道数字输出模件。具有一个单个的串行通道,三取二的表决过程单独作用于每一个开关。四方输出表决电路对于所有的关键信道给出多重冗余,保证了安全和最大的利用率。双通道输出模件给出刚刚足够的冗余度以保证安全运行。双重化模件更适合于低成本比最大利用率更重要的关键安全场合。

每种数字输出模件均可对每点进行专门的输出表决器诊断(OVD)。一般而言,在OVD执行过程中每一个点的状态被逐点保存在输出驱动器上。在模件上的反馈控制回路允许每个微处理器读出此点的输出值,以决定在输出电路内是否存在有潜在的故障(对于任何跃变时间宽度都不能容忍的现场装置,在 AC 和 DC 电压数字输出模件上的 OVD 都可以被禁止)。

(2)监督型数字输出模件。具有电压的和电流的反馈,具备在励磁和非励磁的工作状态下故障的完全覆盖。此外,监督型数字输出模件还能对回路进行连续校核,验证是否有现场负载存在。现场负载丢失或线路短路时,在模件上有信号指示。

(3)DC 电压数字输出模件。该模件专门设计来控制那些现场设备可能长期地保持于一种状态。DC 电压数字输出模件的 OVD 诊断能确保完全的故障覆盖率,即使各点的被命令状态从不改变。在这种模件上,一般只在 OVD 执行期间输出信号发生跃变,但被保证低于 2ms(标准的是 500μs),并且对绝大多数现场设备是没有影响的。

(4)AC 电压数字输出模件。采用 OVD 诊断出故障的开关将会使用权输出信号跃进变为最大半个 AC 周期的反状态,这种变化不会对现场设备造成影响。一旦故障被检测出来,模件就不再继续进行 OVD。在 AC 电压数字输出模件上的每个点都需要周期性地在 ON 在 OFF 状态上循环,以保证 100% 的故障覆盖率。

(四)模拟输入模件

在模拟输入模件上,三个分电路的每个分电路异步地测量各输入信号并把结果置入数值表内。三个输入表通过相应的 I/O 总线传送到其相应的主处理器模件。每个主处理器模件内的输入表通过 TRIBUS 而转送给相邻的主处理器,并进行取中值的选择,各主处理器内的输入表按中间值修正。在 TMR 模式中,中值数据被应用于控制程序,而在双重化模件中采用平均值。

每个模拟输入模件通过多路转换器读取多个参考电压的方法自动进行校核。参考电压可以确定增益和偏差,用来调整模数转换读数。模拟输入模件和端子板可以支持许多不同的模拟输入,这些模件可以是隔离的也可是非隔离的形式:0 ~ 5VDC、0 ~ 10VDC,4 ~ 20mA,热电偶(K、J、T、E 等型)以及热电阻(RTD)。

(五)模拟输出模件

模拟输出模件接受输出值的三个表,每个表从相应的主处理器获取。每一分电路有它自己的数—模转换器。其中一个分电路被选中,就可以驱动模拟输出。输出被连续不断地用每点的输入反馈回路校核使其达到正确性,每一点上的输入是被所有三个微处理器同时读取。如果在工作的分电路发现有故障,该分电路即被宣布为故障支路,并选择别的分电路来驱动现场设备。这个“驱动分电路”的选定是在分电路间轮换的,因此三条分电路都可得到测试。

(六)端子板

对于 V9 TRICON 机架的现场布线,可以使用 Triconex 供应的端子板组件,也可以用能和 TRICON 面板接头相匹配的电缆组件。现场端子板是一块电气的无源电路板,现场布线可以很容易与该板连接。

(七)通信模件

利用通信模件,TRICON 可以与 Modbus 主机和从机、点对点网络通信上的其他 TRICON、在 802.3 网络上运行的其他主机以及 Honeywell 和 Foxboro 分布控制系统(DCS)连接。主处理器通过通信总线向通信模件传递数据。数据通常每次扫描刷新一次,旧数据不会保留两次扫描时间。

(1)增强型智能通信模件(EICM)。与外部设备进行 RS-232 和 RS-422 串行通信,速度最高可到 19.2kbps。这个 EICM 提供四个串行口,通过这些口可与 Modbus 主机、从属机、主从机,或者 TriStation 接口连接。模件也可以提供一个 Centronics 兼容的并行口。

(2)网络通信模件(NCM)。这种模件允许 TRICON 和其他 TRICON 通信,或者通过 TCP/IP 网络与外部主机通信,速率可达 10Mbit/s。NCM 支持一定数量的 Triconex 协议和应用,也支持用户书写的应用,包括那些采用 TCP-IP/UDP-IP 协议的应用。

(3)安全管理模件(SMM)。该模件用于 Tricon 控制器和 Honeywell 的通用控制网络(UCN)的接口,UNC 是 TDC-3000DCS 的三个主要网络中的一个。SMM 允许通用控制网络(UCN)将 TRICON 指定为它的一个安全节点,允许 TRICON 在整个 TDC-3000 环境内管理过程数据。TRICON 用 Honeywell 操作者所熟悉的显示格式发送数据别名和诊断信息。SMM 的利用率取决于 Honeywell 的用于 500 版和将来各版的计划。

(4)高速通道数据接口模件(HIM)。该模件通过高速通道和就地控制网络(LCN),用于 TRICON 控制器和 Honeywell 控制系统的接口,HIM 也可通过数据高速路作为 Honeywell 更老的控制系统的接口。HIM 使得 LCN 与数据高速路上的更高级别的计算机、操作站等设备与 TRICON 通信。HIM 允许冗余的 BNC 接头直接和数据高速通道连接,并具有同样的功能容量,最大可有四个外部高速通道地址(DHP)。

(5)先进的通信模件(ACM)。该模件用于 TRICON 控制器和 Foxboro 的智能自动化(I/A)系列 DCS 之间的接口。ACM 允许 Foxboro 系统将 TRICON 指定为它的一个"安全节点",允许 TRICON 在整个 I/A DCS 环境内管理过程数据。TRICON 用 I/A 操作者所熟悉的显示格式发送数据别名和诊断信息,ACM 支持一定数量的 TRICON 协议和应用,以及用户自编应用,包括 TCP/IP 及 UDP/IP 协议,见表 6-2。

表 6-2 NCM 和 ACM 的协议和用途

Troconex 协议	NCM	ACM
Peer-to-Peer	√	
时间同步	√	
TriStation	√	√
TRICON 系统存取应用(TSAA)	√	√
用户编写的协议(非专用的)		
TCP-IP/TCP-UDP	√	√
Triconex 应用		
DOS TCP/IP 驱动接口	√	√
SOE	√	√
SOE 记录器	√	√
网络 DDE 服务器	√	√
TriStation	√	√

(八)系统诊断与状态指示灯

TRICON 具有全面的在线诊断能力。故障监控电路可以预先检测出可能发生的故障,此电路包括有 I/O 回路检测、事故自动制动定时器、电源丢失检测器等。这使得 TRICON 可以自行重新配置并根据各个模件和分电路的工作情况进行一定限度的自我修理。

每个 TRICON 模件的报警都可激发系统的“完整”的报警。报警包括每个电源模件上的一对 NC/NO 继电器触点。任何故障时,包括系统电源的中断或“保险烧断”都可使激发报警动作,从而提醒工厂的维护人员。

每个模件的前面板上都有指示器(LED)。它们指示出模件的状态或者可能与之相连接的外部系统的状态。通常显示的状态为 PASS(通过)、FAULT(故障)和 ACTIVE(工作)。别的指示器依模件而不同。点亮了的故障指示器表示在该模件上发现有故障,必须更换。指示器的控制电路和三条支路的每一条都是隔离的,而且是冗余的。

(九)电源模件

V9 TRICON 机架上装有电源模件(图 6-8、表 6-3)。

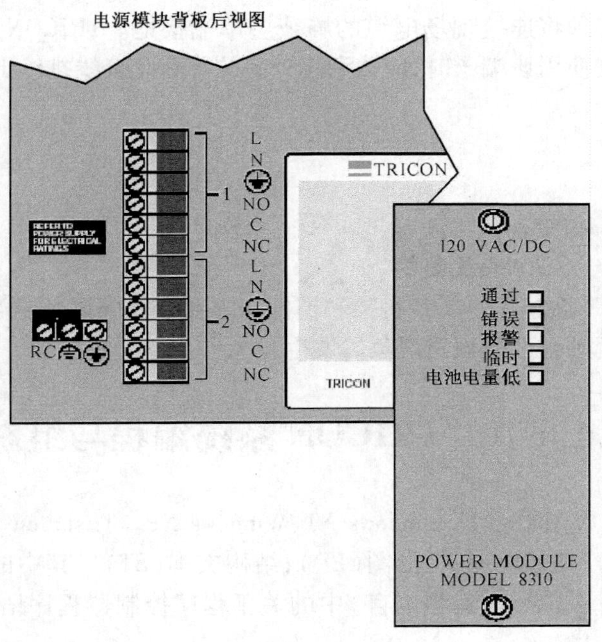

图 6-8 电源模件

表 6-3 电源模件型号

型 号	电源模件	型 号	电源模件
8310	120VAC/VDC	8312	230VAC
8311	24VDC		

每层机架有两个电源模件,每一个电源都足以支持本层机架的全部电源需求。电源模件可以在线更换,并可视作热备。电源模件,把外部电压转换成适合各 TRICON 模件使用的 DC 电源。每个电源模件上备有供每个外部电源用的在线慢熔保险,装在模件之内。需要换模件时,不需要拆卸任何接线或卸掉电源模件,只要把模件从机架上卸下即可。

电源模件把外部电压转换成适合各 TRICON 模件使用的直流电源。

八、对系统接地的要求

(一)安全接地

将各个主机架和扩展机架用低阻抗电缆连接到安全地,其供电电源的接地必须符合本地区的防火和电气法规。

(二)信号接地

TRICON 的信号地允许相对于安全地浮动。每个电源模件都有一个内部的 RC 网用以限制信号地和安全地之间的电位差。在绝大多数安装情况中,把信号地与安全地连在一起,并仅连在一个点上。

(三)屏蔽接地

对于模拟信号,必须将连接现场电缆的屏蔽层单端接地。TRICON 的外部模拟终端板上备有屏蔽接线端子,当使用该端子时,应该利用外部的屏蔽总接线排给出一个靠近外部模拟终端板的连接点。

九、环境条件

(1)环境温度:10 ~28℃。

(2)相对湿度:20% ~80%,无凝结。

(3)对空气要求:不要让 TRICON 机架和模件暴露在金属碎屑、能导电的颗粒或由钻削和锉削产生的灰尘中,否则会引起短路现象的发生。

第五节 TRICON 系统编程与组态

Tristation 1131 的应用平台是 Windows NT、Windows XP。Tristation 1131 程序支持四种语言:函数方块图(FBD);功能块图;梯形图(LD);结构文本(ST)。其中的三种语言(FBD、LD、ST)完全符合 IEC1131 -3《标准编程语言》中的关于程序控制器程序语言的规定。因果矩阵(CEM)需要相应的专用软件。

一、Tristation 1131 的特点

(1)使用语言编辑器可以开发和执行程序,例如,函数、函数块和数据类型。

(2)从 IEC—自适应库或者用户库中选择函数和函数块。

(3)TRICON 系统可以配置每一种模块(卡件)。

(4)TRICON 系统可以设置 SOE 功能,以方便查询。

(5)运用不同的“用户名”和“密码”权限等级,保护工程文件和程序。

(6)可以用仿真功能调试逻辑程序。

(7)程序逻辑、硬件设置、变量列表和主过程参数均可以打印出来。

(8)单用户的 TRICON 系统中可以执行 250 个程序项。

(9)通过控制面板可以显示系统参数和诊断信息。

二、Language(程序语言)

(1)Function Block Diagram(FBD)功能块图如图 6-9 所示。FBD 是图形化语言,元素以块来表示,元素间以二进制或其他类型进行通信,元素通过连线形成网络。

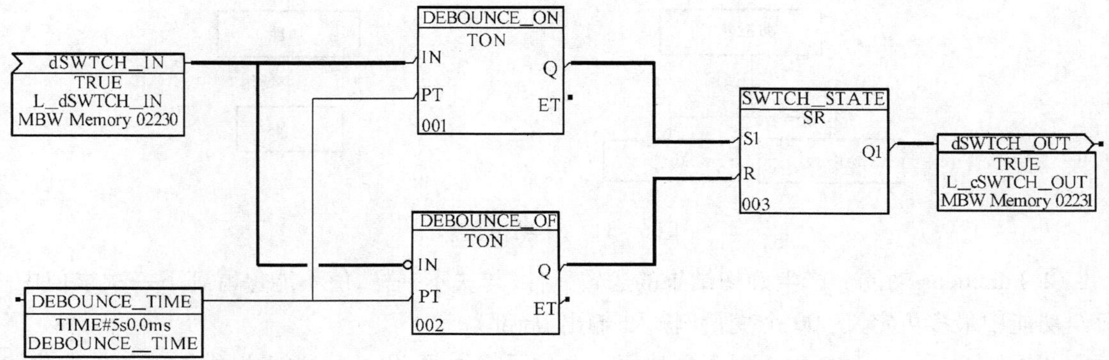

图 6-9 功能块图

(2)Ladder Diagram(LD 梯形图)如图 6-10 所示。LD 是图形化语言,用符号表示继电器逻辑,基本元件是线圈和触点,通过线路连接起来。在 LD 符号间传输二进制数据,与继电器逻辑的传输特性保持一致。

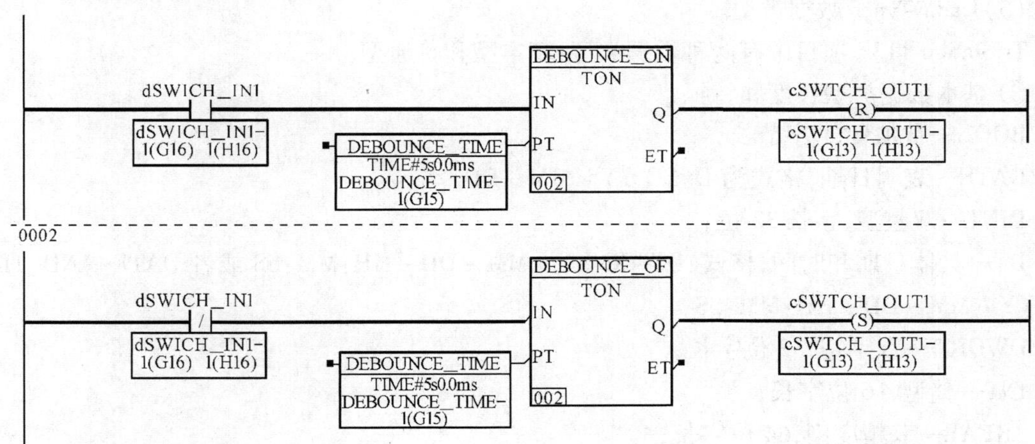

图 6-10 Ladder Diagram(LD 梯形图)

(3)Structured Text(ST 结构文本)。ST 是一种通用高级编程语言,与 BASCAL 或 C 相似,ST 在复杂的运算中非常有用。

(4)项目元素。主要包括:Programs、Functions、Function Blocks、Dada Types、Library Documents、Implementation,如图 6-11 所示。

① Function Blocks 功能块。功能块可产生一或多个数值可执行的逻辑元件;功能块可保留至下一个运算,输入一组数据后,可能得到不同的输出数据;功能块中最多可定义 400 个变量(输入、输出、局部)。

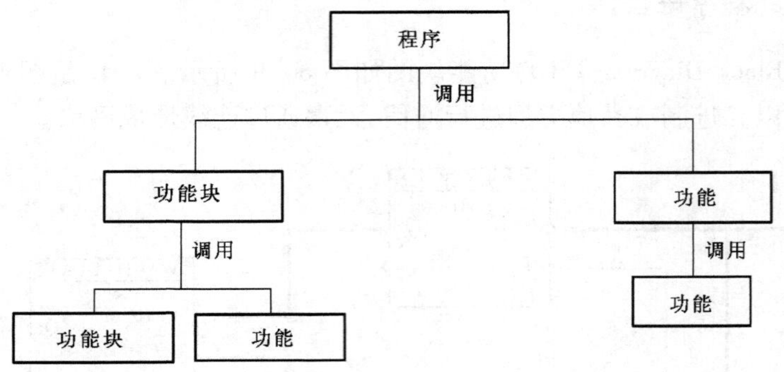

图 6 - 11　ST 结构文本

② Functions 功能。产生确切结果的逻辑元件,与块不一样,值不能保留到下一次求值中;每个功能中最多可定义 400 个变量(输入、输出、局部)。

③ Library Documents 库。对于创建每一个项目来说,TriStstion 1131 提供了三种带有功能和功能块的标准程序库来用于应用程序的开发。

标准库(STDLIB):遵循 IEC 1131 - 3 标准。

Triconex 程序库(TCXLIB):被用于所有的 TRICON 平台。

TRICON 程序库(TR1LIB):TRICON 平台专用程序库。

(5) Dada Types 数据类型。

TriStation 1131 项目中有两种数据类型:基本型和普通型。

① 基本数据类型长度和特征:

BOOL—布尔量,1 字节长;

DATE—表明日期,格式为 D#CC YY - MM - DD;

DINT—双整型,字长 32 位;

DT—具体日期和时间,格式:DT#CC YY - MM - DD - HH:MM:SS 或者 DATE_AND_TIME #CCYY - MM - DD - HH:MM:SS;

DWORD—双字符,32 位字长;

INT—整型,16 位字长;

LREAL—双精度型,64 位字长;

REAL—单精度型,32 位字长;

STRING—可达 132 字符的串,需加单引号;

TIME—用毫秒来定义的持续时间(T#1S);

TOD—具体时间,格式:TOD#HH:MM:SS 或者 TEME_OF_DAY　HH:MM:SS。

基本数据类型中只有下列类型可定义为 TRICON 点,对应硬件地址,并且被 1131 项目中的所有程序接收。在程序中,可任意选择局部变量数据类型,但输入、输出、输入/输出的变量所做的选择局限于类型 BOOL、DINT、REAL。

② 普通数据类型通过前缀为 ANY 来识别,专门用于 TriStstion 1131 共享程序库中提供的

功能和功能块。

③ Program Attributes:Safety & Control:

Safety 定义安全属性:用于安全停车的应用程序,安全程序只能使用安全元件。

Control 定义控制属性:用于非安全逻辑或控制的应用程序,而控制程序既可使用控制元件,也可使用安全元件。

(6)硬件组态。

① 创建工作平台(创建系统)(Program Name)。当启动 Tristation 1131 后,可以选用以下任何一种语言来编制程序。按 project 按钮,建立项目描述,如图 6-12 和图 6-13 所示。

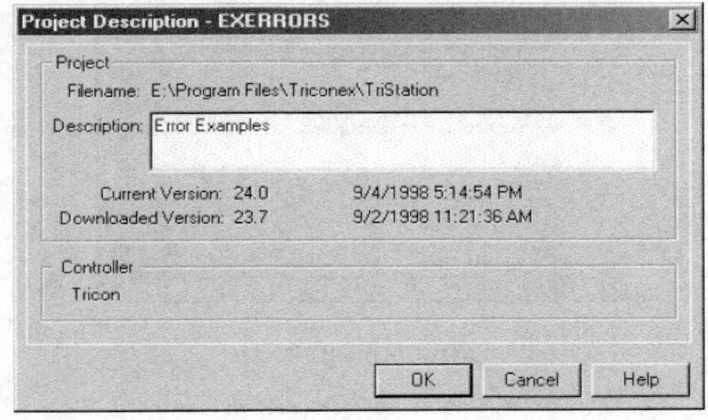

图 6-12 建立项目描述(一)

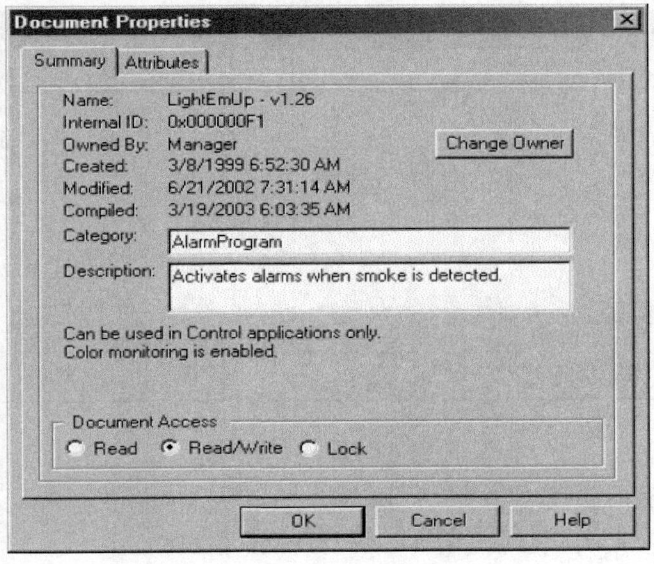

图 6-13 建立项目描述(二)

② 创建项目:

a. Open TriStation 1131。

b. On the File menu。

c. click New Project。

打开 TriStation 1131,在文件菜单按创建项目(New Project),如图 6-14 所示。

图 6-14 创建项目

d. 选择想要建立的系统(Tricon、Tricon Low Density or Trident)。

e. 按 OK 键继续。

③ 定义项目路径并定义文件名,如图 6-15 所示。

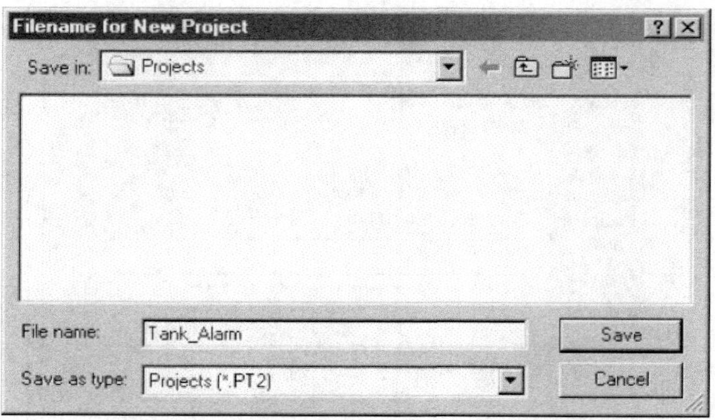

图 6-15 定义项目路径

④ 打开一个现有的项目,如图 6-16 所示。

a. 打开 TriStation 1131,在文件菜单上,按打开工程按钮。

b. 选择项目所在的文件夹,点击需要打开的项目,然后点击打开,如图 6-17 所示。默认的用户名为(MANAGER);默认的密码为(PASSWORD)。

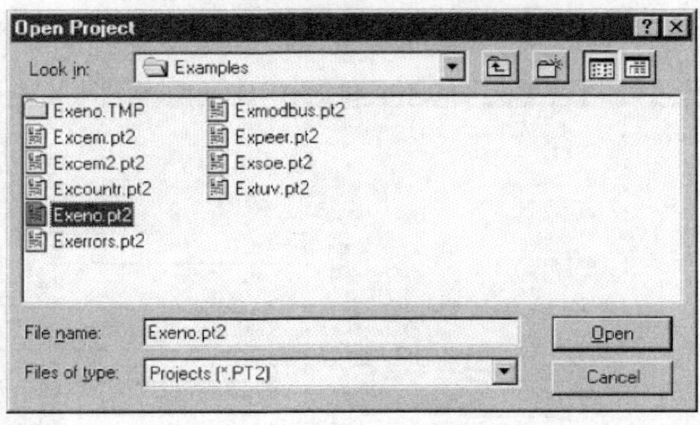

图 6－16 打开一个现有的项目

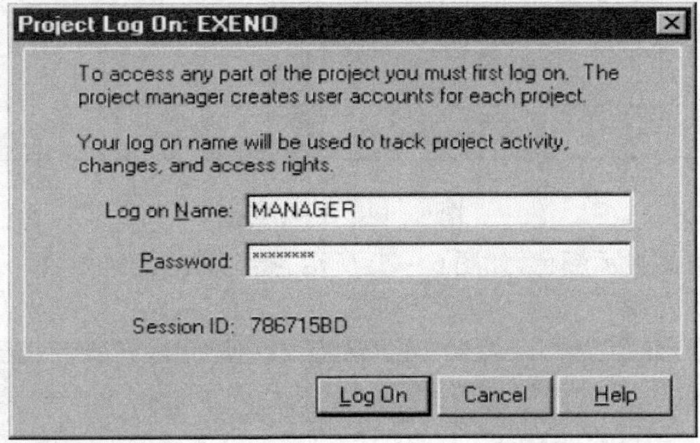

图 6－17 用户名和密码

⑤ 项目选项：

a. 项目程序语言选项在项目菜单选择项目选项并选择项目程序语言，如图 6－18 所示。指定相应的选项，按 OK 键保存设置。

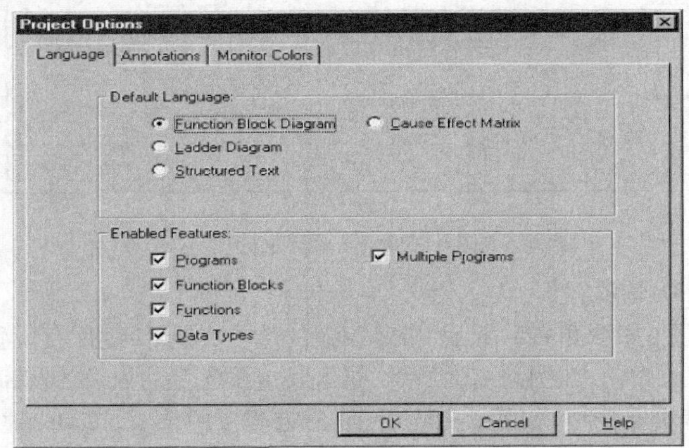

图 6－18 项目程序语言选项

b. 指定注释选项,如图 6－19 所示,指定相应的选项,按 OK 键保存设置。

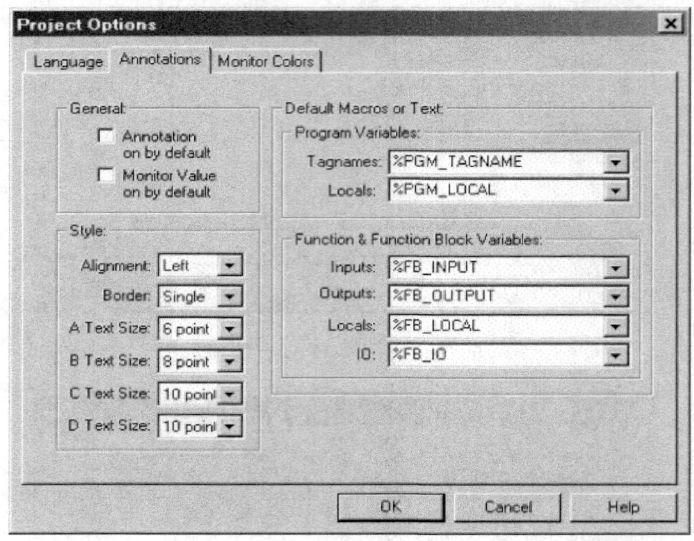

图 6－19 注释选项

c. 指定 BOOL 值的显示颜色,如图 6－20 所示,指定相应的选项,按 OK 键保存设置。

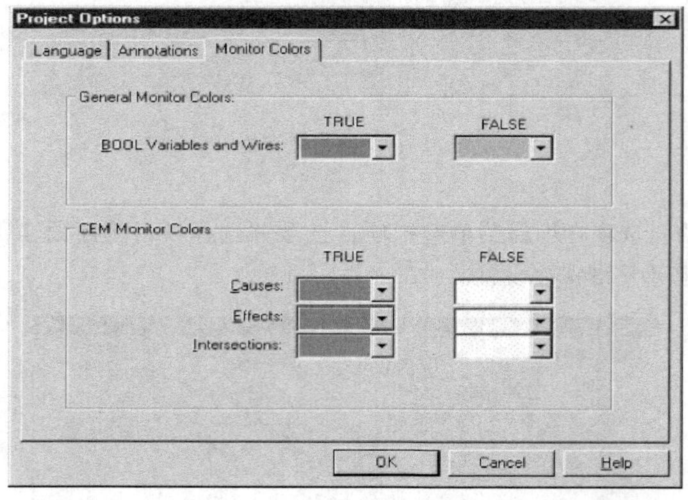

图 6－20 显示颜色选项

⑥ Tristation 1131 选项:

a. 指定路径位置,如图 6－21 所示,指定相应的选项,按 OK 键保存设置。

b. 指定编程画面颜色,如图 6－22 所示,指定相应的选项,按 OK 键保存设置。

c. 指定 FBD 编辑器选项,如图 6－23 所示,指定相应的选项,按 OK 键保存设置。

d. 指定 LD 编辑器选项,如图 6－24 所示,指定相应的选项,按 OK 键保存设置。

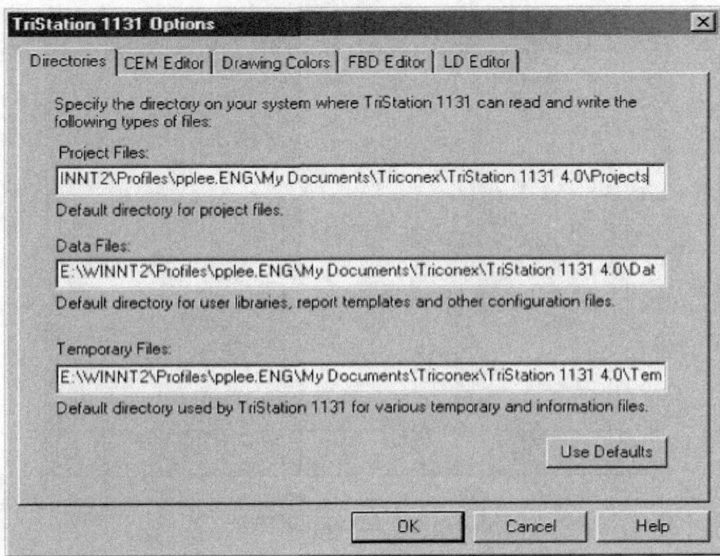

图 6－21　路径位置选项

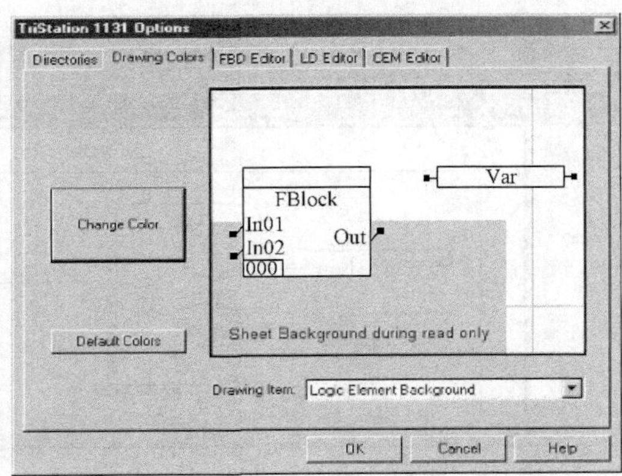

图 6－22　画面颜色选项

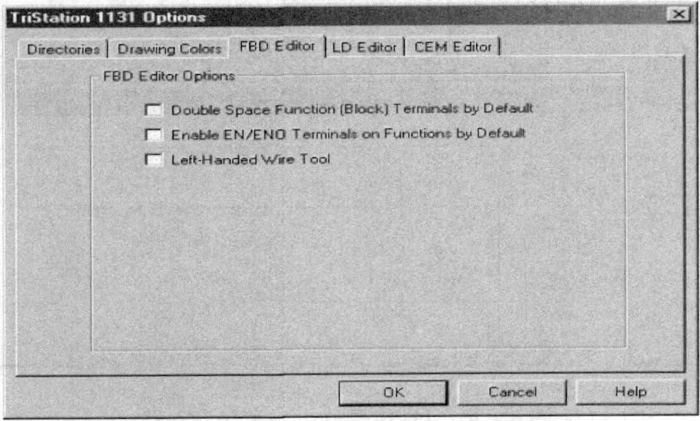

图 6－23　FBD 编辑器选项

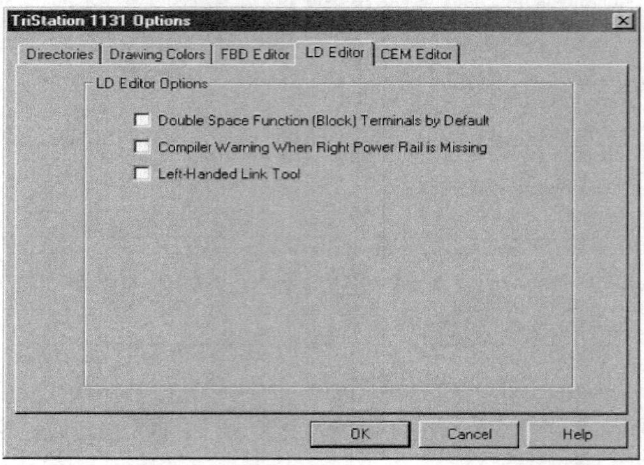

图 6－24　LD 编辑器选项

⑦ 使用 FBD 和 LD 编辑器组态和开发程序：

a. 使用 FBD 编辑器组态和开发程序，如图 6－25 所示。

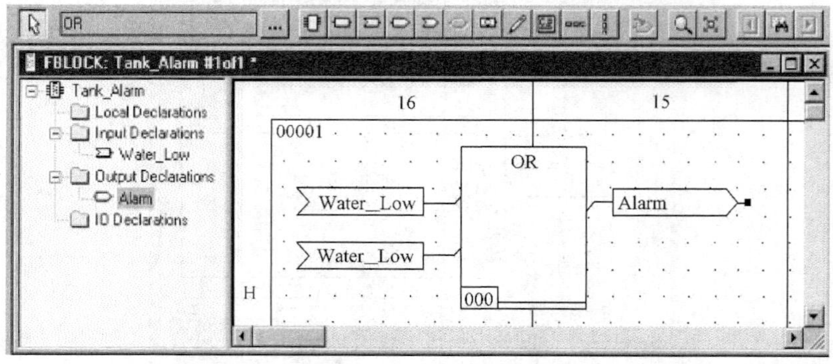

图 6－25　FBD 编辑器组态和开发程序

b. 使用 LD 编辑器组态和开发程序，如图 6－26 所示。

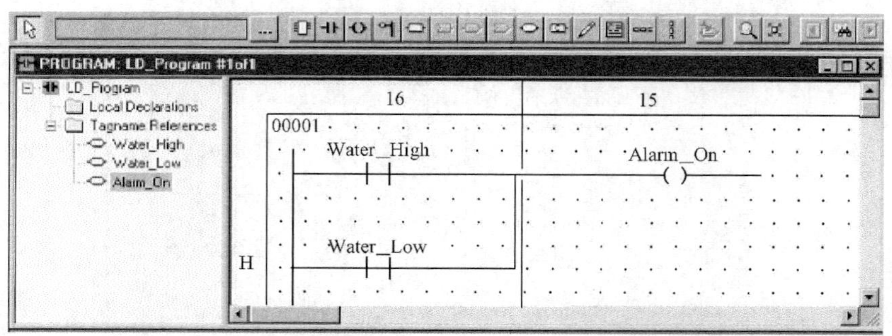

图 6－26　LD 编辑器组态和开发程序

c. 选择库内组态元件，通过按工具栏中的按钮打开库并选择需要的功能或功能块，按 OK 键，然后放入逻辑表相应的位置，如图 6－27 所示。

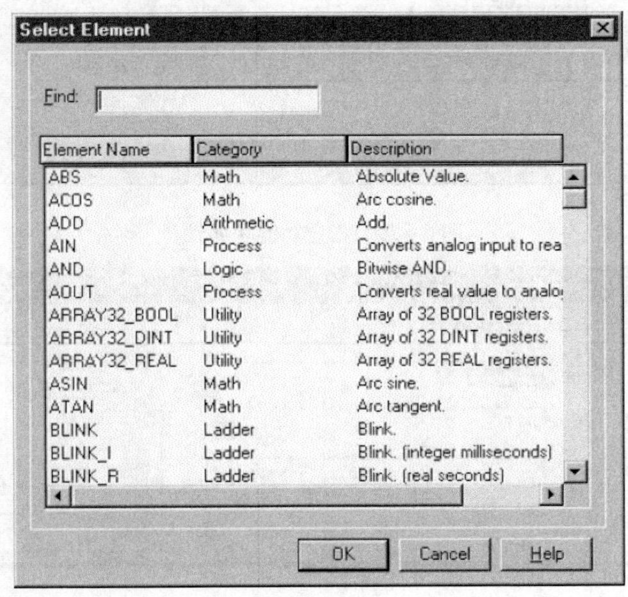

图 6－27 选择库内组态元件

d. 指定功能属性，通过双击功能来定义需要的属性，按 OK 键保存设置，如图 6－28 所示。

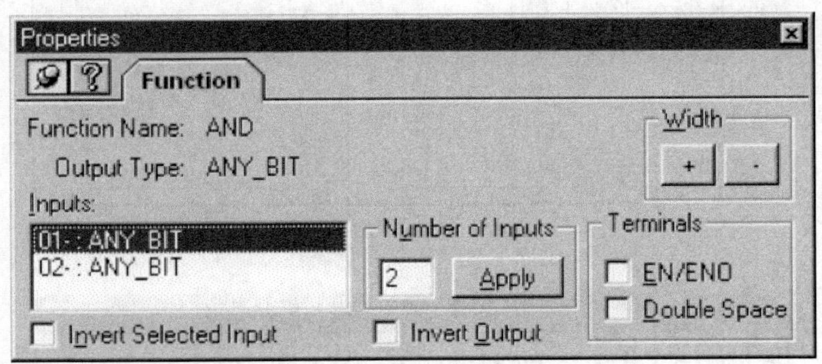

图 6－28 指定功能属性

e. 指定功能块属性，通过双击功能块来定义需要的属性，按 OK 键保存设置，如图 6－29 所示。

f. 定义变量及变量属性，如图 6－30 和图 6－31 所示。

g. 定义常数注释属性，如图 6－32 所示。

h. 建立一个工位号 tagname，如图 6－33 所示。

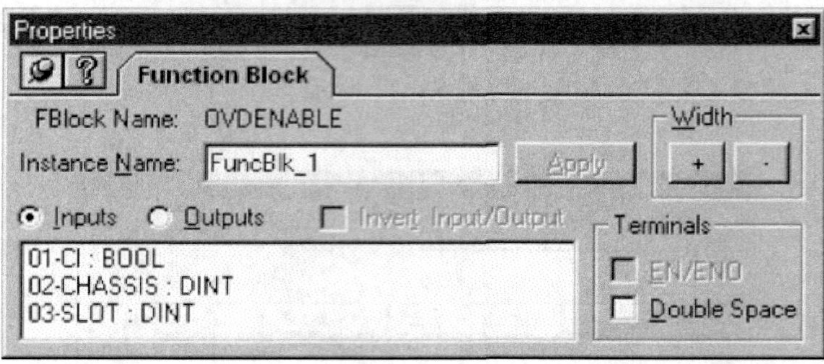

图 6-29 指定功能块属性

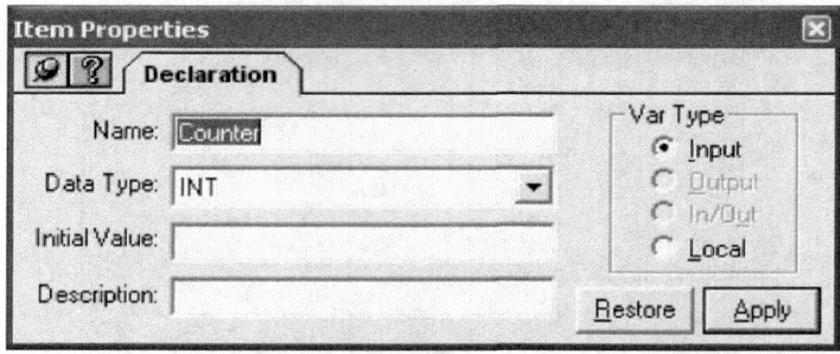

图 6-30 定义变量

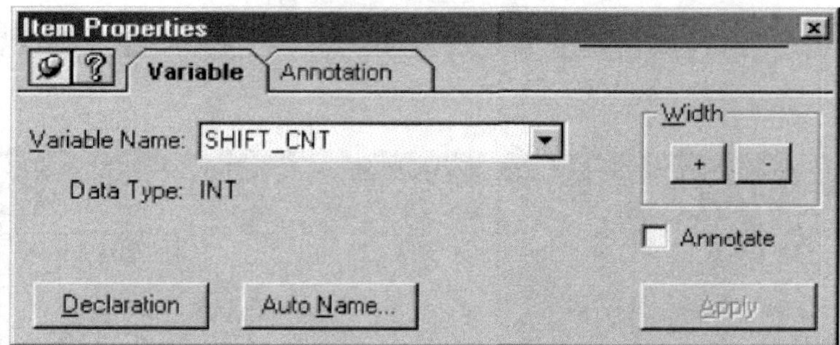

图 6-31 定义变量属性

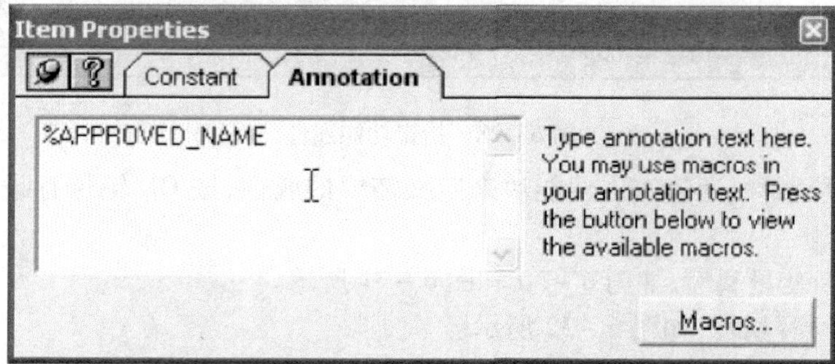

图 6-32 定义常数注释属性

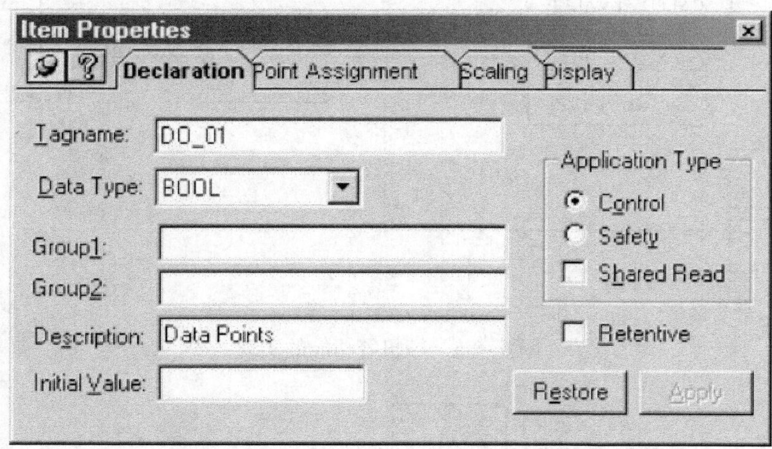

图 6-33 建立工位号

⑧ 组态几种典型的功能块及程序：

a. 将模拟输入(DINT)转换成功能单位(REAL)，如图 6-34 所示。

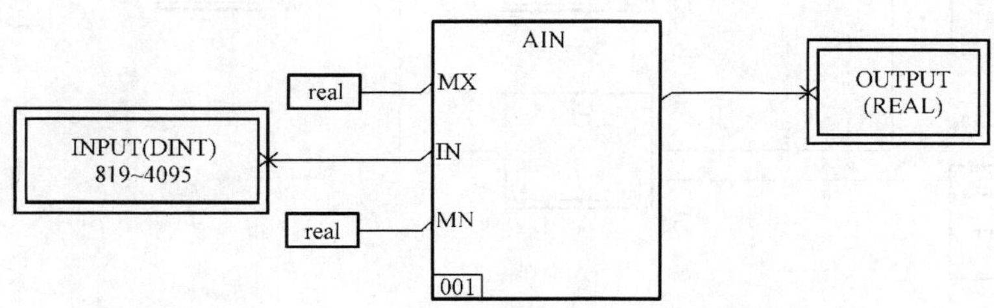

图 6-34 模拟输入(DINT)转换成功能单位(REAL)

转换程序：

y = AIN(MX,IN,MN)

y：= AIN(100.0,4095,0.0)

＊ result is 100.0

y：= AIN(100.0,2457,0.0)

＊ result is 50.0

y：= AIN(100.0,819,0.0)

＊ result is 0.0

b. 创建一个程序，将 DINT 型输入转化成实型数，再通过比较器 LT 实现高报警功能，如图 6-35 所示。

同理，通过比较器 GT 实现低报警功能。

c. 创建一个程序，通过使用 OR 块和 ADD 块组合实现三取二逻辑，如图 6-36 所示。

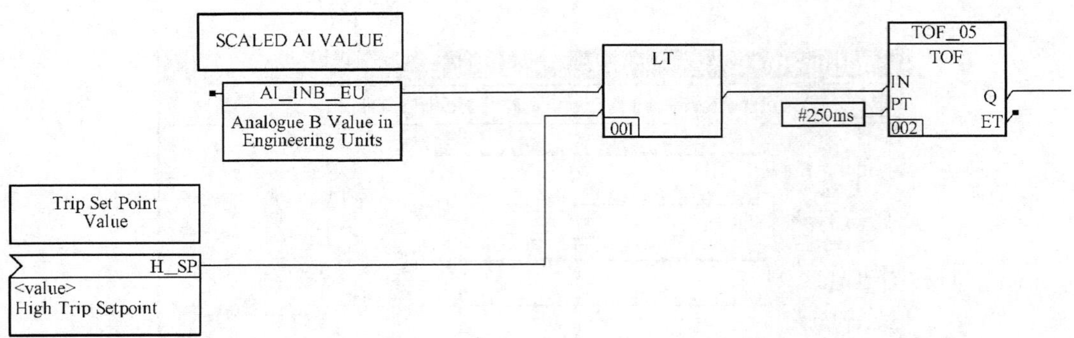

图 6-35 高报警功能的实现

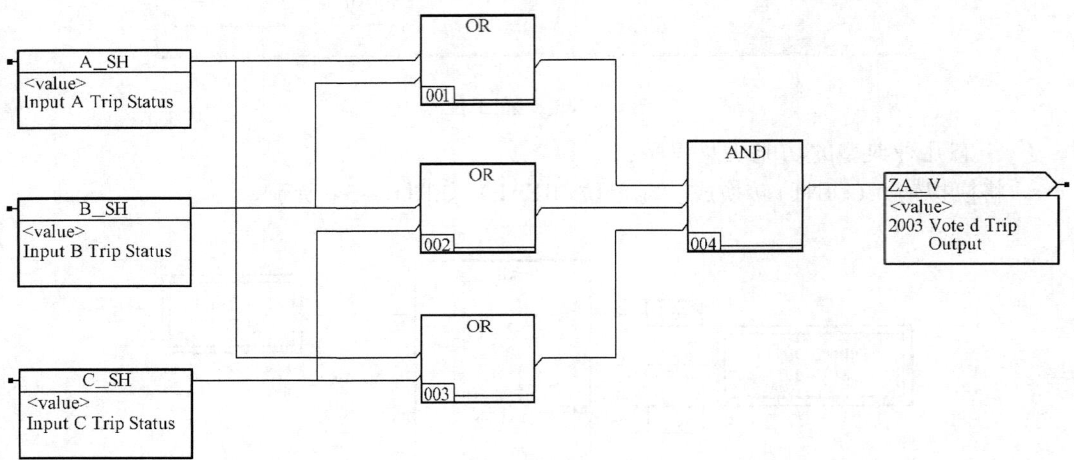

图 6-36 实现三取二逻辑

第六节 TRICON 系统的安装和调试

一、TRICON 系统的安装

(一)TRICON 系统安装应具备的条件

(1)机柜基础型钢已安装完毕。

(2)室内施工均完毕且杂物清理干净。

(3)空调系统安装调试完毕,已处于正常运行状态,室内温度、湿度均达到系统要求。

(4)UPS 不间断电源及室内照明已全部施工完毕,投入正常运行。

(5)接地极及接地系统总线已施工完毕,接地电阻符合设计规定。

(6)控制室已具备封闭式管理条件,室内附属公用设施齐全。

(7)卫生清扫工具、吸尘器、灭火器具及防鼠器具等已准备就绪。

(二)TRICON 系统安装注意事项

(1)安装前首先检查设备外观良好,无变形、破损、油漆脱落、受潮、锈蚀等缺陷。

(2)设备安装应由远及近,在控制室和机房内搬运或移动设备时,不得损坏地面,就位后应及时固定。

(3)机柜和操作台的安装应符合设计规范的规定及要求。

(4)检查资料齐全,软件媒体包装应完好无损,系统资料应包括系统硬件配置图、系统安装手册、系统操作手册、系统软件组态手册等。

(5)检查机柜组件及配线,确认盘内所有的接线符合设计及制造厂相关图纸的要求。

(6)系统电缆的型号、尺寸,及其附件和工具应齐全,外部绝缘层应无损坏,绝缘电阻符合制造厂标准。

(7)系统模件之间,节点之间及相关终端之间电缆连接要正确,网络通信电缆、总线电缆之间连接要正确。

(8)安全接地和工作接地应与设计要求和系统设备技术要求一致。

(9)应根据电源接线图检查电源输入、输出回路至各系统设备电源控制开关的正确性,确认电源电压等级和波纹系数符合系统设备技术要求。

(10)系统硬件检查时应记录出厂设置的 DIP 开关缺省位置及硬件地址开关位置。

(11)系统安装后应经常保持室内清洁,定期用吸尘器除尘,如需拖洗地面,不宜过湿。

二、TRICON 系统的调试

(一)TRICON 系统调试应具备的条件

(1)有关仪表电缆、电气电缆均已安装,并检查合格。

(2)已制订详细的调试计划、调试步骤和调试报告格式。

(3)有关电气专业的设备已具备接受和输出信号的条件。

(4)系统有关的现场检测仪表和执行机构已安装调试合格。

(5)有关工艺参数的整定值均已确认。

(二)TRICON 系统上电后的检查调试

(1)检查冗余电源互备切换性能,冗余电源的切换应保证三重化冗余处理器及 I/O 卡件状态指示灯保持不变。

(2)检查三重化冗余处理器上电后,对应的状态指示灯应正常,并检查三重化冗余处理器冗余容错功能。

(3)检查三重化冗余 I/O 卡件上电后,对应的状态指示灯应正常,并检查三重化冗余 I/O 卡件冗余容错功能。

(4)检查冗余的通信卡,对应的状态指示灯应正常,并做冗余通信卡件及通信电缆的切换试验。

(三)TRICON 系统组态程序检查调试

(1)在工程师站下装组态程序,调出自诊断细目,检查各设备运行是否正常。

(2)调出梯形图或程序清单,并进行检查、核对。

(3)I/O 通道检查应符合下列要求：

① 系统上电后 I/O 检查分为模拟量输入、数字量输入、模拟量输出、数字量输出回路检查；

② 对模拟量输入回路，应按 I/O 地址分配表在相应端子排上用精密信号发生器加入相应的模拟量信号，在工程师站上检查显示精度；

③ 对模拟量输出回路根据系统程序设定的 PID 参数或运算控制方式，满足输出模块的条件，检查模拟量输出回路相应端子上的信号；

④ 对数字量输入回路，在相应端子上短接，检查 DI 卡件上相应发光二极管的变化及工程师站上相应输入 0、1 的变化；

⑤ 对数字量输出回路，使用系统具有的强制输出功能通过对相应地址的强制开或关，检查 DO 卡件上相应发光二极管的变化及工程师站上输出 0、1 的变化；

⑥ 系统组态逻辑功能确认检查，在工程师站上设定输入条件，根据梯形图或程序文件观察输出变化是否正确，以确认系统的逻辑功能。

(四)TRICON 紧急停车系统(ESD)进行连锁试验

(1)检查控制盘上输入 ON/OFF 开关，输出信号灯。

(2)设置手动开关使全部逻辑条件为正常，确认所有监视信号灯熄灭。

(3)将一个逻辑条件改变为非正常，确认监视信号灯应发生变化，在报警总貌画面上确认报警信息状态。

(4)确认报警打印输出及报警盘上信号灯及音响。

(5)逻辑条件变为正常，手动复位，确认监视信号灯恢复正常。

(6)每一个 ESD 连锁逻辑条件试验都重复以上步骤。

(五)TRICON 系统软件及应用软件备份

(1)操作系统软件备份。

(2)组态梯形图逻辑控制软件备份。

(3)上位机流程图画面组态、软件授权、驱动程序等内容的备份。

第七节 TRICON 系统的维护及注意事项

一、系统硬件在线诊断和检查

TRICON 系统的软件、硬件有自诊断功能，可以通过硬件的指示灯、接点触发信号和工作站上的系统软件诊断提示信息，及时、准确地反映各种类型的故障。

主机架有一组用于警示用途的接线端子，可将机架报警以常开或常闭方式发出接点信号，接线时允许接两路电源构成双重冗余的配置，主机架接点报警的同时还会同步反映到该机架电源模件 LED 指示灯上，当下列情况发生时，主机架报警被触发：系统的硬件与配置组态的数据不一致，DO 模件中有回路出错；主机架中有一个主处理器或 I/O 模件失效；扩展机架中的某个 I/O 模件与主处理器失去联系；主处理器发现有系统故障；机架之间的 I/O 总线电缆安装不正确;主机架电源失效;工作温度大于60℃或备用电池功率不够。

(一)模件

电源模件具有如图6-37所示的指示灯外观。其颜色见表6-4。

注意:仅限主机架的电源模件。

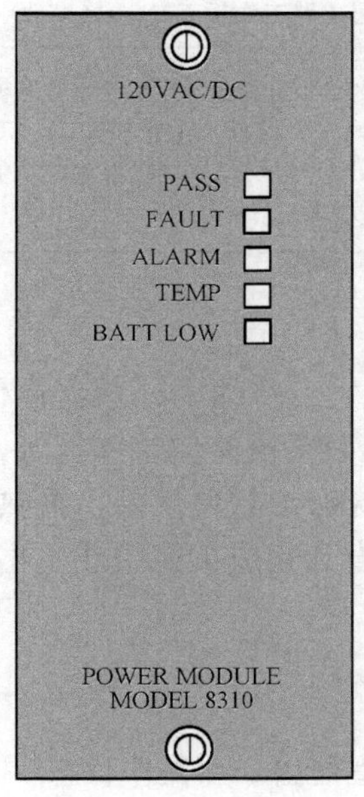

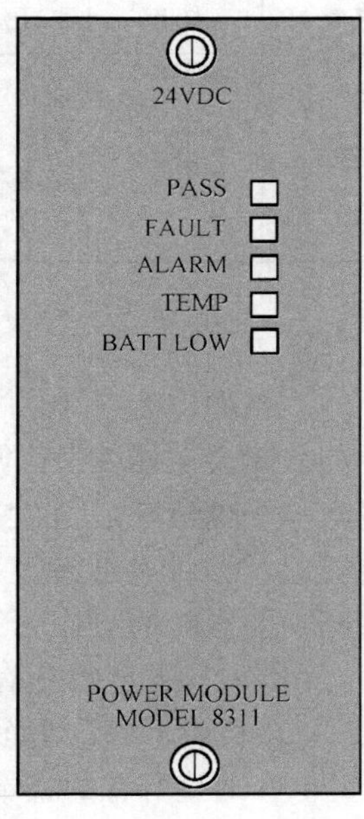

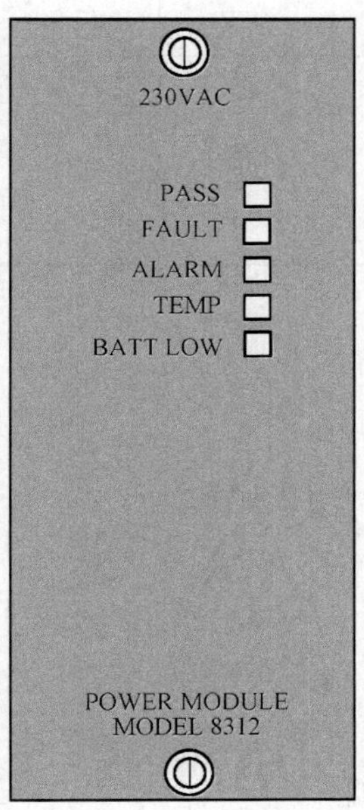

图6-37 典型的电源模件指示灯外观

表6-4 电源模件指示灯颜色

指示灯	颜色	指示灯	颜色
FAULT	红	TEMP	黄
PASS	绿	BATTLOW	黄
ALARM	红		

表6-5列出了在发生情况时电源模件状态指示灯的情况,并推荐出改正的措施。注意:有外部电源被切断以及另一电源正常工作时,才能取下电源模件。

表6-5 电源模件的状态指示灯

PASS	FAULT	ALARM	BATTLOW	TEMP	说明及措施
ON	OFF	OFF	OFF	OFF	模件工作正常,不需要采取措施
ON	OFF	ON	OFF	ON	模件工作正常,但室温对于TRICON来说太高(高于60℃/140℉),解决环境的问题,否则TRICON可能永久性故障
ON	ON	ON	ON	OFF	模件工作正常,但其电池的功率不够,如电力故障,电池不能保持住RAM内的程序

续表

PASS	FAULT	ALARM	BATTLOW	TEMP	说明及措施
OFF	ON	ON	任意	任意	模件失效或电力丧失,如果外部电源故障,应恢复供电,如模件故障,更换模件
OFF	OFF	任意	任意	任意	指示灯、信号电路工作不正常,更换模件
ON	OFF	ON	OFF	OFF	模件工作正常,但在机架、系统内的另一模件功能故障,观察另一个模件上的 PASS/FAULT 指示器或者利用 TriStation 的诊断画面以确定功能故障的模件,换掉故障的模件

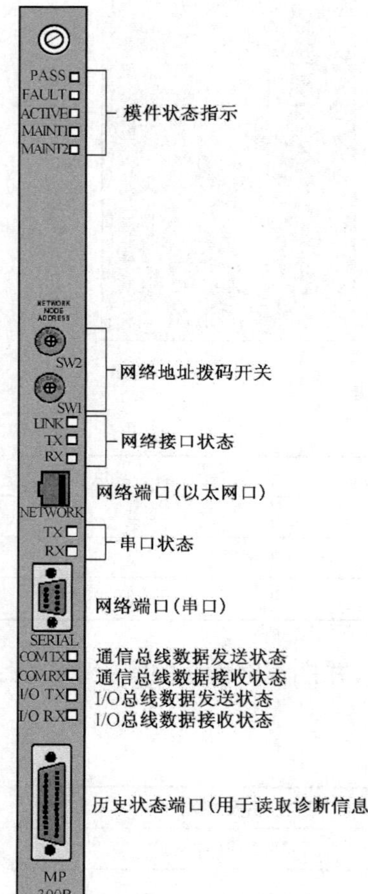

图 6-38 主处理器指示灯外观

(二)主处理器

主机架上有三个各自独立工作的主处理器模件,瞬态性的故障会被硬件"三取二"表决电路记录和掩蔽,持久性的故障受到诊断后会发出警报,出错的模件可被热插拔更换或以容错状态继续工作,直到完成更换为止。主处理器诊断功能进行的工作如下:

(1)检验固定程序存储。

(2)检验 RAM 的静态口。

(3)试验所有的基本处理器指令和操作状态。

(4)试验所有的基本浮点处理器指令。

(5)检验与各个 I/O 通信处理器和通信支路共用的存储器接口。

(6)检验 CPU 和各个 I/O 通信处理器和通信支路之间的交换信号与中断信号。

(7)检查各个 I/O 通信处理器和通信支路微处理器、ROM、共用存储器的存取,以及 RS-485 收发信号的环回。

(8)检验 TriClock 接口。

(9)检验 TriBus 接口。

这些诊断信息通过每个主处理器底部的 25 针的 RS-232 接口获取,加以分析,从而可以判断主处理器的运行情况。

主处理器指示灯外观如图 6-38 所示。表 6-6 列出了 MP 上维护指示灯颜色。其状态指示情况见表 6-7,通信指示情况见表 6-8。将表中每种情况加以说明,并推荐出改正的措施。需要注意的是,如果系统中有两处故障,一处在 MP 内,另一处在另一种类型的模件内,应先更换 MP,等到换上的模件的 ACTIVE 指示器点亮后,才可换另一个出故障的模件。

表 6-6 MP 指示灯颜色

指示灯	颜色	指示灯	颜色
PASS	绿	NETWORK RX[1]	黄
FAULT	红	SERIAL[1]	黄
ACTIVE	黄	SERIAL[1]	黄
MAINT1	红	COM TX	黄
MAINT2	红	COM RX	黄
NETWORK LINK[1]	绿	I/O TX	黄
NETWORK TX[1]	黄	I/O RX	黄

表 6-7 主处理器的状态指示灯

PASS	FAULT	ACTIVE	MAINT1	MAINT2	说明及措施
ON	OFF	闪烁	任意	任意	模件工作正常,ACTIVE 指示灯在执行控制程序时每扫描一次闪烁一次,不需要措施
ON	OFF	OFF	任意	任意	MP 内没有下装控制程序,或者控制程序已装入 MP,但未运行,此状态也存在于当模件已装好且正在被其他 MP 所“教育”中的情况,如在几分钟内,ACTIVE 指示器不点亮,模件有故障,应予更换
OFF	ON	OFF	闪烁	OFF	MP 被重新“自教育”中,允许 6min 后 PASS 点亮,然后 ACTIVE 点亮,不需要采取措施
OFF	ON	OFF	Synchronous Blink		MP 硬件版本号与其他 MP 不匹配,更换模件
OFF	ON	OFF	Alternating Blink		MP 在下装固化软件,将网络节点号设置为非 00 值
OFF	ON	任意	ON	任意	模件已故障,更换新的模件
OFF	OFF	任意	任意	任意	模件上的指示灯、信号电路误动作,更换新的模件
ON	OFF	任意	OFF	ON	MP 软故障计数很高,最好的选择是更换模件

表 6-8 主处理器的通信指示器

发送 RX(COM 和 I/O)	接收 TX(COM 和 I/O)	说明
闪烁	闪烁	如果 MP 与通信模件正常通信,指示器连续闪烁
闪烁	闪烁	如果 MP 和 I/O 模件正常通信,指示器连续闪烁

(三)数字输入模件

数字输入模件(TMR)指示灯外观如图 6-39 所示。其指示灯颜色见表 6-9。

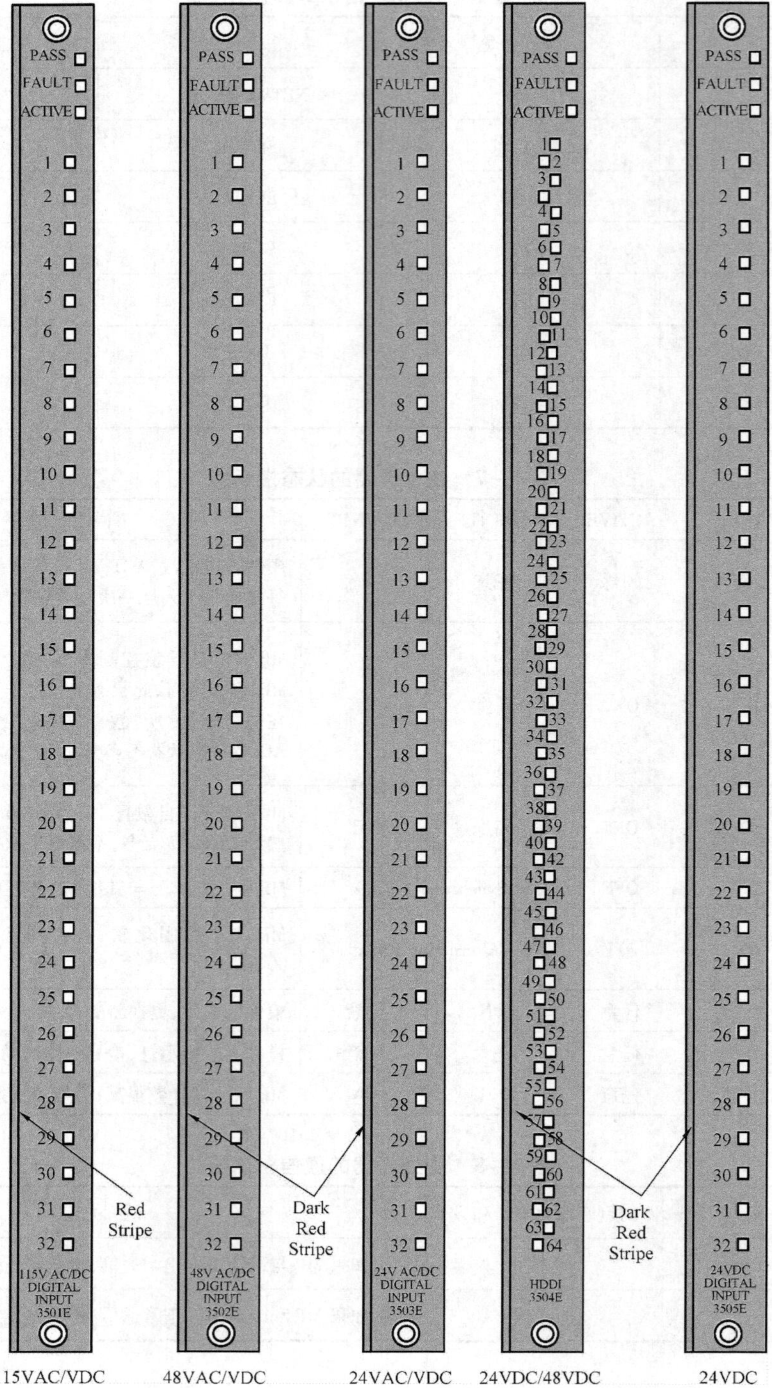

图 6-39　TMR 数字输入模件指示灯外观

表 6－9 数字输入模件指示灯颜色

指 示 灯	颜 色	指 示 灯	颜 色
PASS	绿	ACTIVE	黄
FAULT	红	POINTS(32 或 64)	红

表 6－9 列出了数字输入模件(DI 模件)的 PASS、FAULT 和 ACTIVE 各指示灯颜色。图 6－40所示为简易型数字输入模件指示灯外观。表 6－10、表 6－11 列出了数字输入模件的现场指示灯所表示的各种可能情况,以及对每一种情况的说明和建议采取的措施。

表 6－10 DI 模件的状态指示灯

PASS	FAULT	ACTIVE	说明及措施
ON	OFF	ON	模件已运行并正常工作,不需要采取措施
ON	OFF	OFF	模件可以运行,但未工作,如果它是一个热备,则不需要采取任何措施,如果此模件刚被装入,允许等几分钟让它完成初始化过程,如果此模件是工作模件(不是热备)而 ACTIVE 灯未点亮,则模件有故障,必须更换
OFF	ON	ON	模件已探测出故障,装入一新模件,不要将工作模件取出
OFF	OFF	任意	指示灯、信号电路误动作,更换一个模件

表 6－11 DI 模件的现场指示灯

点(1～32、64)	说 明	点(1～32、64)	说 明
ON	现场电路已得电	OFF	现场电路没有得电

(四)模拟输入模件

模拟输入模件(AI)指示灯如图 6－41 所示。

表 6－12 列出了模拟输入模件的 FASS、FAULT 和 ACTIVE 各指示灯颜色。表 6－13 列出了模拟输入模件状态指示灯情况,以及对每一种情况的说明和建议采取的措施。

表 6－12 模拟输入模件各指示灯颜色

指 示 灯	颜 色	指 示 灯	颜 色
PASS	绿	ACTIVE	黄
FAULT	红		

表 6－13 AI 模件的状态指示灯

PASS	FAULT	ACTIVE	说明及措施
ON	OFF	ON	模件可以运行并正常工作,不需要采取任何措施
ON	OFF	OFF	模件可以运行但未工作,如果它是一热备,不需要采取措施,如模件刚被装入,允许等待几分钟让它完成初始化过程,如果是个工作模件(不是备件),而 ACTIVE 指示灯不亮,则模件有故障必须更换
OFF	ON	ON	模件已探测出故障,装入一新模件,不要将工作模件取出
OFF	OFF	任意	指示灯、信号电路误动作,换装一新模件

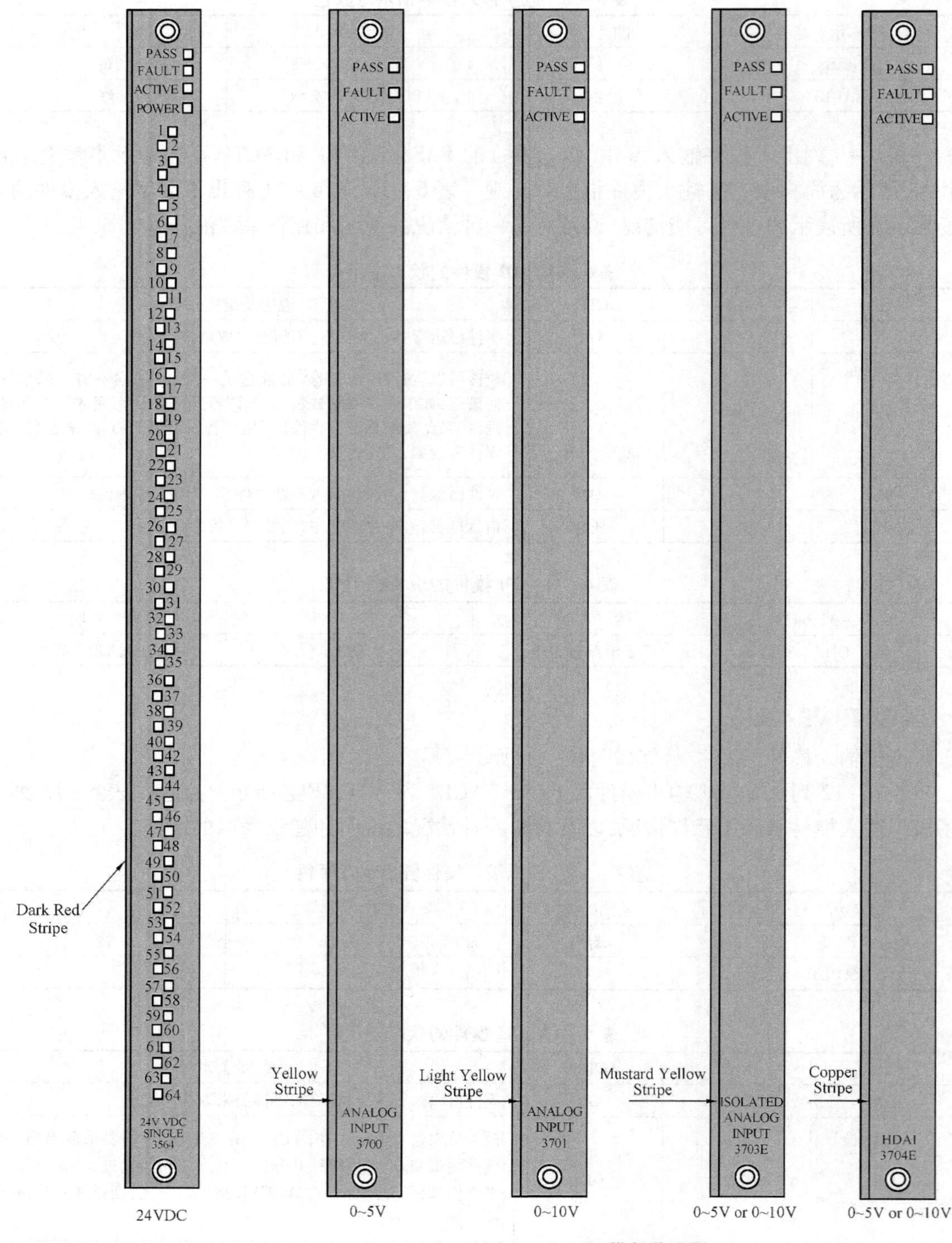

图 6－40 简易型数字输入模件指示灯外观

图 6－41 AI 模件指示外观

（五）脉冲输入模件

脉冲输入模件（PI）指示灯外观如图 6－42 所示。

表 6－14 列出了脉冲输入模件的 PASS、FAULT 和 ACTIVE 等指示灯的颜色对表 6－15 和表 6－16 表示的可能情况，给出了对各种情况的说明和建议采取的措施。

表 6－14 脉冲输入模件指示灯颜色

指示灯	颜色	指示灯	颜色
PASS	绿	ACTIVE	黄
FAULT	红	点（1～8）	红

表 6－15 PI 模件的状态指示灯

PASS	FAULT	ACTIVE	说明及措施
ON	OFF	ON	模件可以运行并正常工作，不需要采取任何措施
ON	OFF	OFF	模件可以运行但未工作，如果它是一热备，不需要采取措施，如模件刚被装入，允许等待几分钟让它完成初始化过程，如果是个工作模件（不是备件），而 ACTIVE 指示灯不亮，则模件有故障必须更换
OFF	ON	ON	模件已探测出故障，装入一新模件，不要将工作模件取出
OFF	OFF	任意	指示灯、信号电路误动作，换装一新模件

表 6－16 PI 模件的现场指示灯

点（1～8）	说明	点（1～8）	说明
闪烁	每脉冲闪烁一次	OFF	此时没有信号输入

（六）脉冲累积输入模件

脉冲累积输入模件指示灯外观如图 6－43 所示。

表 6－17 列出了脉冲累计输入模件的 PASS、FAULT 和 ACTIVE 等指示灯颜色对表 6－18 和表 6－19 表示的可能情况，给出了对各种情况的说明和建议采取的措施。

表 6－17 脉冲输入模件指示灯

指示灯	颜色	指示灯	颜色
PASS	绿	ACTIVE	黄
FAULT	红	点（1～32）	红

表 6－18 PT1 模件的状态指示灯

PASS	FAULT	ACTIVE	说明及措施
ON	OFF	ON	模件可以运行并正常工作，不需要采取任何措施
ON	OFF	OFF	模件可以运行但未工作，如果它是一热备，不需要采取措施，如模件刚被装入，允许等待几分钟让它完成初始化过程，如果是个工作模件（不是备件），而 ACTIVE 指示灯不亮，则模件有故障必须更换
OFF	ON	ON	模件已探测出故障，装入一新模件，不要将工作模件取出
OFF	OFF	任意	指示灯、信号电路误动作，换装一新模件

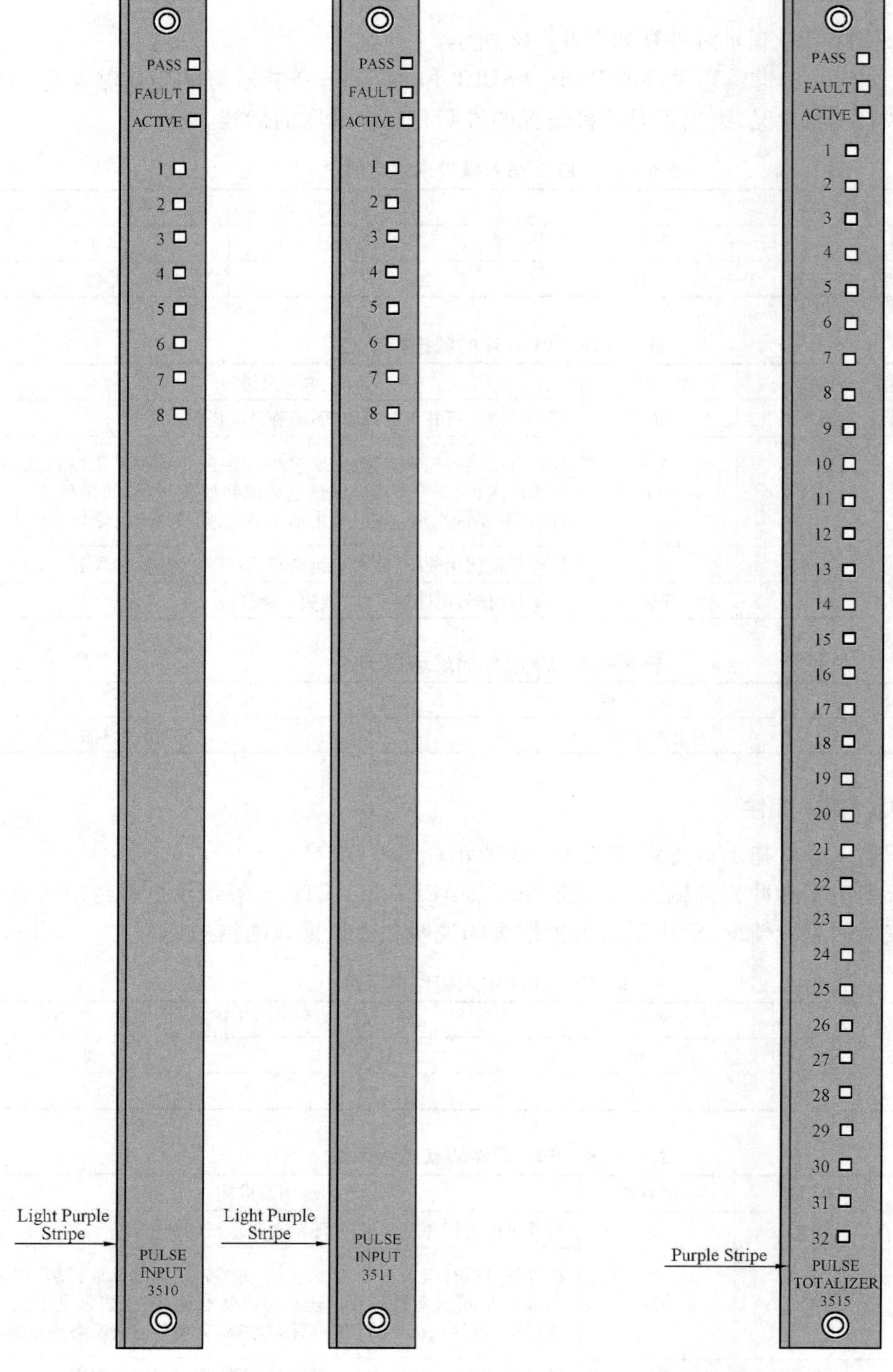

图 6 – 42　PI 模件指示灯外观

图 6 – 43　脉冲累计模件指示灯外观

表 6－19 PI 模件的现场指示灯

点(1～8)	说 明	点(1～8)	说 明
闪烁	每脉冲闪烁一次	OFF	此时没有信号输入

(七)热电偶输入模件

热电偶输入模件指示灯外观如图 6－44 所示。

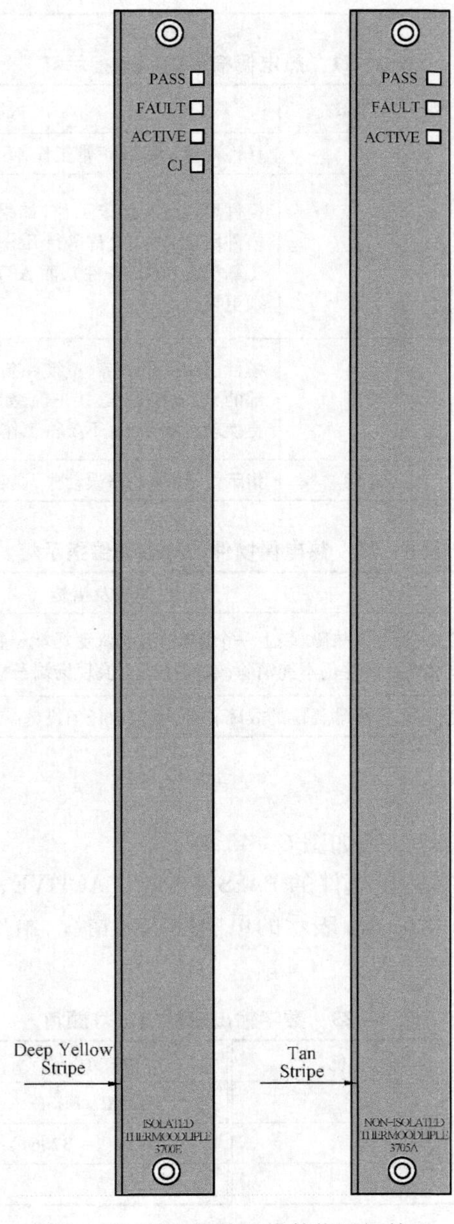

图 6－44 热电偶输入模件指示灯外观

表6－20列出了热电偶输入模件的PASS、FAULT和ACTIVE指示灯颜色。对表6－21和表6－22表示的可能发生的情况,给出了各种情况的说明和建议采取的措施。

表6－20　热电偶输入模件指示灯颜色

指　示　灯	颜　色	指　示　灯	颜　色
PASS	绿	ACTIVE	黄
FAUST	红	CJ(冷端补偿)	黄

表6－21　热电偶模件的状态指示灯

PASS	FAULT	ACTIVE	说明及措施
ON	OFF	ON	模件可以运行并正常工作,不需要采取任何措施
ON	OFF	OFF	模件可以运行但未工作,如果它是一热备,不需要采取措施,如模件刚被装入,允许等待几分钟让它完成初始化过程,如果是个工作模件(不是备件),而ACTIVE指示灯不亮,则模件有故障必须更换
OFF	ON	ON	模件已探测出故障,更换一新模件,确认现场端子板(外部或内部的)已安装好,连接正确,如果更换模件仍不能消除故障,需要更换现场端子板,不要将工作模件取出
PFF	OFF	任意	指示灯、信号电路误动作,换装一新模件

表6－22　热电偶模件的冷端补偿指示灯

CJ	说明及措施
ON	指示器有冷端补偿故障,装上一个新模件,确认现场端子板(外部或内部的)已安装好,连接正确,如果更换模件仍不能消除故障,需要更换现场端子板
OFF	模件上没有来自冷端补偿的故障,不需要采取任何措施

(八)数字输出模件

数字输出模件(DO)指示灯外观如图6－45所示。

表6－23及表列出了数字输出模件的PASS、FAULT、ACTIVE、LOAD/FUSE及点指示灯颜色。对表6－24、表6－25和表6－26表示的可能发生的情况,给出了各种情况的说明和建议采取的措施。

表6－23　数字输出模件指示灯颜色

指　示　灯	颜　色	指　示　灯	颜　色
PASS	绿	LOAD/FUSE	黄
FAULT	红	POINT(1～32、64)	红
ACTIVE	黄		

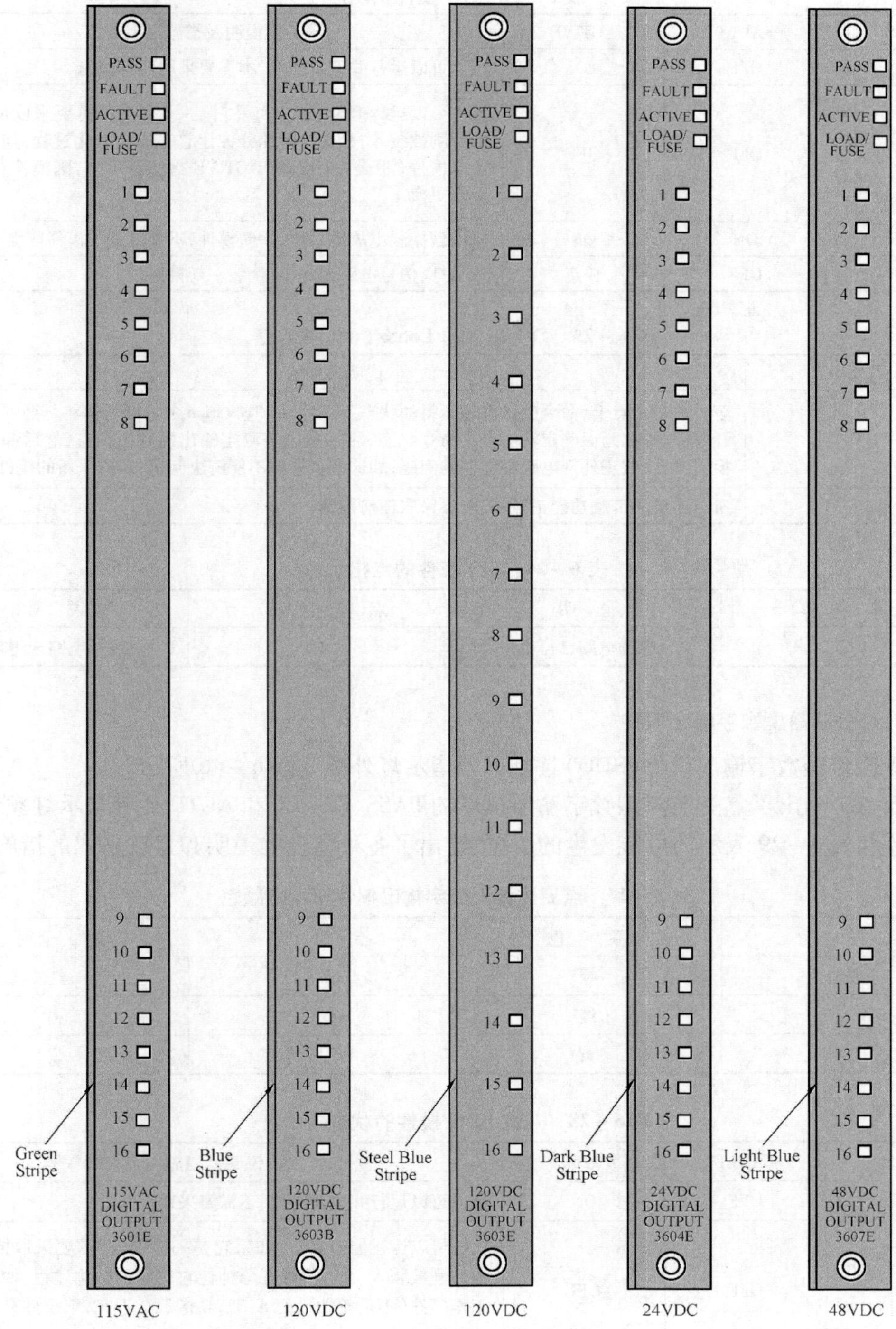

图 6-45 数字输出模件指示灯外观

表6－24　DO模件指示灯

PASS	FAULT	ACTIVE	说明及措施
ON	OFF	ON	模件可以运行并正常工作,不需要采取任何措施
ON	OFF	OFF	模件可以运行但未工作,如果它是一热备,不需要采取措施,如模件刚被装入,允许等待几分钟让它完成初始化过程,如果是个工作模件(不是备件),而ACTIVE指示灯不亮,则模件有故障,必须更换
OFF	ON	ON	模件已探测出故障,装入一新模件,不要将工作模件取出
OFF	OFF	任意	指示灯、信号电路误动作,换装一新模件

表6－25　DO模件的Load/Fuse指示灯

LOAD/FUSE	说明及措施
ON	至少在一个点上,命令的状态和测得的状态不一致,用TriStation的诊断画面将怀疑的点隔离开,再用控制画面确定输出点的命令状态,用一电压表测定输出的真实状态,然后卸掉并更换保险,或改正外部电路中存在的问题,如这些步骤都不能解决问题,换装一新的模件
OFF	所有连接的负载功能正常,不需要采取任何措施

表6－26　DO模件的点指示灯

点(12～16/32)	说　明	点(12～16/32)	说　明
ON	现场电路已得电	OFF	现场电路未得电

(九)点受监督型数字输出模件

点受监督型数字输出模件(SDO)具有下列指示灯外观如图6－46所示。

表6－27列出了点受监督型数字输出模件的PASS、FAULT和ACTIVE等指示灯颜色。对表6－28和表6－29表示的可能发生的情况,给出了各种情况的说明和建议采取的措施。

表6－27　点受监督型数字输出模件指示灯颜色

指　示　灯	颜　　色	指　示　灯	颜　　色
PASS	绿	点(1～8)	红
FAULT	红	LOAD	黄
ACTIVE	黄	POWER	黄

表6－28　八点SDO模件的状态指示灯

PASS	FAULT	ACTIVE	说明及措施
ON	OFF	ON	模件可以运行并正常工作,不需要采取任何措施
ON	OFF	OFF	模件可以运行但未工作,如果它是一热备,不需要采取措施,如模件刚被装入,允许等待几分钟让它完成初始化过程,如果是个工作模件(不是备件),而ACTIVE指示灯不亮,则模件有故障必须更换
OFF	ON	ON	模件已探测出故障,装入一新模件,不要将工作模件取出
OFF	OFF	任意	指示灯、信号电路误动作,换装一新模件

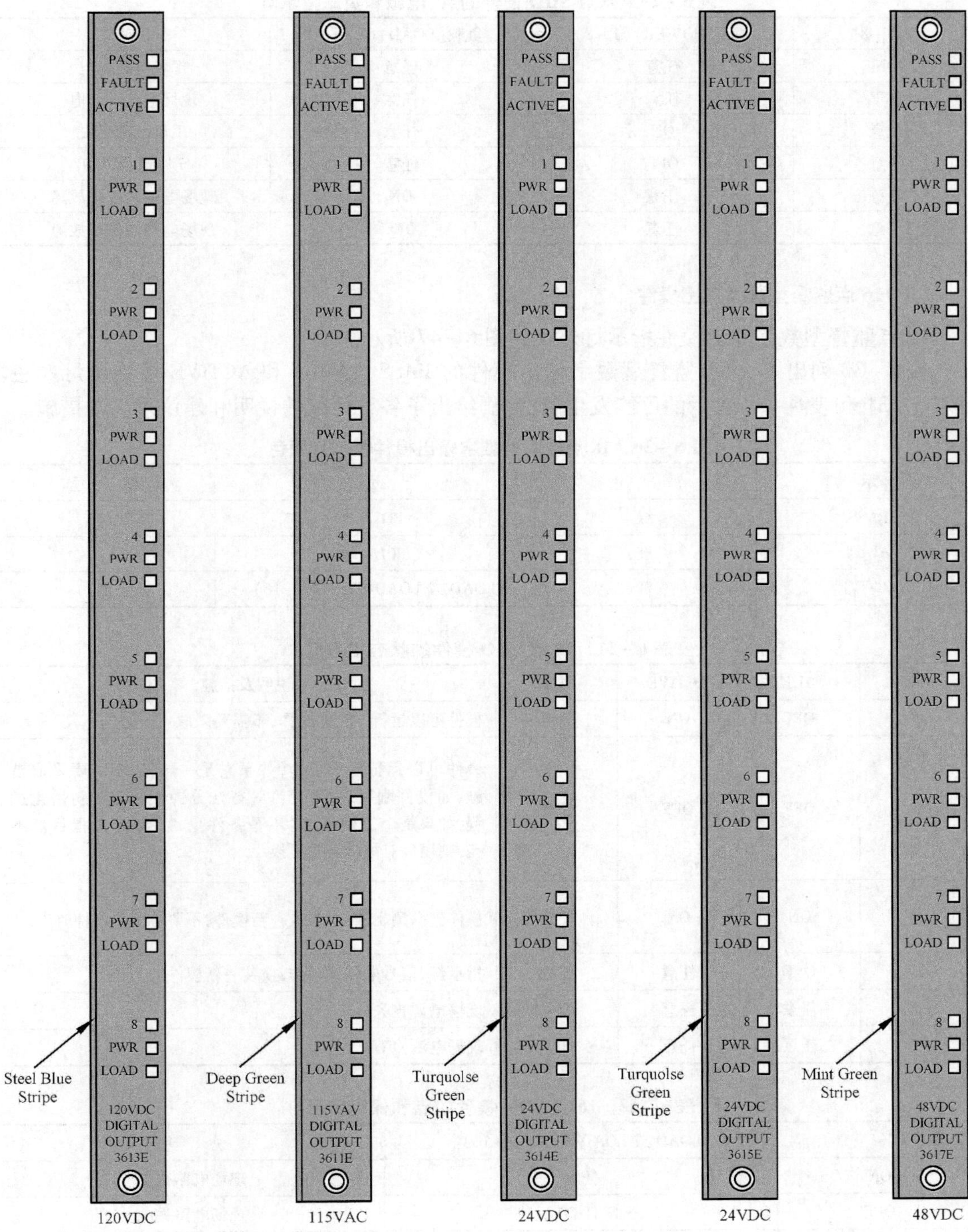

图 6－46 八点 SDO 模件指示灯外观

表 6－29　八点 SDO 模件的点、电源和负载指示灯

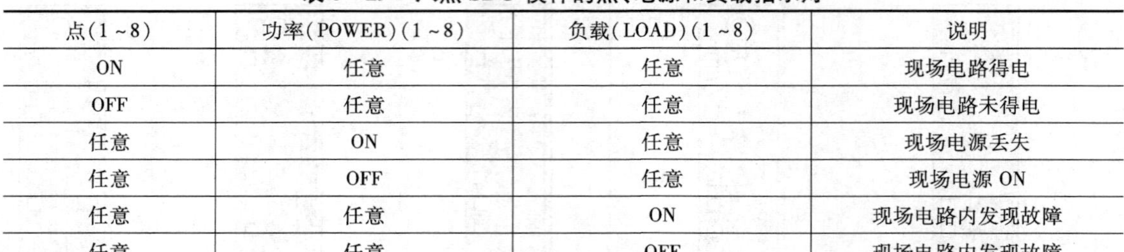

点(1～8)	功率(POWER)(1～8)	负载(LOAD)(1～8)	说明
ON	任意	任意	现场电路得电
OFF	任意	任意	现场电路未得电
任意	ON	任意	现场电源丢失
任意	OFF	任意	现场电源 ON
任意	任意	ON	现场电路内发现故障
任意	任意	OFF	现场电路内发现故障

(十)16 点监督型数字输出模件

16 点监督型数字输出模件指示灯外观如图 6－47 所示。

表 6－30 列出了 16 点监督型数字输出模件的 PASS、FAULT 和 ACTIVE 等指示灯颜色。对表 6－31 和表 6－32 表示的可能发生的情况，给出了各种情况的说明和建议采取的措施。

表 6－30　16 点监督型数字输出模件指示灯颜色

指　示　灯	颜　　色	指　示　灯	颜　　色
PASS	绿	POWER	黄
AULT	红	点(1～16)	红
ACTIVE	黄	LOAD 或 LOAD/FUOE(1～16)	黄

表 6－31　16 点 SDO 模件的状态指示灯

PASS	FAULT	ACTIVE	电源	说明及措施
ON	OFF	ON	任意	模件可以运行并正常工作，不需要采取任何措施
ON	OFF	OFF	任意	模件可以运行但未工作，如果它是一热备，不需要采取措施，如模件刚被装入，允许等待几分钟让它完成初始化过程，如果是个工作模件(不是备件)，而 ACTIVE 指示灯不亮，则模件有故障必须更换
OFF	ON	ON	任意	模件已探测出故障，装入一新模件，不要将工作模件取出
OFF	OFF	任意	任意	指示灯、信号电路误动作，换装一新模件
任意	任意	任意	ON	现场电源丧失
任意	任意	任意	OFF	现场电源 ON

表 6－32　16 点 SDO 模件的点和保险指示灯

POINT(1～16)	LOAD 或 LOAD/FUSE(1～16)	说　　明
ON	任意	现场电路得电
OFF	任意	现场电路失电
任意	ON	现场电路内发现有故障
任意	OFF	现场电路工作正常

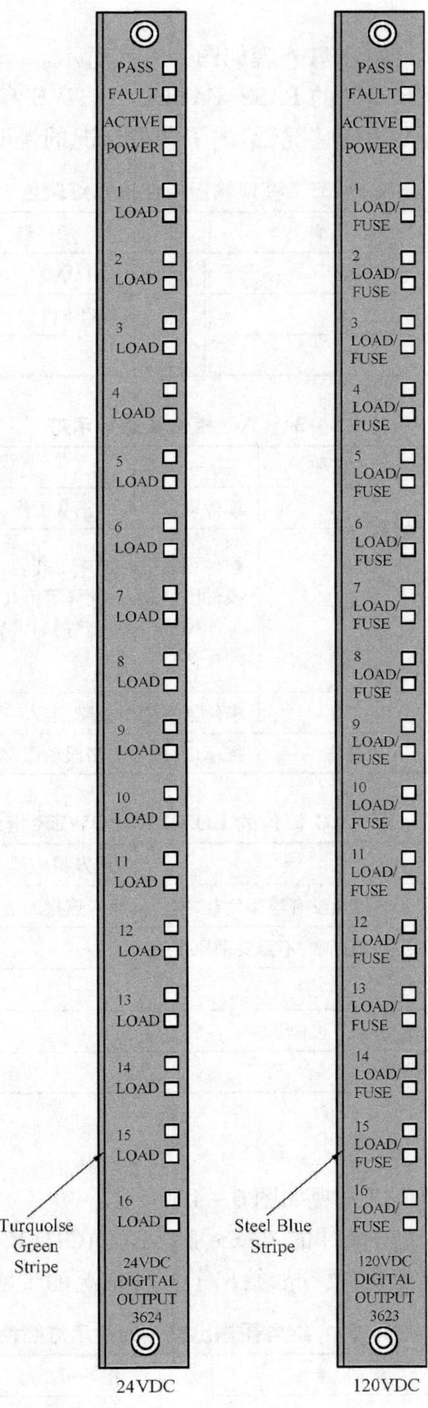

图 6－47 16 点 SDO 模件指示灯外观

(十一)模拟输出模件

模拟输出模件(AO)指示灯指示灯外观如图6－48所示。

表6－33列出了模拟输出模件的PASS、FAULT、ACTIVE和LOAD等指示灯颜色。对表6－34和表6－35表示的可能发生的情况,给出了各种情况的说明和建议采取的措施。

表6－33 模拟输出模件指示灯颜色

指示灯	颜色	指示灯	颜色
PASS	绿	LOAD	黄
FAULT	红	POWER(1、2)	黄
ACTIVE	黄		

表6－34 AO模件状态指示灯

PASS	FAULT	ACTIVE	说明及措施
ON	OFF	ON	模件可以运行并正常工作,不需要采取任何措施
ON	OFF	OFF	模件可以运行但未工作,如果它是一热备,不需要采取措施,如模件刚被装入,允许等待几分钟让它完成初始化过程,如果是个工作模件(不是备件),而ACTIVE指示灯不亮,则模件有故障必须更换
OFF	ON	ON	模件已探测出故障,装入一新模件,不要将工作模件取出
OFF	OFF	任意	指示灯、信号电路误动作,换装一新模件

表6－35 AO模件的LOAD和POWER指示灯

LOAD	说明及措施
ON	一个或多个输出点没有连接负载,把任何尚未连接的负载接上
OFF	所有负载接功能正常,不需要采取措施
POWER(1、2)	—
ON	现场电源已连接且工作正常
OFF	现场电源丢失

(十二)继电器输出模件

继电器输出模件(RO)指示灯外观如图6－49所示。

表6－36列出了继电器输出模件的PASS、FAULT、ACTIVE和POINT指示灯颜色。对表6－37和表6－38表示的可能发生的情况,给出了各种情况的说明和建议采取的措施。

表6－36 继电器输出模件的指示灯颜色

指示灯	颜色	指示灯	颜色
PASS	绿	ACTIVE	黄
FAULT	红	POINT	红

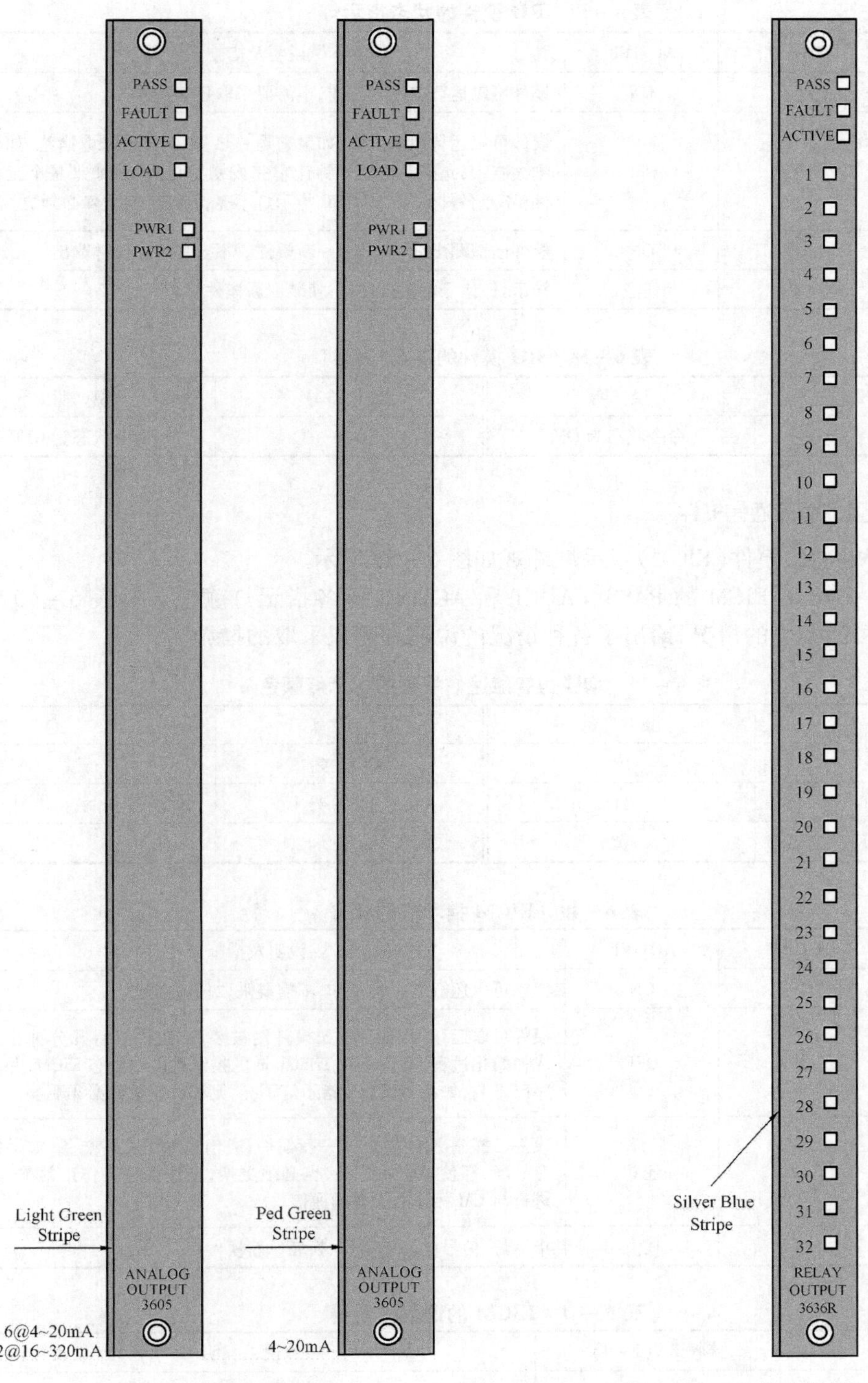

图 6－48　AO 模件指示灯外观

图 6－49　RO 模件指示灯外观

表 6－37 RO 模件的状态指示灯

PASS	FAULT	ACTIVE	说明及措施
ON	OFF	ON	模件可以运行并正常工作，不需要采取任何措施
ON	OFF	OFF	模件可以运行但未工作，如果它是一热备，不需要采取措施，如模件刚被装入，允许等待几分钟让它完成初始化过程，如果是个工作模件(不是备件)，而 ACTIVE 指示灯不亮，则模件有故障必须更换
OFF	ON	ON	模件已探测出故障，装入一新模件。不要将工作模件取出
OFF	OFF	任意	指示灯、信号电路误动作，换装一新模件

表 6－38 RO 模件的现场指示灯

点(1～32)	说　明	点(1～32)	说　明
ON	命令状态为 ON	OFF	命令状态为 OFF

(十三)增强型智能通信模件

增强型智能通信模件(EICM)指示灯外观如图 6－50 所示。

表 6－39 列出了 EICM 的 PASS、FAULT 和 ACTIVE 等各指示灯颜色。对表 6－40 和表 6－41表示的可能发生的情况，给出了各种情况的说明和建议采取的措施。

表 6－39 增强型智能通信模件的指示灯颜色

指　示　灯	颜　　色	指　示　灯	颜　　色
PASS	绿	TX(1～4)	黄
FAULT	红	RX(1～4)	黄
ACTIVE	黄		

表 6－40 EICM 指示灯的状态

PASS	FAULT	ACTIVE	说明及措施
ON	OFF	ON	模件可以运行并正常工作，不需要采取任何措施
ON	OFF	OFF	模件可以运行但未工作，如模件刚被装入，允许等待几分钟让它完成初始化过程，确认已在 TriStation 的控制程序中组态 EICM，并且程序已下装，如果 ACTIVE 指示灯不亮，则模件有故障必须更换
任意	ON	任意	模件已探测出故障，装入一新模件，通信模件不支持热备，如果模件有故障，即使 Active 灯亮，也必须更换，在更换并工作正常前，不能进行与 CM 相连的设备的通信
OFF	OFF	任意	指示灯、信号电路误动作，换装一新模件

表 6－41 EICM 的通信指示器

发送 TX(1～4)	接收 RX(1－4)	说　　明
闪烁	闪烁	如果 EICM 与外部装置，例如，Modbus 和 TriStation 通信正常，则指示器连续闪烁，每一信息闪烁一次，只有当与 Modbus 装置或 TriStation 的通信切断时指示灯才熄灭

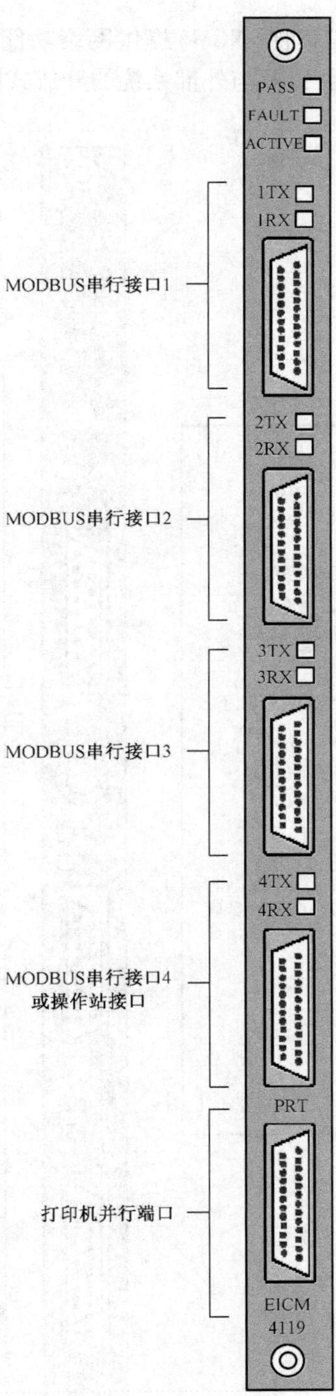

图 6-50 EICM 指示灯外观

(十四)网络通信模件

TRICON 系统借助于网络通信模件(NCM)提供网络功能,此模件可支持所有 Triconex 专有的协议和用途、用户书写的应用,以及与外部系统的开放式网络。NCM 指示灯外观如图 6-51 所示。

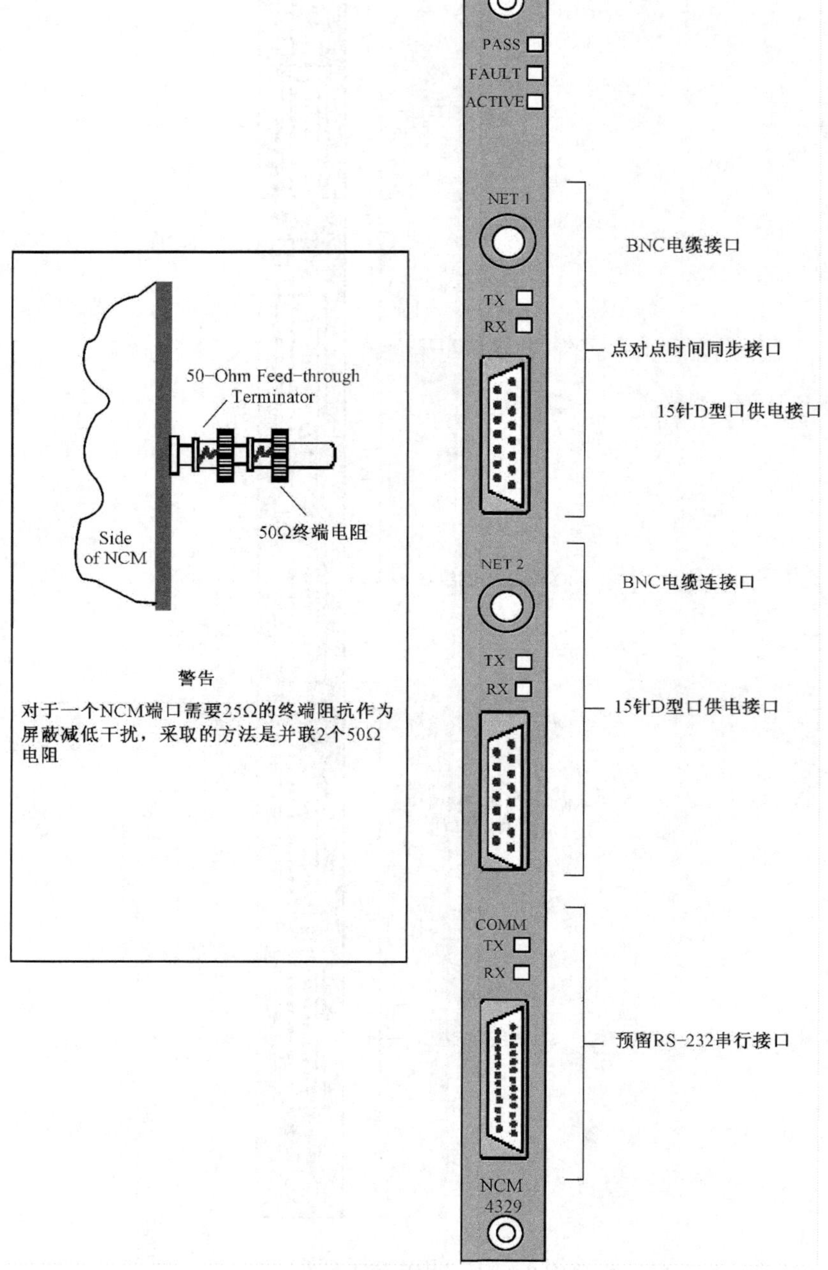

图 6-51 网络通信模件指示灯外观

表 6-42 列出了 NCM 的 PASS、FAULT 和 ACTIVE 等各指示灯颜色。对表 6-43 和表 6-44 表示的可能发生的情况，给出了各种情况的说明和建议采取的措施。

表 6-42 NCM 各指示灯颜色

指示灯	颜色	指示灯	颜色
PASS	绿	TX(1~4)	黄
FAULT	红	RX(1~4)	黄
ACTIVE	黄	COMM TX/RX	未用

表 6-43 网络通信模件指示灯的状态

PASS	FAULT	ACTIVE	说明及措施
ON	OFF	ON	模件可以运行并正常工作，不需要采取任何措施
ON	OFF	OFF	模件可以运行但未工作，如模件刚被装入，允许等待几分钟让它完成初始化过程，确认已在 TriStation 的控制程序中组态 NCM/DCM，并且程序已下装，如果 ACTIVE 指示灯不亮，则模件有故障，必须更换
任意	ON	任意	模件已探测出故障，装入一新模件，通信模件不支持热备，如果模件有故障，即使 Active 灯亮，也必须更换，在更换并工作正常前，不能进行与 CM 相连的设备的通信
OFF	OFF	任意	指示灯、信号电路误动作，换装一新模件

表 6-44 NCM 模件的通信指示灯

发送 TX(1~2)	接收 RX(1~2)	说明
闪烁	闪烁	如果 NCM/DCM 与外部装置，例如，在网络上的主计算机或 TriStation 通信正常，则指示器即连续闪烁，每一信息闪烁一次，只有与外部装置的通信切断时指示灯才熄灭

(十五)安全管理模件

安全管理模件(SMM)指示灯外观如图 6-52 所示。

表 6-45 列出了 SMM 的各指示灯的颜色。对表 6-46～表 6-51 表示的可能发生的情况，给出了各种情况的说明和建议采取的措施。

表 6-45 安全管理模件(SMM)指示灯颜色

指示灯	颜色	指示灯	颜色
PASS	绿	SPARE RDY	绿
FAULT	红	UCN A	绿
ACTIVE	黄	UCN B	绿
LOW BATT	黄	XMIT	绿

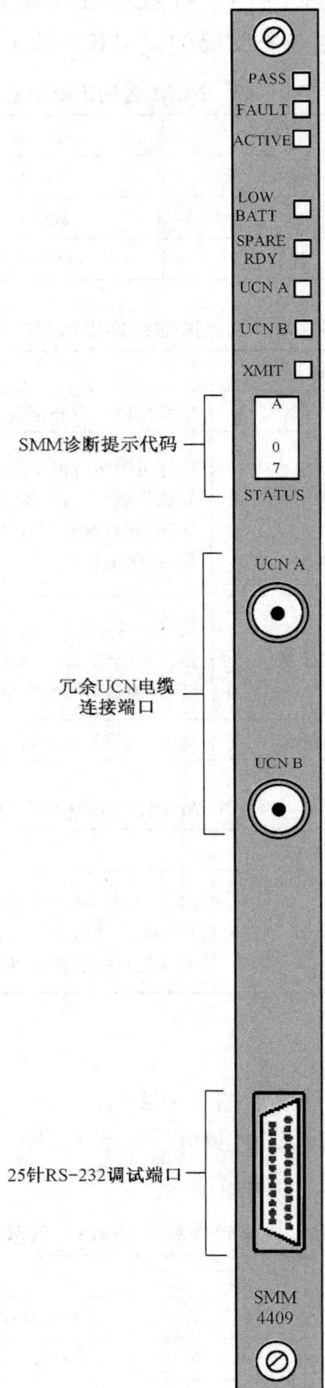

图 6－52　SMM 指示灯外观

表 6-46 SMM 的状态指示灯

PASS	FAULT	ACTIVE	说明及措施
ON	OFF	ON	模件运行且正常工作,不需要采取任何行动
ON	OFF	OFF	模件可运行但未工作,如果它是某工作模件的热备件,不需要采取任何措施,如果模件刚装入,或系统刚才启动,允许等待几分钟,待其完成初始化过程,只有满足下列条件时 SMM 才变成工作模件:(1) Tricon 有关 SMM 配置的控制程序已被下装至 Tricon;(2) SMM 软件(属性文件)已从 TDC3000 装入。在此情况下 TRICON 机架上的报警灯点亮 如果它是工作模件(不是备件)且 ACTIVE 指示灯不亮,则模件有故障必须更换
OFF	ON	任意	模件通电,但它已检测到有故障,装入一置换的模件
OFF	OFF	任意	指示灯、信号电路误动作,装入一置换的模件

表 6-47 SMM 的 LOW BATT 指示灯

LOW BATT	说明及措施
ON	SMM 的电池电压过低,需要更换、装入一替换电池
OFF	SMM 的电池功率足够保持 SMM 程序和数据,即使在电源失效时,也不需要采取任何行动

表 6-48 SMM 的 Spare Rdy 指示灯

SPARE RDY	说明及措施
OFF	没有装用热备模件
ON	装入有热插件,并已做好准备,只有在 SPARE RDY 指示灯亮起后才可卸掉主 SMM

表 6-49 SMM 的各口工作指示灯

UCN A	UCN B	说明及措施
ON	OFF	UCN A 口通电工作但 UCN B 口备用,不需要采取行动
OFF	ON	UCN B 口通电工作但 UCN A 口备用,不需要采取行动
OFF	OFF	两口均不工作,模件有故障,需要更换模件

表 6-50 SMM 的发送指示灯

XMIT	说明及措施
OFF	模件不发射任何信息给 UCN,不需要采取任何措施
ON	模件正在向 UCN 发送信息,不需要采取任何措施

表 6-51 四位字母数字符号的状态显示

状态	说明及措施
Ann	A 表示工作状态,nn 是 UCN 节点号,模件正等待着通用站下载程序和数据,不需要采取措施
Bnn	B 表示备用状态,nn 是 UCN 节点号,不需要采取措施 在启动的初始阶段所有的字符均消失,在切换到软件运时也如此,不需要采取措施

续表

状态	说明及措施
SSSS	SSSS 表示某软件崩毁代码,有相当多的出错代码存在,SMM 处于故障状态,需要与 Honeywell 技术支援中心(TAC)联系、寻求帮助,找出这些故障的原因
Hee	H 表示硬件故障,ee 是出错代码,SMM 处于故障状态,需要与 Honeywell 技术支援中心(TAC)联系,找出这些故障的原因
Lnn	L 表示 TDC3000 正将软件下载给 SMM,不需要采取措施
Inn	I 表示空闲状态,nn 是 UCN 节点号,模件正等待通用站给出启动命令,不需要采取措施
Rnn	R 表示运行状态,nn 是 UCN 节点号,模件正在正常处理点数据,不需要采取措施
Tnnn	T 表示试验状态,nnn 表示 SMM 已工作或安装,不需要采取措施
CFG?	CFG 表示 SMM 正等待来自 TRICON 的有效模件配置数据,应保证 SMM 的配置正确
Tinn	TI 表示 TRICON 接口初始化状态,nn 表示初始化过程中的步骤号,不需要采取措施
INnn	IN 表示固件初始化状态,nn 表示在起始过程中的步骤号,不需要采取措施
BOOT	BOOT 表示 SMM 正在引导装入其属性(软件),在导入中 SMM 的 FAULT 指示灯可能点亮,但这并不是引起报警的原因,不需要采取措施

二、系统软件在线诊断和检查

TRICON 系统的工作站建立在基于 WindowsNT4.0(内核)操作系统的 PC 机上,开发软件是 TriStationll31,它有编程、监控和诊断功能。

打开 TriStationll31 程序,在“TRICON”下拉菜单中,点选“TRICON Diagnostic Panel”进入在线诊断界面,整个系统以目录嵌套形式列出各机架、槽路的从属关系。

(一)机架运行状态的颜色标识

(1)绿色表示工作正常。

(2)红色表示该机架内有故障发生。

(二)模件安装状态的颜色标识

(1)白色表示该逻辑槽路已被组态且对应的两个物理槽位都已插入模件。

(2)红色表示模件逻辑槽位已经组态,但物理槽位中未插入模件。

(3)黄色表示模件逻辑槽位未组态,但物理槽位中已插入了模件。

(4)蓝色表示模件逻辑槽位已经组态,但两个物理槽位中只插入了一个模件。

(三)模件的运行状态的颜色标识

(1)绿色表示模件工作正常。

(2)红色表示模件有故障,需要更换。

(3)黄色表示模件正在执行控制程序。

(4)灰色表示模件未执行控制程序但也未出错。

若出现故障,可根据显示目录路径快速定位其机架号、模件号和通道号,并显示故障信息。故障信息分为三类:现场出错、电源出错和表决出错,可根据提示进行相关问题的处理。排除故障、事故诊断信息及事故处理过程必须详细记录。另外,在 AC 电压数字输出模件上要禁用输出表决诊断(OVD),否则会出现误报警现象。打开 TriStationll31 程序,在“TRICON”下拉菜单中，点选在线控制界面（TRICON Control Panel），可以对过程点的逻辑状态进行监控，不推荐在此进行过程点的强制置“0”或置“1”操作。

三、日常维护

为保证 TRICON 系统的长期、安全稳定运行和系统维护操作的快速、准确，需要对 TRICON 系统的各种设备、工作条件和重要参数进行日常检查。

(1)定期使用中性洗涤剂，清洗系统机柜冷却风扇及空气过滤网和过滤海绵，至少每月一次。每月一次对 TRICON 工作站 PC 机的显示器屏幕、软盘驱动器、光盘驱动器、鼠标和键盘进行清洗，确保其使用的灵活、准确。对打印机每月要清洁一次。

(2)检查机柜间及工程师站间的温度和相对湿度是否在规定的技术指标范围内。

(3)检查系统所需供电是否符合技术要求。

(4)做好防范小动物工作，以免造成短路和断路故障。

(5)检查系统柜冷却风扇运行是否正常，如发现风扇转动异常或损坏，应立即采取措施，予以更换。

(6)查看系统柜各机架中的模件状态指示灯指示是否正常。

(7)检查系统机柜主机架钥匙开关位置是否适当，其四个位置及其相应功能见表 6－52。机架钥匙要由专人负责保管，严格执行规定范围内的操作内容。

表 6－52 钥匙开关的位置说明

钥匙开关的位置	功　能
RUN	正常运行，具有只读能力，主处理器执行预先装好的控制程序，用 TriStation 工作站、Modbus 主机或外部主机都不能修改控制程序和程序变量
PROGRAM	用于装载控制程序和检查，允许 TriStation 工作站进行控制程序的“全部下载”和“改变下载”，也允许 Modbus 主机和外部主机写入程序变量
STOP	停止读取输入，迫使输出为 0，并使控制程序暂停（该功能可在系统配置时屏蔽掉）
REMOTE	允许用 TriStation 工作站、Modbus 主机或外部主机修改程序变量，但不能由 TriStation 工作站进行控制程序的“全部下载”和“改变下载”

(8)检查 Bypass 开关盘的使用情况，若有连锁点摘除，要检查所需工作票和审批手续是否齐全。

(9)工作站 PC 机的日常维护和管理。

保证 Tristationll31 系统软件长期连续运行。通过在线诊断界面（TRICON Diagnostic Panel），检查系统软件、硬件运行情况。通过在线控制界面（TRICON Control Panel），对生产过程点进行监控，该 PC 机禁止非专用光盘和软盘的使用，以防电脑病毒的入侵。开发系统可设定多级使用权限，禁止随意进入管理员权限进行删除和改写控制程序等操作，密码要由专人负责管理。判断 SOE 中的记录有无异常。

四、常见故障处理原则

(一)模件运行状态的颜色标识

绿色表示模件工作正常；红色表示模件有故障，需要更换；黄色表示模件正在执行控制程序;灰色表示模件未执行控制程序但也未出错,若出现故障,可根据显示目录路径快速定位其机架号、模件号和通道号,并显示故障信息。

故障信息分为三类:现场出错、电源出错和表决出错,可根据提示进行相关问题的处理。排除故障、事故诊断信息及事故处理过程必须详细记录。

另外,在AC电压数字输出模件上要禁用输出表决诊断(OVD),否则会出现误报警现象。

(二)常见故障处理方法

TRICON系统通过容错功能,能把故障部分和正常的模件迅速隔离,实现在线更换故障模件。模件在线更换的原则如下:

(1)若系统中有一个以上的模件故障,且其中一个是主处理器模件,另一个为其他类型的模件时,应首先更换主处理器模件,且要等到它的ACTIVE灯亮后,方可更换其他类型模件。

(2)更换故障模件时,一定要等到备用的模件正常工作,故障模件切换出来之后,才能将故障模件拔出。

(3)在将新的模件插入系统之前,先检查其销脚是否损坏,若有损坏,就不要插入系统,否则会导致系统误动作。

(三)在线更换有故障的电源模件

必须先将有故障模件的电路断电,再把模件拔出,更换上新的模件并紧固后,送电即可。

(四)在线更换有故障的主处理器模件

(1)确认至少有一个主处理器上有ACTIVE灯在闪烁。

(2)松开故障的主处理器上的紧固螺钉,将其拔出。

(3)插入新的主处理器,安装到位,PASS灯应该点亮并保持1~6min。

(4)ACTIVE灯同时亮起并以和其他主处理器上的ACTIVE灯一样的速率闪烁1~6min,进入正常状态后将紧固螺钉拧紧。

(五)在线更换故障的I/O模件

由于一个逻辑槽位有两个互为热备的物理槽位,将备用模件插入机架中相同型号模件的热备槽内,其PASS灯应在1min之内亮起,ACTIVE灯应在1~2min内亮起,等故障模件的ACTIVE灯熄灭后,方可将其拔出。

(六)在线更换故障的通信模件

先将故障模件的通信电缆卸掉,把模件拔出,再将备用模件插入槽内,然后安装好通信电缆,其PASS灯应在1min之内亮起,ACTIVE灯应在1~2min内亮起。

(七)外部终端板熔断管熔丝烧断的处理

当过流使熔断管内的熔丝烧断时,相应通道的LED会亮;用相同型号规格的熔断管进行更换,为了避免电击伤害和设备损坏,要使用TRICON系统提供的塑料钳子进行操作。

(八)工作站死机的处理

当工作站PC死机后,可以重新启动PC机并运行TriStationll31程序;若有硬件损坏可更换;如果控制程序损坏,可以用备份磁盘恢复。

(九)系统掉电的处理

将系统柜中的电源开关按由分到总的顺序关断,待供电稳定后再将系统柜中的电源开关按由总到分的顺序合上,观察系统柜各模件的启动情况,等到模件都启动完成后,可到工作站在线诊断界面,进行进一步的检查。

五、系统故障处理

(一)控制系统一般故障

(1)卡件系统故障报警。登录 TRICON 控制面板,如图 6-53 所示。

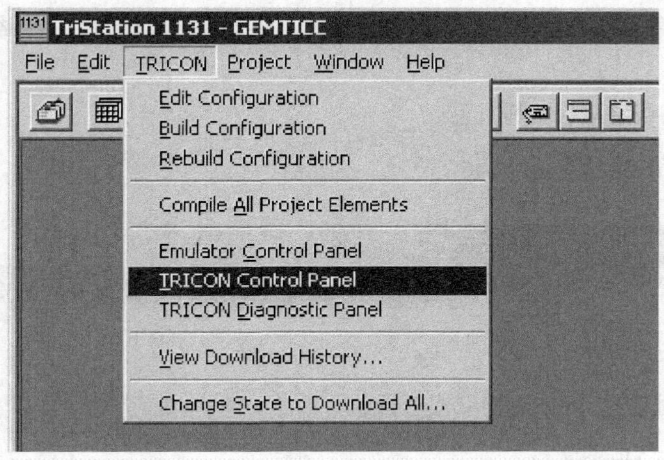

图 6-53 TRICON 控制面板

(2)系统温度高报警。检查环境温度,检查风扇运行状态。

(3)远程机架通信光缆故障。看主机远程通信卡件 RXM 状态等是否正常,将不正常的光纤重新接好或用备用光纤替换。

(4)冗余电源中的一路电源故障。检查供电电源是否正常。检查故障卡的电源系统有两个 24V 电源,每个电源的状态通过一个继电器来报警,如果电源正常则继电器灯亮,触点闭合。如果有故障则继电器灯灭,触点断开,系统报警回路断开,系统报警。

(5)AI 卡输入电流超上限故障报警。检查故障通道的电流,将故障仪表处理好。

(6)DO、AO 卡电源低报警。检查空通道的短接线是否接好,检查是否有通道开路。

(7)卡件没有固定好,由于松动引起系统报警。

(二)控制系统通信故障

(1)事故现象:光电转换器、网口对应的状态灯不亮,通信中断。

(2)事故处理方法:检查通信卡状态,检查各连接网线,如果光纤有问题,可更换备用光纤。

(三)控制系统停止运行

(1)事故现象:通信中断,控制系统全部失电。

(2)事故原因:程序停止运行;三个控制器同时故障不工作;两路电源同时失电;如果系统完全停电,各控制阀输出回零,现场电磁阀都不能动作。

(四)控制程序的在线修改

在控制程序的投用过程中,发现问题需要修改时,可用“改变下装”形式装载到控制器。首先将修改过的控制程序下装到仿真控制器中,进行模拟测试,测试无误后才能下装到控制器,每次下装到控制器,控制程序的版本就会升级,由于旧版本不能进入在线控制界面,所以务必及时对最新的版本进行备份,以防不测。

由于 TRICON 系统一般用于连锁保护系统,程序修改要用书面文件形式报相关部门审批后,方可实施。

在生产装置正常的运行当中,不能进行“完全下装”。因为,这样会停运控制程序,进而影响生产。

(五)控制程序的在线 I/O 强制

(1)桌面上点击 开始 。(图 6-54)。

图 6-54 进入组态

(2)在弹出的对话框中按以下步骤选择:

① 在工具栏中点击 File ;

② 在下拉菜单中选择 Open Project... ,按相应路径打开程序;

③ 输入 USER NAME OPERATOR 、PASSWORD OPERATOR ,然后点击 Login 进入(图 6-55);

图 6-55 输入 USER NAME、PASSWORD

④ 在屏幕左下方选择 Controller 一栏(图 6－56);

图 6－56　Controller 栏

⑤ 双击 Controller Panel 栏(图 6－57);

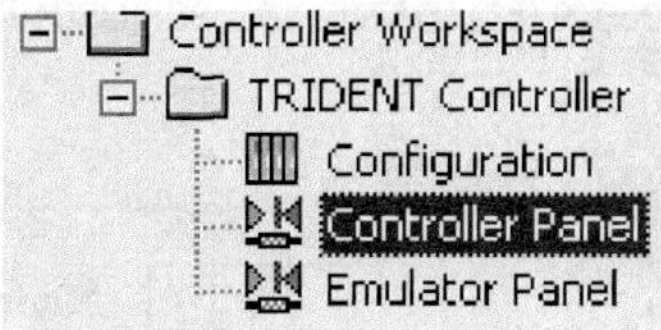

图 6－57　Controller Panel 栏

⑥ 工具栏中点击 连接;

⑦ 在弹出的对话框中(图 6－58)点击 OK ,选中一个程序 AI_PROCESSING_inst 或 ESD_inst (图 6－59),再点击 连接成功;

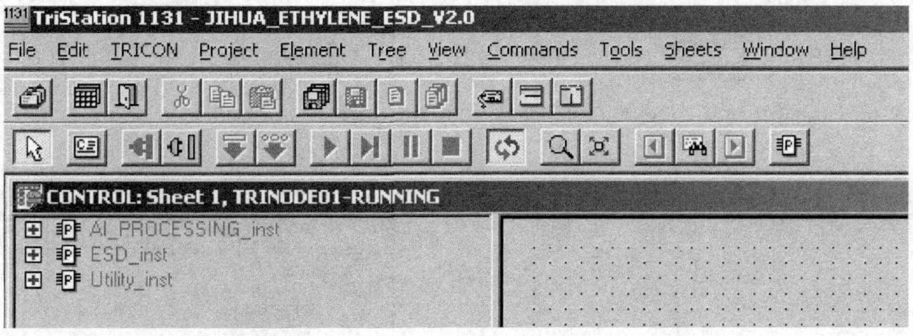

图 6－58　连接

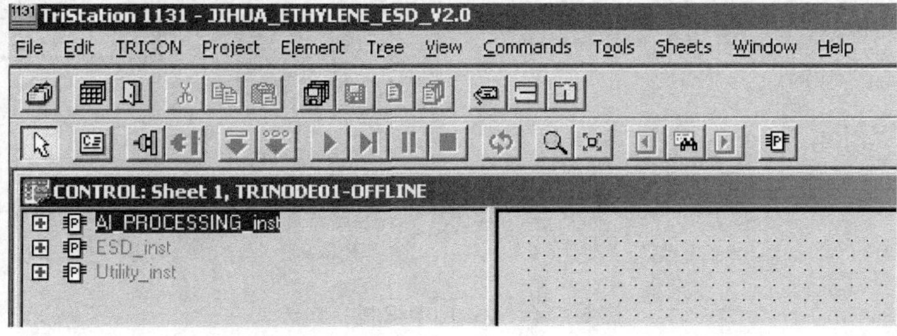

图 6－59　选中程序

⑧ 点击 显示逻辑图的页码(图 6-60),选中一个后点击 Go To ;

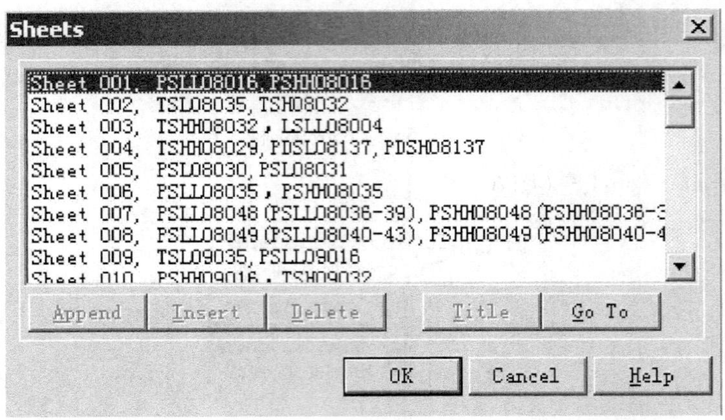

图 6-60 显示逻辑图的页码

⑨ 在逻辑图中强制一个点(图 6-61),双击一个输入 或输出 点(图 6-62),弹出对话框,再点击 Disable ,弹出对话框(图 6-63),点击 Yes ,弹出对话框(图 6-64),图中的 Set Value 输入 1 高电平,0 低电平后点击 Confirm ,强制数据点后则数据点中的文字为红色 ,如果解除强制则点击 Enable ,弹出对话框(图 6-65),点击 Yes ,关闭对话框(图 6-66),完成强制和解除连锁;

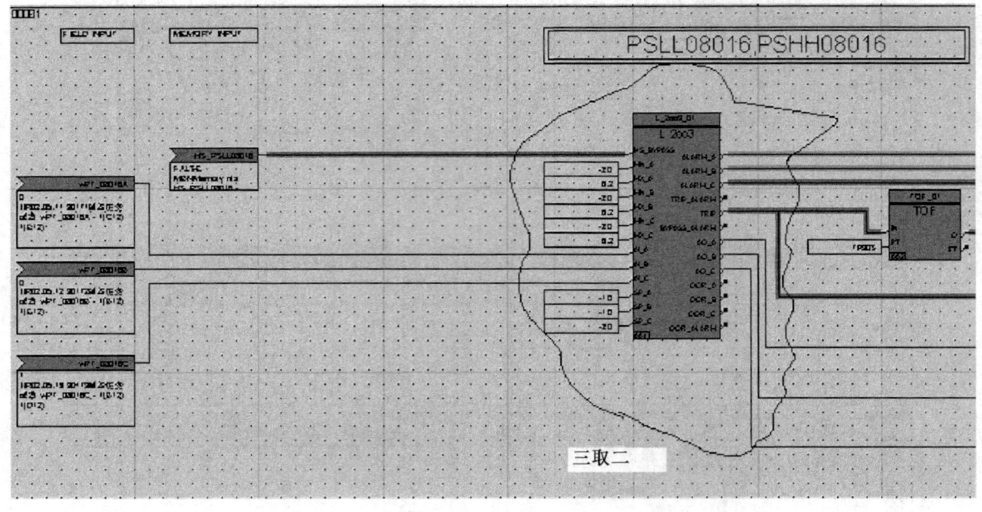

图 6-61 逻辑图中强制一个点

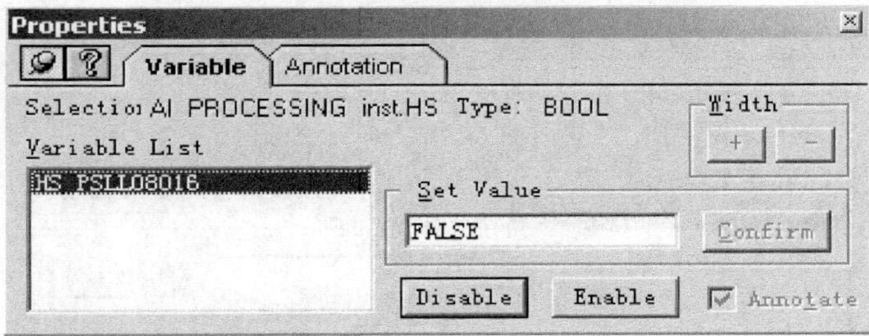

图 6－62 输入或输出点

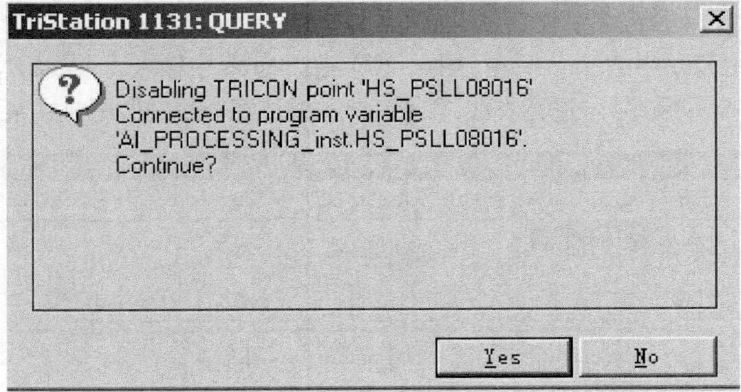

图 6－63 确认操作

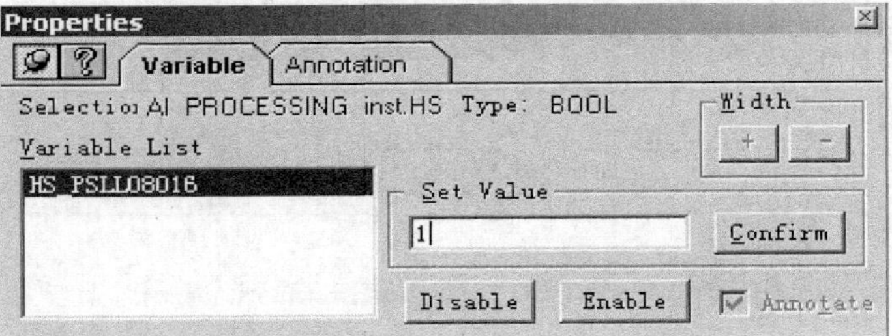

图 6－64 强制一个点为 1

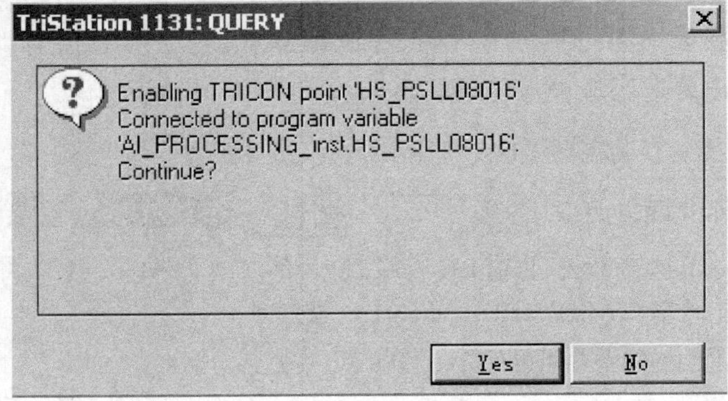

图 6－65 确认操作

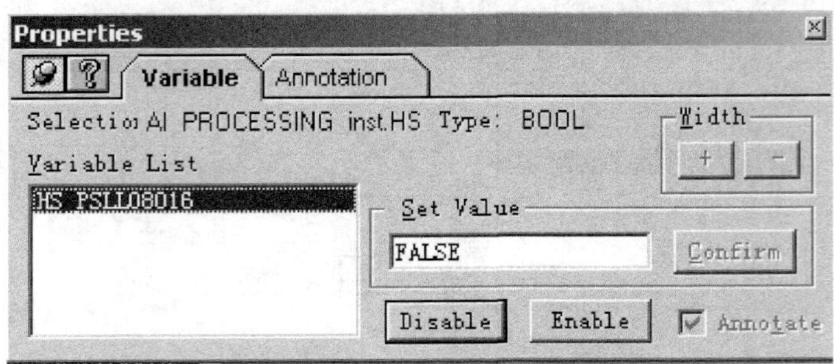

图 6-66 关闭对话框

⑩ 查找点,可用 Edit 中的 Find 一项(图 6-67),在 Search 中输入要查找的位号,也可以输入位号的数字部分(工序号+顺序号)进行查找(图 6-68),要注意查找的范围是在某一程序之内;

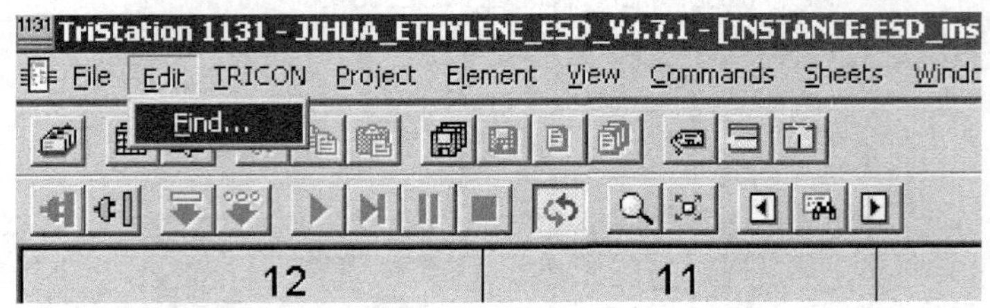

图 6-67 Find 项

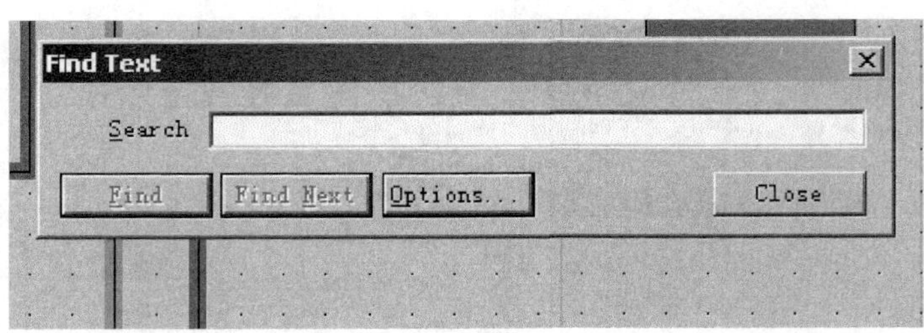

图 6-68 查找的位号

⑪ "zoom to fit"一项可以观看本页(Sheet)全图,而要放大图中某一部分时,用鼠标双击本页空白处,并框出要选区域,也可以用"zoom to fit"左侧放大工具实现;

⑫ 要关闭时首先要断开连接,按下这个按钮之后关闭这个程序的窗口,待关闭所有程序窗口之后关闭控制窗口(CONTROL:sheet1),接着在 File 中选择 Close Project 关闭即可(图 6-69)。

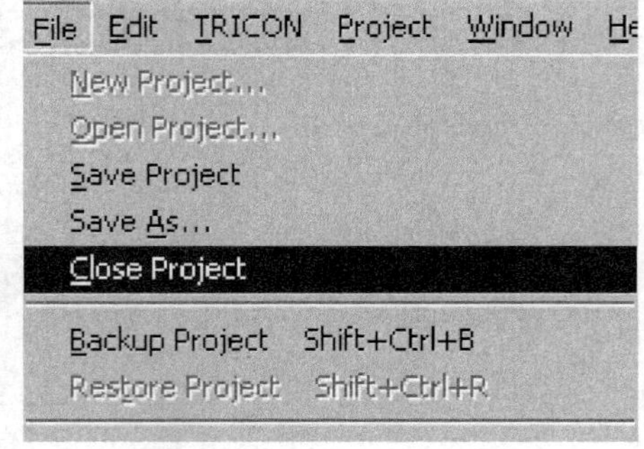

图 6-69 关闭程序的窗口

(六)ESD 系统诊断信息收集

(1)进入诊断面板。打开 1131 程序(图 6－70)。

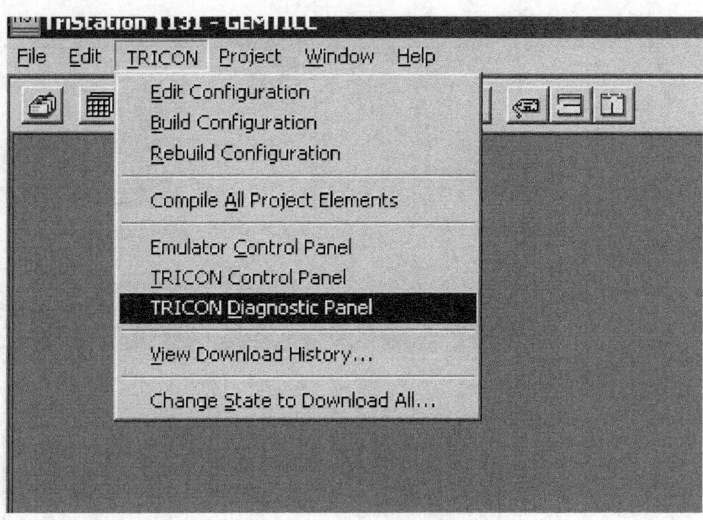

图 6－70 进入诊断面板

(2)连接网络(图 6－71)。

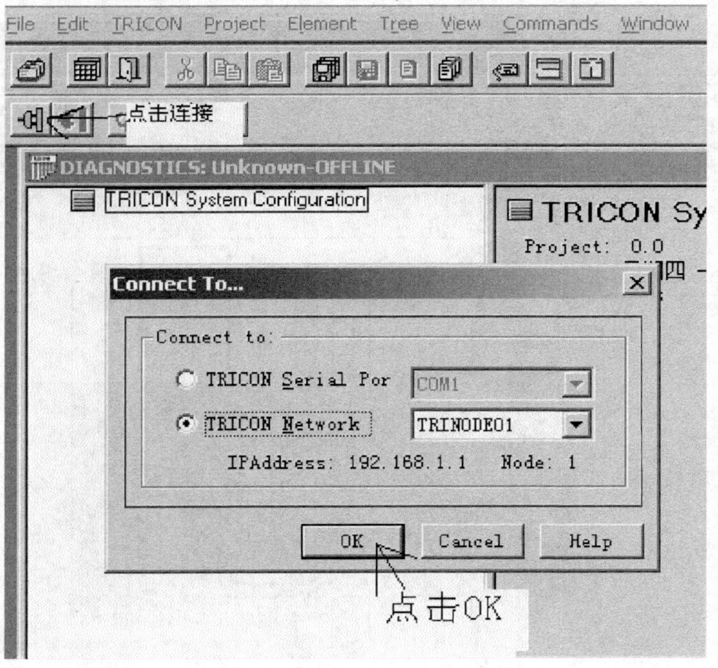

图 6－71 连接网络

(3)查看信息(最好用打印屏幕键将故障信息保存)。清除故障信息,如果是历史故障可以清除,系统可恢复正常,如果是仍然存在的故障,清除后还会出现(图6-72)。

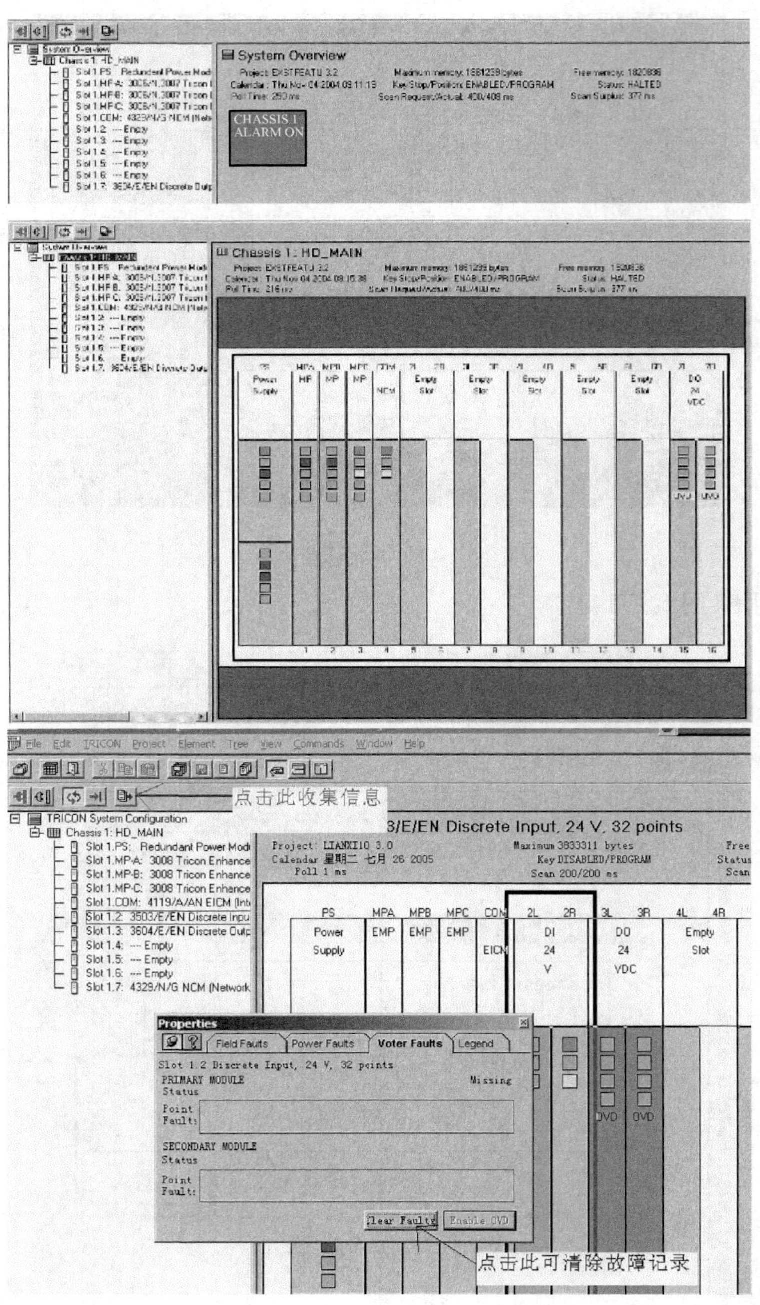

图6-72 查看信息

清除所有卡件的故障信息,确保所有的故障一一被确认和修正。在命令菜单上,清除所有卡件故障。

(4)收集故障信息(图6-73)。保存故障信息(图6-74)。开始收集故障信息(图6-75)。

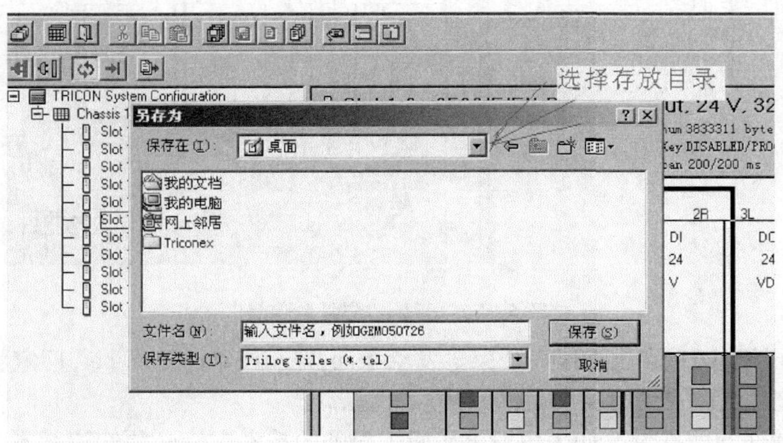

图6-73 收集故障信息

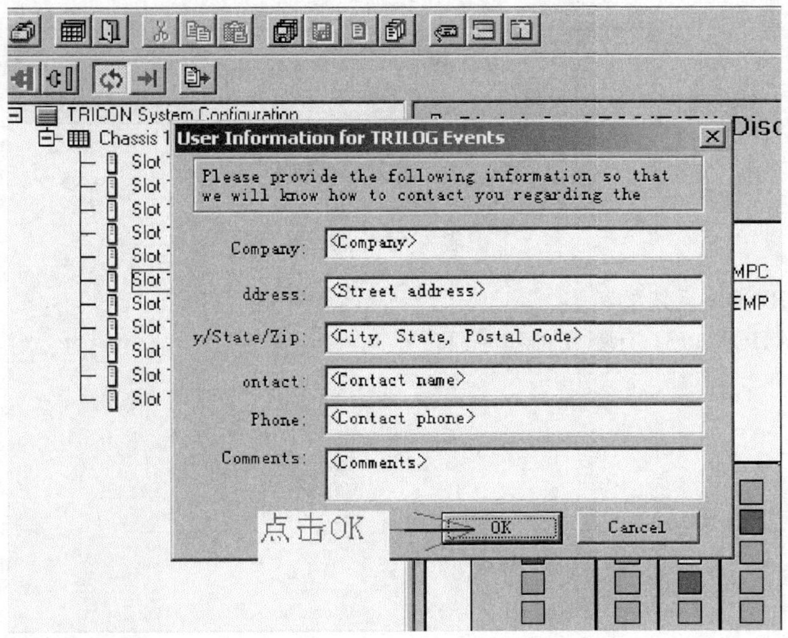

图6-74 保存故障信息

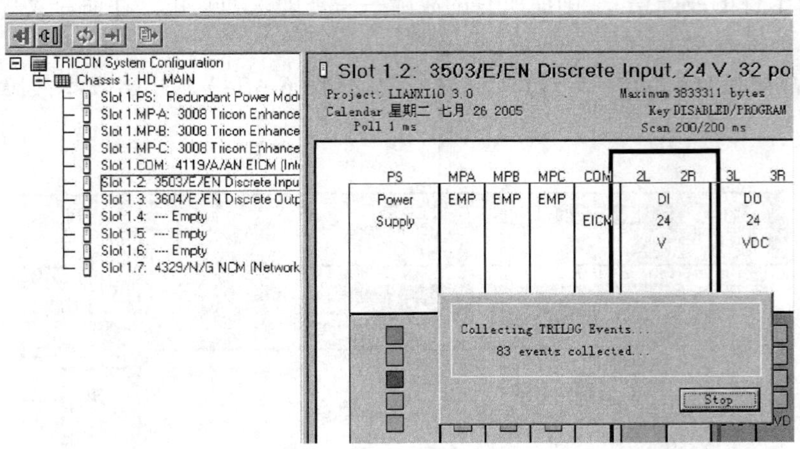

图 6-75 开始收集故障信息

等数字不再增加时,点击 STOP 结束。发给 tech_service@ consen. net,厂家将帮助分析问题并将结果反馈,从而找到解决问题的方法。

(5)显示硬件的版本号。如果想请求诊断工程师的技术支持必须知道版本号。在命令菜单上,按显示硬件版本按钮(图 6-76)显示硬件版本。

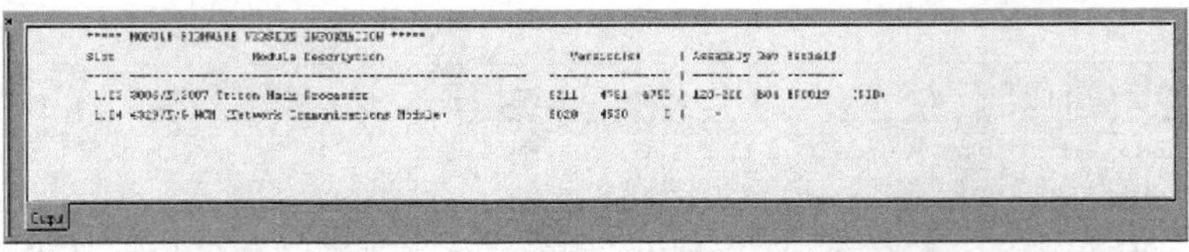

图 6-76 显示硬件版本

思 考 题

1. 简述 TRICON 系统的特点?
2. TRISTATION 1131 有哪几种程序语言?

第七章 数据采集与监控系统

第一节 概 述

SCADA(Supervisory Control And Data Acquisition)系统,即数据采集与监视控制系统。SCADA 系统是以计算机为基础的生产过程控制与远程调度相结合的自动化系统,可实现实时采集现场数据,对工业现场进行本地或远程的自动控制,对工艺流程进行全面、实时的监控,并为生产、调度和管理提供必要的数据。SCADA 系统的应用领域很广,它可以应用于电力系统、给水系统、石油、化工等领域的数据采集与监视控制以及过程控制等诸多领域。由于各个应用领域对 SCADA 的要求不同,所以不同应用领域的 SCADA 系统发展也不完全相同。

一、SCADA 系统发展历程

SCADA 系统自诞生之日起就与计算机技术的发展紧密相关。SCADA 系统发展到今天已经经历了三代。第一代是基于专用计算机和专用操作系统的 SCADA 系统,这一阶段是从计算机运用到 SCADA 系统的开始到 20 世纪 70 年代。第二代是 80 年代基于通用计算机的 SCADA 系统,这一代 SCAD 系统,广泛采用 VAX 等计算机以及其他通用工作站,操作系统一般是通用的 UNIX 操作系统。在这一阶段,SCADA 系统在电网调度自动化与经济运行分析、自动发电控制(AGC),以及网络分析结合在一起,构成了 EMS 系统(能量管理系统)。第一代与第二代 SCADA 系统的共同特点是基于集中式计算机系统,并且系统不具有开放性,因而系统维护、升级以及与其他联网构成很大困难。90 年代按照开放的原则,基于分布式计算机网络以及关系数据库技术实现大范围联网的 EMS/SCADA 系统称为第三代 SCADA 系统。这一阶段是我国 SCADA/EMS 系统发展最快的阶段,各种最新的计算机技术都汇集进 SCADA/EMS 系统中。这一阶段也是我国对自动化以及石油、化工建设投资最大的时期。

第四代 SCADA/EMS 系统的基础条件已经或即将具备,预计将与 21 世纪初诞生。该系统的主要特征是采用 Internet 技术、面向对象技术、神经网络技术,以及 JAVA 技术等技术,继续扩大 SCADA/EMS 系统与其他系统的集成,综合安全经济运行以及商业化运营的需要。

二、SCADA 系统构成

SCADA 系统主要由计算机控制系统软件、硬件构成,它包含两个网层:一是分步式的数据采集系统,即智能数据采集系统,也就是通常所说的下位机;另一个是数据处理和显示系统,即上位机 HMI(Human Machine Interface)人机界面系统或中央监控系统。

下位机一般意义上通常指硬件层,即各种数据采集设备,如各种 RTU、FTU、PLC 及各种智能控制设备等。这些智能采集设备与生产过程和事务管理的设备或仪表相结合,实时监测设备各种参数的状态,并将这些状态信号转换成数字信号,通过特定数字通信网络传递到 HMI

系统中。同时,这些智能系统也可以向设备发送控制信号。

SCADA 上位机是基于 PC 机 Windows 平台,应用组态软件构成监控系统。上位机 HMI 系统在接受下位机实时数据后,以适当的形式,如声音、图形、图像等方式显示给操作人员,以达到监视的目的。同时,数据经过处理后,告知操作人员下位机设备各种参数的状态(报警、正常或报警恢复)。这些处理后的数据可能会保存到数据库中,也可能通过网络系统传输到不同的监控平台上,还可能与别的系统(如 MIS、GIS)结合形成功能更加强大的系统。HMI 还可以接受操作人员的指示,将控制信号发送到下位机中,以达到控制的目的。

SCADA 上位机软件系统应用比较广泛的有:WondWare 的 InTouch、德国西门子公司的 WinCC、澳大利亚的 CiTech、美国 Interlution 公司的 Fix、意大利 LogoSystem 公司的 LogView 等。

三、SCADA 系统主要特点与功能

SCADA 系统通过对数据采集、网络通信、过程监控、优化运行、仿真模拟、计量及泄漏检测、地理信息、贸易管理等应用技术的高度集成,将信息化与自动化技术有机结合,真正实现了石油化工、电力、交通等行业运行管理、计划调度和生产运营的统一。

SCADA 控制系统的主要特点:

(1)SCADA 系统采用了冗余技术,包括控制站冗余、网络冗余、电源冗余、要求的 I/O 点冗余,从而保证了系统安全可靠运行。

(2)SCADA 系统的分布式 I/O 网络结构与控制站之间连接采用了冗余的现场总线技术,通信速率比较高。

(3)SCADA 系统具有开放的网络结构,提供了 OPC SERVER 软件,可实现与厂级生产调度管理系统和厂级管理网络的无缝连接。

(4)SCADA 系统具有开放的编程语言环境,可以方便地实施先进控制和优化控制算法。

(5)上位机与控制系统连接采用双网卡通信。

(6)SCADA 系统采用的软件支持 UNIX 和 Windows 双操作系统。

SCADA 系统可实现多种功能,例如,数据采集和处理、下达调度和操作指令、显示动态工业流程、报警和事件管理、历史数据的采集、归档和趋势显示、报表生成和打印、标准组态应用软件和用户生成的应用软件的执行、时钟同步、紧急切断、管道水击控制、安全保护、输油工程优化、仪表的故障诊断和分析、网络监视及管理、主备通道的自动切换、贸易结算管理等。

第二节　SCADA 系统应用

一、SCADA 系统在石油化工行业的应用

由于 SCADA 系统适用于工业现场以及远程数据采集与监控,所以在石油化工行业中天然气长输气管线上的应用非常广泛。

天然气长输管道覆盖的地理空间跨度大,生产时效性很强,要求连续运行,确保安全至关重要,而且强调各生产环节的分工与协作,同时追求整个系统的有效运转,因此要求集中统一管理。SCADA 系统作为控制管理核心,除负责气量的调配和人员的协调,还能够进行设备运

行状况的实时监测、远程操作和生产状况的动态分析,可有效提高管理者对突发事件快速准确的处理能力。通过 SCADA 系统,建立功能完善的调度管理体系,保证长输管网安全可靠运行,确保企业效益的最大化已经成为提升管理水平的必经之路。

(一)天然气长输管道的特点

长输管道是天然气长距离连续运输所依附的系统,不需要常规的运输工具和设备,即可迅速、有效、大规模地将天然气运输到目的地。天然气长输管道输配系统已由单气源、单管不加压的输送方式演变为多气源、多管、多个加压站输送,生产运行工艺更加复杂。天然气的产供销是由采气、净化、输气和供气等环节组成的,长输管道作为这个系统的中间环节,必须协调好上下游的关系,操作管理更为复杂,一旦发生事故将造成很大的经济损失和社会影响,因此必须保证其安全平稳、连续可靠的运行。

从天然气管道输送系统及管理的特点考虑,工艺参数的实时监视与控制非常必要,采用 SCADA 系统可实现数据采集与监控功能,建立起功能完善的调度管理体系。全线设置监控与数据采集系统,将管线沿途各 PLC 场站的重要数据通过通信系统实时传至调度控制中心,以便调度人员根据这些信息来监视和控制管道系统的运行,进行设备运行状况的实时监测、大型设施的远程操作和生产状况的动态分析。伴随管网的复杂化和压缩机等大型能耗设施的增多,通过模拟软件,模拟管道运行工况,实现优化管网输送方案,使企业效益最大化。

(二)系统总体结构

天然气长输气管线 SCADA 系统一般由截断阀室、分输站站控系统、调度中心组成。各站站控系统通过通信系统与调度中心相连,构成生产过程本地站控系统监控与调度中心远程监控相结合的双层网络系统。

(1)站控系统 RTU 作为数据采集、本地控制及远程数据通信单元,与 PLC 控制器相比,RTU 控制单元具有通信距离较长、数据传输数度快、准确性高、具有强大的通信接口、适用于恶劣的工业现场等特点(首站、末站、分输站)。

(2)截断阀室可采用一体化 RTU 作为测控终端。

(3)监控中心(调度中心)由服务器、操作员站、工程师站以及网络设备构成。服务器实时读取各输气站中 RTU 控制单元内的数据,并通过组态软件平台,显示各站的所有工艺流程、过程参数、趋势图,监控各站主要设备运行状态,打印各种管理报表以及存储各站主要的生产数据。

图 7-1 所示为天然气长输气管线 SCADA 系统拓扑图。

(三)系统各部分主要功能及实现

1. 截断阀室(RTU)

在截断阀室对工艺单体或设备进行手动就地操作。截断阀室设置远程终端装置(RTU——Remote Terminal Unit)。

2. 输气站站控系统部分功能与特点

1)计量功能

采用流量仪表测量天然气流量,同时检测天然气压力和温度,将这些数据传输到流量计算

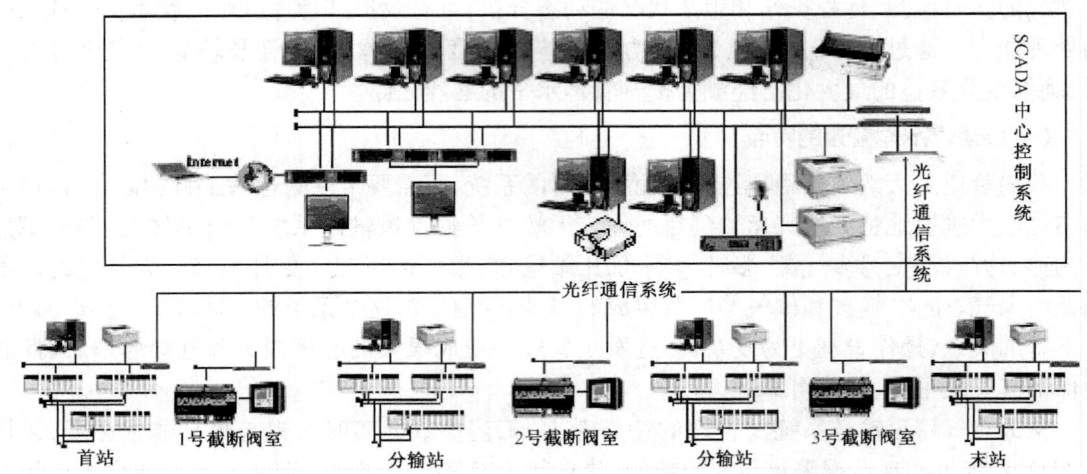

图 7－1　天然气长输气管线 SCADA 系统拓扑图

机系统。流量计算机具有强大的通信接口,能够通过通信接口将差压、压力、温度、流速、累计流量等重要计量参数传输到上位机,并在上位机操作界面中显示,便于值班人员对计量过程的监控,并与 SCADA 系统进行无缝连接。

2)人性化生产操作界面

根据输气站站场实际情况设计的操作界面具有简明、直观和便于操作的特点,要求实时显示现场计量参数、进出站压力、进出站温度、阀状态等一系列重要生产数据。值班人员通过查看计算机操作界面便可全面了解现场生产情况。另外,通过操作界面可以对现场阀进行控制,特别是在紧急事故发生时,值班人员在控制室里能够快速完成阀的开关工作,提高了生产的安全系数。

3)强大的报警功能

系统中采用声光结合的报警方式,并加以文字在操作界面的报警窗口加以说明,确保在第一时间通知值班人员报警产生的原因和位置,确保安全平稳生产。报警包括:站场可燃气体超标报警;进出站压力超标报警;计量支路差压值超标报警;重要阀开关动作报警;计量仪表连接状态报警。

4)丰富的历史曲线

系统中提供了各计量支路中的压力、差压、温度、瞬时流量计量参数和进出站压力等参数的趋势曲线,通过曲线可针对某时段具体分析天然气计量参数变化趋势,为分析输差、调配气量、检测仪表提供重要的辅助作用。

5)按时自动生成生产报表

根据生产需要,系统定时自动生成生产报表。报表内容包括重要电动球阀状态、各支路计量参数数值及进出站压力值等参数。作为生产重要资料,报表可按照规定时间连续保存,并能够根据实际需要调整保存时间。

6)参数设定功能

由于天然气组分的不定性,需要定时地根据天然气气体组分检测报告修改流量计算机系统中的天然气组分,确保计量的准确,因此,系统提供了天然气组分设定界面,通过上位计算机通信接口与流量计算机进行通信,直接将操作界面设定的参数写入流量计算机,完成流量计算机中的天然气组分设定。另外,系统还提供了压力变送器、差压变送器、温度变送器量程设定功能,实现根据变送器量程的改变重新设定系统内部参数,来确保变送器显示数值的正确性,满足生产需要。

7)可靠的安全性

系统采用权限操作方式,即不同操作权限的操作人员只能操作本权限内的功能。系统中一般操作人员可以实现读取工艺参数、读取报表、查看趋势曲线和报警的功能。通过登录密码,获取高级权限的操作人员,可以获得生产参数的修改和电动球阀控制的功能。继续登录,获得更高权限的操作人员则可以对系统进行修改和完善。通过这样的权限设置,一方面,避免了误操作对生产造成影响,另一方面,可以保证生产参数的安全性,确保正常生产。输气站站控系统一般可采用 PLC 实现。

3. 监控中心(调度中心)的功能与特点

远程实时监控是 SCADA 系统一个典型特点,天然气长输气管线 SCADA 系统中,调度中心的作用就是这一特点的充分体现。

在调度中心的操作界面中可以读取 SCADA 系统网络范围内的所有站场的生产参数,并且可以通过点击各站图标,调出相应的操作界面进行监控。通过调度中心操作系统,调度人员可以在第一时间,更加直观地了解到 SCADA 系统内任意输气站或阀室的运行情况。另外,调度中心配有大容量硬盘阵列,可以长期保存历史数据。

通信网络是系统内部信息传输的物理途径。输气站站控系统(PLC)和截断阀室(RTU)与上层服务器进行通信及数据传输、远程客户端对服务器数据库的访问均是通过通信网络进行的。该系统可基于局域网、光纤及电话线、微波等不同类型的通信方式,具有良好的适应能力。另外,SCADA 系统具有丰富的扩展功能,新开发建设的分输站或阀室可轻松接入本系统中。

监控中心(调度中心)可采用 PLC 或 DCS 系统实现。

二、SCADA 系统应用实例

某石化公司输油管道全长约 200km,在首站、末站设置站控系统(SCS——Station Control System);在远控线路截断阀室,码头交接计量控制室设置远程终端装置(RTU——Remote Terminal Unit)手动阀室和 SCADA 控制中心。SCADA 系统主要由 SCADA 控制中心计算机网络管理控制系统、通信系统、远程控制系统(SCS)和远程控制终端(RTU)等组成。

SCADA 控制中心(SCADA)对成品油管道全线进行监控和管理。全线各个站场的站控系统(SCS)、远程终端装置(RTU)将完成对相应站场的监控及连锁保护任务,并接受和执行 SCADA 控制中心下达的命令。SCADA 系统采用全线 SCADA 控制中心控制、站场控制和就地操作的三级控制方式。第一级是 SCADA 控制中心控制级,SCADA 控制中心对全线进行远程监控、统一调度管理,实现管道泄漏检测、全线紧急停车及安全保护、输油泵运行优化、输油泵故障诊断及分析等功能。第二级是站场控制级,在站场设置站控系统(SCS),对站内工艺变量及设备运行状态进行数据采集、监视控制及连锁保护。在远控线路截断阀室设置远程终端装置(RTU),对阀室工艺变量及设备运行状态进行数据采集、监视控制及连锁保护。第三级是就地操作级,对工艺单体或设备进行手动就地操作。正常情况下调控中心对全线进行数据采集、管理。站控系统负责本地站的具体操作和连锁保护,完成各种具体的操作程序(如流程切换、设备的启动、停车、连锁保护、过程控制)。当进行设备检修或事故处理时,可采用就地手动操作。

(一)SCADA 控制系统构成

SCADA 控制系统由 SCADA 调度中心、站控系统、RTU 阀室构成。

1. SCADA 调度中心

SCADA 调度中心采用基于客户机、服务器结构的企业级分布式的系统结构。站控系统与调度中心数据库和数据模型应用系统通过高速以太网实时连接。调度中心数据服务器通过标准数据库软件和 SCADA 中心及 Logix 控制子系统进行通信,主要完成历史数据的管理、为输油管道专用分析软件提供可靠的实测数据,从而为各种控制决策提供科学的依据。

SCADA 调度中心主要硬件有:服务器、操作站、网络路由器、网络交换机、GPS 时钟装置等。

软件有:RSSQL 数据库软件、RSVIEW SE 上位机监控客户端软件、RSVIEW SE 上位机监控服务器软件和 RSVIEW SE 上位机监控开发软件。服务器是 SCADA 系统的核心,主要用于运行 SCADA 系统的软件,采集各站的过程数据;担负着整个系统的实时数据库和历史数据库的管理、网络管理等重要工作。为提高可靠性,分别设置实时数据采集和历史数据存储服务器(也可以共享),并采用冗余配置。其性能适合工业用硬件和软件的标准,具有自诊断能力。

操作员工作站是调度操作人员与调度中心计算机监控系统的人机接口(MMI),它在调度中心计算机监控系统中作为客户机,操作员通过它可详细了解输气管道全线的运行状况,它们通过 LAN 与服务器互联并交换信息。工程师可通过该工作站对计算机监控系统的应用软件及数据库等进行维护和维修。同时还可以对全线 SCADA 系统进行再开发,实现其所允许的功能。

经理显示终端为公司经理提供掌握生产运行情况的窗口,该显示终端应设置为只读方式。

采用 GPS 时钟装置,实现 SCADA 调度中心、站控系统、RTU 阀室之间的时间同步。

2. 站控系统

站控系统即控制子系统。控制系统采用双机热备的冗余配置,即主控机架的处理器、电源、框架、远程 I/O 通信网络、上位监控网络完全按照冗余配置,任何部件的故障或者异常关断都应能够自动切换到备用系统。控制系统内部采用 32 位的高性能工业级别微处理器,支持实时的多任务操作系统,处理速度每千字节指令字处理速度不超过 0.08ms。控制系统提供包括梯形图、功能图块、结构化文本、顺序功能流程图在内的灵活的编程语言支持,数据格式符合 IEC1131 标准。

Logix PLC 系统在它的内核中设计有通信功能。借助于 Logix 的无源数据总线,系统的通信瓶颈得以消除,该总线采用了生产者、消费者(Producer、Consumer)技术,以提供高性能的、确定性的,以及分布式的解决方案。这种灵活的结构允许多个处理器、网络以及 I/O 模块在一个机架中任意混合使用而没有限制,这种解决方案满足了日益增长的通信需求,以保证数据在系统中流向需要的地方。

硬件配置：Logix PLC 控制系统、网络交换机等。

软件：RS logix5000 编程软件、RS networx 网络组态软件、RSVIEW SE 上位机监控软件。

3. RTU 阀室

RTU 阀室内主要由各类检测仪表、阀、控制器和操作站组成。控制器采用罗克韦尔自动化公司的 COMPACT Logix 产品。

硬件配置：COMPACT Logix 处理器、操作站、网络路由器、网络交换机等。

软件：RSVIEW SE 上位机监控软件。

（二）系统软件功能

罗克韦尔 SCADA 系统软件包括功能强大的编程软件 RSLogix5000、监控软件 RSView、通信软件 RSLinx 以及驱动软件和设计开放软件等。所有这些软件都拥有友好和相似的用户界面，为保证用户的利益，罗克韦尔软件与微软签订了长期的技术协议，使用户的控制软件能够不断适应软件的快速发展并受益于最新的软件技术。罗克韦尔 SCADA 系统软件包含以下微软的技术标准：

- ActiveX Controls/Container
- VBA（Visual Basic Application）标准 SCRIPT 语言
- OPC（OLE for Process Control）
- Authorized Technical Education Center
- SCP Certification for Software Tech Support
- DCOM
- COM
- ODBC

1. 监控软件 RSView

RSView 是用于管理级监控和控制应用系统的 HMI 软件，是企业级分布式监控的解决方案，具有分布式和可升级的架构，是真正的分布式可扩展多服务器、多客户端结构，支持分布式服务器、多用途的应用系统，系统扩展时可直接增加人机界面服务器和数据服务器。

客户端可以从多个 HMI 服务器中读取数据（包括标签、画面和报警等），同时客户端也可以直接从多个数据服务器 PLC 中直接读取数据（即支持数据标签的直接引用）。

RSView 支持远程组态和多用户同时在线组态功能，便于开发调试；支持在线修改（例如画面），修改完成后，在所有客户端立刻生效。HMI 服务器支持冗余配置以确保系统的高可靠性，并且冗余配置时不需要进行代码编程。RSView 可以实现的功能：

（1）RSView 可方便地实现：

① 控制过程总貌显示；

② 标准棒状图的组态显示；

③ 强大的控制帮助组态显示；

④ 控制系统状态显示；

⑤ 报警组态显示；

⑥ 趋势组态显示。

(2)通过 RSView 内置图库,用户可轻易完成棒状、回路、趋势、操作面板的画面组态及数据控制。

(3)提供服务器冗余措施,保证监控系统的安全可靠。

(4)直接调用控制器标签。

(5)RSView 内置 Visual Basic Application Script 语言,用户可轻易编制特定控制功能模块,例如,与各种 ODBC 数据库实现数据交换。若使用 RSSQL,用户无需编程即可实现数据库双向传递数据。

(6)RSView 支持 OLE、Active X,可利用全球数万个具有 ActiveX 标准接口的控件,将 RSView 功能无限扩展,并能与 Microsoft 或 Office 及其他 ActiveX 产品完美统一。

(7)RSView 支持 DDE 和 OPC 规约。RSView 是第一个同时提供 OPC Client 和 Server 功能,并最早用于产业的人机监控软件包。

(8)RSView 提供统一集中式的安全管理,可在安全管理系统中创建基于 Windows 的统一用户管理;具有完整的策略管理功能,例如,对密码的有效管理(密码时效、账户锁定、密码设定规则)。

(9)可远程、多用户组态。

2. 编程软件 RSLogix 5000

RSLogix 5000 的 32 位编程软件具有相当友好的界面,并可通过网络进行远程编程。运行环境为 Windows。

RSLogix5000 软件易于使用,使用菜单和功能键便可编程,初学者能很快在梯形图程序开发和文档方面非常熟练。更高级的使用者将会发现 RSLogix5000 强大的编辑和诊断工具会为梯形图开发和错误检查节省了大量的时间。在线和离线模块都提供了所有编程、文档和报表,以及上载、下载功能,帮助系统提供有关软件独特特点的帮助信息,并提供在 PLC 指令集的详细信息。

编程软件 RSLogix5000 特点:

(1)基于标记的寻址方式可大幅减少工程的时间和费用,减少编程和调试运行中的错误,更加便于维护,文档便于阅读理解;

(2)自动地址分配,管理数据表并跟踪 I/O 使用信息。

(3)交叉参考信息,可显示与某一地址相关的所有指令、梯级数和程序文件的列表。

(4)自定义显示屏幕,可从数据表中选择最多 40 个不同的地址,并将其显示在一个屏幕上。

(5)高级诊断功能,利用 Page Title/Section Header 将程序分割成多个较小的逻辑部分,以便于对错误进行检查。

(6)结构化编程方案,支持模块化代码编程,每个程序拥有自己的数据表,不需要考虑程序间的数据表冲突,还可以方便地建立供重复使用的代码库,从而减少工作量。

(7)I/O 模块的布局和组态,在梯式图编程完成前后完全定义 I/O,智能块传送模块可使用组态和监视屏幕。

(8)用户可自定义数据结构,使程序在开发和维护过程中更加便于阅读。

3. 通信软件 RSLinx

RSLinx 是与微软 Windows 操作系统全兼容的数据连接方式。利用 RSLinx 可把实时采集的工厂数据(通常由网络采集而来)在 Windows 的支持软件中进行分析、存储、显示等。RSLinx 提供 OPC、DDE,并可利用 C/C + + 以其他方式进行数据连接。

RSLinx 为 RSView、RSLogix 及 RSSQL 等软件提供全套的通信服务。

RSLinx Advance DDE™或 OPC 接口支持处理器与监控软件、编程软件等进行通信,也可与 DDE 兼容应用软件,如 Microsoft Excel、Microsoft Access™及其他用户定制的 DDE 应用软件通信。它的 C 应用程序编程接口(API)支持用户用 RSLinx C SDK 开发应用软件。由于 RSLinx 充分利用了 Windows 操作系统所具有的多线程、多任务、多处理器等性能,通过各种通信接口,RSLinx 可同时与以上所述的应用软件组合运行。

通信软件 RSLinx 特点:

(1)兼容由 Rockwell Software、AB 及第三方软件产品的 OPC 通信方式或由用户利用 RSLinx 的开放 C API 或 Advance DDE 开发的软件产品。

(2)支持多个通信设备的并行运行。

(3)直观的用户界面。

(4)利用复制、粘贴功能易于建立 OPC 或 DDE 热连接。

(5)利用网络 OPC 或 DDE 与其他计算机实现数据共享。

(6)优化 DDE 读操作实现对系统资源的有效利用,减少网络阻塞。

(7)读写获取最快通信速度,减少了网络负荷。

(8)图形 Super Who 功能以及易于理解的诊断功能使系统观察更直观。

(9)从 RSLinx Lite 或 RSLinx OEM 可完美升级。

(三)SCADA 控制系统网络结构

SCADA 的网络结构基于开放的网络系统结构、系统的互连性、扩展性和开放性,便于系统的整体集成、开发设计和系统运行过程的维护。在系统网络结构上,按照不同的系统层次的要求,分别采用 EtherNet 网、ControlNet 控制网和 I/O 网。系统结构分层,更便于系统的不同层次的数据在不同层次网络上的交换,不同层次的数据对其他层次的数据不会产生影响。

Logix 系统支持灵活的网络结构,无需任何编程或者处理器干预,即可实现不同网络(DeviceNet I/O、ControlNet 和 EtherNet/IP)之间的通信桥接和数据交换,实现无缝路由;所有扩展 I/O 站与处理器之间采用符合 IEC61158 国际标准的 ControlNet 现场总线连接,总线速度不随节点数量的增加或拓扑距离的延伸而衰减。总线速度为 5Mbps。Logix 控制系统采用开放式网络架构,实现从车间底层到信息管理顶层无缝集成的解决方案。网络架构由三层网络构成,即信息层(Ethernet/IP)、控制层(ControlNet)和现场设备层(DeviceNet)。三层网络是完全开放的、成熟的、先进的总线技术,能够与企业级网络和信息系统完全集成。

Logix 控制系统开放式网络架构使用最高效的、先进的通信模式——生产者、消费者模式(Producer/Consumer),以保证工业现场日益增长的确定、可靠、高效率的实时通信需求,实现快速和精确的控制功能。

DeviceNet:开放的网络技术,符合 IEC 62026 标准、欧洲 EN50325 标准,更在 2002 年作为中国国家标准 GB/T 18858. 3—2002《低压开关设备和控制设备》开始执行。

ControlNet:符合 IEC 61158—2 标准和欧洲 EN50170 标准,是综合性能最好的控制层开放现场总线。

Ethernet/IP:符合 IEC 61158—2 标准,通过 TCP/IP 和 802. 3 以太网顶层植入通用工业协议(Commmon Industrial Protocol,CIP),是目前已面世产品安装最多、实例最多的实时工业以太网现场总线。

1. 信息层

信息层网络(Ethernet/IP)是基于 100Mbps 以太网的开放网络技术。信息管理部分可由 Web 服务器、数据服务器和个人计算机、工控以太网设备及相关的软件通过基于 TCP/IP 的 Ethernet 组成,Ethernet 贯穿于全厂各管理职能部门,连接在以太网上的个人终端能够以 Web 浏览器的方式获得其权限以内的数据。连接在以太网上的工程师站通过赋予一定权限后可通过网关进入控制层,对控制系统进行监控。信息管理系统支持远程登录进行数据存取。

速度:10Mbps、100Mbps 自适应网络。

介质:骨干网连接通过交换机进行;各控制分站以太网设备采用五类双绞线接入交换机。

网络服务:系统能够在同一介质链路上同时支持数据采集、编程上传、下载,I/O 控制等功能。

2. 控制层

控制层网络(ControlNet)部分由现场控制系统站、远程 I/O 站、现场操作员站、就地和中央控制站 HMI 组成。ControlNet 是一个实时的控制层网络,在单一物理介质上,可以同时支持对时间有苛刻要求的实时 I/O 数据的高速传输,以及报文数据的发送,包括编程和组态数据的上传、下载以及对等信息的传递等。作为全厂的控制主干网,ControlNet 能在任何节点接入网络,而不需要更改从前的站号和配置,在一个网段上可多达 99 个节点,可为今后网络扩展提供方便。

开放性:ControlNet 是完全开放的网络,有超过 50 家的产品供应商,符合国际公认的网络标准 IEC61158,具备成熟的第三方连接能力。

实时 I/O 服务:对于远程 I/O 数据和控制器间互锁信息的传输,ControlNet 具备高度的确定性和可重复性。网络的刷新时间、I/O 数据的传送时间是可预知的、有保证的,系统一旦启动,数据传输的性能不随网络距离、节点数量的增删、网络通信量的变化而变化;允许用户对不同的控制设备,例如,不同的开关量、模拟量、控制器等分别指定不同的刷新速率,以满足工艺要求。

信息传输服务:控制层设备提供方便的接入端口,无论从任何一点接入,都能方便地支持编程上传、下载、系统诊断和数据采集功能,且不需要复杂的编程或特殊的软件、硬件支持,同时不影响实时信息传输性能。

网络模式:先进的生产者、消费者网络模式(Producer/Consumer)。

工作模式:支持多主(Multi - master)、多点传送(Multicast)输入以及点对点(Peer - to - peer)等多种灵活的数据通信结构。数据块传送和报文发送都可通过组态完成,不需要额外的复杂编程。

网络速度:5Mbps,且速度不随网络长度和网络上的节点数量变化而变化。

网络节点数:单一网络提供 99 个节点的连接能力,并根据应用需要,支持灵活的网络分段以及相应的隔离或者桥接方案。

网络介质:ControlNet 支持同轴电缆和光纤连接,根据实际需要提供灵活的电缆形式,例如,铠装、地埋、高柔性等电缆形式。

网络冗余:ControlNet 能够方便地实现介质冗余,各个控制层网络站点具备两个通信通道,两个通道之间能够根据网络信号质量自动选择通信正常、良好的链路,无需任何形式的编程去实现通道切换。

本质安全:ControlNet 支持本质安全的 I/O—FLEX Ex,以便将远程 I/O 延伸到可能的防爆区域,但同时可保持通信的一致性和高性能实时通信。

拓扑结构和范围:ControlNet 可根据现场情况,支持星形、树形、总线型和环形等多种拓扑结构。通过中继器和光纤,最大拓扑距离可达 30km。

组态:罗克韦尔自动化网络组态软件 RSNetworx,提供灵活的、图形化的网络配置管理工具和强大的网络诊断功能,可轻松完成网络配置,并快速诊断网络故障,从而大大节省调试和维护时间。SCADA 监控系统总体结构如图 7-2 所示。

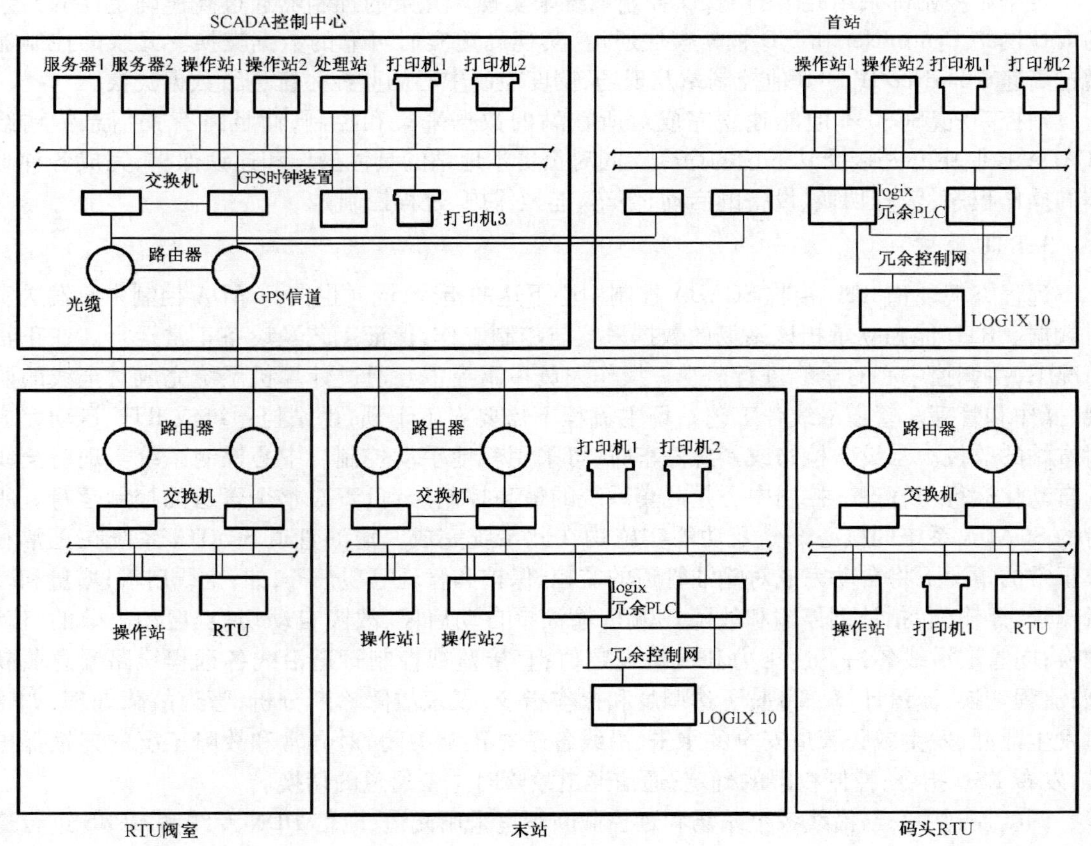

图 7-2 输油管线 SCADA 监控系统总体结构图

(四)输油管线系统功能实现

输油管线沿线各个站场的 SCS 和 RTU 将完成对本工艺站场的监控及连锁保护等任务,并接受和执行调度控制中心下达的命令。本管道工程 SCADA 实现以下操作模式:

(1)调度控制中心集中监视和控制。

(2)站控制系统控制。

(3)就地手动操作。

1. SCADA 调度中心

SCADA 系统通过站控系统 SCS、远程终端装置 RTU 完成对该管道进行数据采集、数据处理及存储归档、控制、故障处理、安全保护、报警等任务,同时具有制订批输计划、批量跟踪、顺序输送、泄漏检测、全线紧急停车(ESD)及水击保护、罐区管理、输油泵运行优化、输油泵故障诊断及分析等功能。控制中心的调度和操作人员可以通过计算机系统的操作员工作站提供的管道系统工艺过程的压力、温度、流量、设备运行状态等信息,完成对管道全线的运行管理。调度人员还可通过调度管理计算机完成输送计划、贸易结算等调度管理工作。

2. 站控系统

每个站控站都采用冗余的 Logix 控制系统来实现。冗余的控制器通过高速确定性的冗余的 I/O 网络 ControlNet 和 I/O 框架模块通信,实现高速实时可靠的数据交换。冗余的控制器通过高速 EtherNet/IP 和其他控制站及现场、调度控制中心的监控系统进行数据交换。

站控系统(SCS)不但能独立完成对所在站的数据采集和控制,而且将有关信息传输给 SCADA 控制中心并接受其下达的命令。同时负责本地站的具体操作和连锁保护,完成各种具体的操作程序(流程切换、设备的启动、停车、连锁保护、过程控制)。

3. RTU 阀室

远程终端装置 RTU 接收 SCADA 控制中心下达的指令,同时也向 SCADA 控制中心发送实时数据。RTU 能独立承担该站场的数据采集与控制工作,保证工艺及设备正常运行。在正常情况下,由调控中心对全线进行监视。操作人员在调控中心通过计算机系统完成对全线的监视、操作和管理。管道沿线各工艺站场主流程不需要人工干预,由站控系统或 RTU 自动完成对本站的监控。当设备检修或紧急停车时,可采用就地手动控制。中心控制系统实现对全线的自动化运行与管理。控制中心是此套系统的最高控制层,负责对整个管道的控制运行。所有的 SCADA 系统的核心部分及功能实施均在此系统完成。输油管道 SCADA 系统在正常和非正常的情况下将自动完成对输油管道的监控、保护和管理等项任务,如:全线启输;增量和减量输送;停输(包括计划停输和故障停输);输油泵自动启停、故障自动切换、启动失败的自动切换;向管道沿线各站下达压力和流量设定值;直接监视控制管道沿线各远程线路紧急截断阀;流程切换;流量计算、管理;下达调度和操作指令;仪表故障诊断分析;管道故障处理,如管道发生泄漏、发生威胁管道安全的水击、沿线各站非正常关闭、对异常和故障工况的连锁保护等;发布 ESD 指令;控制权限的确定;通信通道故障时主备通道的切换。

调度控制中心与沿线各个站场和远控截断阀室采用光缆、电信 DDN 专线和 GPRS 进行通信,支持广域网和串行通信方式,从而形成分布式实时控制系统。每一 PLC 站场各自组成其局域网并设有其本地实时及历史数据库。正常情况下,各场站的控制系统只对场站的运行情况进行监视，所有的控制都在调度控制中心进行，站控系统只有当在与调度控制中心的通信中断后，才自动转换为就地实时控制。当然，也可人工进行调度中心和站控系统控制权切换。

为了保证 SCADA 各站点之间的数据交换的实时性，使其及时、可靠、协调、高效率的工作，SCADA 的数据更新应采用多种方式进行，如周期扫描、例外扫描、查询、例外报告、报警等。

第三节 管道泄漏检测技术应用

一、管道泄漏检测技术

管道泄漏检测是运用流量平衡法、负压波法和实时模型法实施泄漏监测综合技术。当管线破裂发生泄漏时，泄漏点的压力突然下降，压力波由泄漏处向上、下游传播，由于管壁的波导作用，压力波传播过程衰减较小，可以传播相当远的距离，传感器能检测出压力波的到达时刻。利用负压波通过上、下游测量点的时间差以及负压波在管线中的传播速度，可以确定泄漏的发生和泄漏位置；监测流体温度并对瞬时流量进行校正，根据瞬时流量变化在泄漏与正常工况波动的区别和利用各种泵站内调泵、调阀的状态信号来准确地判断管段是否发生泄漏事故；综合实时模型对压力波传播速度进行校正，保证定位的准确性。图 7－3 所示为负压波方法定位示意图。

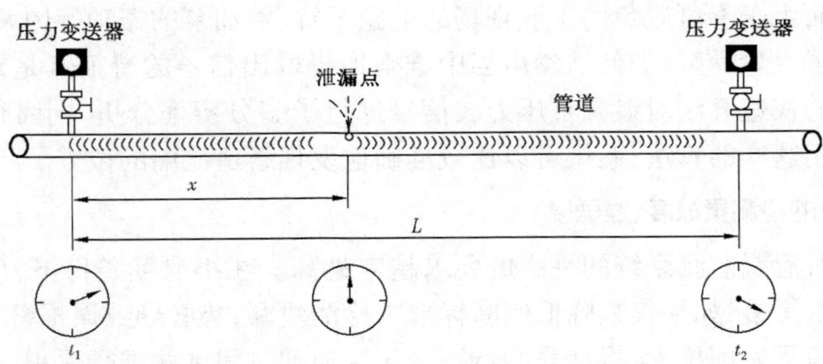

图 7－3 负压波方法定位示意图

定位公式为

$$x = \frac{L + a\Delta t}{2}$$

式中 x——泄漏点距首端测压点的距离，m；

L——管道全长，m；

a——管输介质中压力波的传播速度，m/s；

Δt——上、下游传感器接收压力波的时间差，s。

（一）泄漏的判断

泄漏监测系统采用压力、流量联合判断的方法对管道是否泄漏进行判断。管道首端、末端有流量计，可以利用瞬时流量的对比区分管道泄漏与管道正常工况的变化：当管道发生泄漏时,管道上游端瞬时流量上升、压力下降;管道泄漏端瞬时流量下降、压力下降,管道正常工况变化时,管道上(下)游端流量、压力同时上升或下降。利用这一特点,可以准确区分管道是否发生泄漏。

泄漏监测系统将采用多传感器信息融合技术,充分利用 SCADA 系统的硬件资源,使两个系统能够有机地融合于一体。SCADA 系统提供各种调泵、调阀的状态信号,这些信号对于泄漏的判断起到了很好的辅助作用,进一步提高了泄漏判断的准确性和灵敏度。

在管道泄漏监测的过程中,根据压力、流量等参数信号采用了自动分段技术。先用一个固定的窗选取平稳运行的信号作为参考段,不断地与当前信号做比较,非平稳性(故障引起的信号特性的变化)可以由段之间的过程统计特性和频谱特性的变化显示出来。一般根据多种反映各段特性差异大小的判据,当判据超过一定标准时,就认为信号进入了另一段(故障段)。

(二)泄漏的定位

泄漏监测系统采用瞬态负压力波法和实时模型法对管道泄漏进行定位。实时模型法认为流体输送管道是一个复杂的水力与热力系统,根据瞬变流的水力模型和热力模型及沿程摩阻的达西公式建立起管道的实时模型。模型法需要管道两端的压力、流量等四组信号,以测量的压力、流量等参数作为边界条件,由模型估计管道内的压力、流量等参数值,估计值与实测值比较,当偏差大于给定值时,即认为管道发生泄漏并对泄漏进行定位。

精确获得泄漏引发的压力波传播到上、下游传感器的时间差,是影响泄漏点定位精度的另一个关键问题。而由于不可避免的工业现场的电磁干扰、输油泵的振动等因素,采集到的压力波信号序列附加了大量噪声,如何从噪声当中准确地提取出信号的特征点是定位的关键。系统利用小波变换的快速算法对泄漏负压力波信号进行了多分辨率分析,同时得到其低频概貌和高频细节。利用这样的算法,系统可以比较准确地发现管道泄漏的位置。

(三)提高系统的检测灵敏度、准确度

实际应用中对泄漏监测系统的灵敏度要求越来越高。在小泄漏条件下,信号参数的变化不明显或变化非常缓慢,如果仅是降低判断标准来检测泄漏,势必导致误报警。系统将采用序贯比检验等现代信号处理技术,将信号的特征变化变换到时间域并进行累积,使原来不明显的微小特征可以被突出出来,提高系统对小泄漏的检测灵敏度。

系统还将利用多尺度、多参数相关等技术,甄别工况调整与泄漏,减少漏报警和误报警。对基于 SCADA 系统的成品油管道泄漏监测系统,在保证 SCADA 系统功能的基础上满足全线管道泄漏监测系统对数据采集的基本要求,泄漏监测所需要的各种数据全部从 SCADA 系统获取,系统采用 OPC 接口与 SCADA 系统进行通信。充分发挥 SCADA 系统数据采集功能强的优势,利用流量校核和 SCADA 系统提供的启停泵、调节阀等状态信号帮助判断管道是否发生泄漏。监测流体的温度,对流量数据进行修正,提高流量平衡法判断泄漏的灵敏度和准确度。建立输油管道模型,利用各管段的压力、流量等数据,综合流量平衡法、瞬态负压力波法、实时模型法等多种方法准确判断泄漏和定位泄漏。

二、管道泄漏检测技术应用

某公司输油管线线路总长约为 200km,设首站和末站各一站,中间 RTU 阀室一座,手动截断阀室六座。采用单管常温密闭输送工艺,输油管线设计输量为 300×10^4t/a,管线设计压力为 10MPa,管道外径为 400mm。自动控制系统采用以工业计算机为核心的全线数据采集和控制系统,即 SCADA 系统。在管道的工艺站场设置站控系统 SCS,在远控截断阀室设置远程终端装置 RTU。SCADA 系统主要由调度控制中心计算机网络管理控制系统、通信系统、远程控制单元(SCS 或 RTU)组成,采用全线调度控制中心控制、站场控制和就地控制的三级控制方式。

首站、末站目前设有超声波流量计检测站间流量,精度为 0.3%。首站、末站、RTU 阀室设有压力、温度检测点,并将相应数据上传至调控中心。通信系统采用带宽为 155Mbp/s 光通信系统,光缆与输油管道同沟敷设。备用数据传输租用带宽为 64kbps 当地电信公网 DDN,RTU 阀室备用通道为 GPRS。为了充分利用 SCADA 系统提供的数据资源,设计一套基于 SCADA 系统的成品油管道泄漏监测系统,在保证 SCADA 系统功能的基础上满足全线管道泄漏监测系统对数据采集的基本要求。泄漏监测所需要的各种数据全部从 SCADA 系统获取,系统采用 OPC 接口与 SCADA 系统进行通信。

(一)对 SCADA 系统的要求

1. 对数据采集的要求

负压力波在输油管道中的传播速度为 1000 ~ 1200m/s,采集的负压波序列带有时间标签的作用,时间上偏差 1s 会给泄漏点的定位带来 1000m 左右的误差。因此,SCADA 系统的采集速率必须满足泄漏监测系统对于采集数据实时性的要求。综合考虑各因素对定位精度的影响,本工程 SCADA 系统提供给泄漏监测用压力数据的采集速率(包括前端 PLC 模拟量转数字量的采集速率和 SCADA 系统 OPC 服务器数据的更新速率)不低于 20Hz,并且尽量保证数据的采样间隔均匀。SCADA 系统应提供数据的时间标签给泄漏监测系统,以确定数据更新的时间,时间标签要求精确到毫秒级。

2. 对数据通信的要求

泄漏监测所需要的数据全部从控制中心的 SCADA 服务器上获得,泄漏监测程序采用 OPC 与 SCADA 系统的 OPC 服务器连接。SCADA 系统应提供完整的符合工业标准的 OPC 接口以供泄漏监测系统访问。OPC 服务器可以选择与泄漏监测系统软件安装在同一台计算机上或单独安装在 SCADA 系统的计算机上(如安装在 SCADA 系统的计算机上,应保证其系统平台为 Windows XP SP2 且与泄漏监测系统计算机的 IP 地址在同一网段内)。

3. 对时间一致性的要求

负压力波传播到上、下游传感器的时间差是影响泄漏点定位精度的一个关键问题,这就要求系统时间必须保持一致。目前 SCADA 系统采用中心站 GPS 定时通过网络对各子站进行时间同步,因为泄漏监测系统需要从 SCADA 服务器读取数据,泄漏监测系统的时间也必须与 SCADA 系统的时间保持一致,时间同步精度达到毫秒级。

4. 泄漏监测系统所需要的数据

泄漏监测系统所需要的数据从 SCADA 系统中获得,但并不意味着需要 SCADA 系统的所有数据。因为 SCADA 系统对各站工艺参数的监控点多达几千个,泄漏监测系统只需要从这些数据中选择对泄漏判断和定位有用的数据,即可完成泄漏监测的任务。泄漏监测系统需要的基本数据有各站(包括 RTU 阀室)进出站压力、瞬时流量、累计流量、温度以及调泵、调阀的状态信号。

(二)泄漏监测与定位技术实现

由于管道首站、末站都装有超声波流量计,为综合运用流量平衡法、负压力波法和实时模型法实施泄漏监测提供了前提条件。利用负压力波通过上、下游测量点的时间差以及负压力波在管线中的传播速度,可以确定泄漏的发生和泄漏位置;监测流体温度并对瞬时流量进行校正,根据瞬时流量变化在泄漏与正常工况波动的区别和利用各种泵站内调泵、调阀的状态信号来准确地判断管段是否发生泄漏事故;综合实时模型对压力波传播速度进行校正,保证定位的准确性。

1. 泄漏的判断

泄漏监测系统采用压力、流量联合判断的方法对管道足否泄漏进行判断。输油管线管道首站、末站有流量计,可以利用瞬时流量的对比区分管道泄漏与管道正常工况的变化。当管道发生泄漏时,管道上游端瞬时流量上升、压力下降,管道泄漏端瞬时流量下降、压力下降;管道正常工况变化时,管道上(下)游端流量、压力同时上升或下降。利用这一特点,可以准确区分管道是否发生泄漏。

泄漏监测系统将采用多传感器信息融合技术,充分利用 SCADA 系统的硬件资源,使两个系统能够有机地融合于一体。SCADA 系统提供各种调泵、调阀的状态信号,这些信号对于泄漏的判断起到了很好的辅助作用,进一步提高了泄漏判断的准确性和灵敏度。

2. 泄漏的定位

泄漏监测系统采用瞬态负压力波法和实时模型法对管道泄漏进行定位。实时模型法认为流体输送管道是一个复杂的水力与热力系统,根据瞬变流的水力模型和热力模型及沿程摩阻的达西公式建立起管道的实时模型。模型法需要管道两端的压力、流量等四组信号,以测量的压力、流量等参数作为边界条件,由模型估计管道内的压力、流量等参数值,估计值与实测值比较,当偏差大于给定值时,即认为管道发生泄漏并对泄漏进行定位。

精确获得泄漏引发的压力波传播到上、下游传感器的时间差,是影响泄漏点定位精度的另一个关键问题。系统利用小波变换的快速算法对泄漏负压力波信号进行了多分辨率分析,同时得到其低频概貌和高频细节。利用这样的算法,系统可以比较准确地发现管道泄漏的位置。

泄漏监测系统实时接收数据,综合运用多种方法对采集到的工况数据进行分析判断,如判断有泄漏发生,则发出声光报警信号并提示泄漏发生的位置,以供操作人员参考。操作人员可以对报警时段前后的泄漏数据进行分析,确认发生泄漏的位置,并对确认后的位置进行保存。

(三)系统的配置

基于 SCADA 系统的成品油管道泄漏监测系统。泄漏监测所需的数据全部从各站控 PLC 和 RTU 阀室获得,而管道泄漏监测系统不能直接访问 PLC,因此,首先需要建立 OPC 服务器(构建 OPC 接口)用以接收来自各站控 PLC 和 RTU 阀室的数据,然后泄漏监测系统软件采用 OPC(OLE for process contr01)接口直接访问 OPC 服务器来实时接收数据,综合运用多种方法对聚集到的工况数据进行分析判断,如判断有泄漏发生,则发出声光报警信号并定出泄漏点的位置。SCADA 系统的管道泄漏监测系统的组成,如图 7 - 4 所示。

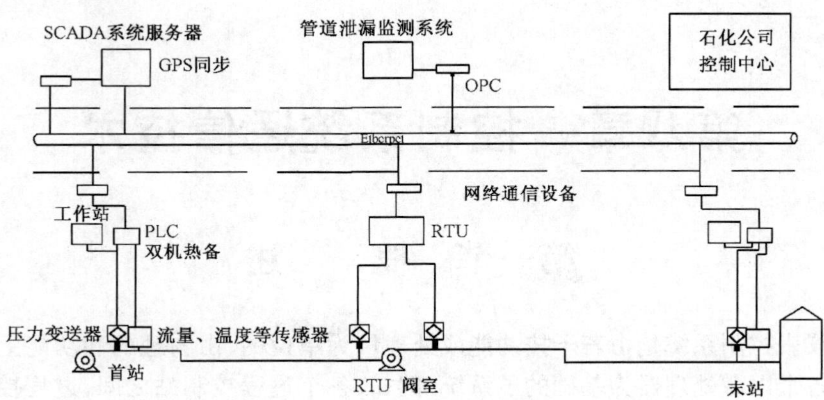

图 7－4 SCADA 系统的管道泄漏监测系统构架图

数据的采集与通信由现有管道的 SCADA 系统完成。安装泄漏监测系统软件的工作站安装在首站的调度中心。OPC 服务器可以选择与泄漏监测系统软件安装在同一台计算机上或单独安装在 SCADA 系统的计算机上（如安装在 SCADA 系统的计算机上，应保证其系统平台为 Windows XP SP2 且与泄漏监测系统计算机的 IP 地址在同一网段内）。

泄漏监测系统（OPC Client）通过 OPC 接口与 OPC 服务器连接，获得泄漏监测所需的全部数据。OPC（OLE for process control）是一种连接硬件装置和过程控制客户应用程序之间的标准化的接口协议。与传统的数据交换方式 DDE（Dynamic Data Exchange，动态数据交换）相比，OPC 具有高速的数据传输和易于实现高可靠性系统的性能。泄漏监测系统每隔一定的时间通过 OPC 接口从 OPC 服务器上获取数据并对全线数据进行在线处理和分析，判断管线上是否有泄漏发生。当发生泄漏事故时，将发出声光报警信号，并对泄漏点定位，泄漏报警定位信息同时在显示器上进行显示以提示工作人员。

思 考 题

1. 输油管线 SCADA 系统的结构特点有哪些？
2. 输油管线 SCADA 系统调度中心、站控子系统、阀室之间为什么要求时间同步？如何保证时间同步？
3. 如何利用输油管道 SCADA 系统检测管道泄漏事故的发生？检测中常需要哪些检测数据？
4. 目前在管道泄漏检测定位中，常采用哪些定位方法？

第八章 控制系统通信技术

第一节 概 述

自动化仪表控制系统是由若干按功能或处理量为单位的、由物理的和功能上的结合而构成的系统。各个以微处理器为基础的子系统，例如，各个过程控制站之间，过程控制站和操作站之间，操作站和上位计算机之间都需要进行信息的交换，而现场总线使控制系统的通信范围向下扩展到变送器、执行机构这一级。这些信息的交换是通过通信系统实现的。自动化仪表控制系统中的通信系统是采用计算机网络中的局部网络（LAN）实现的。

典型的系统通信网络如图 8-1 所示。控制系统的通信网络的作用是互联各种通信设备，完成工业控制。因此，与一般的办公室用局部网络有所不同，应具有以下特点：

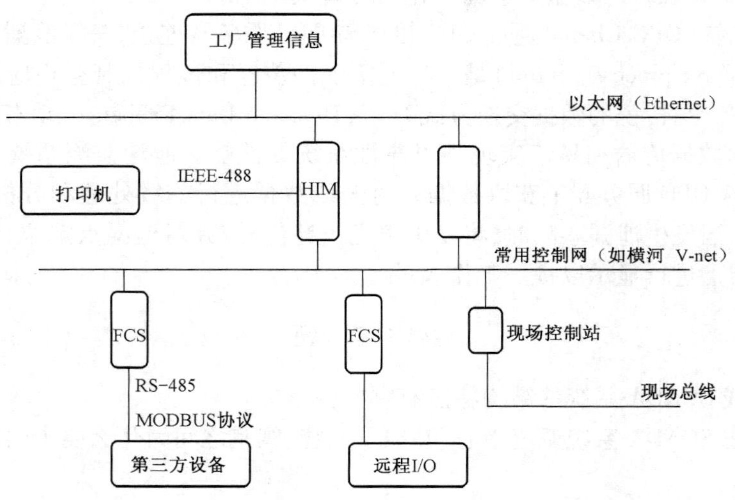

图 8-1 DCS 系统通信网络

（1）具有快速的实时响应能力。一般办公室自动化计算机局部网络响应时间为 2～6s，而它要求的时间为 0.01～0.5s。

（2）具有极高的可靠性。可连续、准确运行，数据传送误码率为 10^{-11}～10^{-8}，系统利用率在 99.999% 以上。

（3）适应恶劣的工作环境。能抗电源干扰、雷击干扰、电磁干扰和接地电位差干扰。

（4）分层结构。为适应集散系统的分层结构，其通信网络也必须具有分层结构，例如，分为现场总线、车间级网络系统和工厂级网络系统等不同层次。

集散系统中参加网络通信的最小单位称为节点。发送信号的源节点对信息进行编码，然后送到传输介质(通信电缆),最后被接收这一信息的目的节点接收。网络特性的三要素是:要保证在众多节点之间数据合理传送;必须将通信系统构成一定网络;遵循一定网络结构的通信方式。

一、网络和数据通信基本概念

数据是指对数字、字母以及组合意义的一种表达。而工业数据一般指与工业过程密切相关的数值、状态、指令等的表达。例如,用数字 1 表示管道阀门的开启,用数字 0 表示阀门的关闭;规定用数字 1 表示生产过程处于非正常状态,用数字 0 表示生产过程处于正常状态,以及表示温度、压力、流量、液位等参数的数值都是典型的工业数据。数据通信是两点或多点之间借助某种传输介质以二进制形式进行信息交换的过程,是计算机与通信技术结合的产物。将数据准确、及时地传送到正确的目的地是数据通信系统的基本任务。数据通信技术主要涉及通信协议、信号编码、接口、同步、数据交换、安全、通信控制与管理等问题。

二、通信网络系统的组成

通信网络系统是传递数据所需的一切技术设备的总和,一般由信息源和信息接收者,发送、接收设备,传输媒介几部分组成。信息源和信息接收者是信息的产生者和使用者。在数据通信系统中传输的信息是数据,是数字化的信息,这些信息可能是原始数据,也可能是经计算机处理后的结果,还可能是某些指令或标志。信息源可根据输出信号的性质不同分为模拟信息源和离散信息源。模拟信息源(如电话机、电视摄像机)输出幅度连续变化的信号;离散信息源(如计算机)输出离散的符号序列或文字。模拟信息源可通过抽样和量化变换为离散信息源。随着计算机和数据通信技术的发展,离散信息源的种类和数量越来越多。由于信息源产生信息的种类和速率不同,因而对传输系统的要求也各不相同。发送设备的基本功能是将信息源和传输媒介匹配起来,即将信息源产生的消息信号经过编码,并变换为便于传送的信号形式,送往传输媒介。对于数据通信系统来说,发送设备的编码常常又可分为信道编码与信源编码两部分。信源编码是把连续消息变换为数字信号;而信道编码则是使数字信号与传输介质匹配,提高传输的可靠性、有效性。信号的变换方式是多种多样的,调制是最常见的变换方式之一。发送设备还要包括为达到某些特殊要求所进行的各种处理,例如,多路复用、保密处理、纠错编码处理等。传输介质指发送设备到接收设备之间信号传递所经媒介,它可以是无线的,也可以是有线的(包括光纤)。有线和无线均有多种传输媒介,例如,电磁波、红外线为无线传输介质,各种电缆、光缆、双绞线等为有线传输介质。

传输介质在传输过程中必然会引入某些干扰,例如,热噪声、脉冲干扰、衰减等。传输介质固有的特性和干扰特性直接关系到变换方式的选取。接收设备的基本功能是完成发送设备的反变换,即进行解调、译码、解密等。它的任务是从带有干扰的信号中正确恢复出原始信息来,对于多路复用信号,还包括解除多路复用,实现正确分路。以上所述是单向通信系统,但在大多数场合下,信息源兼为收信者,通信的双方需要随时交流信息,因此要求双向通信。这时,通信双方都要有发送设备和接收设备。如果两个方向有各自的传输媒介,则双方都可独立进行发送或接收;但若共用一个传输媒介,则必须用频率或时间分割的办法来共享。通信系统除了完成信息传递之外,还必须进行信息的交换。传输系统和交换系统共同组成一个完整的通信系统,直至构成复杂的通信网络。计算机网络系统的通信任务是传送数据或数据化的信息。这些数据通常以离散的二进制0、1序列的方式表示。码元是所传输数据的基本单位。在计算机网络通信中所传输的大多为二元码,它的每一位只能在1或0两个状态中取一个,每一位不是一个码元。数据编码是指通信系统中以何种物理信号的形式来表达数据。分别用模拟信号的不同幅度、不同频率、不同相位来表达数据的0、1状态的,称为模拟数据编码。用高低电平的矩形脉冲信号来表达数据的0、1状态的,称为数字数据编码。采用数字数据编码,在基本不改变数据信号频率的情况下,直接传输数据信号的传输方式,称为基带传输。基带传输可以达到较高的数据传输速率,是目前广泛应用的数据通信方式。

三、基本概念及术语

(一)数据信息

数据信息是指具有一定编码、格式和字长的数字信息。

(二)传输速率

传输速率是指信道在单位时间内传输的信息量。一般以每秒所能够传输的比特(bit)数来表示,常记为bit/s(或使用bps)。大多数集散控制系统的数据传输速率一般为0.5~100Mbit/s。

(三)传输方式

通信方式按照信息的传输方向分为单工、半双工和全双工三种方式:

(1)单工(Simplex)方式:信息只能沿单方向传输的通信方式。

(2)半双工(Half Duplex)方式:信息可以沿着两个方向传输,但在某一时刻只能沿一个方向传输的通信方式。

(3)全双工(Full Duplex)方式:信息可以同时沿着两个方向传输的通信方式。

(四)基带传输、载带传输与宽带传输

所谓基带传输,就是直接将数字数据信号通过信道进行传输。基带传输不适用于远距离的数据传输。当传输距离较远时,需要进行调制。用基带信号调制载波后,在信道上传输调制后的载波信号,这就是载带传输。如果要在一条信道上同时传送多路信号,各路信号以不同的载波频率区别,每路信号以载波频率为中心占据一定的频带宽度,整个信道的带宽为各路载波信号共享,实现多路信号同时传输,这就是宽带传输。

(五)异步传输与同步传输

在异步传输中,信息以字符为单位进行传输,每个字符都具有自己的起始位和停止位,一个字符中的各个位是同步的,但字符与字符之间的时间间隔是不确定的。在同步传输中,信息不是以字符而是以数据块为单位进行传输的。通信系统中有专门用来使发送装置和接收装置保持同步的时钟脉冲,使两者以同一频率连续工作,并且保持一定的相位关系。在这一组数据或一个报文之内不需要启停标志,所以可以获得较高的传输速率。

(六)串行传输与并行传输

串行传输是把构成数据的各个二进制位依次在信道上进行传输的方式;并行传输是把构

成数据的各个二进制位同时在信道上进行传输的方式。串行传输与并行传输如图 8－2 所示。在集散控制系统中，数据通信网络几乎全部采用串行传输方式。

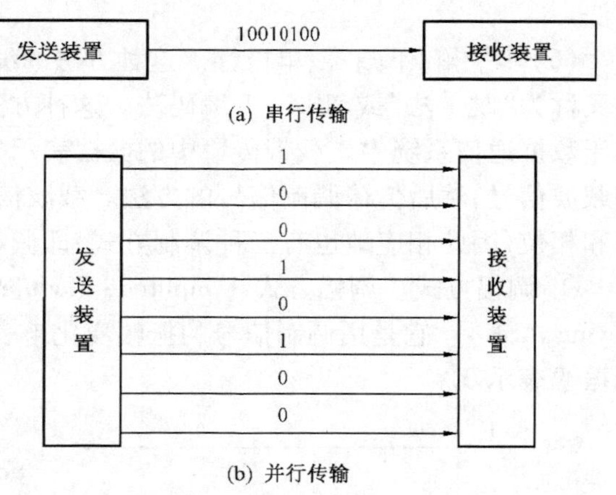

图 8－2 串行传输与并行传输的示意图

四、数据通信的编码方式

(一)数字编码

基带传输中可用各种不同的方法来表示二进制数 0 和 1，即数字编码。

(1)平衡与非平衡传输。信息传输有平衡传输和非平衡传输。平衡传输时，无论 0 还是 1 均有规定的传输格式；非平衡传输时，只有 1 被传输，而 0 则以在指定的时刻没有脉冲信号来表示。

(2)归零与不归零传输。根据对零电平的关系，信息传输可以分为归零传输和不归零传输。归零传输是指在每一位二进制信息传输之后均让信号返回零电平；不归零传输是指在每一位二进制信息传输之后让信号保持原电平不变。

(3)单极性与双极性传输。根据信号的极性，信息传输分为单极性传输和双极性传输。单极性是指脉冲信号的极性是单方向的；双极性是指脉冲信号有正和负两个方向。

① 单极性码：信号电平是单极性的，如逻辑 1 为高电平，逻辑 0 为低电平的信号表达方式。

② 双极性码：信号电平为正、负两种极性，如逻辑 1 为正电平，逻辑 0 为负电平的信号表达方式。

(二)几种常用的数据表示方法

(1)平衡、归零、双极性。用正极性脉冲表示 1，用负极性脉冲表示 0，在相邻脉冲之间保留一定的空闲间隔。在空闲间隔期间，信号归零，这种方法主要用于低速传输，其优点是可靠性较高。

(2)平衡、归零、单极性。这种方法又称为曼彻斯特(Manchester)编码方法。在每一位中间都有一个跳变，这个跳变既作为时钟，又表示数据。从高到低的跳变表示 1，从低到高的跳变表示 0，由于这种方法把时钟信号和数据信号同时发送出去，简化了同步处理过程，所以，有许多数据通信网络采用这种表示方法。

(3)平衡、不归零、单极性。它以高电平表示 1，低电平表示 0。这种方法主要用于速度较低的异步传输系统。

(4)非平衡、归零、双极性。用正负交替的脉冲信号表示 1，用无脉冲表示 0。由于脉冲总是交替变化的，所以它有助于发现传输错误，通常用于高速传输。

(5)非平衡、归零、单极性。这种表示方法与双极性表示方法的区别在于它只有正方向的脉冲而无负方向的脉冲，所以只要将前者的负极性脉冲改为正极性脉冲，就得到后一种表达方法。

(6)非平衡、不归零、单极性。这种方法的编码规则是,每遇到一个1电平就翻转一次,所以又称为“跳1法”或NRZ-1编码法。这种方法主要用于磁带机等磁性记录设备中,也可以用于数据通信系统中。载带传输中的数据表示方法,如上所述,载带传输是指用基带信号去调制载波信号,然后传输调制信号的方法。载波信号是正弦波信号,有三个描述参数,即振幅、频率和相位,因此相应地也有三种调制方式,即调幅方式、调频方式和调相方式。

① 调幅方式。调幅方式(Amplitude Modulation,AM)又称为幅移键控法(Amplitude - Shift Keying,ASK)。它是用调制信号的振幅变化来表示一个二进制数的,例如,用高振幅表示1,用低振幅表示0。

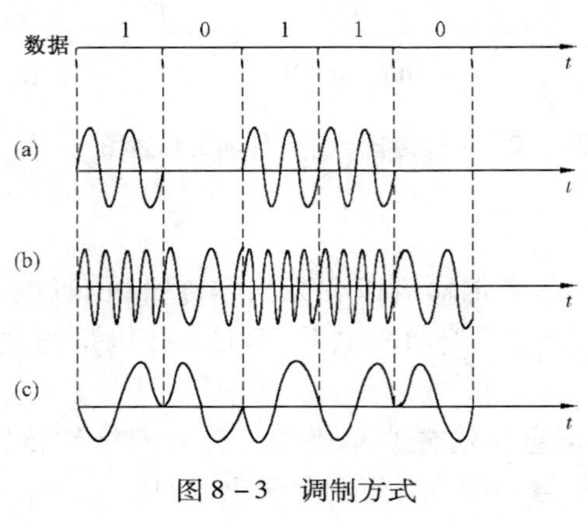

图8-3 调制方式

② 调频方式。调频方式(Frequency Modulation,FM)又称为频移键控法(Frequency - Shift Keying,FSK)。它是用调制信号的频率变化来表示一个二进制数的,例如,用高频率表示1,用低频率表示0。

③ 调相方式。调相方式(Phase Modulation,PM)又称为相移键控法(Phase - Shift Keying,PSK)。它是用调制信号的相位变化来表示二进制数的,例如,用0°相位表示二进制的0,用180°相位表示二进制的1,图8-3(a)代表调幅,(b)代表调频,(c)代表调相。

五、数据通信的工作方式

在数据通信系统中通常采用三种数据交换方式:线路交换方式、报文交换方式和报文分组交换方式。其中报文分组交换方式又包含虚电路和数据报两种交换方式。

(一)线路交换方式

所谓线路交换方式是在需要通信的两个节点之间事先建立起一条实际的物理连接,然后再在这条实际的物理连接上交换数据,数据交换完成之后再拆除物理连接。因此,线路交换方式将通信过程分为三个阶段:线路建立、数据通信和线路拆除。

(二)报文交换方式

报文交换以及报文分组交换方式不需要事先建立实际的物理连接,而是经由中间节点的存储转发功能来实现数据交换。因此,有时又将其称为存储转发方式。报文交换方式交换的基本数据单位是一个完整的报文。这个报文是由要发送的数据加上目的地址、源地址和控制信息所组成的。报文在传输之前并无确定的传输路径,每当报文传到一个中间节点时,该节点就要根据目的地址来选择下一个传输路径,或者下一个节点。

(三)报文分组交换方式

报文分组交换方式交换的基本数据单位是一个报文分组。报文分组是一个完整的报文按顺序分割开来的比较短的数据组。由于报文分组比报文短得多,传输时比较灵活,特别是当传输出错需要重发时，它只需重发出错的报文分组，而不必像报文交换方式那样重发整个报文。它的具体实现有下述两种方法。

1. 虚电路方法

虚电路方法在发送报文分组之前，需要先建立一条逻辑信道。这条逻辑信道并不像线路交换方式那样是一条真正的物理信道。因此，将这条逻辑信道称为虚电路。虚电路的建立过程是：首先由发送站发出一个“呼叫请求分组”，按照某种路径选择原则，从一个节点传递到另一个节点，最后到达接收站。如果接收站已经做好接收准备，并接受这一逻辑信道，那么该站就做好路径标记，并发回一个“呼叫接受分组”，沿原路径返回发送站。这样就建立起一条逻辑信道，即虚电路。当报文分组在虚电路上传送时，按其内部附有路径标记，使报文分组能够按照指定的虚电路传送，在中间节点上不必再进行路径选择。尽管如此，报文分组也不是立即转发，仍需排队等待转发。

2. 数据报方法

在数据报方法中把一个完整的报文分割成若干个报文分组，并为每个报文分组编好序号，以便确定它们的先后次序。报文分组又称为数据报。发送站在发送时，把序号插入报文分组内。数据报方法与虚电路方法不同，它在发送之前并不需要建立逻辑连接，而是直接发送。数据报在每个中间节点都要处理路径选择问题，这一点与报文交换方式是类似的。然而，数据报经过中间节点存储、排队、路由和转发，可能会使同一报文的各个数据报沿着不同的路径，经过不同的时间到达接收站。这样，接收站所收到的数据报顺序就可能是杂乱无章的。因此，接收站必须按照数据报中的序号重新排序，以便恢复原来的顺序。

六、数据通信的电气特性

为了把集散控制系统中的各个组成部分连接在一起，常常需要把整个通信系统的功能分成若干个层次去实现，每一个层次就是一个通信子网。通信子网具有自己的地址结构；通信子网相连可以采用自己的专用通信协议（协议将在后面介绍）；一个通信子网可以通过接口与其他网络相连，实现不同网络上的设备相互通信。通信网络的拓扑结构确定后，要考虑的就是每个通信子网的网络拓扑结构问题。所谓通信网络的拓扑结构就是指通信网络中各个节点或站相互连接的方法。拓扑结构决定了一对节点之间可以使用的数据通路，或称链路。

（一）常见的拓扑结构

在集散控制系统中应用较多的拓扑结构是星型结构、环型结构及总线型结构，下面分别介绍这几种结构。

1. 星型结构

在星型结构中，每一个节点都通过一条链路连接到一个中央节点上去。任何两个节点之间的通信都要经过中央节点。中央节点有一个开关装置来接通两个节点之间的通信路径。因此，中央节点的构造是比较复杂的，一旦发生故障，整个通信系统就要瘫痪。这种系统的可靠性是比较低的，在集散控制系统中应用得较少。

2. 环型结构

在环型结构中，所有的节点通过链路组成一个环型。需要发送信息的节点将信息送到环上,信息在环上只能按某一确定环形方向传输。当信息到达接收节点时,如果该节点识别信息中的目的地址与自己的地址相同,就将信息取出,并加上确认标记,以便由发送节点清除。由于传输是单方向的,所以不存在确定信息传输路径的问题,这可以简化链路的控制。当某一节点故障时,可以将该节点旁路,以保证信息畅通无阻。为了进一步提高可靠性,在某些集散控制系统中采用双环,或者在故障时支持双向传输。环型结构的主要问题是在节点数量较多时会影响通信速率。另外,环是封闭的,不便于扩充。

3. 总线型结构

与星型和环型结构相比,总线型结构采用的是一种完全不同的方法。它的通信网络仅仅是一种传输介质,既不像星形网络中的中央节点那样具有信息交换的功能,也不像环型网络中的节点那样具有信息中继的功能。所有的站都通过相应的硬件接口直接接到总线上。由于所有的节点都共享一条公用的传输线路,所以每次只能由一个节点发送信息,信息由发送它的节点向两端扩散。这就如同广播电台发射的信号向空间扩散一样。所以,这种结构的网络又称为广播式网络。某节点发送信息之前,必须保证总线上没有其他信息正在传输。当这一条件满足时,它才能把信息送上总线。在有用信息之前有一个询问信息,询问信息中包含着接收该信息的节点地址,总线上其他节点同时接收这些信息。当某个节点由询问信息中鉴别出接收地址与自己的地址相符时,这个节点便做好准备,接收后面所传送的信息。总线型结构的优点是结构简单,便于扩充。另外,由于网络是无源的,所以当采取冗余措施时并不增加系统的复杂性。总线型结构对总线的电气性能要求很高,对总线的长度也有一定的限制。因此,它的通信距离不可能太长。以上介绍了三种典型的网络拓扑结构,在集散控制系统中应用较多的是后两种结构。

(二)计算机网络层次模型

网络结构问题不仅涉及信息的传输路径,而且涉及到链路的控制。对于一个特定的通信系统,为了实现安全可靠的通信,必须确定信息从源点到终点所要经过的路径,以及实现通信所要进行的操作。在计算机通信网络中,对数据传输过程进行管理的规则被称为协议。对于一个计算机通信网络来说,接到网络上的设备是各种各样的,这就需要建立一系列有关信息传递的控制、管理和转换的手段和方法,并要遵守彼此公认的一些规则,这就是网络协议的概念。这些协议在功能上应该是有层次的。为了便于实现网络的标准化,国际标准化组织 ISO 提出了开放系统互联(Open System Interconnection,OSI)参考模型,简称 ISO/OSI 模型。ISO/OSI 模型将各种协议分为七层,自下而上依次为:物理层、链路层、网络层、传输层、会话层、表示层和应用层。各层协议的主要作用如下所述。

1. 物理层

物理层协议规定了通信介质、驱动电路和接收电路之间接口的电气特性和机械特性。例如,信号的表示方法、通信介质、传输速率、接插件的规格及使用规则等。

2. 链路层

通信链路是由许多节点共享的。这层协议的作用是确定在某一时刻由哪一个节点控制链路,即链路使用权的分配。它的另一个作用是确定比特级的信息传输结构,也就是说,这一级规定了信息每一位和每一个字节的格式,同时还确定了检错和纠错方式,以及每一帧信息的起始和停止标记的格式。帧是链路层传输信息的基本单位，由若干字节组成，除了信息本身之外，它还包括表示帧开始与结束的标志段、地址段、控制段及校验段等。

3. 网络层

在一个通信网络中，两个节点之间可能存在多条通信路径。网络层协议的主要功能就是处理信息的传输路径问题。在由多个子网组成的通信系统中，这层协议还负责处理一个子网与另一个子网之间的地址变换和路径选择。如果通信系统只由一个网络组成，节点之间只有唯一的一条路径，那么就不需要这层协议。

4. 传输层

传输层协议的功能是确认两个节点之间的信息传输任务是否已经正确完成，其中包括：信息的确认、误码的检测、信息的重发、信息的优先级调度等。

5. 会话层

会话层协议用来对两个节点之间的通信任务进行启动和停止调度。

6. 表示层

表示层协议的任务是进行信息格式的转换，它把通信系统所用的信息格式转换成它上一层，也就是应用层所需的信息格式。

7. 应用层

严格说，应用层不是通信协议结构中的内容，而是应用软件或固件中的一部分内容。它的作用是召唤低层协议为其服务。在高级语言程序中，它可能是向另一节点请求获得信息的语句，在功能块程序中从控制单元中读取过程变量的输入功能块。

（三）网络协议

1. 物理层协议

物理层协议涉及通信系统的驱动电路、接收电路与通信介质之间的接口问题。物理层协议主要包括的内容：接插件的类型以及插针的数量和功能；数字信号在通信介质上的编码方式，如电平的高低和0、1 的表达方法；确定与链路控制有关的硬件功能，如定义信号交换控制线或者忙测试线等。

从以上说明中可以看到，物理层协议的功能是与所选择的通信介质（双绞线缆、光缆）以及信道结构（串行、并行）密切相关的。下面是一些标准的物理层接口。

（1）RS－232C。RS－232C 是 1969 年由美国电子工业协会（EIA）修订的串行通信接口标准。它规定数据信号按负逻辑进行工作。以 －5V ~ －15V 的低电平信号表示逻辑 1，以 +5 ~ +15V 的高电平信号表示逻辑 0，采用 25 针的接插件，并且规定了最高传输速率为 19.2kbit/s、最大传输距离为 15m。RS－232C 标准主要用于只有一个发送器和一个接收器的通信线路，例如，计算机与显示终端或打印机之间的接口。

（2）RS－449。为了进一步提高 RS－232C 的性能，特别是提高传输速率和传输距离，EIA 于 1977 年公布了 RS－449 标准，并且得到了 CCITT 和 ISO 的承认。RS－449 采用与 RS－232C 不同的信号表达方式，它的抗干扰能力更强，传输速率达到 2.5Mbit/s，传输距离达到 300m。另外，它还允许在同一通信线路上连接多个接收器。

(3)RS－485。RS－485扩展了RS－449的功能,它允许在一条通信线路上连接多个发送器和接收器(最多可以支持32个发送器和接收器),这个标准实现了多个设备的互联。它的成本很低,传输速率和通信距离与RS－449在同一数量级。应该指出,上述标准并不规定所传输的信息格式和意义,只有更高层的协议才完成这一功能。

2. 链路层协议

链路层协议主要完成两个功能:一个是对链路的使用进行控制;另一个是组成具有确定格式的信息帧。由于通信网络是由通信介质和与其连接的多个节点组成的,所以链路层协议必须提出一种决定如何使用链路的规则。实现网络层协议有许多种方法,某些方法只能用于特定的网络拓扑结构。表8－1列举了一些常用网络访问控制协议的优缺点。

表8－1 网络访问控制协议的优缺点

网络访问控制协议	网络类型	优　点	缺　点
时分多路访问	总线型	结构简单	通信效率低,总线控制器需要冗余
查询式	总线型或环型	结构简单,比TDMA法效率高,网络访问分配情况预先确定	网络控制器需要冗余,访问速度低
令牌式	总线型或环型	网络访问分配情况可预先确定,无网络控制器,可以在大型总线型网络中使用	在丢失令牌时,必须有重发令牌的措施
载波监听多路访问冲突检测	总线型	无网络控制器,实现比较简单	在长距离网络中效率下降,网络送取时间是随机不确定的
扩展环型	环型	无网络控制器,能支持多路信息同时传输	只能用于环型网络

1)时分多路访问法

时分多路访问(Time Division Multiple Access,TDMA)法,多用于总线型网络。在网络中有一个总线控制器,负责把时钟脉冲送到网络中的每个节点上。每个节点有一个预先分配好的时间槽,在给定的时间槽里它可以发送信息。在某些系统中,时间槽的分配不是固定不变而是动态进行的。尽管这种方法很简单,但它不能实现节点对网络的快速访问,也不能有效地处理在短时间内涌出的大量信息。另外,这种方法需要总线控制器,如果不采取一定的冗余措施,总线控制器的故障就会造成整个通信系统的瘫痪。

2)查询法

查询(Polling)法既可用于总线型网络,也可以用于环型网络。查询法与TDMA法一样,也要有一个网络控制器。网络控制器按照一定的次序查询网络中的每个节点,看它们是否要求发送信息。如果节点不需要发送信息,网络控制器就转向下一个节点。由于不发送信息的节点基本上不占用时间,所以这种方法比TDMA法的通信效率高。然而,它也存在着与TDMA法同样的缺点:访问速度慢、可靠性差等。

3)令牌法

令牌(Token)法用于总线型或环型网络。令牌是一个特定的信息,例如,用二进制序列

11111111 来表示。令牌按照预先确定的次序,从网络中的一个节点传到下一个节点,并且循环进行。只有获得令牌的节点才能发送信息。同前两种方法相比,令牌法的最大优点在于它不需要网络控制器,因此可靠性比较高。这种方法的主要问题是:某一个节点故障或受到干扰,会造成令牌丢失。所以必须采用一定的措施来及时发现令牌丢失,并且及时产生一个新的令牌,以保证通信系统的正常工作。令牌法是 IEEE 802 局域网标准所规定的访问协议之一。

4)带有冲突检测的载波监听多路访问法

带有冲突检测的载波监听多路访问法又称为 CSMA/CD(Carrier Sense Multiple Access/Collision Detection)法。这种方法用于总线型网络,它的工作原理类似于一个共用电话网络。打电话的人(相当于网络中的一个节点)首先听一听线路是否被其他用户占用。如果未被占用,他就可以开始讲话,而其他用户都处于受话状态。他们同时收到了讲话声音,但只有与讲话内容有关的人才将信息记录下来。如果有两个节点同时送出了信息,那么通过检测电路可以发现这种情况,这时,两个节点都停止发送,随机等待一段时间后再重新发送。随机等待的目的是使每个节点的等待时间能够有所差别,以免在重发时再次发生碰撞。这种方法的优点是网络结构简单,容易实现,不需要网络控制器,并且能够允许节点迅速地访问通信网络。它的缺点是当网络所分布的区域较大时,通信效率会下降,原因是当网络太大时,信号传播所需要的时间增加了,要确认是否有其他节点占用网络就需要用更长的时间。另外,由于节点对网络的访问具有随机性,所以用这种方法无法确定两个节点之间进行通信时所需要的最大延迟时间。但是通过排队论分析和仿真试验,可以证明 CSMA/CD 方法的性能是非常好的,在以太网(Ethemet)通信系统中采用了 CSMA/CD 协议,在 IEEE 802 局部区域网络标准中也包括这个协议。

5)扩展环型法

扩展环型(Ring Expansion)法仅用于环型网络。当采用这种方法时,准备发送信息的节点不断监视着通过它的信息流,一旦发现信息流通过完毕,它就把要发送的信息送上网络,同时把随后进入该节点的信息存入缓冲器。当信息发送完毕之后,再把缓冲器中暂存的信息发送出去。这种方法的特点是允许环形网络中的多个节点同时发送信息,因此提高了通信网络的利用率。当用上述方法建立起对通信网络的控制权之后,数据便可以以一串二进制代码的形式从一个节点传送到另一个节点。链路层协议定义了二进制代码的格式,使其能组成具有明确含义的信息。另外,数据链路层协议还规定了信息传送和接收过程中的某些操作,例如前面所介绍的误码检测和纠正。

3. 传输层和会话层协议

在工业过程控制所用的通信系统中,为了简单起见,常常把传输层和会话层协议合在一起。这两层协议确定了数据传输的启动方法和停止方法,以及实现数据传输所需要的其他信息。在集散控制系统中,每个节点都有自己的微处理器,它可以独立地完成整个系统的一部分任务。为了使整个系统协调工作,每个节点都要输入一定的信息,这些信息有些来自节点本身,有些则来自系统中的其他节点。一般可以把通信系统的作用看成是一种数据库更新作用,它不断地把其他节点的信息传输到需要这些信息的节点中去,相当于在整个系统中建立了一个为多个节点所共享的分布式数据库。更新数据库的功能是在传输层和会话层协议中实现的。下面简要介绍常用的三种更新数据库的方法。

1)查询法

需要信息的节点周期性地查询其他节点,如果其他节点响应了查询,则开始进行数据交换。由其他节点返回的数据中包含了确认信号,它说明被查询的节点已经接收到了请求信号,并且正确地理解了信号的内容。

2)广播法

广播法类似于广播电台发送播音信号。含有信息的节点向系统中其他所有节点广播自己的信息,而不管其他节点是否需要这些信息。在某些系统中,信息的接收节点发出确认信号,也有些系统不发出确认信号。

3)例外报告法

在例外报告法中,节点内有一个信息预定表,这个表说明有哪些节点需要这个节点中的信息。当这个节点内的信息发生了一定量的(常常把这个量称为例外死区)变化时,它就按照预定表中的说明去更新其他节点的数据,一般收到信息的节点要回送确认信号。查询法是在集散控制系统中用得比较多的协议,特别是用在具有网络控制器的通信系统中。但是查询法不能有效地利用通信系统的带宽,它的响应速度也比较慢。实践证明,例外报告法是一种迅速而有效的数据传输方法。但例外报告法还需要在以下两个方面进行一些改进:首先要求对同一个变量不产生过多的、没有必要的例外报告,以免增加通信网络的负担,这一点可通过限制两次例外报告之间的最小间隔时间来实现;其次在预先选定的时间间隔内,即使信息的变化没有超过例外死区,也至少要发出一个例外报告,这样能够保证信息的实时性。

4. 高层协议

所谓高层协议,是指表示层和应用层协议,它们用来实现低层协议与用户之间接口所需要的一些内部操作。高层协议的重要作用之一就是区别信息的类型,并确定它们在通信系统中的优先级。例如,它可以把通信系统传送的信息分为以下几级:

(1)同步信号。

(2)跳闸和保护信号。

(3)过程变量报警。

(4)运行员改变给定值或切换运行方式的指令。

(5)过程变量。

(6)组态和参数调整指令。

(7)记录和长期历史数据存储信息。

根据优先级顺序,高层协议可以对信息进行分类,并且把最高优先级的信息首先传输给较低层的协议。要实现这一技术比较复杂,而且成本也较高。因此,为了使各种信息都能顺利地通过通信系统,并且不产生过多的时间延迟,通信系统中的实际通信量必须远远小于通信系统的极限通信能力,一般不超过其50%。

七、现场控制总线

(一)现场控制总线的产生

在计算机测控系统发展的初期,由于计算机技术尚不发达,计算机价格昂贵,所以人们企图用一台计算机取代控制室的几乎所有仪表,因此出现了集中式数字测控系统。但这种测控系统可靠性差,一旦计算机出现故障,就会造成整个系统瘫痪。随着计算机可靠性的提高和价格的大幅度下降,出现了集中、分散相结合的集散控制系统(DCS)。在 DCS 中,由测量传感器,变送器向计算机传送的信号为模拟信号,下位计算机和上位计算机之间传递的信号为数字信号,所以它是一种模拟、数字混合系统。这种系统在功能和性能上有了很大的提高,曾被广泛采用。随着工业生产的发展以及控制、管理水平和通信技术的提高,相对封闭的 DCS 已不能满足需要。20 世纪 50 年代前,过程控制仪表使用气动标准信号,20 世纪 60 ~ 70 年代发展了 4 ~ 20mA(DC)标准信号,直到现在仍在使用。20 世纪 90 年代初,用微处理器技术实现过程控制以及智能传感器的发展,导致需要用数字信号取代 4 ~ 20mA(DC)模拟信号,这就形成了一种先进工业测控技术——现场总线(Fieldbus)。现场总线是连接工业过程现场仪表和控制系统之间的全数字化、双向和多站点的串行通信网络,从各类变送器、传感器、人机接口或有关装置获取信息,通过控制器向执行器传送信息,构成现场总线控制系统(Fieldbus Control System,FCS)。现场总线不单是一种通信技术,也不仅是用数字仪表代替模拟仪表,而是用新一代的现场总线控制系统(FCS)代替传统的集散控制系统(Distributed Control System,DCS)。它与传统的 DCS 相比有很多优点,是一种全数字化、全分散式、全开放和多点通信的底层控制网络,是计算机技术、通信技术和测控技术的综合及集成。根据国际电工委员(International Electrotechnical Commission,IEC)标准和现场总线基金会(Fieldbus Foundation,FF)的定义,现场总线是连接智能现场设备和自动化系统的数字式、双向传输和多分支结构的通信网络。

(二)现场控制总线的特点

1. 全数字化通信

现场总线系统是一个“纯数字”系统,而数字信号具有很强的抗干扰能力,所以,现场的噪声及其他干扰信号很难扭曲现场总线控制系统里的数字信号,数字信号的完整性使得过程控制的准确性和可靠性更高。

2. 一对 N 结构

一对传输线,N 台仪表,双向传输多个信号。这种一对 N 结构使得接线简单,工程周期短,安装费用低,维护容易。如果增加现场设备或现场仪表,只需并行挂接到电缆上,不需要架设新的电缆。

3. 可靠性高

数字信号传输抗干扰强,精度高,不需要采用抗干扰和提高精度的措施,从而降低了成本。

4. 可控状态

操作员在控制室既可了解现场设备或现场仪表的工作情况,也能对其进行参数调整,还可预测或寻找故障。整个系统始终处于操作员的远程监视和控制,提高了系统的可靠性、可控性和可维护性。

5. 互换性

用户可以自由选择不同制造商所提供的性能价格比最优的现场设备或现场仪表,并将不同品牌的仪表互联。即使某台仪表发生故障,换上其他品牌的同类仪表也能照常工作,实现了“即接即用”。

6. 互操作性

用户把不同制造商的各种品牌的仪表集成在一起,进行统一组态,构成其所需的控制回路,而不必绞尽脑汁,为集成不同品牌的产品在硬件或软件上花费力气或增加额外投资。

7. 综合功能

现场仪表既有检测、变换和补偿功能,又有控制和运算功能,满足了用户需求,而且降低了成本。

8. 分散控制

控制站功能分散在现场仪表中,通过现场仪表即可构成控制回路,实现了彻底的分散控制,提高了系统的可靠性、自治性和灵活性。

9. 统一组态

由于现场设备或现场仪表都引入了功能块的概念,所有制造商都使用相同的功能块,并统一组态方法,使组态变得非常简单,用户不需要因为现场设备或现场仪表种类不同而带来的组态方法的不同,再去学习和培训。

10. 开放式系统

现场总线为开放互联网络,所有技术和标准全是公开的,所有制造商必须遵循。这样,用户可以自由集成不同制造商的通信网络,既可与同层网络互联,也可与不同层网络互联,还可极其方便地共享网络数据库。

第二节 串行通信接口

一、RS-232 接口

(一)RS-232 接口的历史和作用

在串行通信时,要求通信双方都采用一个标准接口,使不同的设备可以方便地连接起来进行通信。RS-232-C 接口(又称 EIA RS-232-C)是目前最常用的一种串行通信接口。(“RS-232-C”中的“-C”只不过表示 RS-232 的版本,所以与“RS-232”简称是一样的)它是在 1970 年由美国电子工业协会(EIA)联合贝尔系统、调制解调器厂家及计算机终端生产厂家共同制订的用于串行通信的标准。它的全名是“数据终端设备(DTE)和数据通信设备(DCE)之间串行二进制数据交换接口技术标准”该标准规定采用一个 25 个脚的 DB-25 连接器,对连接器的每个引脚的信号内容加以规定,还对各种信号的电平加以规定。后来 IBM 的

PC 机将 RS－232 简化成了 DB－9 连接器，从而成为事实标准。而工业控制的 RS－232 接口一般只使用 RXD、TXD、GND 三条线。

（二）RS－232 接口的电气特性

在 RS－232－C 中任何一条信号线的电压均为负逻辑关系。即：逻辑"1"为 －3～－15V；逻辑"0"为 +3～+15V。RS－232－C 最常用的九条引线的信号内容见表 8－2。

表 8－2 RS－232－C 端子信号定义

9 针	25 针	信号	功能
1	8	DCD	数据载波检测
2	3	RXD	接收数据
3	2	TXD	发送数据
4	20	DTR	数据终端设备（DTE）准备就绪
5	7	SG	信号公共参考地
6	6	DSR	数据通信设备（DCE）准备就绪
7	4	RTS	请求发送
8	5	CTS	清除发送
9	22	RI	振铃提示

（三）RS－232 接口的物理结构

RS－232－C 接口连接器一般使用型号为 DB－9 插头座，通常插头在 DCE 端，插座在 DTE 端。PC 机的 RS－232 口为九芯针插座。而波士 RS－232/RS－485 转换器的 RS－232 为 DB－9 孔插头。一些设备与 PC 机连接的 RS－232 接口，因为不使用对方的传送控制信号，只需三条接口线，即发送数据 TXD、接收数据 RXD 和信号地 GND。RS－232 传输线采用屏蔽双绞线。其计算机与其他设备连接如图 8－4 所示。

（四）RS－232 传输电缆长度

RS－232C 标准规定在码元畸变小于 4% 的情况下，传输电缆长度应为 50in，其实这个 4% 的码元畸变是很保守的，在实际应用中，约有 99% 的用户是按码元畸变 10%～20% 的范围工作的，所以实际使用中最大距离会远超过 50in。美国 DEC 公司曾规定允许码元畸变为 10% 并得出实验结果（表 8－3）。其中 1 号电缆为屏蔽电缆，型号为 DECP. NO. 9107723 内有三对双绞线，每对由 22 号 AWG 组成，其外覆以屏蔽网；2 号电缆为不带屏蔽的电缆，型号为 DECP. NO. 9105856 － 04 是

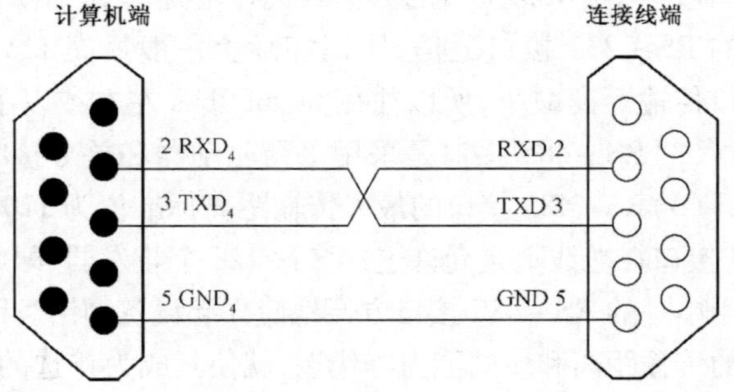

图 8－4 RS－232 端子连接图

22 号 AWG 的四芯电缆。经过许多年来 RS－232 器件以及通信技术的改进,RS－232 的通信距离已经大大增加。

表 8－3 DEC 公司的实验结果

波特率,bps	1 号电缆传输距离,m	2 号电缆传输距离,m
110	1500	900
300	1500	900
1200	900	900
2400	300	150
4800	300	75
9600	75	75

二、RS－422 接口

RS－422 接口的电气性能与 RS－485 接口完全一样。其主要的区别在于:RS－422 接口有四根信号线:两根发送(Y、Z)、两根接收(A、B)。由于 RS－422 接口的收与发是分开的,所以可以同时收和发(全双工)。RS－485 接口有两根信号线:发送和接收都是 A 和 B。由于 RS－485 接口的收与发是共用两根线,所以不能够同时收和发(半双工)。

能否将 RS－422 接口的 Y－A 短接作为 RS－485 接口的 A、将 RS－422 接口的 Z—B 短接作为 RS－485 接口的 B 呢? 回答:不一定。条件是 RS－422 接口必须是能够支持多机通信的。波士电子的所有接口转换器的 RS－422 接口都能够支持全双工多机通信,所以可以简单转换为 RS－485 接口。

三、RS－485 接口

(1)RS－485 接口的电气特性。发送端:逻辑“1”以两线间的电压差为 +(2 ~6)V 表示;逻辑“0”以两线间的电压差为 -(2 ~6)V 表示。接收端:A 比 B 高 200mV 以上即认为是逻辑“1”,A 比 B 低 200mV 以上即认为是逻辑“0”。

(2)RS－485 接口的数据最高传输速率为 10Mbps。但是由于 RS－485 接口常常要与 PC 机的 RS－232 接口通信,所以实际上一般最高 115. 2kbps。又由于太高的速率会使 RS－485 接口传输距离减小,所以往往为 9600bps 左右或以下。

(3)RS－485 接口是采用平衡驱动器和差分接收器的组合,抗噪声干扰性好。

(4)RS－485 接口的最大传输距离标准值为 1200m(9600bps 时),实际上可达 3000m。RS－485 接口在总线上是允许连接多达 128 个收发器、即 RS－485 具有多机通信能力,这样用户可以利用单一的 RS－485 接口方便地建立起设备网络。因 RS－485 接口具有良好的抗噪声干扰性,长的传输距离和多站能力等优点,就使其成为首选的串行接口。因为 RS－485 接口组成的半双工网络,一般只需两根信号线,所以 RS－485 接口均采用屏蔽双绞线传输。RS－485 的国际标准并没有规定 RS－485 的接口连接器标准,采用接线端子或者 DB－9、DB－25 等连接器都可以。

RS－485 接口是事实工业标准。

(5)收发器芯片 MAX485/MAX491 的引脚功能。为了实现 RS－485 标准串口传送,可采用大规模集成芯片,如 MAXIM 公司的 MAX485 和 MAX491。MAX485 用于半双工,而 MAX491 可用于全双工。它们的引脚功能定义见表 8－4。典型应用连接如图 8－5 所示。

表 8－4　MAX485 和 MAX491 的引脚功能定义

MAX484	MAX491	信号	功　能
1	2	RO	接收器输出:当 A 比 B 大 200mV 时,RO＝1;当 A 比 B 小 200mV 时,RO＝0
2	3	RE	接收器输出允许:当 RE＝0 时,允许输出;当 RE＝1 时,输出呈高阻(三态)
3	4	DE	驱动器输出允许:当 DE＝1 时,允许输出;当 DE＝0 时,输出呈高阻(三态)
4	5	DI	驱动器输入:当 DI＝0 时,则 Y＝0,Z＝1;当 DI＝1 时,则 Y＝1,Z＝0
5	6、7	GND	地
—	9	Y	驱动器非反向输出
—	10	Z	驱动器反向输出
6	—	A	接收器非反向输入和驱动器非反向输出
—	12	A	接收器非反向输入
7	—	B	接收器反向输入和驱动器非反向输出
—	11	B	接收器反向输入
8	14	V_{cc}	正电源:$4.75V \leqslant V_{cc} \leqslant 5.25V$
—	1、8、13	NC	不连接

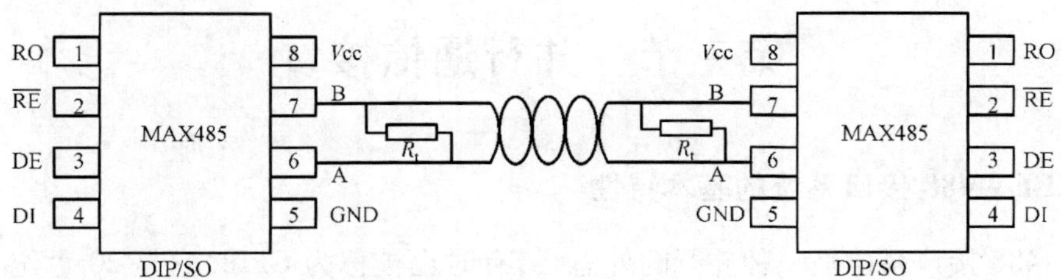

发送器					接收器			
输入			输出		输入			输出
RE	DE	DI	B	A	RE	DE	A—B	RO
×	1	1	0	1	0	0	≥＋0.2V	1
×	1	0	1	0	0	0	≤－0.2V	0

图 8－5　RS－485 器件典型应用连接及对信号的逻辑定义

在使用RS－485接口时,对于特定的传输线线径,从发生器到负载,其数据信号传输所允许的最大电缆长度是数据信号速率的函数,这个长度数据主要是受信号失真及噪声等影响所限制。最大电缆长度与信号速率的关系曲线是使用24AWG铜芯双绞电话电缆(线径为0.51mm),线间旁路电容为52.5pF/m,终端负载电阻为100Ω时所得出。当数据信号速率降低到90kbit/s以下时,假定最大允许的信号损失为6dBV时,则电缆长度被限制在1200m。实际上,在实用时是完全可以取得比它大的电缆长度。使用不同线径的电缆,则取得的最大电缆长度是不相同的。例如,当数据信号速率为600kbit/s时,采用24AWG电缆,最大电缆长度是200m,若采用19AWG电缆(线径为0.91mm)则电缆长度将可以大于200m;若采用28AWG电缆(线径为0.32mm)则电缆长度只能小于200m。RS－485的远距离通信建议采用屏蔽电缆,并且将屏蔽层作为地线。

四、RS－485接口与RS－232－C接口的比较

由于RS－232接口标准出现较早,难免有不足之处,主要有以下四点:

(1)接口的信号电平值较高,易损坏接口电路的芯片,又因为与TTL电平不兼容,故需使用电平转换电路方能与TTL电路连接。

(2)传输速率较低,在异步传输时,波特率为20kbps。现在由于采用新的UART芯片16C550等,波特率达到115.2kbps。

(3)接口使用一根信号线和一根信号返回线而构成共地的传输形式,这种共地传输容易产生共模干扰,因此抗噪声干扰性弱。

(4)传输距离有限,最大传输距离标准值为50m,实际上也只能用在15m左右。

(5)RS－232接口只允许一对一通信,而RS－485接口在总线上是允许连接多达128个收发器。

第三节　并行通信接口

一、IEEE－488接口系统的基本特性

IEEE－488接口系统是一种并行的外总线,有时也被称为GPIB,它是20世纪70年代由惠普公司(Hewlett Packard)制定的。HP公司为了解决各种仪器仪表与各类计算机的接口互相不兼容而带来的连接麻烦,研制了通用接口总线HP－IB总线。1977年国际电工委员会(IEC)也对该总线进行认可与推荐,定名为IEC－IB。所以这种总线同时使用了IEEE－488,IEC－IB(IEC接口总线),HP－IB(HP接口总线)或GP－IB(通用接口总线)多种名称。由于IEEE－488总线的推出,当用IEEE－488标准建立一个由计算机控制的测试系统时,不要再加一大堆复杂的控制电路,IEEE－488系统以机架层叠式智能仪器为主要器件,构成开放式的积木测试系统。因此IEEE－488总线是当前工业上应用最广泛的通信总线之一。IEEE488.1—1978《仪器通用接口总线》标准定义了电性能和机械特性,以及每个总线功能的状态图。在1987年,由IEEE488.1—1978派生出另一个标准,即IEEE488.2—1987。这个标准被用来定义仪器的数据格式、通用命令以及控制协议。一般来讲,IEEE488.1定义了硬件标准,而

IEEE488.2 定义了软件标准。

二、IEEE－488 总线使用的约定

(1)数据传输速率不大于 1Mbit/s。

(2)连接在总线上的设备(包括作为主控器的微型机)不大于 15 个。

(3)设备间的最大距离不大于 20m。

(4)整个系统的电缆总长度不大于 220m,若电缆长度超过 220m,则会因延时而改变定时关系,从而造成工作不可靠,这种情况应附加调制解调器。

(5)所有数据交换都必须是数字化的。

(6)总线规定使用 24 线的组合插头座,并且采用负逻辑,即用小于 +0.8V 的电平表示逻辑“1”;用大于 2V 的电平表示逻辑“0”。

三、IEEE－488 总线结构

IEEE－488 总线接口结构如图 8－6 所示。利用 IEEE－488 总线将微型计算机和其他若干设备连接在一起,可以采用串行连接,也可以采用星型连接。

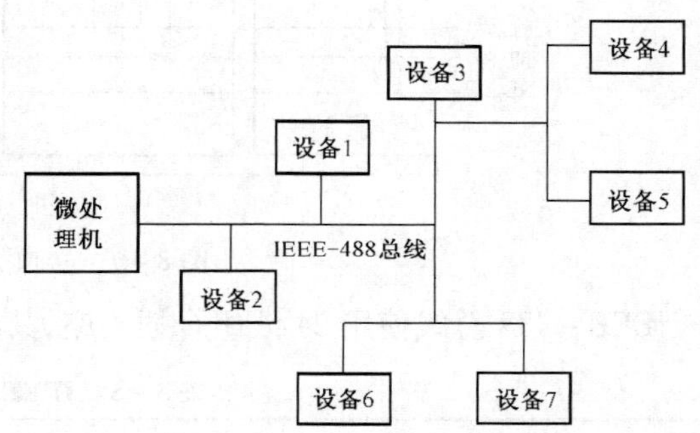

图 8－6 IEEE－488 总线接口结构

在 IEEE－488 系统中的每一个设备可按如下三种方式工作。

(1)“听者”方式。这是一种接收器,它从数据总线上接收数据,一个系统在同一时刻,可以有两个以上的“听者”在工作。可以充当“听者”功能的设备有:微型计算机、打印机、绘图仪等。

(2)“讲者”方式。这是一种发送器,它向数据总线发送数据,一个系统可以有两个以上的“讲者”,但任一时刻只能有一个讲者在工作。具有“讲者”功能的设备有:微型计算机、磁带机、数字电压表、频谱分析仪等。

(3)“控制者”方式。这是一种向其他设备发布命令的设备,例如,对其他设备寻址,或允许“讲者”使用总线。控制者通常由微型计算机担任。一个系统可以有不止一个控制者,但每一时刻只能有一个控制者在工作。

在 IEEE－488 总线上的各种设备可以具备不同的功能。有的设备,如微型计算机可以同时具有控制者、听者、讲者三种功能。有的设备只具有收、发功能,而有的设备只具有接收功能,如打印机。在某一时刻系统只能有一个控制者,而当进行数据传送时,某一时刻只能有一个发送器发送数据,允许多个接收器接收数据,也就是可以进行一对多的数据传送。

在一般应用中,例如,微型计算机控制的数据测量系统,通过 IEEE－488 将微型计算机和各种测试仪器连接起来,这时,只有微型计算机具备控制、发、收三种功能,而总线上的其他设备都没有控制功能,但仍有收、发功能。当总线工作时,由控制者发布命令,规定哪个设备为发送器、哪个为接收器,而后发送器可以利用总线发送数据,接收器从总线上接收数据。

四、IEEE－488 接口功能

IEEE－488 接口数据线功能描述如图 8－7 所示。

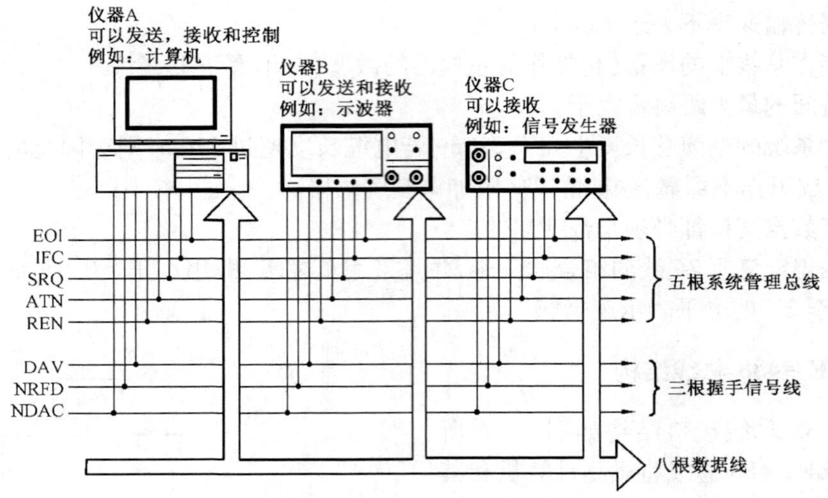

图 8－7　接口数据线功能描述

IEEE－488 总线使用 24 线组合插头座,其各引脚定义见表 8－5。

表 8－5　IEEE－488 信号定义

引脚	符号	说　明	引脚	符号	说　明
1	D0	低四位数据线	13	D4	高四位数据线
2	D1		14	D5	
3	D2		15	D6	
4	D3		16	D7	
5	EOI	结束或识别线	17	REN	远程控制
6	DAV	数据有效线	18	GND	地
7	NRFD	未准备好接收数据线	19	NGD	
8	NDAC	数据未接收完毕线	20	GND	
9	IFC	接口清零线	21	GND	
10	SRQ	服务请求线	22	GND	
11	ATN	监视线	23	GND	
12	GND	机壳线	24	GND	

IEEE－488 的信号线除八条地线外,有以下三类信号线。

(1)D7～D0 数据总线。这是八条双向数据线,除了用于传送数据外,还用于“听”、“讲”方式的设置,以及设备地址和设备控制信息的传送,即在 D7～D0 上可以传送数据、设备地址和命令。这是因为该总线没有设置地址线和命令线,这些信息要通过数据线上的编码来产生。

(2)字节传送控制线。在 IEEE - 488 总线上数据传送采用异步握手(挂钩)联络方式。即用 DAV、NRFD 和 NDAC 三根线进行握手联络。DAV(Data Avaible)为数据有效线。当由发送器控制的数据总线上的数据有效时,发送器置 DAV 为低电平,指示接收器可以从总线上接收数据。NRFC(Not Ready for Data)为未准备好接收数据线,只要连接在总线上被指定为接收器中的设备,尚有一个未准备好接收数据,接收器就置 NRFD 线为有效低电平,示意发送器不要发出数据。当所有接收器都准备好时,NRFD 变为高电平。NDAC(Not Data Accepted)为未接收完数据,当总线上被指定为接收器的设备,有任何一个尚未接收完数据,它就置 NDAC 线为低电平,示意发送器不要撤销当前数据。只有当所有接收器都接收完数据后,此信号才变为高电平。

(3)接口管理线。

IFC(Interface Clear)为接口清零线。该线的状态由控制器建立,并作用于所有设备。当它为有效低电平时,整个 IEEE - 488 总线停止工作,发送器停止发送,接收器停止接收,使系统处于已知的初始状态。它类似于复位信号 RESET,可用计算机的复位键来产生 IFC 信号。

SRQ(Service Request)为服务请求线。它用来指出某个设备请求控制器的服务,所有设备的请求线是"线或"在一起的,因此任何一个设备都可以使这条线有效,来向控制器请求服务。但请求能否得到控制器的响应,完全由程序安排,当系统中有计算机时,SRQ 是发向计算机的中断请求线。

ATN(Attenntion Line)为监视线。它由控制器驱动,用它的不同状态对数据总线上的信息做出解释。当 ATN 为"1"时,表示数据线上传送的是地址或命令,这时只有控制器能发送信息,其他设备都只能接收信息。当 ATN 为"0"时,表示数据总线上传送的是数据。

EOI(End or Identify)为结束或识别线。该线与 ATN 线一起指示是数据传送结束,还是用来识别一个具体设备。当 ATN 为"0"时,这是进行数据传送,当传送最后一个字节使 EOI 为"1",表示数据传送结束,当 ATN 为"1",若 EOI 为"1"时,则表示数据总线上是设备识别信息,即可得到请求服务的设备编码。

REN(Remote Enable)为远程控制线。该信号为低电平时,系统处于远程控制状态,设备面板开关,按键均不起作用;若该信号为高电平,则远程控制不起作用,地面板控制开关按键起作用。

五、IEEE - 488 总线传送数据时序

IEEE - 488 总线上数据传送采用异步方式,即每传送一个字节数据都要利用 DAV、NRFD 和 NDAC 三条信号线进行握手联络。数据传送的时序如图 8 - 8 所示。

从时序图可见,总线上每传送一个字节数据,就有一次 DAV、NRFD 和 NDAC 三线握手过程。

图 8 - 8 中,"①"表示原始状态讲者置 DAV 为高电平;听者置 NRFD 和 NDAC 两线为低电平;"②"表示讲者测试 NRFD、NDAC 两线的状态,若它们同时为低电平时,则讲者将数据送上数据总线 D7 ~ D0;"③"表示一个设备接着一个设备陆续做好了接收数据准备(如打印机"不忙");"④"表示所有接收设备都已准备就绪,NRFD 变为高电平;"⑤"表示当 NRFD 为高电

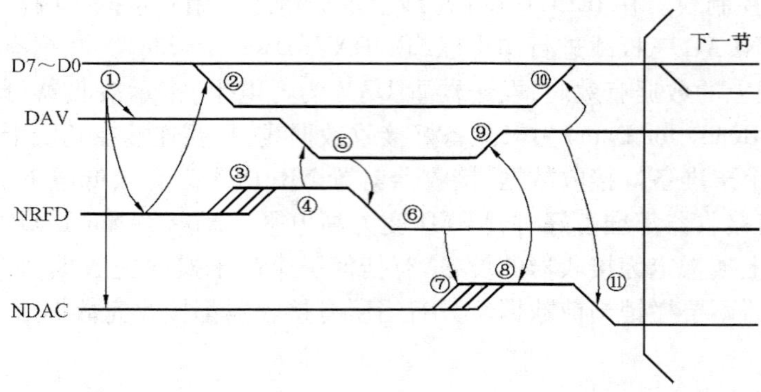

图 8－8　三线握手时序图

平,而且数据总线上的数据已稳定后,讲者使 DAV 线变低,告诉听者数据总线上的数据有效;“⑥”表示听者一旦识别到这点,便立即将 NRFD 拉回低电平,这意味着在结束处理此数据之前不准备再接收另外的数据;“⑦”表示听者开始接收数据,最早接收完数据的听者欲使 NDAC 变高,但其他听者尚未接收完数据,故 NDAC 线仍保持低电平;“⑧”表示只有当所有的听者都接收完毕此字节数据后,NDAC 线才变为高电平;“⑨”表示讲者确认 NDAC 线变高后,就升高 DAV 线;“⑩”表示讲者撤销数据总线上的数据;“⑪”表示听者确认 DAV 线为高后置 NDAC 为低,以便开始传送另一数据字节。

至此完成传送一个数据字节的三线握手联络全过程。以后按上述定时关系重复进行。从数据传送的过程可见,IEEE－488 总线上数据传送是按异步方式进行的,总线上若是快速设备,则数据传送就快,若是慢速设备,则数据传送就慢。也就是说数据传送的定时是很灵活的,这意味着可以将不同速度的设备同时挂在 IEEE－488 总线上。

第四节　控制系统通信实例

前面已经对串行接口、并行接口进行了详细的介绍,下面将通过实例介绍 PLC 与其他设备串口通信、DCS 与其他设备串口通信、DCS 与 PLC 通信、ESD 和 DCS 通信。

一、PLC 与其他设备串口通信实例介绍

(一)概述

在西门子 S7－300 系列 PLC 系统与 PC 机通信中,当要实现 MODBUS 或 Data Highway 通信时,需要在 CP341/CP441－2 模块上插入相应协议的硬件狗后,CP 模板才能够支持 MODBUS(RTU 格式)或 Data Highway(DF1)协议,CP441－2 使用同样的硬件狗,这里所提到的硬件狗、Dongle、协议驱动或 Loadable driver 指的是同一个东西(图 8－9)。

MODBUS 为单主站网络协议,所以系统中只能够有一个 Modbus 主站,并且只能够实现主站和从站的数据交换,从站之间不能进行数据交换。CP341 插入 MODBUS 主站 Dongle 或插入从站 Dongle,就可以作为 MODBUS 主站,或者作为 MODBUS 从站(图 8－10)。

图 8-9 硬件狗

(a) 插入Dongle之前

(b) 插入Dongle之后

图 8-10 CP341 插入 Dongle

一般来讲，RS-232 的通信最大距离为 15m，20mA TTY 的通信最大距离为 100m（主动模式）、1000m（被动模式），RS-422/485 的通信最大距离位 1200m。CP34x/CP44x 模块可以同时与多台串行通信设备进行通信，如同时连接多个变频器、连接多个智能仪表等。如果采用 ASCII 码通信方式，需要在发送的数据包中包括站号、数据区、读写指令等信息，供 CP34x/CP44x 模块所连接的从站设备鉴别数据包是发给哪个站的，以及该数据包是对哪个数据区进行的读或写的功能。

串行通信模板只有 RS-232C 或 TTY 或 RS-485/422 三种电气接口类型，如果想实现串口的光纤通信，只能在电子市场上购买第三方制造的电气与光缆的转换设备，西门子不提供该类设备。

（二）调试过程

在计算机上首先安装 STEP7 5.x 软件和 CP34x 模板所带的软件驱动程序。模板驱动程序包括了对 CP341 进行参数化的窗口（在 STEP7 的硬件组态界面下可以打开）、用于串行通信的 FB 程序块、模板不同应用方式的子程序。光盘上 CP34x 模板手册的附录中说明了 CP 模板通信口的针脚定义。当系统上电，CP34x 模板初始化完成后，CP34x 上的 SF 灯点亮。

1. 参数化 CP34x 模板

在硬件组态窗口中双击 CP34x 模板，打开 CP34x 模板的属性窗口，记录下模板的硬件地址（图 8-11）。

在编写通信程序时，需要该地址参数。点击属性窗口上的 Parameters 按钮（图 8-12）。

选择所要使用的通信协议，这里选用 ASCII 协议，双击信封图标（图 8-13）。

弹出 ASCII 协议通信参数设置窗口，这里使用默认值：9600bit/s，8data bits，1stop bit，even parity。对硬件组态存盘编译，下载硬件组态，如果此时 SF 灯亮，将通信电缆与另一个通信伙伴进行连接后，SF 灯熄灭，说明硬件组态正确。

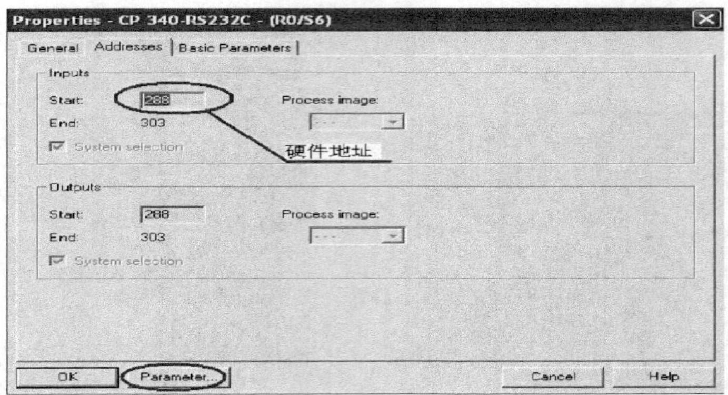

图 8－11　硬件地址

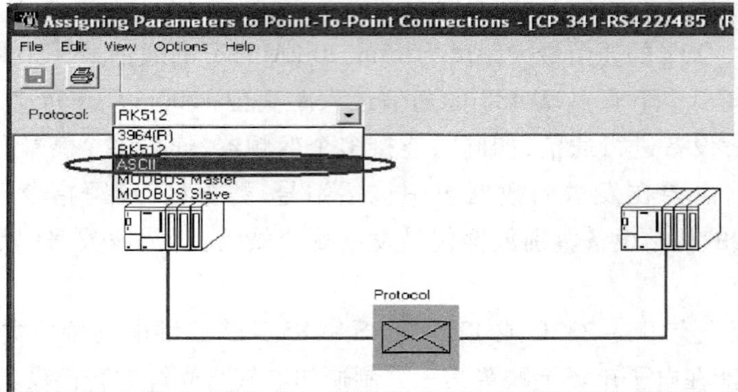

图 8－12　地址参数

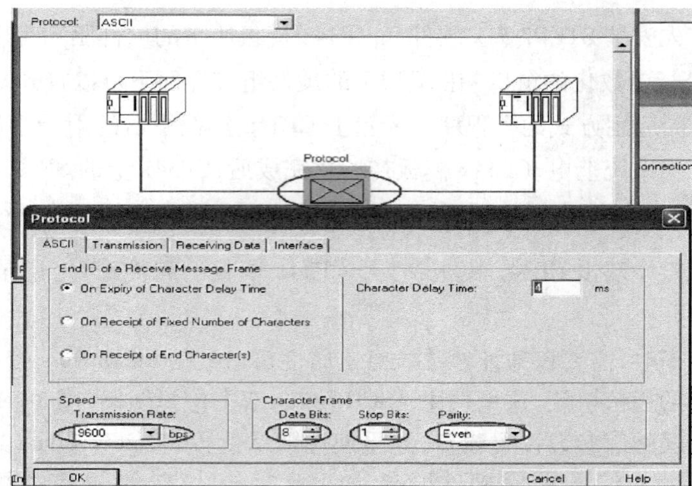

图 8－13　选择通信协议

2. 编写通信程序

在安装完 CP34x/CP44x 的驱动程序、Modbus 主站软件、Modbus 从站软件等三个软件后，可以在目录…\Siemens\STEP7\Examples 当中找到关于 CP34x/CP44x 的串口通信和 Modbus 通信的例子程序，通过在 STEP7 软件的 SIMATIC Manager 下打开例子程序（图 8－14）。

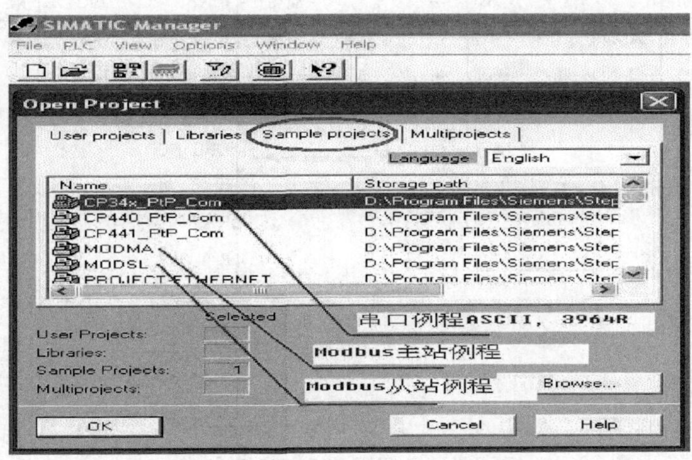

图 8－14 例子程序

可以使用 CP341 串口例子程序中 3964(R)站中的程序块实现 ASCII 通信协议，打开 CPU 站下的 Blocks 文件夹，复制所有的程序块（除过 system data）到项目当中，只要做一些简单的参数修改，就可以实现相应的通信了。如果 CP34x 的硬件地址与例子程序当中的不同，那么应当修改相应程序块 LADDR 参数，CP34x/CP44x 模块实际的硬件组态地址值相同，修改后，下载程序块，将 CPU 切换至运行状态，CP34x 开始循环发送数据，可以看到“TxD”灯闪烁。

调用 FB7/FB8（CP341）或 FB2/FB3（CP340）实现模块的字符收发功能（图 8－15）。

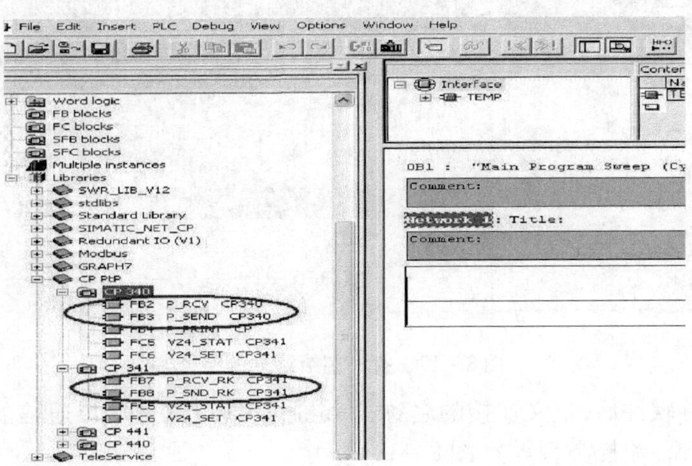

图 8－15 调用 FB7/FB8（CP341）或 FB2/FB3（CP340）

图 8-16 显示了调用 FB7/FB8 实现通信功能、在线监视的状态。

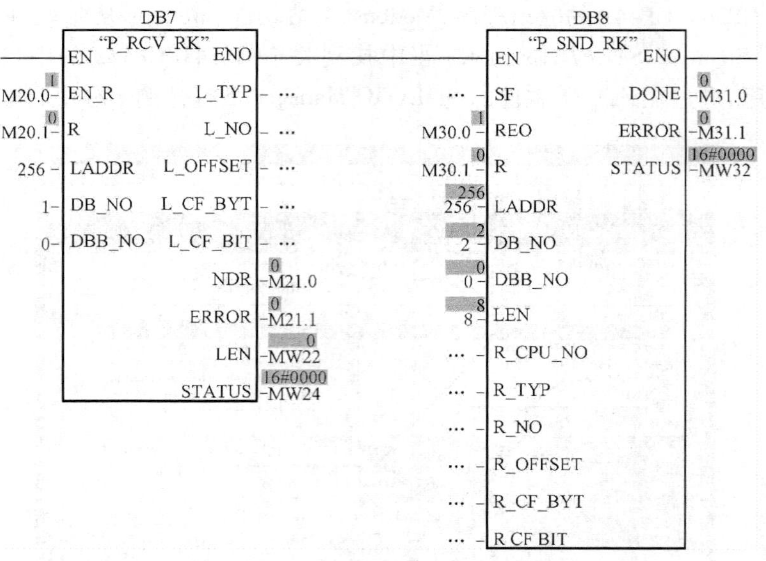

图 8-16 调用 FB7/FB8 后状态

注意:这里一定要将 M20.0 和 M30.0 置于使能位置 1,同时在您的程序中插入接收数据区 DB1 和发送数据区 DB2。

调试 CP34x 的一个基本方法是采用 PC 机上的串口通信调试软件。Windows 系统自带的超级终端(Hyper Terminal)软件是一个非常方便的串口调试工具,用电缆将 CP34x 的通信口和 PC 机的 Com 口(RS-232C)连接起来,如果你采用的是 485/422 或 TYY 接口的模块,那还需在中间加一个 RS485⟷RS232 或 TYY⟷RS232 信号转换器,打开超级终端的路径(图 8-17)。

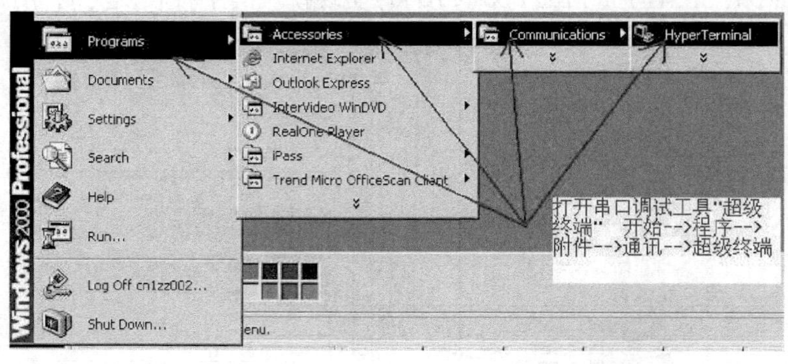

图 8-17 打开超级终端的路径

打开超级终端软件后,定义连接的名称,确定通信端口以及串口通信的属性(波特率、数据位个数、校验类型、流控类型等)(图 8-18)。

注意:如果使用的是其他 Com 口,请根据实际连接的 Com 口进行选择,波特率、数据位、奇偶校验位、停止位、流控要与 CP34x/CP44x 组态时设定的值一致,起始位为 1 位,停止位可设

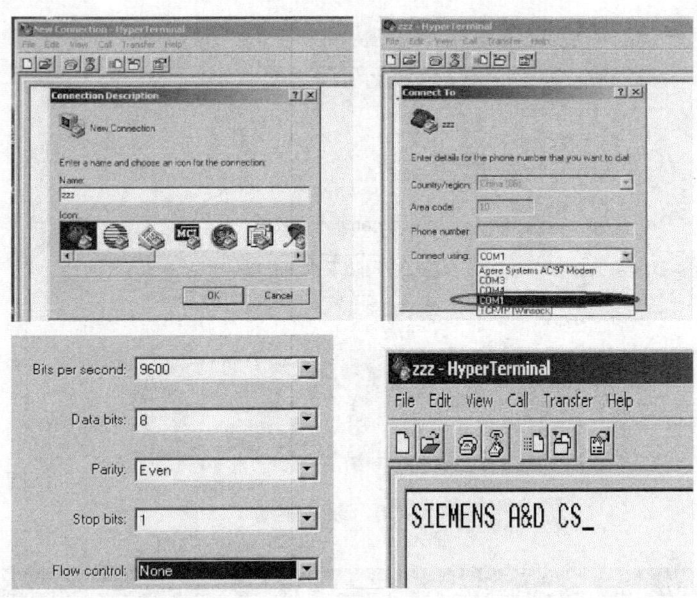

图 8－18 确定通信端口以及串口通信的属性

定为 1～2 位，但必须是 1，否则不能修改。

Modbus 从站调试注意事项：首先需要在 CP 模块上插入 Modbus 从站 Dongle，然后安装 Modbus 从站软件包，可以在下载路径中获得，安装完软件包后，在项目中组态 Modbus 从站，双击 CP341 模块，在模块的属性窗口中点击 Parameter 按钮，选择 Modbus 从站协议（图 8－19）。

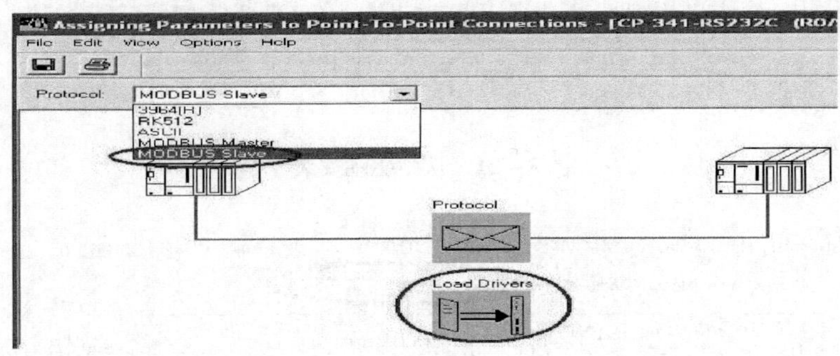

图 8－19 选择从站协议

将 PC 和 PLC 连接起来，PLC 上电，点击 Load Drivers 图标，弹出装载驱动窗口（图 8－20）。

点击 Load Drivers 按钮，完成从站驱动安装过程，进行 Modbus 驱动装载的时候，PLC 必须处于 STOP 状态，点击信封图标，打开 Modbus 从站参数窗口（图 8－21）。

默认从站地址 222，然后再设定 modubs 从站的 Function Code 地址与 PLC 中 M、I、Q 等地址的对应关系（图 8－22）。

以上所设定的参数含义是 Modbus 主站读从站的前 256 个位（00001～00256）对应 S7300 站中 MB0～MB31 中的数据，主站读从站第 257 个到第 512 个位对应 QB0～QB31。

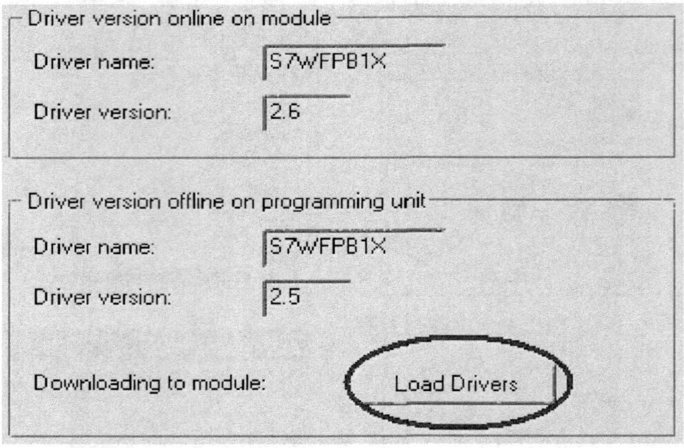

Driver version online on module
Driver name: S7WFPB1X
Driver version: 2.6

Driver version offline on programming unit
Driver name: S7WFPB1X
Driver version: 2.5
Downloading to module: Load Drivers

图 8－20　装载驱动

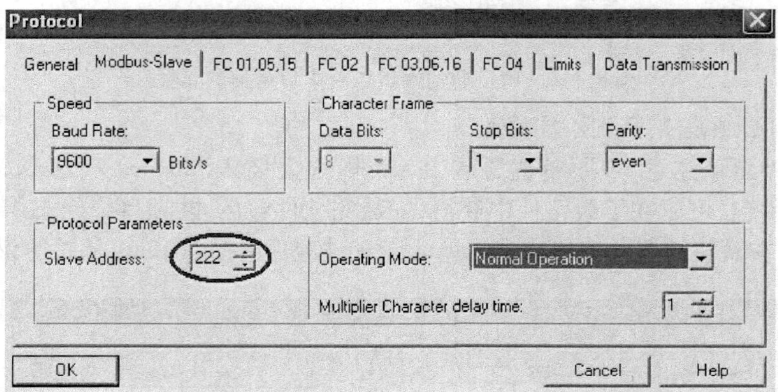

图 8－21　从站驱动安装

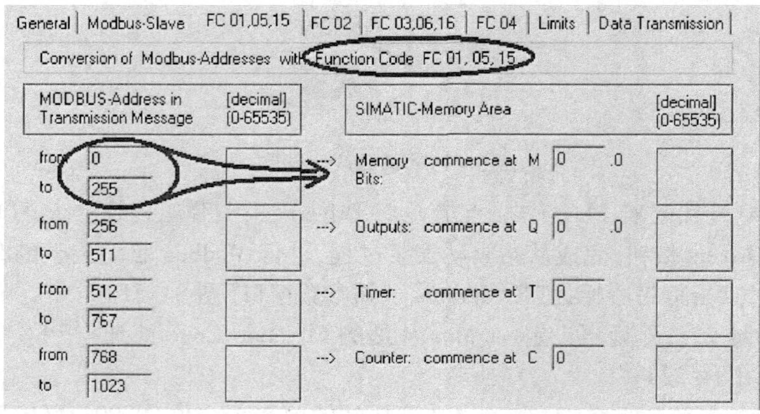

图 8－22　设置从站参数

Function Code 01、05、15 对应 M、Q、T、C 等数据区，可读可写，具体的字节范围由在 modbus 从站组态时设定。

Function Code 02 对应 M、I 数据区，只读，具体的字节范围在 modbus 从站组态时设定。Function Code 03、06、16 对应 DB 区，可读可写，在 modbus 从站组态时设定对应的 DB 块。Function Code 04 对应 DB 区，只读，在 modbus 从站组态时设定对应的 DB 块。

在 STEP7 的 SIMATIC Manager 中打开 Modbus 从站例子程序，将例子程序当中的所有程序块复制到项目当中，修改 OB1 当中的 Network1 的 LADDR 参数，与模块的实际硬件地址相同，将 blocks 文件夹下载到 PLC 当中，CPU 运行，对 M180.0 和 M180.5 置位，就可以在 Modbus 主站上得到数据了，这里需要注意 S7 PLC 与 Modbus 主站之间的数据地址对应关系。

WinCC 作为 Modbus 主站，进行浮点数读取时，Tag 的类型应当选为浮点数 32 位，注意地址偏移为 32 的整数倍 + 1（即 33、65、97），如果采用选用 Input Bits/Output Bits 方式读写（Function Code 01、02），在 PLC 当中应当将一个字的高低八位进行对调。如果选用 Input Words/Output Words 方式读写（Function Code 03、04），在 PLC 当中将一个双字的高低 16 位进行对调，S7200 Modbus 程序块的浮点数处理存在误差，大致在 0.5% 左右。

Modbus 主站调试注意事项：首先需要在 CP 模块上插入 Modbus 主站 Dongle，然后安装 Modbus 主站软件包，可以在下面的下载路径中获得，安装完软件包后，Modbus 主站驱动的装载过程与从站相同。

在 STEP7 的 SIMATIC Manager 中打开 Modbus 主站例子程序，将例子程序当中的所有程序块复制到项目当中，DB42 是 Modbus 发送到从站的数据区，该 DB 区第一个字节为从站的站地址，第二个字节为 Function Code 值，代表指令的读写功能和数据区，第三个字节和第四个字节所组成的整数代表所读数据区的地址偏移量，第五个字节和第六个字节所组成的整数代表总共要读写多少位数据，注意该数值必须在 1 ~ 2040 范围内，否则发送指令不执行。

表 8 - 6 说明了 DB42 前几个字节所代表的含义。

表 8 - 6　DB42 代表的含义

Address	Name	Type	Start Value	Comment
+0.0	address	BYTE	B#16#5	Slave Address
+1.0	function	BYTE	B#16#1	Function Code
+2.0	bit_startadr	WORD	W#16#0040	Bit Start Address
+4.0	bit_anzahl	INT	16	Amount of Bits

第一个字节说明从站站号为 5，第二个字节说明 Function Code 为 1，第三个字节和第四个字节中的字说明读从站地址偏移 40 位（5 个字节）的数据区，第五个字节和第六个字节中的整数说明读取 16 位的数据，即一个整数。

DB40.DBW6 存储 FB8 成功执行的次数，DB40.DBW6 存储 FB8 执行出错的次数，DB40.DBW14 存储 FB8 执行出错的故障代码。

二、DCS 与其他设备串口通信

下面简单介绍霍尼韦尔公司的 TPS3000 与其他公司的紧急停车系统 ESD 之间通过 Modbus 协议进行通信的例子。

(一)装置简介

该装置连锁停车系统采用美誉华公司生产的冗余容错型 ESD 紧急停车系统 ICS。控制系统采用霍尼韦尔公司的 TPS3000。ESD 是基于三重模件冗余(TMR)结构的具有 TUV5 级认证的容错设计,3 个完整独立的系统通道异步执行控制程序,计算结果进 2003(3 取 2)表决。系统的 MTBF 为 190a,具有可靠性高、功能强、易维护等特点。

(二)通信系统的构成

1. 建立通信系统的必要性

ESD 与 Honeywell TPS 是两个相对独立的系统,如果不进行通信,ESD 中的数据就不能及时有效地在 TPS 操作站 GUS 上显示出来。为了保证装置运行的安全、稳定、可靠及控制的最优化,操作人员必须及时掌握反应过程的所有信息,以便及时采取有效的操作措施,因此,就必须将 ESD 中的相关数据传送到 TPS 的操作站上。

2. 实现通信的方法

1)SI 串行接口通信

SI 卡插在 TPS 中 HPM 的 I/O 卡笼箱中,作为 HPM 的输入、输出处理器,通过适配器、FTA 再与 ESD 相连。在两个系统之间通信时,只需点对点地传输数据,但通信速度较慢,最快可达 19200B,通信量相对较小,可靠性稍差。其硬件连接如图 8－23 所示。

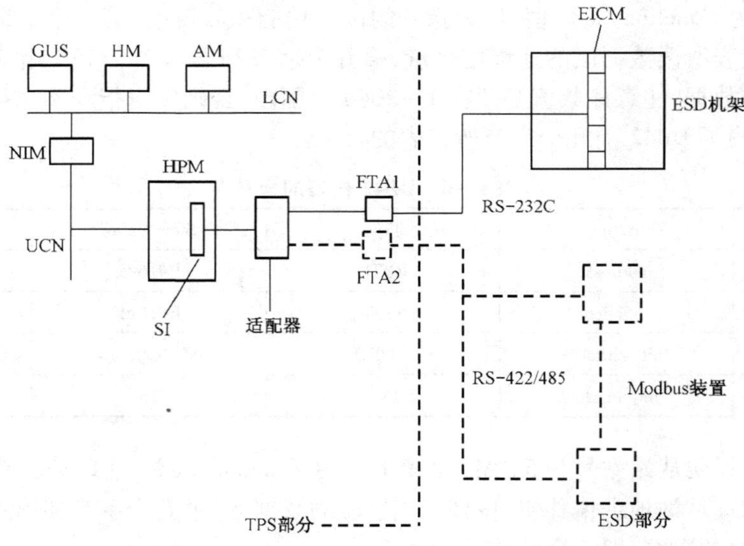

图 8－23 通信系统硬件连接

2)EPLCG 增强型可编程逻辑控制器接口

EPLCG 直接作为 LCN 上的一个节点,不需要通过网关 NIM 连接,以 Modbus RTU 方式工作,可带 15 个 Modbus 设备,能实现冗余控制,传输速率介于 SI 和 SMM 之间,是一种速度较快、可靠、经济的通信方法。

3)SMM 安全管理模件

SMM 允许 UCN 将 ESD 指定为其一个“安全节点”,完全以网络的速率将过程信息提供给 TPS 的其他地方使用。SMM 以与 Honeywell 操作相同的显示格式,给操作站传送所有的假名数据(包括系统变量和系统假名号)和诊断信息。系统集成度高,通信速率最高可达 10MB,可靠性高,通信量大,可实现冗余控制,但投资较多。

3. 通信协议

现在的 ESD 和 TPS 系统都支持工业标准的串行链路的 Modbus 通信协议,这是两者之间可以通信的基础。Modbus 通信协议的特点是将通信的参与者规定为“Master”和“Slave”,“Master”首先向“Slave”发送通信请求指令,“Slave”根据请求指令中指令的内容向“Master”发回数据。

4. 通信系统硬件配置

美誉华公司的 T7150A 通信模块有两个串行接口 RS - 232C 或 RS - 422/485 多站通信网和一个隔离并行口,每个串行接口有唯一的地址,支持 Modbus 接口。单个串行接口的通信速率最高为 19200B。该装置采用的是第三个串行接口的 RS - 422 点对点接口,与一个主机和一个从机通信。为了保证 ICS 程序执行的独立性,将 TPS 定义为“Master”,通信模块定义为“Slave”,TPS 只能从通信模块中读取数据到操作站上显示,而不能写数据到通信模块。

(三)ESD 侧组态

(1)定义 T7150A 的硬件地址。

(2)定义通信规则(第三个串行接口 RS - 232C,Modbus,19200B)。

(3)过程点组态。

(4)用 MOV 指令将需要在 TPS 上显示的点集中于某一存储区,如图 8 - 24 所示。

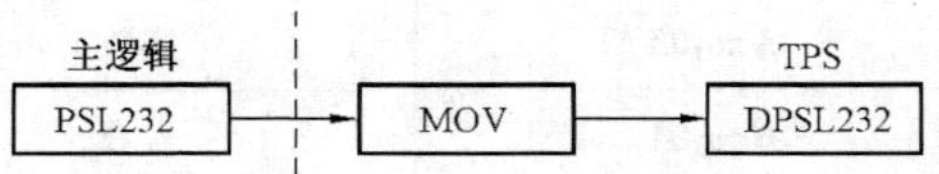

图 8 - 24 主逻辑程序点转换为 TPS 程序点

(四)TPS 侧组态

1. SI 卡组态

SI 卡插于 HPM 的卡笼箱中,在对 UCN 箱组态时,必须对 SI 卡进行组态,在组态时需要定义的内容见表 8 - 7。

表 8 - 7 定义 SI 卡的内容

UCN	HPM	MODULE	PHYS ADDR	FILE	CADE
01	11	34	186	4	11
FTA	Modbus	RS - 422,19200B	Odd Parity	Modem Control	Off

2. 通信数据

在 ESD 中,有一部分数据是需要传送到 TPS 系统,它们集中存放于以 DCS 为后缀名的文件中,这类文件与 ESD 中的其他文件存放于不同的存储区。每个数据都分配有一个五位地址。该地址是在点组态时由计算机按一定的顺序自动生成,不可以人为修改。TPS 必须根据每个数据对应的地址才可以对其进行访问。需要传送的有两类数据:模拟量的检测信号共 82 个,流量、液位以百分数表示,温度以实际测量值表示,是数值信息;数字量的检测信号共 176 个,如电磁阀的励磁与失磁状态、机泵的开停等,以 on/off 表示,是状态信息。

3. 点组态

1) Array 数组点

通过 TPS 提供的 Array 数组点可以访问与 SI 卡连接的 ESD 中的数据。每个 SI 卡可以建立最多 32 个数组点,每个数组点只能访问一种子系统的一种类型的数据,它们可以是布尔量(即开关量)、实数或整数的字符型数据。需要从 ESD 上读取的就是布尔量和实数两类数据。一个 Array 数组点最多可读取 300 个布尔量或 16 个实数,根据需要读取的 176 个布尔量和 82 个实数在 ESD 存储区中的分布情况,确定需要组态八个数组点。在组态 Array 点时,除了要定义与其他过程点相类似的内容外,还需定义:SI 输入、输出处理器的模件号(34);FTA 的数目(1);通信模块串行接口的地址(3);接口的模式(422);存储速率(19200B)等。最主要的是要定义所访问的点的类型和这些点在 ESD 中的起始地址及一次读取的点的数目。

Array 点相关信息见表 8 - 8。

表 8 - 8 Array 信息

位号名	数据类型	读取数目	起始地址
Array01	布尔量	300	12150
Array02	实数	16	33041
Array03	实数	16	33059
Array04	实数	16	33083
Array05	实数	16	33099
Array06	实数	16	33075
Array07	实数	16	33021
Array08	实数	16	33001

2) 标志量点和数字寄存器点

通过 Array 点已将所需要点的信息都从 ESD 传送到了 TPS 的 GUS 操作站上,但它们都没有相应的位号名表示,而仅仅是一组一组的数据。为了能让操作员看得直观,就必须将每个点的信息通过单个点的细目状态画面显示出来。因此,必须组态 176 个描述状态信息的标志量点(Flag 点)和 82 个描述数值信息的数字寄存器点(Numeric 点)。组态这两类点时,主要需描述以下内容:过程管理器类型(HPM);点的形式(全点);单元名(20);UCN 网络号(01);HPM 地址(11);各点的槽号;Flag 点需描述状态 I/O 分别代表的颜色,Numeric 点需描述 PV 小数格式。

3) CL 程序

通过前面两步,连锁点的信息与每个点的位号名都具备了,但是两者之间没有相互对应的关系。要将两者一一对应起来,就需要将 Array 点读取的数据一一赋给标志量点和数字寄存器点,这就需要通过 CL 程序来完成,CL 程序可以支持批量操作或连续控制。

(1)CL 程序。

TPS 系统中全局变量可以通过! BOX 形式进行访问,即标志量点可以通过! BOX. FL(I)进行访问,而数字寄存器点可以通过! BOX. NN(I)进行访问。通过 CL 程序的 SET 赋值语句,就可以将 Array 点读取的数据一一赋给标志量点和数字寄存器点,各个点的实时状态或数值就可以直观地显示在其细目状态画面上。

因为每个程序的功能大致相同,笔者就以其中一个程序的框图为例进行说明,如图 8－25 所示。

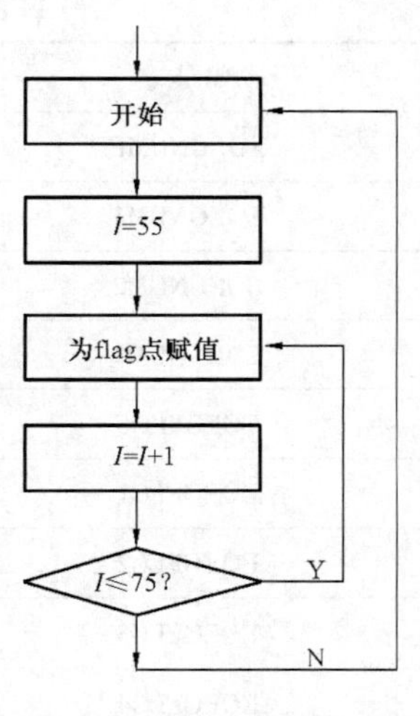

图 8－25 CL 程序

其中赋值语句为:SET! BOX. FL(I) － Array01. FL(I + 72),执行这段循环程序之后 Array01 中第 127 ~ 147 点的状态值就赋给全局变量的第 55 ~ 75 个标志量 Flag 点,相互关系见表 8－9。这其实是一个死循环程序段,一般程序是不允许死循环的,但此处程序需要一直不停地执行,才能保证所取得的数据是实时的。如果需要中断程序,由系统工程师手动执行。其他点的赋值方法与此类似。

表 8－9 标志量点通信关系

标志量位号	标志量槽号	在 ESD 中地址	在 Array01 中序号	标志量状态
……	……	……	……	……
PAL129	56	12277	128	OFF
PAL130	57	12278	129	OFF
PAL220	58	12279	130	ON
PAL360	59	12280	131	ON
PALL138	62	12283	134	ON
PALL140	63	12284	135	ON
PALL161	64	12285	136	ON
……	……	……	……	……

(2)PM 点。

PM 点是操作 CL 程序的窗口,用于装载、调试、启动、中断和监控 CL 程序的执行。因此,在编写 CL 程序之前要组态并下装 PM 点,程序编写好之后要启动 PM 点。每一段 CL 程序都要对应一个 PM 点,只有在 PM 点启动之后,CL 程序所要完成的功能才能实现。为便于记忆,每个程序对应的 PM 点名与程序的文件名相同。Array 点与程序的关系及赋值点类型关系见表 8－10。

表 8－10 程序文件名与 Array 点及赋值点类型关系

PM 点名	赋值点类型	相关 Array 点
EOEGNUMF	Numeric	Array07/08
EOEGNUM1	Numeric	Array03/06
EOEGNUM2	Numeric	Array02
EOEGNUM3	Numeric	Array04/05
EOEGFLGF	flag	Array01
EOEGFLG1	flag	Array01
EOEGFLG2	flag	Array01
EOEGFLG3	flag	Array01
EOEGFLG4	flag	Array01
EOEGFLG5	flag	Array01
EOEGFLG6	flag	Array01
EOEGFLG7	flag	Array01
EOEGFLG8	flag	Array01
EOEGFLG9	flag	Array01

三、DCS 与 PLC 通信实例

(一)概述

本文主要介绍北京和利时公司的 Smartpro 型 DCS 系统 MACS 与西门子 S7 系列 PLC 系统数据通信技术。

北京和利时的第四代 DCS 系统 MACS－Smartpro,完全采用分散化的智能模块,可以实现完全分散,模块之间采用 Profibus－DP 现场总线连接,是一套标准的混合集散控制系统。Smartpro 系统通过高性能的工业控制网络(100M 工业以太网和 Profibus－DP 总线)将服务器、工程师站、操作员站等人一机接口和现场的分散主控单元构成控制系统。系统采用合适的冗余配置,包括服务器冗余、工业控制网络冗余、现场控制单元冗余等;模块也可以实现冗余和带电插拔;同时系统采用了服务器/客户机的体系结构,有效地降低了网络的负荷。

SmartPro 系统的软件分为 ConMaker 和 FacView 两个部分。ConMaker 是底层控制器软件,主要完成用户控制方案的组态,具体包括:硬件配置、数据库定义、用不同的算法语言编写用户控制方案;完成对主控单元的下装及在线调试仿真调试。FacView 是人机界面软件,完成数据显示、操作、趋势、报警、报表等画面的编制和显示,包括离线组态的环境和在线实时运行环境。

将 PLC 系统接入北京和利时 SmartPro－DCS 系统,能够采用的通信方式有很多种,如串口 MPI 连接、以太网连接、直接通过 DP 卡与计算机进行连接等。

PLC 的一般硬件配置应该包括:机架、底板、电源、CPU、输入模件、输出模件。CPU 又可大体分为两种：自身支持 DP 通信协议的和不支持 DP 通信协议的。对于自身不支持 DP 通信协议的 CPU，如果想要通过 DP 方式接入 SmartPro 系统，则必须再额外配置支持 DP 通信协议的通信接口卡。PLC 通信必须设置成为 DP 从站的工作方式，才能接入 SmartPro 系统。如果 PLC 的 CPU 只能以 DP 主站的方式工作，则需要配备专门的通信接口卡才能接入 SmartPro 系统。所谓通信，必定是在两个节点之间进行数据传输。

1. 要实现 PLC 与 SmartPro 系统的通信，需要完成的步骤

(1)在 PLC 内部指定通信区。因为只有通过通信区，才能在 PLC 与 DCS 之间交换数据。这一步需要由 PLC 组态方用 PLC 的组态软件完成，然后下装给 PLC。如果这一步不能完成，后续工作无法进行。

(2)PLC 内部通信区的指定需要双方共同协商。因为由于 DP 协议的规定，通信区的大小不能随意指定，只能在几种预定值中选择一种或几种的组合。

(3)在 SmartPro 中，根据双方约定的通信区的数据，在硬件组态中添加该种型号的 PLC，为其添加物理点和算法组态，然后给控制器下装。

(4)双方联调。详细过程可参后面所述的例子。

2. 注意事项

1)DCS 侧 DP 主站卡的容量限制

目前 DP 主卡支持的最大输入、输出缓冲区总容量均为 3584 字节(包括 DP 模件占用、CAN 通信占用)。因此，对模块配置多的工程，应检查总的输入 IB(或 IW)、输出缓冲区 QB(或 QW)的大小，如果超出 3584 字节，则必须减少，否则，控制器将出错。

2)组态具备的条件

PLC 硬件：电源(可以是集成的)，CPU 通信卡(可以是集成的)，输入、输出模件(可选)。

PLC 软件：PLC 组态软件、下装电缆。

PLC 资料：PLC 的 GSD 文件、PLC 操作手册(对调试过程很重要)。

SmartPro：多主 DP 卡(SmartPro 系统缺省提供单主 DP 卡)。

3)PLC 通信组态工作

PLC 侧要做的工作就是要在 PLC 内部指定通信区。在这里要再次强调通信区的重要性。PLC 内部进行计算的时候用到了许多变量，包括 I/O 变量和中间变量以及计算结果。并不是所有的变量都要与 DCS 进行通信的，因此，需要在 PLC 内部指定一个通信区，PLC 将自己要发送给 DCS 的变量从内部缓冲区中拷贝到该通信区的输出区中，并从该通信区的输入区中读取 DCS 发来的数据，并将之拷贝到自己的内部缓冲区中。PLC 内部通信区的大小设置需要双方共同协商。因为由于 DP 协议的规定，通信区的大小不能随意指定，只能在几种预定值中选择一种或几种的组合。因此，最后选定的大小必须是大于或等于实际通信需要的区域大小。配置了但没有使用到的区域空着就可以。通信区的设置，最后双方在大小和顺序上应做到完全一致。通信区的设置必须通过 PLC 的组态软件才能完成，然后下装给 PLC。这一步是实现 PLC 与 SmartPro 系统通信工作的基础，如果这一步不能完成，通信将无法实现。

4)SmartPro 侧的工作

在 SmartPro - DCS 侧,ConMaker 所需做的工作是:将 GSD 文件加入系统目录,然后根据双方约定的通信区的数据,在硬件组态中添加该种型号的 PLC 硬件。后面的工作(为其添加物理点和算法组态)就和操作北京和利时公司的 FM 系列模块相同了,最后给控制器下装,与 PLC 方进行联调。

(二)西门子 S7—200 系列(CPU222 + EM277)通信技术

1. 必须具备的资源配置

PLC 硬件:CPU(CPU222 或 CPU224、CPU226,电源在 CPU 内部集成)、通信卡(必须支持 DP 协议,一般为 EM277)、输入、输出模件(可选)。

PLC 软件:PLC 组态软件、下装电缆。

PLC 资料:PLC 的 GSD 文件、PLC 操作手册。

注意:FB121 - DP 主站卡在与 S7200 系列 PLC 通信时,可以选用“单主卡”。

2. PLC 侧工作

直接将 DP 总线连接到 EM277 的 DP 口,设定 EM277 DP 从站号。根据所需要通信的变量数目,双方协商设定通信区的大小。本例中通信区长度为 4word 输入和 4word 输出。确定通信区的起始地址和长度,对于 CPU222 最大起始地址为 2046。CPU226 最大起始地址为 5119,本例中起始地址为 200,该地址由 ConMaker 侧组态时在参数数据中设置,并填写硬件配置参数。该起始地址是指变量存储区(V 存储区)的地址,EM277 可以读写 S7 - 200CPU 中定义的变量数据块。用指令(如:MOV *)将需要由 EM277 发送给主站的通信数据移到变量存储区(VB * * * * 、VW * * * * 、VD * * * * 等),类似的,从主站来的数据存储在 S7 - 200CPU 中的变量存储区,并可移到其他数据区。

给 PLC 下装,观察 PLC 状态灯。如果状态灯显示 PLC 运行有错误,请根据 PLC 使用手册判断错误原因,或根据 STEP 7Micro/WIN32 主菜单中选择 PLC - >Information 所示信息调试组态程序,直到 PLC 运行状态正常为止。

1)建立一个 STEP7 Micro/WIN32 的工程

(1)连接好 PC/PPI 电缆,CPU226 及其扩展 EM277 上电。

(2)运行 STEP7 Micro/WIN32。

(3)单击通信图标,或从菜单中选择 View - >Communication。

(4)在通信设定对话框中双击 PC/PPI 图标,然后在弹出的对话框中单击“Properties”按钮,配置有关属性,PPI 电缆的最高通信波特率为 19.2kbps,地址为 0,软件将 0、1 预留为编程器地址,建议选用这两个地址,如图 8 - 26 所示。

(5)双击“Communication Links”界面上的“Double - Click to Refresh”图标,查找 PPI 网络上的 CPU(图 8 - 27),查到 CPU222,在 PPI 网络中的地址为 2,该地址为软地址。

(6)设置 CPU 类型:在主菜单中选择 PLC - >Type,在弹出的对话框选择 CPU 的类型——CPU222,或单击“Read PLC”按钮,由软件读取 CPU 的类型(图 8 - 28)。

(7)设置系统块:单击“System Block”图标,或在主菜单中选择 View - >System Blocks,设置 CPU222 的端口(图 8 - 29)。

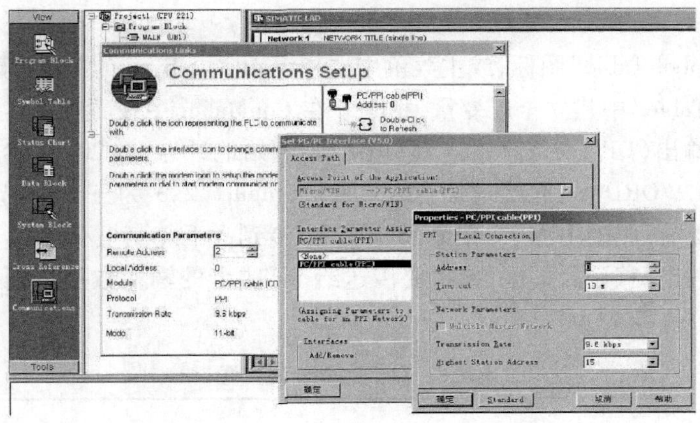

图 8－26 通信设定对话框

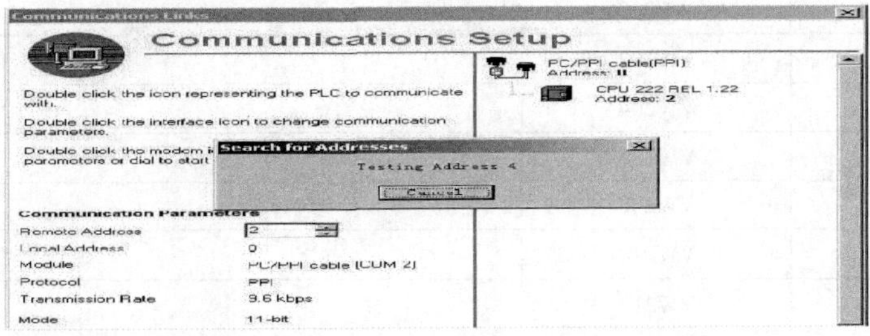

图 8－27 查找 PPI 网络上的 CPU

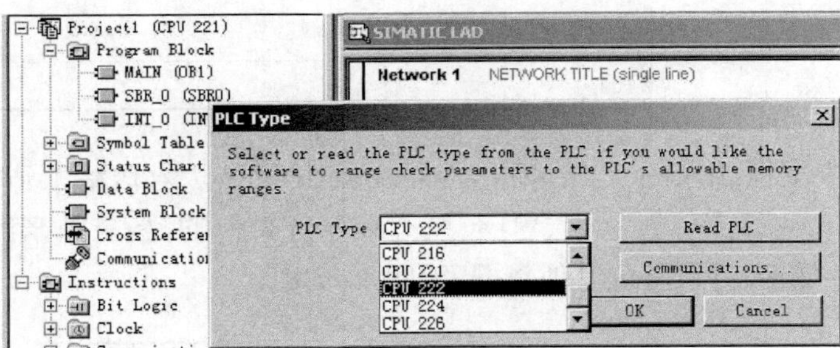

图 8－28 设置 CPU 类型

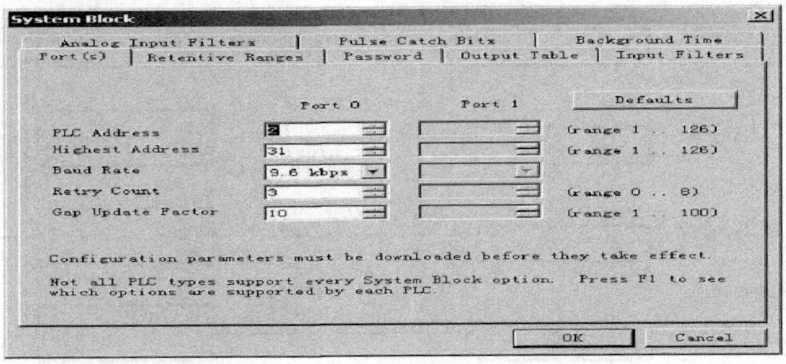

图 8－29 设置系统块

2)配置 PLC 与 DP 主卡的通信区

(1)单击“Symbol Table”图标,或主菜单中选择 View - > Symbol Table,建立全局变量。本例中,在“Symbol Table”中建立全局变量,相应于在 ConMaker 中设置的“V_memory”的偏移地址,先是 DP 卡的输出(DP_recv1,2,3,4,WORD 型,起始地址为 VW200),然后为 DP 卡的输入(DP_send1,2,3,4,WORD 型,起始地址为 VW208),input1,2,3 为三个全局变量。同样,可以不定义这些全局变量,直接用 MOV 语句将 EM277 传到 V 区(变量存储区)的输出区的数据(DP 主卡的输出数据)移到目的区,或将要传送给 DP 主卡的输入数据移到 V 区的输入区,由 EM277 上传(表 8 - 11)。

表 8 - 11 建立全局变量

Symbol Table

	Name	Address	Comment
1	DP_recv1	VW200	
2	DP_recv2	VW202	
3	DP_recv3	VW204	
4	DP_recv4	VW206	
5	DP_send1	VW208	
6	DP_send2	VW210	
7	DP_send3	VW212	
8	DP_send4	VW214	
9	input1	VW100	
10	input2	VW102	
11	input3	VW104	

(2)在主函数中编程,用指令(如:MOV *)将需要由 EM277 发送给主站的通信数据移到变量存储区(VB * * * *、VW * * * *、VD * * * * 等),类似的,从主站来的数据存储在 S7 - 200CPU 中的变量存储区,并可移到其他数据区(图 8 - 30)。

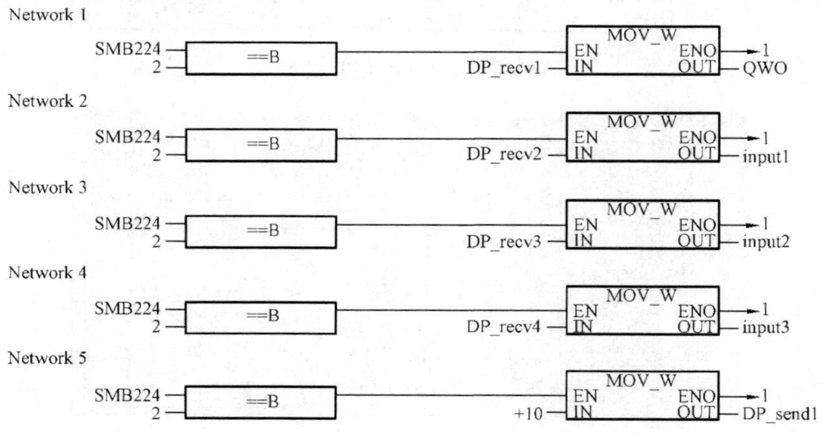

图 8 - 30 主函数中编程

在SMB224中存放有EM277的通信状态，当它等于2时，表示EM277与DP主站的通信已建立，正处于数据交换模式，此时EM277模块上的“POWER”和“DX MODE”灯亮，其余灯灭。采用功能块表示，当DP主卡与EM277建立通信后，才进行数据的交换。编译、下装、运行程序编好之后，要进行编译、下装。正确下装之后，就可以运行程序了。这里着重强调CPU运行状态的设置。

3. 在SmartPro侧工作

(1)在SmartPro侧ConMaker进行硬件配置直接添加EM277，设置对应的DP从站号(图8－31)。

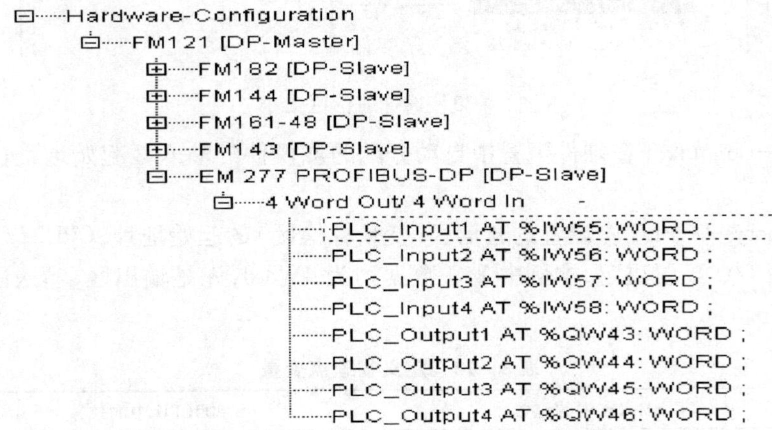

图8－31 添加EM277

(2)填写硬件配置参数。

硬件配置只有一个参数，该参数为EM277通信区的基地址，对于CPU222最大起始地址为2046(图8－32)。

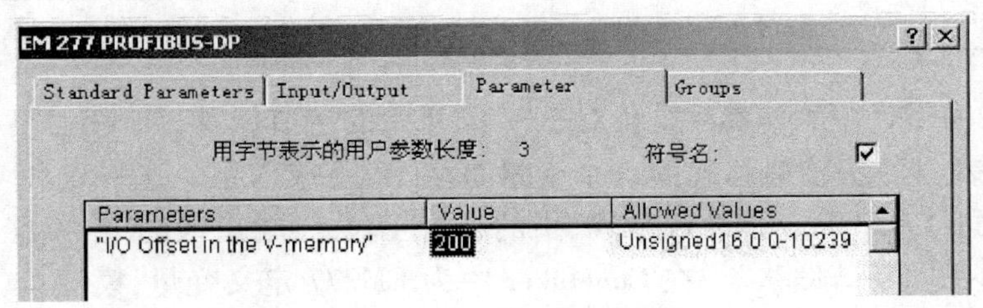

图8－32 填写硬件配置参数

(3)选择通信区大小。

此处根据工程通信量的需求，设置4word Out/4 word in(图8－33)。

(4)定义物理点变量。

ConMaker与EM277中的地址对应关系：

① QBOUT——ConMaker在硬件配置中自动分配的该模件的输出区起始地址(本例QWOUT＝43)。

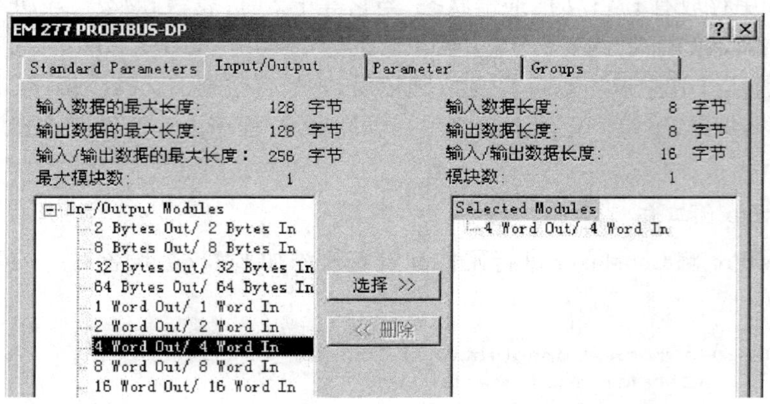

图 8-33 选择通信区大小

② IBIN——ConMaker 在硬件配置中自动分配的该模件的输入区起始地址(本例 IWIN = 55)。

③ V-memory——PLC 中设置的通信区(变量存储区)的起始地址,CPU222 中输入、输出缓冲区的长度由 I/O 配置决定,本例中 I/O 数据均为 4Word,先是输出区,输入区紧随其后见表 8-12。

表 8-12 定义物理点变量

	BYTE	ConMaker 中的位置	S7200CPU 中的位置
输出区	0	QWOUT + 0	V - memory + 0(本例中为 VW200)
	…	…	…
	3	QWOUT + 3	V - memory + 3 × 2(本例中为 VW206)
输入区	0	IWIN + 0	V - memory + 8(本例中为 VW208)
	…	…	…
	3	IWIN + 3	V - memory + 8 + 3 × 2(本例中为 VW214)

注意:S7—200CPU 中的偏移都是相对于 V 区开始的字节偏移,如 VB、VW、VD 等。其中的 B、W、D 只是表明了从该偏移起的这个变量是字节、字或双字。这一点和 ConMaker 中的 IW、QW 有所不同,ConMaker 中的 IW、QW 指的是对于输入、输出区的“字偏移”,IB、QB 指的是对输入、输出区的“字节偏移”。在 ConMaker 中为 EM277 定义变量:模拟量(双字节)PLC_Input1 AT %IW55:WORD 等。

(5)下装控制器,与 PLC 联调,对 SmartPro 的控制器下装。在 PLC 通信区已经设置好,且正常工作的情况下,与 PLC 联调。

(三)西门子 S7-300 系列(CPU315-2DP)通信技术

1. 必须具备的资源配置

PLC 硬件:电源,CPU(CPU315-2DP,内部集成支持 DP 协议的通信卡),输入、输出模件(可选)。

PLC 软件:PLC 组态软件、下装电缆(MPI 电缆)。

PLC 资料:PLC 的 GSD 文件(型号:315 - 2AF03 - 0ABO,对应 SIE_HS. GSD,315 - 2AG10 - 0ABO 对应 SIEM80EE. GSD,由于同一款 CPU 的型号很多,如果选用其他型号,则需要其他不同的 GSD 文件),PLC 操作手册(对调试过程很重要)。

SmartPro:多主 DP 卡。

2. 在 PLC 侧工作

安装 PLC 硬件各个模块,将 MPI 电缆连到 CPU 的 MPI 接口,与 DCS 通信的 DP 总线连接到 CPU315 - 2DP 的 DP 接口。用 PLC 组态软件,进行 PLC 的软件、硬件组态。根据所需要通信的变量数目,双方协商设定实际通信区的大小。

本例中通信区长度:10 字节输入和 12 字节输出(由于主站与从站之间的输入、输出模块类型相反,所以对于主站卡侧而言,是 10 字节输出和 12 字节输入)。对于版本为 3. 0. 3 之前的 SmartPro 系统软件,要求输入模块与输出模块的个数要相同,用 PLC 组态软件确定 PLC 内部通信区的详细配置,并定义相应的通信变量。用指令(如:MOVE)读取或更新通信区中需要通信的数据,给 PLC 下装,观察 PLCCPU 的状态灯。如果状态灯显示 PLC 运行有错误,应根据 PLC 使用手册判断错误原因,调试组态程序,直到 PLC 运行状态正常为止。CPU 上的卡的 BF 灯可先忽略,当没有建立 DP 通信的时候,BF 灯闪烁,SF 灯常亮,CPU 处于停止状态,只有 PLC 与 SmartPro 通过 DP 建立了通信之后,这两个灯才会熄灭。

用 STEP7 工程示例环境:

电源:PS307 5A,型号:307 - 1EA00 - 0ABO。

CPU CPU315 - 2DP,型号:315 - 2AG10 - 0ABO。

PLC 编程软件。STEP7 V5. 2。

1)建立 DP 从站工程

(1)添加 300 的站。

建立一个 STEP7 工程,向工程中添加一个 300 的站,取名为“SIMATIC 315 salve”。

(2)硬件组态。

为该站进行硬件组态(注意:要选取正确的硬件型号)(图 8 - 34)。

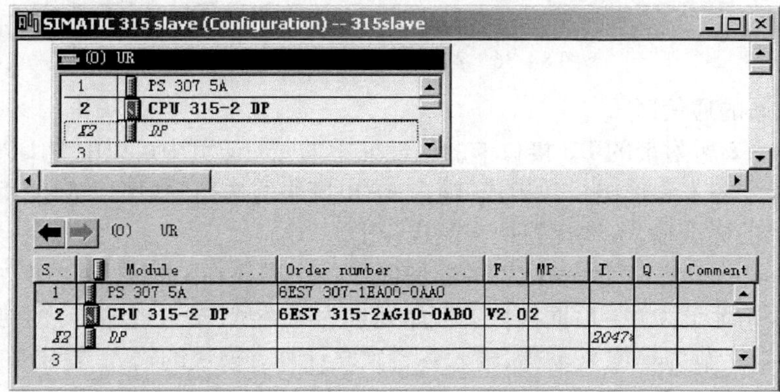

图 8 - 34 硬件组态

(3)配置 DP 相关参数。

配置 CPU 315 -2DP 的 DP 相关参数(图 8 -35),在硬件组态中,用右键可以调出 CPU 315 -2DP 所附带的 DP 接口卡的属性框。在其中的"General"页中为其配置 DP 网络(新建 DP 网络,为其指定通信协议为 DP,通信速率为 500kB),确定 CPU 315 -2DP 的 DP 节点地址,本例中为 10。

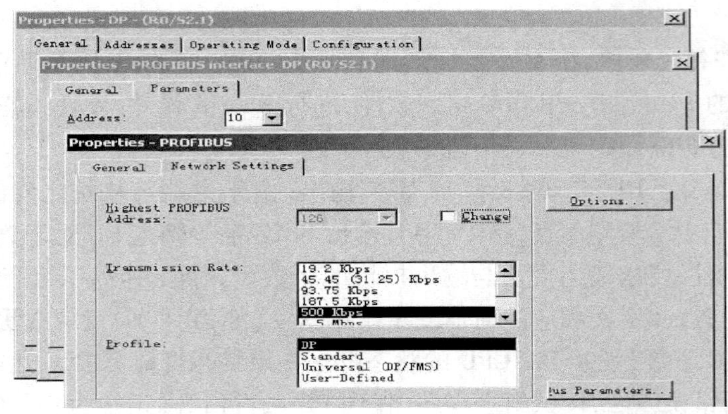

图 8 -35 配置 DP 相关参数

在其中的"Operating Mode"页中,将其配置为 DP 从站工作方式(图 8 -36)。

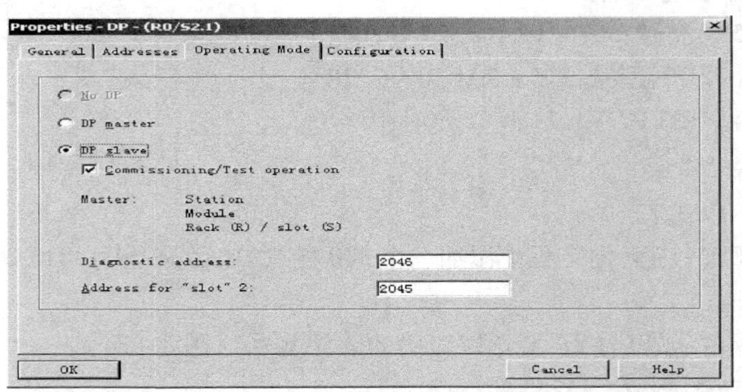

图 8 -36 配置为 DP 从站工作方式

(4)配置从站的通信区。

在 CPU 315 -2 所附带的 DP 接口卡的属性框中的 config 页中可以配置 DP 通信区。本例中通信区由若干个输入和输出模块组成,输入、输出模块的选择要根据实际使用需要的大小和 GSD 文件中提供的标准输入、输出模块来决定(图 8 -37)。

图中的"Local Addr"一列为所配置的通信区中各个模块在 CPU315 -2DP 中的本地地址。第一个模块的起始地址为 0。后面模块的起始地址为同类型(输入或输出)的前一个模块的起始地址加长度(以字节为单位),输出、输入各自独立计算。模块的输入、输出属性与 ConMaker 侧相反。图中的"Length"一列为所配置的通信区中各个模块的长度。

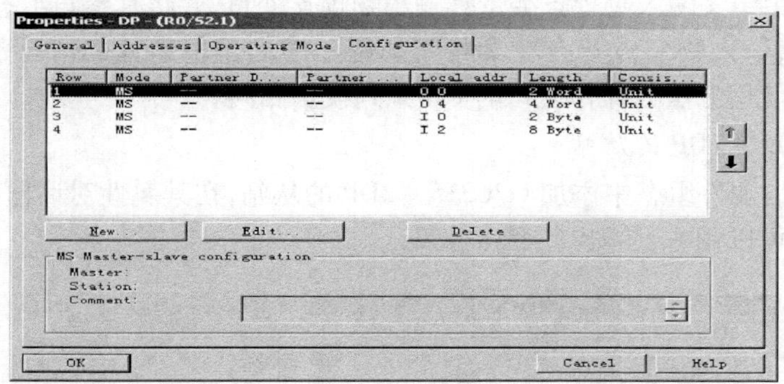

图 8-37 配置从站的通信区

2）下装调试 PLC

保存并编译 PLC 组态程序，然后，对 DP 从站（CPU315-2DP）进行下装（此时 PLC 的状态灯应该显示都正常，如果没有连接 DP 线，或没有建立 DP 连接，则 PLC 上的 SF 灯应常亮，BF 灯应该是闪烁，PLC 处于 STOP 状态）。运行之后，进入“Online”状态，就可以通过建立一个变量表来改变并观察输入、输出区的变量（图 8-38）。

Var - [VAT_1 -- @315slave\SIMATIC 315 slave\CPU 315-2 DP\S7 Program(1) ONLINE]

Table Edit Insert PLC Variable View Options Window Help

	Address	Symbol	Display	Status value	Modify value
1	IW 0		HEX	W#16#1122	
2	IW 2		HEX	W#16#3344	
3	IW 8		HEX	W#16#5566	
4	QW 0		HEX	W#16#AABB	W#16#AABB
5	QW 2		HEX	W#16#CCDD	W#16#CCDD
6	QW 10		HEX	W#16#EEFF	W#16#EEFF
7					

315slave\SIMATIC 315 slave\...\S7 Program(1) RUN Abs < 5.2

图 8-38 输入、输出区的变量

3. 在 SmartPro 侧工作

1）硬件配置

在 ConMaker 中，将 CPU 315-2DP 的 GSD 文件拷贝到 ConMaker 的相应目录下：C：\target \hollysys\PCBaseIO。然后重新启动 ConMaker，ConMaker 才能识别新加入的 GSD 文件。

在硬件配置中进行组态，添加 DP 主站，设置 DP 总线通信速率为 500kB，主站地址为 1。硬件配置中添加其他从站。由于 DP 总线的参数的计算，硬件组态在 DP 总线上至少要配置 10 个从站模块（但并不需要实际的模块，只是在软件中进行配置而已）。如果组态上所配置的 DP 从站个数少于 10 个，则运行过程中虽然 SmartPro 与 PLC 之间的数据通信能够建立起来，但 CPU 315-2DP 上的 BF 灯会闪烁。

硬件配置中添加 CPU315-2DP，本例从站地址为 10 号，并为其添加三个空模块和输入、输出模块，本例为 12 字节的输入和 10 字节的输出。对于这种型号的 CPU，在 ConMaker 上组态的时候，不但要求与 PLC 的输入、输出数据长度一致，还要求输入、输出各个模块的类型、大小、一致性，且排列顺序要全部一致。

在 ConMaker 中定义输入物理点变量和输出物理点变量,并将其参与组态程序中的逻辑运算(由于系统特点,输入物理点只有在参与组态程序中的逻辑运算的情况下,其值才会被刷新)。各个变量的使用方法与操作公司的 FM 系列模块相同。

2)添加 CPU315 - 2DP 的从站

向 ConMaker 的硬件组态中添加 CPU315 - 2DP 的从站,在其属性对话框中配置输入、输出模块(属性对话框可以用右键调出)(图 8 - 39)。

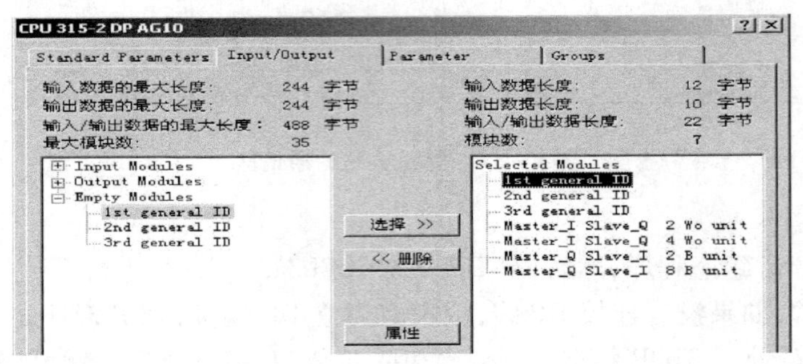

图 8 - 39 添加 CPU315 - 2DP 的从站

3)ConMaker 与 PLC 中输入、输出模块的对应关系

类型:该模块是“输入模块”或是“输出模块”,如主站侧的“输入模块”对应从站侧的“输出模块”见表 8 - 13。

表 8 - 13 ConMaker 与 PLC 中输入、输出模块的对应关系

DP - Master(FM121)			DP - Slave(CPU315 - 2DP)		
类型	长度	一致性	类型	长度	一致性
Input	2 words	Unit	Output	2 words	Unit
Input	4 words	Unit	Output	4 words	Unit
Output	2 bytes	Unit	Input	2 bytes	Unit
Output	8 bytes	Unit	Input	8 bytes	Unit

长度:该模块的长度,双方数据单位必须一致。

一致性:某个模块中的数据是否需要整体一致,如果需要,就选择“Total length”,如果不需要,则选择“Unit”。

ConMaker 中硬件组态的最后结果(图 8 - 40)。

4)下装控制器,与 PLC 联调

对 SmartPro 的控制器下装。在 PLC 通信区已经设置好,且正常工作的情况下,与 PLC 联调。注意事项:

(1)如果 DP 通信正常建立,则 CPU 315 - 2DP 上的 BF 灯灭掉。

(2)如果 DP 通信断开后重新连接(如拔插 DP 线),则 CPU315 - 2DP 会自动从运行状态

```
⊞---CP 342-5 Cu Slave [DP-Slave]
⊞---S7-400 CPU414-2 [DP-Slave]
⊞---CP 342-5 Cu Slave [DP-Slave]
⊟---CPU 315-2 DP AG10 [DP-Slave]
    |----1st general ID
    |----2nd general ID
    |----3rd general ID
    ⊟---Master_I Slave_Q  2 Wo unit
    |    |----- AT %IW78: WORD ; = 16#AABB
    |    |----- AT %IW79: WORD ; = 16#CCDD
    ⊟---Master_I Slave_Q  4 Wo unit
    |    |----- AT %IW80: WORD ; = 16#0000
    |    |----- AT %IW81: WORD ; = 16#0000
    |    |----- AT %IW82: WORD ; = 16#0000
    |    |----- AT %IW83: WORD ; = 16#EEFF
    ⊟---Master_Q Slave_I  2 B unit
    |    |----- AT %QB22: BYTE ; = 16#11
    |    |----- AT %QB23: BYTE ; = 16#22
    ⊟---Master_Q Slave_I  8 B unit
         |----- AT %QB24: BYTE ; = 16#33
         |----- AT %QB25: BYTE ; = 16#44
         |----- AT %QB26: BYTE ; = 16#00
         |----- AT %QB27: BYTE ; = 16#00
         |----- AT %QB28: BYTE ; = 16#00
         |----- AT %QB29: BYTE ; = 16#00
         |----- AT %QB30: BYTE ; = 16#55
         |----- AT %QB31: BYTE ; = 16#66
```

图 8－40　ConMaker 中硬件组态的最后结果

变成停止状态，并且亮 SF 灯。此时需要将 CPU315－2DP 的运行状态开关先拨至停止状态，然后再拨至运行状态，PLC 才能重新开始运行。

(3)调试方法：使用 STEP7 的变量监视窗口，监视 SmartPro 主控器送来的数据；使用 STEP7 的变量监视窗口，强制数据送到 SmartPro 主控器；使用 ConMaker 的变量监视窗口，监视 CPU315－2DP 送来的数据。

四、Experion PKS 与 PLC 通信的建立

以 Honeywell Experion PKS DCS 系统与海米特第三方设备 PLC 通信方为例，介绍通信实现的过程和机理。在此例中 DCS 作为主站，PLC 作为从站。PLC 提供的数据见表 8－14。

表 8－14　PLC 提供数据

RS－485/RS－422 通信协议				
	通信模式：MODBUS(RTU)		起始位：1 位	
	节点号：10		数据长度：8 位	
	波特率：9600		停止位：1 位	
	传输延迟：无		校验：none	
DCS 地址	PLC 地址	内容	备注	
30001	DB3. DBW0	反冲周期设定	单位：分	
30002	DB3. DBW2	过滤阀关时间设定	单位：秒	
30003	DB3. DBW4	反冲阀开时间设定	单位：秒	

续表

DCS 地址	PLC 通道	内容	备注
10129	I0.0	XV01A 关回信	
10130	I0.1	XV02A 关回信	1—有回信、0—无回信
10131	I0.2	XV03A 关回信	
10132	I0.3	XV04A 关回信	
10133	I0.4	XV05A 关回信	
10134	I0.5	XV06A 关回信	
10135	I0.6	XV07A 关回信	

DCS 与 PLC 通信是在 Modbus 协议基础上实现的，RS485/RS422 是指计算机与 Modem 之间的接口标准。RS485 串行接口总线互联的网络信号传输过程所需传输参数包括以下几种：

(1)波特率(传输率)：指数据传输的速度，单位是位/秒(BPS)。

(2)数据位：描述多少位代表一个传输的字符。

(3)停止位：定义传输两个字符可能的最小时间间隔。

(4)节点号：控制器对应 PLC 连接的 ID。

(5)校验位：用于判断字符传输错误，保护数据。

(6)通信模式：RS-485 通信协议对应的通信模式是 Modbus RTU。

(7)DCS 地址：在连接 Channel 和 Controller 后建点完成 DCS 与 PLC 通信时对应的地址。

需要根据第三方厂家给出的上述数据在 DCS 组态中做如下设置：

打开 Configuration Studio→Control Strategy→Build Channels，建立 Servers 后设置 Servers 的名字、类型。类型需要根据所使用版本选择 Experion PKS R310，然后设置 Servers Details 中的更新和下载路径。路径是用来存放数据的，设置完成后下装。Servers 建立完成后需要建立 Stations 的静态站。Servers 和 Stations 建立完成后可根据 PLC 厂家给出的数据参数设置 Channels、Controllers、Points 用以实现通信。

首先建立 channels(图 8-41)。根据数据设置 port 项的 port type 为 Serial 串口网络；Proto-

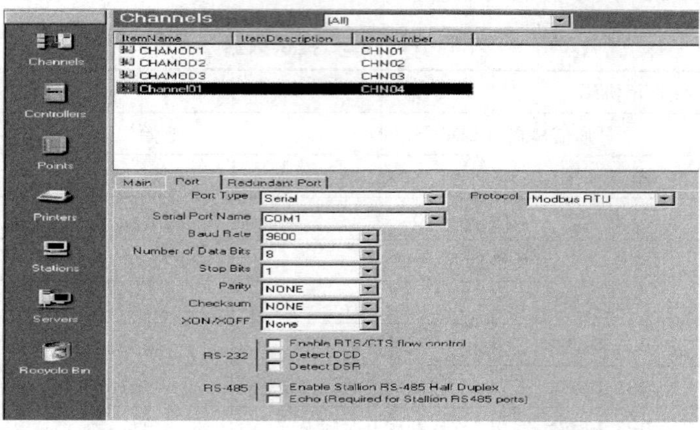

图 8-41 建立 channels

col 为 Modbus RTU 协议；Baud rats 波特率为 9600；Number of data bits 数据长度为八位；Stop bits 停止位为一位；下装。

下装成功后的 Channel 需要激活以后才可进行使用和分配，具体在 Station 中对其进行设置(图 8－42)。

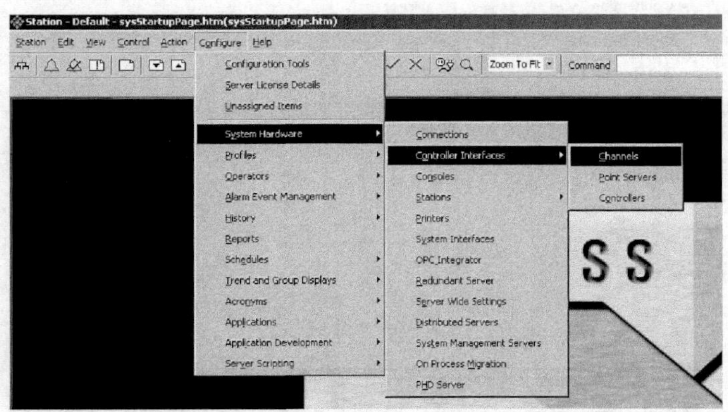

图 8－42 Station 中对 Channel 进行设置

打开 Channels 设置，列出目前所建立的所有 Channels(图 8－43)。

Channels

	Channel	Type	LRN	
1	CHAMOD1	Modicon	51	Controllers...
2	CHAMOD2	Modicon	53	Controllers...
3	-		0	Controllers...
4	Channel01	Modicon	57	Controllers...

图 8－43 建立的所有 Channels

选择新建的 Channel 后开启接口(图 8－44)。

开启后的 Channel 就可以使用了。

再建立 Controller。建立控制器类型为 Modbus Controllers(图 8－45)。控制器需要设置所选择的 Channel 名和厂家的 PLC 连接控制器的节点号 PLC Station ID，下装。

最后建立点 Points(图 8－46、图 8－47)，建点需要对应 PV Source Address 选择 PLC 通道对应的 DCS 地址以及相应的 Channel 和 Controller；下装。

所有的 Channel、Controller、Point 都建好后就可以实同 PKS 与第三方设备的通信了。

五、乙二醇 TRICON ESD 和恒河 DCS 通信设置说明

ESD 和 DCS 通信基于 MODBUS 协议并以四线制进行连接。ESD 通信设定包含下述内容。

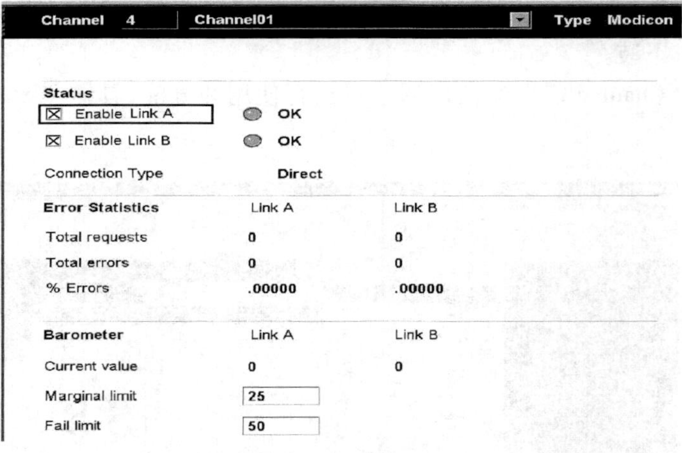

图 8－44　开启接口

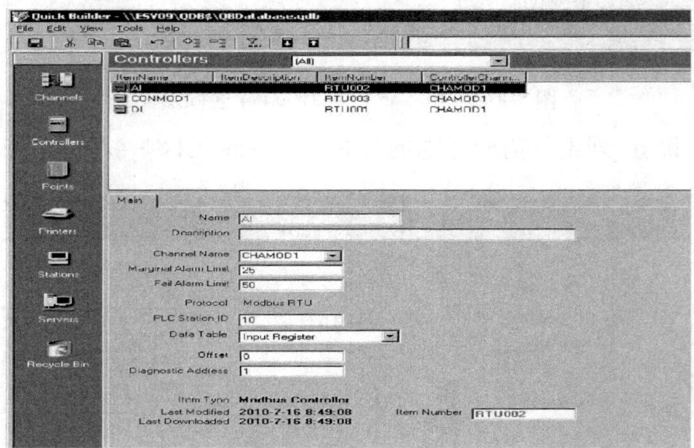

图 8－45　建立控制器类型为 Modbus Controllers

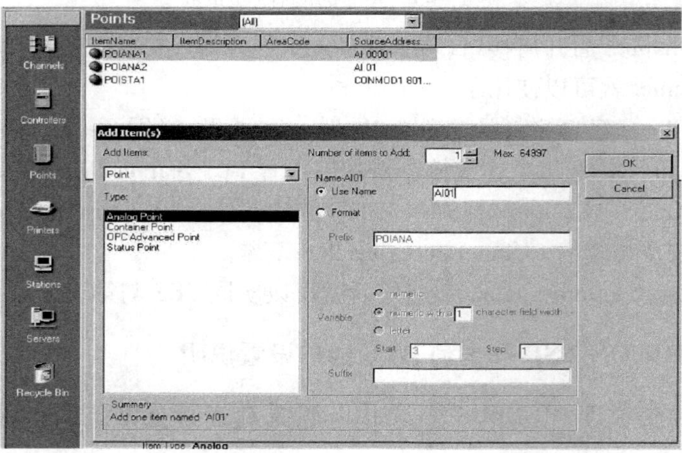

图 8－46　建立点 Points(1)

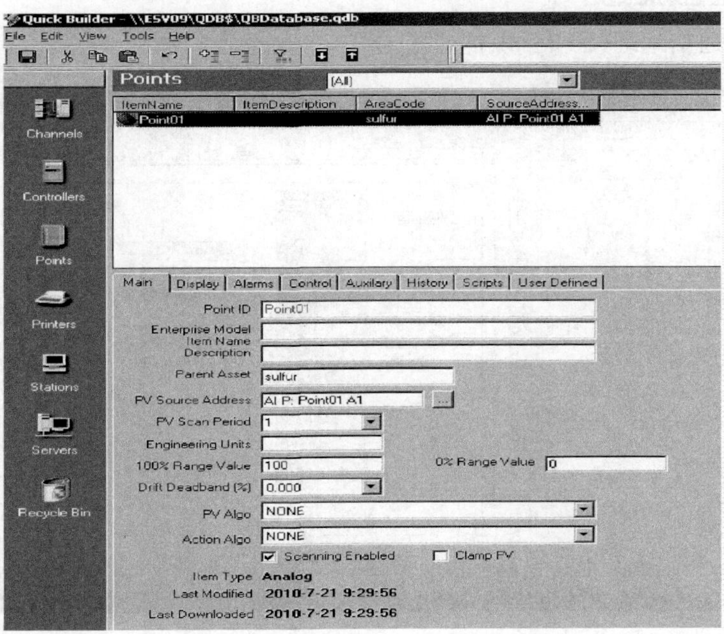

图 8－47 建立点 Points(2)

(一)ESD 定义通信卡

定义好通信的协议波特率、校验方式、通信数据位(图 8－48)。

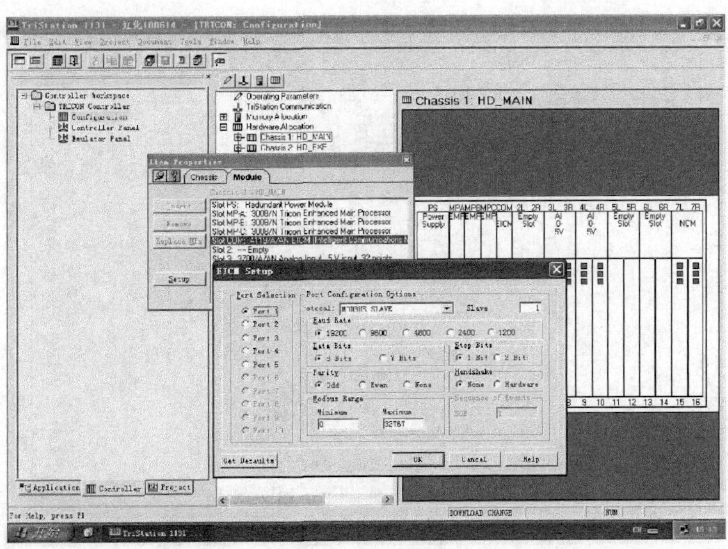

图 8－48 定义通信卡

(二)模拟量通信地址给定

给定模拟量通信地址(图 8－49)。

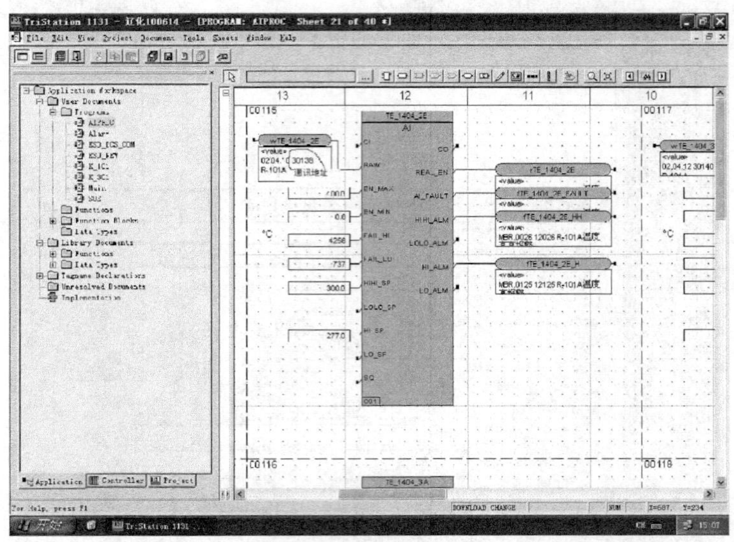

图 8－49 模拟量通信地址

(三)数字量通信地址给定

给定数字量通信地址并且以 16 位打包进行发送和读取。

(1)数字量发送(图 8－50)。

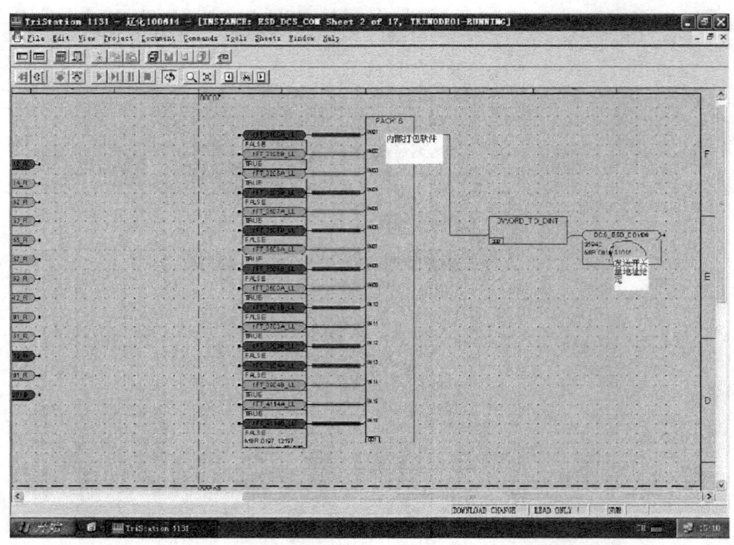

图 8－50 数字量发送

(2)开关量读取(图 8－51)。

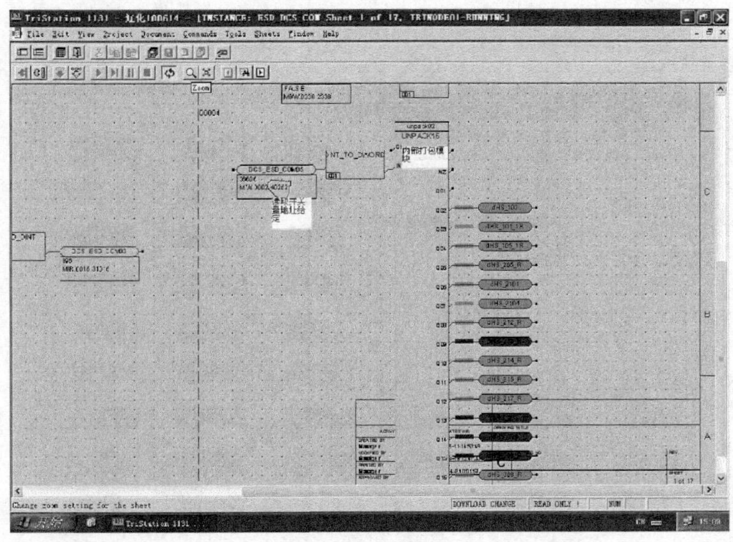

图 8－51 开关量读取

(四)ESD 通信设定内容

(1)DCS 通信卡定义:在 DCS 中建立一个 ALR121 卡(用于通信使用),可以选择冗余或者是单卡,并进行下装(图 8－52)。下装正常后控制站显示(图 8－53)。

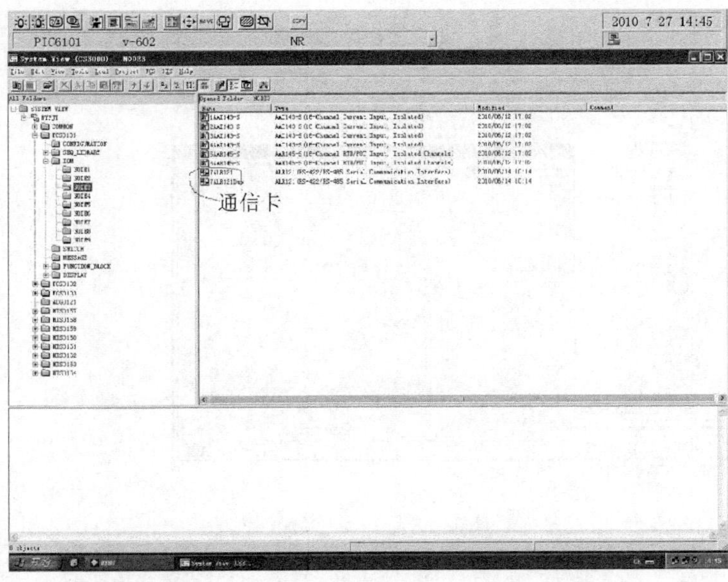

图 8－52 DCS 通信卡定义

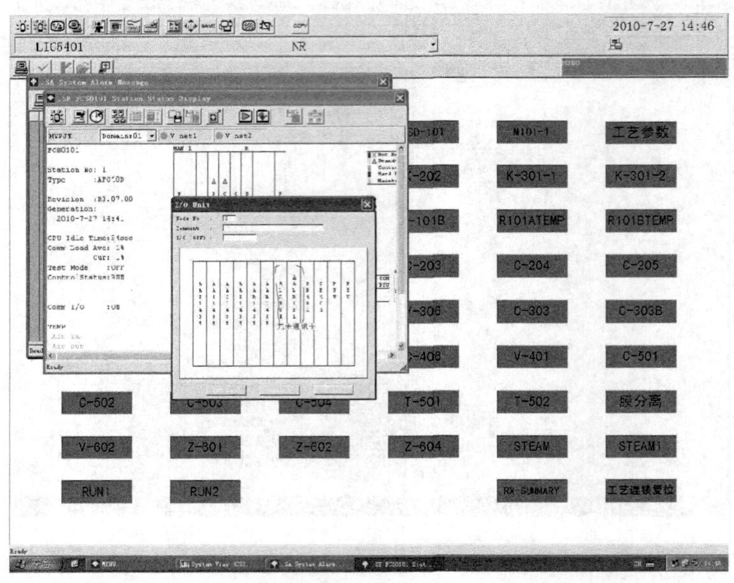

图 8－53　下装正常后控制站显示

(2)通信卡内部设定。定义内容:波特率、校验方式、通信数据位与 ESD 设定需要完全一致,否则通信数据不能正确接受或发送到(图 8－54)。

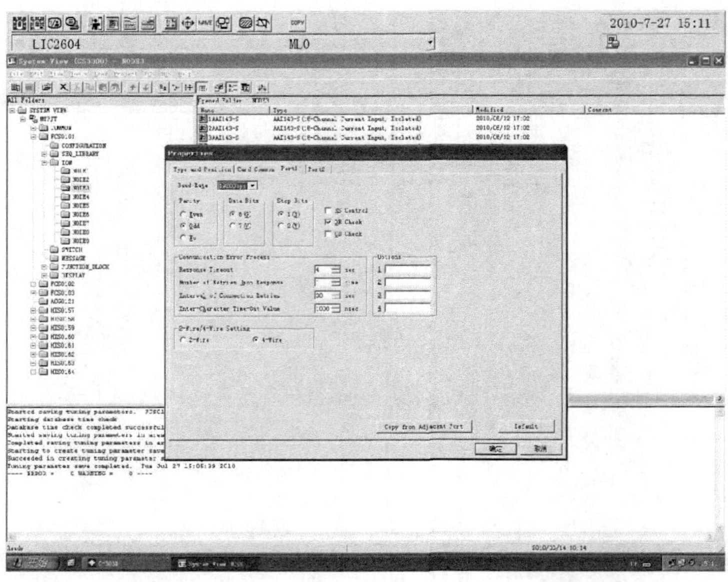

图 8－54　通信卡内部设定

(3)根据 ESD 给出的通信地址在 ALR121 卡内进行组态(图 8-55)。

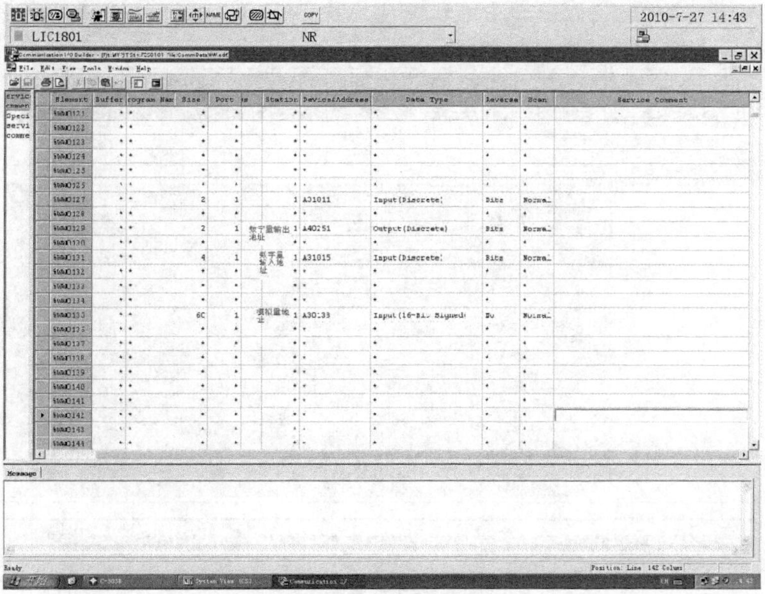

图 8-55　ALR121 卡内组态

(4)根据组态好的地址对应 DCS 内部地址进行调用(图 8-56)。

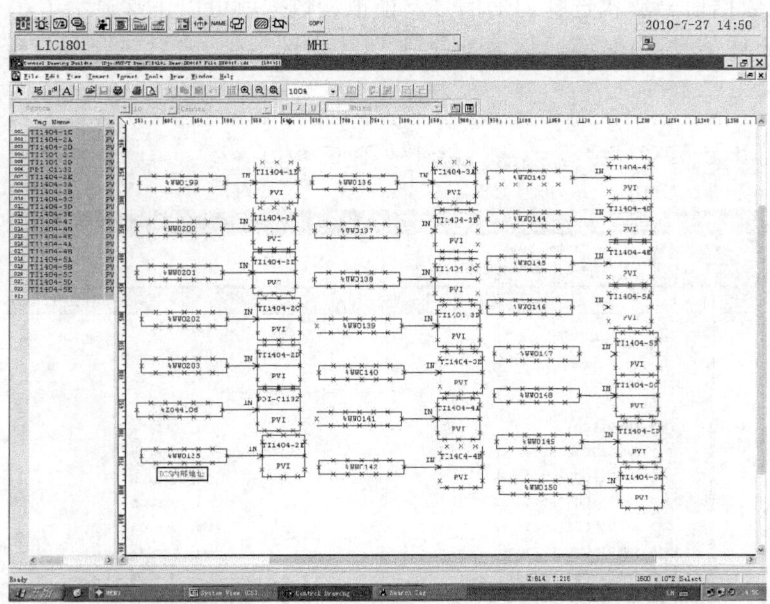

图 8-56　DCS 内部地址调用

模拟量:通信地址是 30138 对应的内部地址为% WW0135 调用后组态,并对参数进行设定(图 8-57)。

2010-7-27 14:53
LI-C1106
K-301分离器C-1102液位
LO

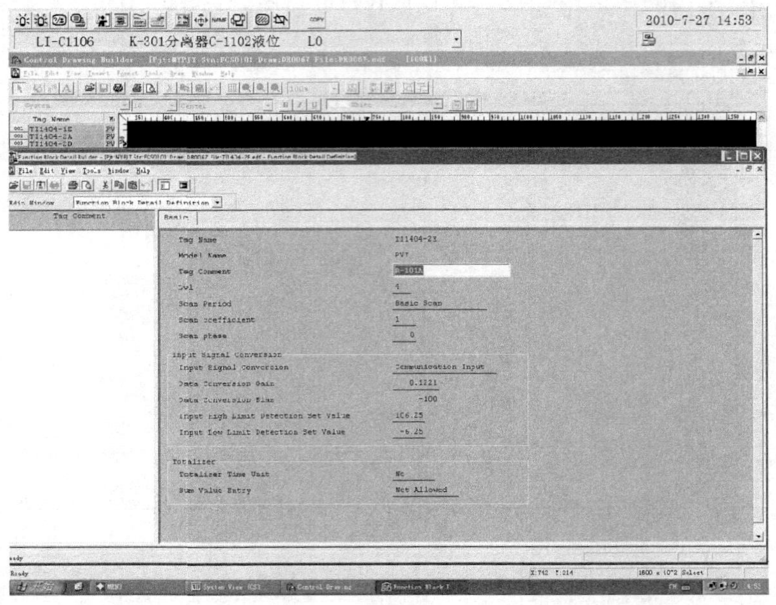

图 8-57　参数设定

将增溢和偏差进行计算后填入 GAIN 和 BIAS 中,具体算法如下:ESD 通信数据的范围为 819~4095;GAIN=实际量程/(4095-819);BIAS=[-819×实际量程/(4095-819)]+量程下限,并将输入数据信号形式选择通信信号。模拟量数据就可以正常显示了。

数字量输出通信设定:对应通信地址找到 DCS 内部地址,之后在开关量定义中填入数据(图 8-58)。

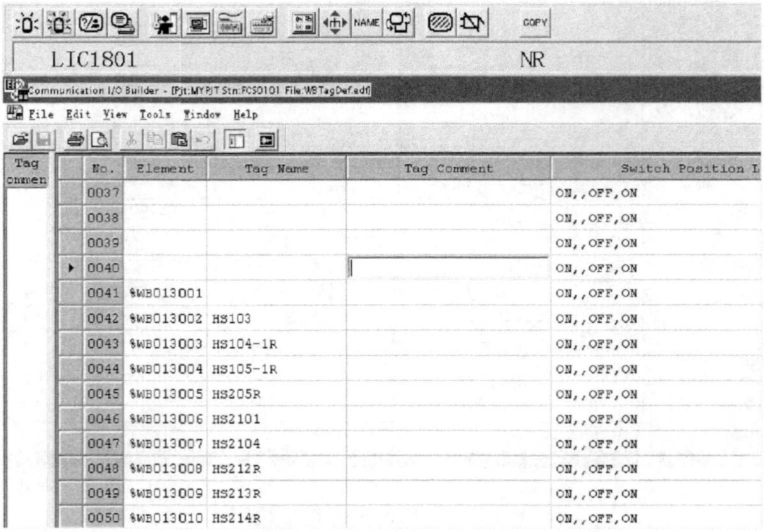

LIC1801
NR
Communication I/O Builder - [Pjt:MYPJT Stn:FCS0101 File:WBTagDef.edf]
File Edit View Tools Window Help
No.
Element
Tag Name
Tag Comment
Switch Position L
0037 ON,,OFF,ON
0038 ON,,OFF,ON
0039 ON,,OFF,ON
0040 ON,,OFF,ON
0041 %WB013001 ON,,OFF,ON
0042 %WB013002 HS103 ON,,OFF,ON
0043 %WB013003 HS104-1R ON,,OFF,ON
0044 %WB013004 HS105-1R ON,,OFF,ON
0045 %WB013005 HS205R ON,,OFF,ON
0046 %WB013006 HS2101 ON,,OFF,ON
0047 %WB013007 HS2104 ON,,OFF,ON
0048 %WB013008 HS212R ON,,OFF,ON
0049 %WB013009 HS213R ON,,OFF,ON
0050 %WB013010 HS214R ON,,OFF,ON

图 8-58　数字量输出通信设定

例如,数字量通信地址 40251 对应的内部地址为% WW0130,这个地址通信的数据为 16 位二进制数据,这样就可以对应为 16 个开关量(ESD 已经做打包处理)。数字量地址填写如下:% WB013102 值为 40251 地址的第二个数字量通信点,并且 HS103 为 DCS 调用的实际位号,以此类推,每个地址能够发送 16 位数字量。

数字量输入通信设定:% WB013101 对应的为通信地址 31015 中的第一个数据。XA - P207 - B4 为实际 DCS 调用位号,最后将组态好的内容进行下装,并且进行测验以保证通道的准确性(图 8 - 59)。

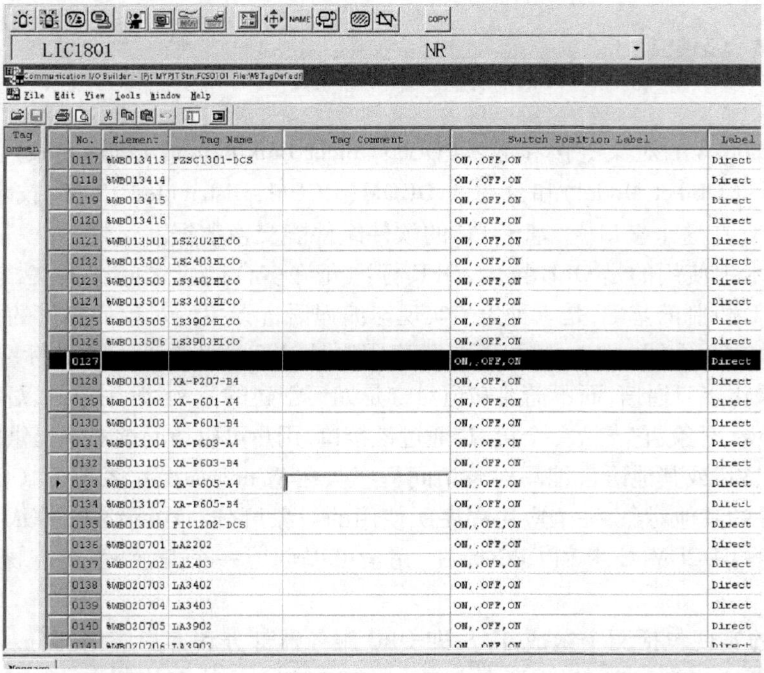

LIC1801 NR

Communication I/O Builder - [Pjt:MYPJT Stn:FCS0101 File:WBTagDef.edf]

File Edit View Tools Window Help

No.	Element	Tag Name	Tag Comment	Switch Position Label	Label
0117	%WB013413	FZSC1301-DCS		ON,,OFF,ON	Direct
0118	%WB013414			ON,,OFF,ON	Direct
0119	%WB013415			ON,,OFF,ON	Direct
0120	%WB013416			ON,,OFF,ON	Direct
0121	%WB013501	LS2202ELCO		ON,,OFF,ON	Direct
0122	%WB013502	LS2403ELCO		ON,,OFF,ON	Direct
0123	%WB013503	LS3402ELCO		ON,,OFF,ON	Direct
0124	%WB013504	LS3403ELCO		ON,,OFF,ON	Direct
0125	%WB013505	LS3902ELCO		ON,,OFF,ON	Direct
0126	%WB013506	LS3903ELCO		ON,,OFF,ON	Direct
0127				ON,,OFF,ON	Direct
0128	%WB013101	XA-P207-B4		ON,,OFF,ON	Direct
0129	%WB013102	XA-P601-A4		ON,,OFF,ON	Direct
0130	%WB013103	XA-P601-B4		ON,,OFF,ON	Direct
0131	%WB013104	XA-P603-A4		ON,,OFF,ON	Direct
0132	%WB013105	XA-P603-B4		ON,,OFF,ON	Direct
0133	%WB013106	XA-P605-A4		ON,,OFF,ON	Direct
0134	%WB013107	XA-P605-B4		ON,,OFF,ON	Direct
0135	%WB013108	FIC1202-DCS		ON,,OFF,ON	Direct
0136	%WB020701	LA2202		ON,,OFF,ON	Direct
0137	%WB020702	LA2403		ON,,OFF,ON	Direct
0138	%WB020703	LA3402		ON,,OFF,ON	Direct
0139	%WB020704	LA3403		ON,,OFF,ON	Direct
0140	%WB020705	LA3902		ON,,OFF,ON	Direct
0141	%WB020706	LA3903		ON,,OFF,ON	Direct

图 8 - 59 数字量通信输入

第五节 OPC 技术

一、OPC 技术及接口

(一)概述

OPC(OLE for Process Control)是一个开放的接口标准、技术规范,是一套基于 Windows 操作平台,连接数据源(OPC 服务器)和数据的使用者(OPC 应用程序)之间的软件接口标准。它的出现为 Windows 的应用程序和现场过程控制应用建立了桥梁。

OPC 诞生以前,硬件的驱动器和与其连接的应用程序之间的接口并没有统一的标准。为了存取现场设备的数据信息,每个应用软件开发商都需要编写专用的接口函数。由于现场设备的种类繁多,且产品的不断升级,往往给用户和软件开发商带来巨大的工作负担。系统集成商和开发商急切需要一种具有高效性、可靠性、可互操作性的即插即用的设备驱动程序。在这种情况下,OPC 标准应运而生。

OPC 是以 OLE/COM/DCOM 机制为应用程序的通信标准,采用客户、服务器模式,把开发访问接口的任务放在硬件生产厂家或第三方厂家,以 OPC 服务器的形式提供给用户,解决了软件和硬件厂商的矛盾,完成了系统的集成,提高了系统的开放性和可互操作性。同时,OPC 为自动化层的典型现场设备连接工业应用程序和办公室程序提供了一个理想的方法。

(二)OPC 技术及接口

1. OPC 技术

OPC 以 Windows 的对象链接和嵌入(OLE:Object Linking and Embedding)、组件对象模型(COM:Component Object Model)和分布式 DCOM(DCOM:Distributed COM)技术为基础,定义了一套标准接口,在这个接口上,基于 PC 的软件组件能交换数据。

在 OPC 技术中使用的是 OLE 技术,OLE 标准允许多台微机之间交换文档、图形等对象。COM 是所有 OLE 机制的基础,是一种为了实现与编程语言无关的对象而制订的标准,该标准将 Windows 下的对象定义为独立单元,可不受程序限制地访问这些单元。这种标准可以使两个应用程序通过对象化接口通信,而不需要知道对方是如何创建的。例如,用户可以使用 C + + 语言创建一个 Windows 对象,它支持一个接口,通过该接口,用户可以访问该对象提供的各种功能,用户可以使用 VB、VC 或其他语言编写对象访问程序。在 Windows 操作系统下,COM 规范开展到可访问本机以外的其他对象,一个应用程序所使用的对象可分布在网络上,COM 的这个扩展被称为 DCOM。通过 DCOM 技术和 OPC 标准,完全可以创建一个开放的、可互操作的控制系统软件。

OPC 技术的实现包括两个组成部分,即 OPC 服务器部分和客户应用部分。OPC 服务器是数据供应方,负责为 OPC 客户提供所需的数据;OPC 客户是数据使用方,处理 OPC 服务器提供的数据。

OPC 服务器是一个典型的现场数据源程序,它收集现场设备数据信息,通过标准的 OPC 接口传送给客户端应用。OPC 客户应用是一个典型的数据接受程序,如人机界面软件(HMI)、数据采集与处理软件(SCADA)等。OPC 客户应用通过 OPC 标准接口与 OPC 服务器通信,获取 OPC 服务器的各种信息。符合 OPC 标准的客户应用可以访问来自任何生产厂商的 OPC 服务器程序。

在 OPC 提供的系统集成问题的方案中,包括 OPC 服务器与 OPC 客户。OPC 服务器一般并不知道它的客户。由 OPC 客户根据需要,接通或断开与 OPC 服务器的链接。OPC 的作用就是为服务器、客户的链接提供统一、标准的接口规范。按照这种统一规范,各客户、服务器之间可组成如图 8 - 60 所示的链接方式。

对象链接与嵌入技术 OPC 是其中的重要组成部分。对象技术把文件、数据块、表格、声音、图像或其他表示手段描述为对象,使它们能在不同厂家提供的应用程序间容易地交换、合成及处理数据。

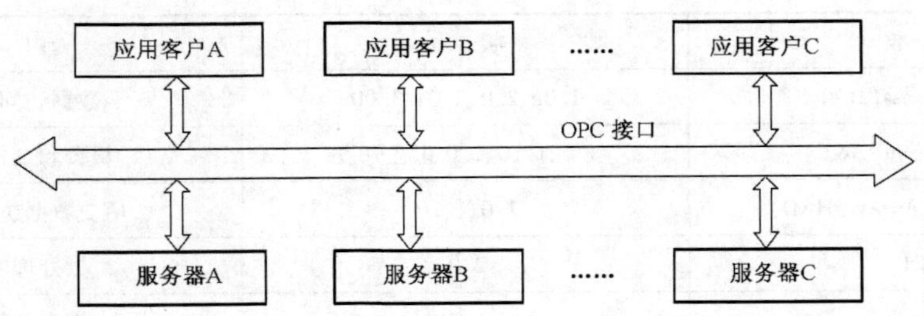

图 8－60　OPC 对数据源与数据用户之间的链接关系

OPC 由两种数据类型来组成对象：一类为表示数据(presentation data)；另一类为原始数据(native data)。表示数据用于描述发送到显示设备的信息，而原始数据则是应用程序用以编辑对象所需的全部信息。在 OPC 模型下，既可实现对象链接，也可把对象嵌入到文档中。链接是把对象的表示数据和原始数据的引用或者指针置入文档的过程，与对象有关的原始数据可以放在其他位置上，例如，放在磁盘中。而对用户来说，被链接的对象就像已全部包含在文档中一样。嵌入与链接的区别在于，嵌入把对象的表示数据和原始数据都确确实实地置于文档中，即文档中具有编辑对象所需的全部信息，并允许对象随同文档一起转移，因而嵌入会使文件变大，需要更多的开销。由于链接中一个对象数据可服务于不同文档，因而具有更高的效率。

利用 OPC，能够完成以下任务：

(1)创建向编辑工具和宏语言表述对象的应用程序。

(2)创建和操纵从一个应用程序表述到另一个应用程序的对象。

(3)创建访问和操纵对象的工具，还可嵌入宏语言、外部编程工具、对象浏览器和编译器等。

有了 OPC 作为通用接口，就可以把现场信号与上位监控、人机界面软件方便地链接起来，还可以把它们与 PC 机的某些通用开发平台和应用软件平台链接起来，如 VB、VC、C + +、Excel、Access 等。

OPC，这个过程控制中的对象链接和嵌入技术，为应用程序间的信息集成和交互提供了强有力的手段，它使软件、硬件制造商、用户都可以从中获得益处。制造商可以将开发驱动服务程序的大量人力与资金集中到对单一 OPC 接口的开发，用户不再需要讨论关于集成不同部件的接口问题，可以把精力集中到解决有关自动化功能的实现上。

2. OPC 规范

OPC 规范主要包括：

(1)数据访问(以下简称 OPC DA)规范。

(2)报警和事件规范。

(3)历史数据访问。

表 8－15 概括了 OPC 标准所涉及的内容。

表 8-15 OPC 规范

标　准	版　本	内　容
DaTaA Access(DA)	1.0a、2.0、2.04、3.00	数据访问的标准
Alam and Event(A&E)	1.0、1.10、2.0 正在开发	报警和事件的标准
Historical Data Access(HAD)	1.0、1.20	历史数据访问的标准
Batch	2.0	批处理的标准
Security	1.0	安全性的标准
Compliance	1.0	数据访问标准的测试工具
OPC XML DA	1.0	过程数据的 XML 标准
OPC Data eXchang	1.0	服务器间数据交换的标准

OPC 标准中最重要的规范是 OPC 数据访问规范(即 OPC DA 规范),最新 OPC DA 规范的版本是 3.00。OPC 服务器对象提供了对数据源进行访问的接口,数据源可能是现场的 UO 设备,也可以是其他的应用程序。通过接口,一个 OPC 客户程序可以同时和一个或多个厂商提供的 OPC 服务器链接。OPC 服务器内部实现与 I/O 控制设备通信及进行设备操作的代码。

OPC 报警与事件接口规范 A&E 提供了一种机制,通过这种机制,当 I/O 设备中有指定的事件或报警条件发生时,OPC 客户程序可以得到通知。通过这个接口,OPC 客户程序还可以知道 OPC 服务器支持哪些事件和条件,并能得到其当前状态。

历史数据引擎可以向感兴趣的用户或客户程序提供关于原始数据的额外信息。目前大部分历史数据系统采用自己专用的接口分发数据,这种方式不能提供即插即用的功能,从而限制了其应用范围和功能。为了将历史数据和各种不同的应用系统进行集成,可以将历史信息认为是某种类型的数据。目前的 OPC 历史数据存取规范支持简单趋势数据服务器和复合数据压缩及分析服务器。

3. OPC 接口

OPC 规范为 OPC 服务器规定了两种接口:客户接口和自动化接口。这两种接口的功能调用不同,它们分别为不同的编程语言环境提供访问机制。其中客户接口是 OPC 服务器必须提供的,而自动化接口是可选的。

1)客户接口

客户接口(CI:Custom Interface)又称为自定义接口,是专门为 C++等高级编程语言而定制的标准接口。它必须由每一个 OPC 服务器提供,是访问过程变量的有效通道。

2)自动化接口

自动化接口(AI:Automation Interface)通常是为基于脚本编程语言而定义的标准接口,可以使用 Visual Basic、Delphi、PowerBuilder 等编程语言开发 OPC 服务器的客户应用。

OPC 服务器仪表用 C++/VC 开发,服务器至少必须实现自定义接口,也可以选择实现自动化接口。开发客户应用时可使用 C++/VC 和 VB,此时分别使用自定义接口和自动化接口。OPC 客户应用通过自定义或自动化接口与 OPC 服务器通信,如图 8-61 所示。

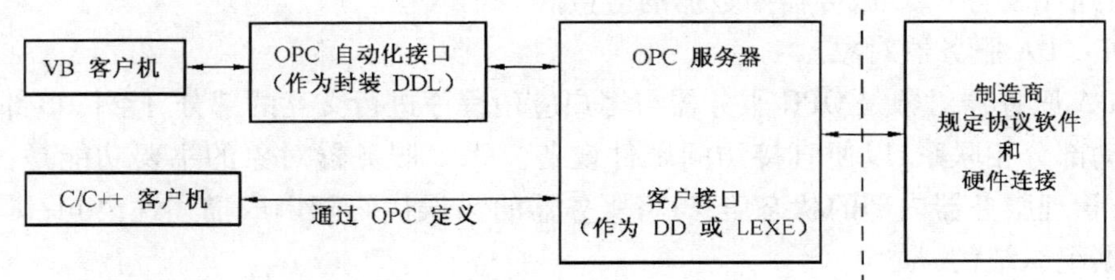

图 8－61　OPC 的客户接口和自动化接口

按照不同功能，每种接口又分为三种类型：

(1) OPC 数据访问接口（OPC DA）。

通过 OPC 数据访问接口（OPC DA），可以让其他兼容 OPC 的应用程序访问到 OPC Server 中的过程数据。

(2) OPC 报警和事件访问接口（OPC A&E）。

OPC A&E 主要负责让服务器在特定事件或报警条件发生时及时通知客户。它向客户通报过程参数超过上限或低于下限及有关的事件。这些接口还提供一些方法使 AE 客户能够完成下列任务。

① 设定 A&E 服务器能够支持的事件类型；

② 订阅 A&E 服务器端所描述的特定事件，这些事件发生时，OPC 客户能及时得到通报；

③ 访问和修改 OPC 服务器能够响应的条件。

此外，A&E 接口还提供一些用来浏览服务器所支持的条件，以及管理公共条件组的可选接口对象类。OPC A&E 具有过滤机制，可以传送选择的值。

(3) OPC 历史数据访问接口（OPC HDA）。

通过 OPC 历史数据访问接口（OPC HDA），历史数据服务器可以向关心历史数据的客户提供有关的历史信息源，即归档数据或历史数据。

4. OPC 服务器和客户的链接

1) OPC DA 服务器的基本结构

OPC DA 服务器的基本结构如图 8－62 所示，OPC 服务器主要由 OPC 标准接口、服务器对象（OPC Server）、组对象（OPC Group）、项对象（OPC Item）和针对不同现场设备编写的驱动程序组成。OPC DA 服务器一方面通过标准的数据服务接口与 OPC 客户应用程序通信，另一方面通过数据采集程序与现场设备通信。

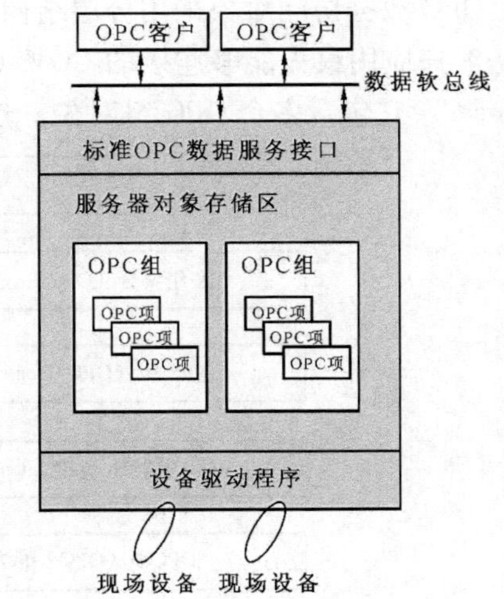

图 8－62　OPC DA 服务器的基本结构图

OPC 服务器对象维护有关服务器的信息并作为 OPC 组对象的包容器，可以动态地创建或释放组对象；而 OPC 组对象除了维护有关自身的信息外，还提供包容 OPC 项的机制，从逻辑上实现对 OPC 项的管理;OPC 项则代表与 OPC 服务器中数据的链接。

(1)OPC DA 服务器对象。

OPC DA 服务器对象是 OPC 服务器与客户应用程序进行交互的部分,此外,该部分还需要与硬件驱动部分相联系,以便直接访问硬件设备。OPC 服务器对象的主要功能是:创建和管理组对象;管理服务器内部的状态信息;将服务器的错误代码翻译成描述性语句;浏览服务器内部的数据组织结构。

(2)OPC DA 组对象。

OPC 组对象提供满足 OPC 应用程序要求的数据访问手段。OPC 组对象可以以 DLL 的形式被 OPC 服务器聚合。组对象用于组织管理服务器内部的实时数据信息,它是 OPC 项对象的集合。正因为有了组对象,OPC 应用程序就可以成批地对所需要的数据进行访问,也可以以组为单位启动或停止数据访问。其主要功能:管理组对象内部的状态信息;创建和管理项对象;进行数据访问。

(3)OPC DA 项对象。

OPC 项代表过程变量。OPC 项通过项标识 ID 区分,它具有一个数值、一个状态信息和一个时间标志。OPC 项对象表示与过程变量的链接。一个过程变量是 OPC 服务器地址空间的一个元素,OPC 项通过其标识 ID 的识别,将其属性、质量和时间标志链接起来。通过 OPC 项,可访问传感器的数值、控制参数、状态信息及网络的链接状态等。

2)OPC 过程数据构造

OPC 客户通过 OPC 接口与 OPC 服务器交互,即通过 OPC 接口调用服务器提供的方法。OPC 客户通过创建 OPC Server 对象,获得其接口指针,进而调用接口函数与服务器交互。当服务器想传送数据给客户时,OPC 服务器则通过异步通报方式或连接点方式发送数据给 OPC 客户。一个 OPC 应用程序可与多个 OPC 服务器同时链接,此外,一个 OPC 服务器也可同时被多个 OPC 应用程序链接。

OPC 数据访问对象采用分层结构,如图 8-63 所示。OPC 服务器(OPC Server)在最上层,它是客户应用最先能够连接的 COM 对象。其次为 OPC 组集合(OPC Groups)或浏览器(OPC Browser),它包含多个 OPC 组对象。然后是 OPC 组(OPC Group),它由调用它的应用程序生

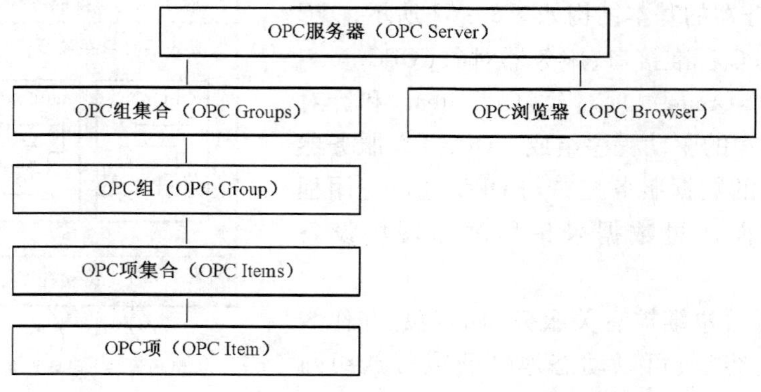

图 8-63 OPC 数据访问对象的分层结构

成、组织和维护。OPC 组是 OPC 客户使用的 OPC 项的逻辑结构单位。它定义可读、写过程变量数据的方法。一个 OPC 组可包含多个 OPC 项,并能够批量调用该组的 OPC 项。然后是 OPC 项集合(OPC Items)和 OPC 项(OPC Item)。每个 OPC 项对应一个信号变量。它包含变量的数值、质量、时间标记和数据类型等信息。

二、OPC 技术的应用

(一)监控组态软件 OPC 技术应用

监控组态软件作为服务器,其所有变量都可以被外部的客户端访问,访问的对象是变量或变量的域,而且对于可读写变量的可修改的域,用户可以通过对监控组态软件 OPC 服务器的访问得到相应的数值并能够修改相应的数值。另外,为了方便用户对监控组态软件 OPC 功能的使用,监控组态软件提供了一个动态链接库(DLL)。该接口支持 VB、VC 等编程语言,用户可以很方便地使用动态库访问监控组态软件的实时数据。

DLL 是 Dynamic Link Library 的缩写,意为动态链接库,是一个包含可由多个程序同时使用的代码和数据的库。在 Windows 中,许多应用程序并不是一个完整的可执行文件,它们被分割成一些相对独立的动态链接库,即 DLL 文件,放置于系统中。当执行某一个程序时,相应的 DLL 文件就会被调用。一个应用程序可有多个 DLL 文件,一个 DLL 文件也可能被几个应用程序所共用,这样的 DLL 文件被称为共享 DLL 文件。

一般来说,DLL 是一种磁盘文件,以 . dll、. DRV、. FON、. SYS 和许多以 . EXE 为扩展名的系统文件都可以是 DLL。它由全局数据、服务函数和资源组成,在运行时被系统加载到调用进程的虚拟空间中,成为调用进程的一部分。

Windows 系统平台上提供了一种完全不同的较有效的编程和运行环境,可以将独立的程序模块创建为较小的 DLL 文件,并可对它们单独编译和测试。在运行时,只有当 EXE 程序确实要调用这些 DLL 模块的情况下,系统才会将它们装载到内存空间中。这种方式不仅减少了 EXE 文件的大小和对内存空间的需求,而且使这些 DLL 模块可以同时被多个应用程序使用。Windows 自己就将一些主要的系统功能以 DLL 模块的形式实现。

1. 具有 OPC 服务器功能的组态软件的实现

目前,国内外控制系统制造商开发的监控组态软件多数都具有 OPC 标准接口。例如,西门子 SIMATIC WinCC 全面支持 OPC,也就是说 WinCC 中的 OPC 符合 OPC 基金会的 OPC 规范。集成在基本系统中的 OPC DA Server,可以让其他兼容 OPC 的应用程序访问 WinCC 的过程数据,进行进一步的数据处理。另外,可以通过 OPC HAD 来访问 WinCC 的归档数据。作为 HAD 服务器,其他应用程序可以访问 WinCC 所有的历史数据。在 OPC A&E 中,系统把 WinCC 信息连同附属的过程值一起送给生产层或管理层的信息使用者。WinCC 既可以用作 OPC DA Server,又可以用作 OPC DA Client。

1)服务器功能

WinCC OPC 服务器支持下列规范:

(1)OPC DA 规范,OPC 数据访问(OPC DA)是管理过程数据的规范。Wi nCC OPC DA 服务器符合此规范。

(2)OPC H DA 规范,OPC 历史数据访问(OPC HDA)是管理归档数据的规范。该规范是对 OPC 数据访问规范的扩充。WinCC OPC HDA 服务器符合此规范。

(3)OPC A&E 规范,OPC 报警和事件是发送过程报警和事件的规范。WinCC OPC A&E 服务器符合此规范。

WinCC OPC DA 服务器为其他应用程序提供了 WinCC 项目的过程数据。OPC 客户机程序能够在同一台计算机上运行或在已联网的计算机上运行。以这种方法,其他 OPC 客户机程序能够访问 WinCC 运行系统中的变量。存在不同生产商提供的许多 OPC DA 服务器,每个 OPC DA 服务器都有唯一的名称(Prog ID)以便识别。OPC DA 客户机必须清楚地知道该名称,并使用该名称对 OPC 服务器进行访问。WinCC OPC DA 服务器名称为 OPC Server. WinCC。如果 WinCC OPC DA 服务器与 WinCC OPC DA 客户机程序分别运行在网络上的不同计算机上,OPC 客户机要与 OPC 服务器进行数据交换,那么必须对相应的 OPC 服务器进行适当的 DCOM 配置。Windows 2000 下的 dcomcnfg. exe 是专门用来对远程访问 COM 对象进行配置的工具。

2)客户机

当使用 WinCC 作为 OPC DA 客户机时,在组态的 WinCC 工程项目上必须添加 OPC 驱动程序通道。随后在 OPC 驱动程序下的 OPC Groups 通道单元下,创建针对某个 OPC 服务器的链接,可以建立多个到各种 OPC 服务器的链接。要建立到某个 OPC 服务器的链接必须知道此 OPC 服务器的名称。

2. OPC 技术在现场总线仪表与组态软件工程中的应用

OPC 为工业控制领域中重要数据交换环节提供了技术保证,使现场仪表与计算机之间实现数据链接、在计算机中对总线仪表进行组态和监控成为可能。图 8 - 64 所示为总线仪表与组态软件通信结构图。

总线仪表可以输入热电阻、热电偶、线性电压、电流、开关量或用户指定的扩展输入规格的其他电气信号。利用 RS - 232 或 RS - 485 通信接口和总线协议(MODBUS、PROFIBUS 等)与计算机通信,计算机上安装 OPC Server 和监控组态软件,使用 OPC Server 作为中转服务,只要组态软件支持 OPC 协议,组态软件作为 OPC Cline,就可以实现多个组态软件对总线仪表进行监控。

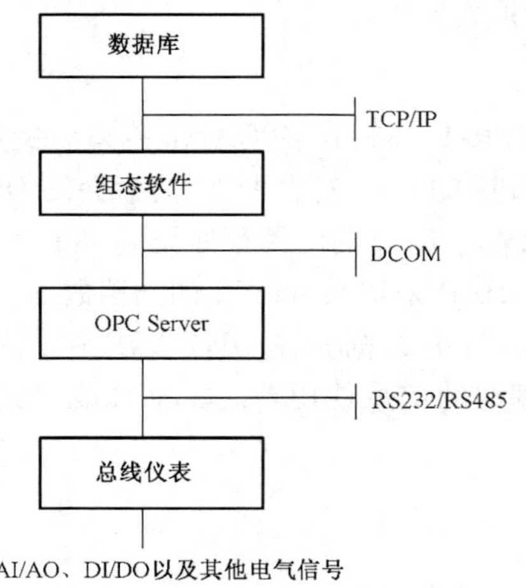

图 8 - 64 总线仪表与组态软件通信结构图

(二)OPC 技术在集散控制系统中的应用

以太网作为一项较成熟的技术正向自动化领域逐步渗透,从企业决策层、生产管理调度层向现场控制层延伸。当现场智能设备将现场信息通过工业以太网传至监控计算机或控制网传至 DCS 系统操作站时,存在信息共享与交互问题,即监控计算机内部应用程序需要对现场信息进行处理,同时,企业生产管理层需要与监控计算机进行信息沟通和传递。OPC 技术实现了企业控制网与信息管理网之间的数据通信,OPC 技术引入工业以太网控制系统能有效地促进工业以太网控制系统的发展及企业现场控制层和生产过程管理层、调度决策层的集成。

1. 以太网控制系统结构

OPC 数据存取服务器在以太网控制系统的层次结构如图 8-65 所示,该结构显示 CENTUM-CS3000 控制系统的总体层次结构。图中,现场控制层以 FCS 控制站作为现场智能节点,可外接模拟量输入、输出、开关信号输入、输出等 I/O 卡。该层主要功能是进行数据采集、状态监测和报警,将采集的数据上传,并执行各种控制功能;监控计算机采用 HIS 监控操作系统,装有两块网卡,其中一块网卡 VF701 链接到 Vnet 控制网上,与控制站 FCS 通信,另一块以太网网卡与生产管理调度层的其他计算机组成局域网。HIS 监控操作系统运行 OPC 数据访问服务器程序,将现场智能节点上传的数据通过 OPC 接口送到监控软件进行监控,利用组态软件进行复杂组态工作,将组态信息下载到 FCS 控制站,并调整控制算法和参数。管理调度层计算机的 OPC 客户程序通过 DCOM 方式访问 OPC 服务器程序,进行信息交互。

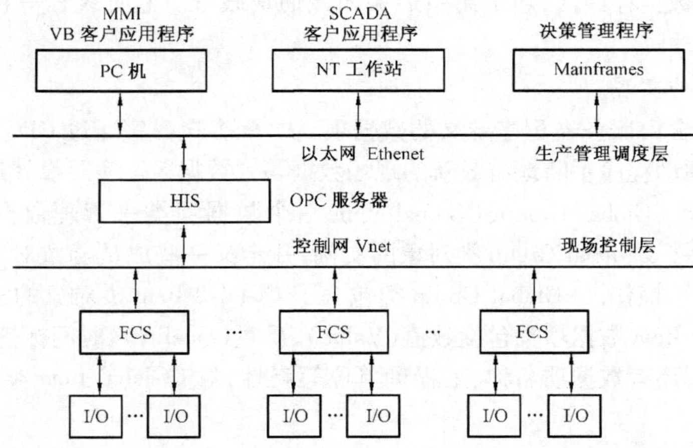

图 8-65 CENTUM-CS3000 控制系统的总体层次结构

因此,在以太网控制系统中,OPC 服务器将企业现场控制层与生产管理调度层有机结合,组成一个开放性好、可靠性高的分布式控制系统。

2. OPC 数据访问服务器的设计与实现

OPC 数据访问服务器通过网卡与现场设备通信,通过 OPC 接口与客户程序进行交互,它采用多线程模型来保证数据访问的效率。

1)OPC 通用接口的实现

首先定义 OPC 数据访问服务器名称(ProgID)和类标识(CLSID),实现 OPC 数据访问服务器类对象。然后由 OPC 规范中定义的 OPC Server 类、OPC Group 类和 OPC Item 类,分别派生出装置(Device)、板卡(Board)、通道(Channel)三个新类。在派生类中重载其父类中必选接口成员函数,并根据实际情况重载可选接口成员函数,例如,IOPC Browse Server Address Space 接口等。为满足实际要求,还需定义各派生类的特殊属性及其实现方法。例如,在装置类中增加 IP 地址属性,用以标识现场控制站 FCS 智能节点。此外,增加搜索函数,自动列出已连入现场控制层的 FCS 智能节点的 IP 地址。

2)以太网通信接口的实现

通信接口设计是 OPC 数据访问服务器应用于集散控制系统的关键。控制系统不同于普通局域网,必须考虑通信可靠性和实时性。控制网 Vnet 用于现场控制站 FCS 和监视操作站 HIS 进行操作监视及信息交换的双重化实时控制网络。采用 Token - Passing(令牌总线),符合 IEEE802.4 标准。以太网 Ethernet 是用于监视操作站 HIS 和工程师站以及上位机 PC 的链接,数据及外设资源共享。采用 Ethernet 符合 IEEE802.3 标准,以太网支持 TCP/IP 协议,TCP/IP 通信方式采用客户端/服务器模式。该系统中,现场控制站 FCS 处于单线程方式,不但负责通信,而且要执行特定控制功能,所以,现场控制站 FCS 作为通信客户方;监控操作站 HIS 采用支持多线程方式的 Windows XP2000 系统,作为通信服务器方,上位机 PC 作为 OPC Client 即数据访问客户端。因此,在 OPC 数据访问服务器中专门创建一个监听线程,用于监听是否有客户程序请求链接。如有请求,则另创建一个线程来处理该通信,将收到数据存放到专为 OPC 服务器开辟的数据存储区,通信结束后关闭该通信线程。监听线程一直运行,这样可保证数据传输的实时性。

3)数据存储区的实现

数据存储区包含由服务器程序定义的数据项。OPC 客户程序通过 OPC 通用接口来访问存储区数据,硬件驱动程序不断地将最新的现场数据写入数据区。实际设计过程中,设计了对应的 CGlobal Server、CGlobal Group、CGlobal Item 三个数据项类来管理数据存储区。其中,CGlobal Server 包含了 CGlobal Group 类对象的实例,并定义一些成员函数对 CGlobal Group 类对象的具体数据进行操作。CGlobal Group 类包含了 CGlobal Item 类对象的实例,并定义一些成员函数。CGlobal Item 数据项类包括数值(Value)、质量(Quality)、时间标签(Time Stamp)三个基本属性。另外,还有数据项名称、工程量单位等属性,对 CGlobal Item 类对象的具体数据进行操作。

3. OPC 数据交换服务器在集散控制系统中的实现

OPC 数据交换(Data Exchange)1.0 规范是一个 OPC 以太网数据交换标准,它是对数据访问规范(DA)的扩展。与数据访问规范的最大不同点是数据访问规范解决现场信息在控制网络中的纵向传输问题,数据交换规范(DX)解决现场信息在控制网络中的横向传输问题。该规范提出一个标准的组态接口架构,使得任何控制网络上的 OPC 数据访问服务器间只要支持该接口就能通信。同时它还支持远程组态、诊断、监控、管理。

思考题

1. 控制系统通信网络的特点?
2. 通信网络系统的组成?
3. 简述单向通信与双向通信的区别?
4. 简述数据通信系统中几种数据交换方式?
5. ISO/OSI 模型划分协议的层次以及各层次的作用?
6. 现场总线的特点?

7. RS－422 与 RS－485 的主要区别？
8. RS－485 与 RS－232－C 相比有哪些特点？
9. IEEE－488 总线使用要求？
10. 简述 IEEE－488 三类信号线？
11. OPC 接口包括哪两个部分？其作用是什么？
12. OPC 技术规范主要包括哪些？

第九章　先进控制技术与应用

第一节　先进控制技术

一、概述

先进控制(APC - Advanced Process Control)是对那些不同于常规单回路PID控制,并具有比常规PID控制更好控制效果的控制策略的统称,而非专指某种计算机控制算法。这些控制策略的先进性在于它们目前在工业生产过程中尚很少使用。由于先进控制的内涵丰富,同时带有较强的时代特征,因此,至今对先进控制还没有严格的、统一的定义,尽管如此,先进控制的任务却是明确的,即用来处理那些采用常规控制效果不好,甚至无法控制的复杂工业过程控制的问题。

(一)先进控制的主要特点

(1)与传统的PID控制不同,先进控制是一种基于模型的控制策略,如模型预测控制和推断控制等。目前,基于知识的控制,如智能控制和模糊控制,正成为先进控制的一个重要发展方向。

(2)先进控制通常用于处理复杂的、多量过程控制问题,如大时滞、多变量耦合、被控变量与控制变量存在着各种约束等。先进控制是建立在常规单回路控制之上的动态协调约束控制,可使控制系统适应实际工业生产过程动态特性和操作要求。

(3)先进控制的实现需要足够的计算能力作为支持平台。由于先进控制受控制算法的复杂性和计算机硬件两方面因素的影响,早期的先进控制算法通常是在上位机上实施的。随着DCS功能的不断增强,更多的先进控制策略可以与基本控制回路一起在DCS上实现。后一种方式可有效地增强先进控制的可靠性、可操作性和可维护性。

从全厂综合自动化的角度看,先进控制恰好处在承上启下的重要地位。性能良好的先进控制是在线优化得以有效实施的前提,并进而可将企业领导者的经营决策、生产管理和调度的有关信息及时落实到各厂生产装置的实际运行中,并可真正实现全厂综合优化控制。

(二)先进控制系统的核心内容

先进控制系统应包括从数据采集处理、数学模型建立、先进控制策略到工程实施的全部内容。

1. 数据的采集、处理和软测量技术

利用大量的实测信息是先进控制的优势所在。由于来自工业生产现场的过程信息通常带有噪声,数据采集时应做滤波处理,采集到的数据还应进行过失误差的检测与识别和过程数据的有效性检验及数据调理工作,这是先进控制应用的重要保障。基于可测信息和模型,实时计算不可测量的变量，也即软测量技术，是先进控制中不可缺少的内容，例如，汽油饱和蒸气压、粗汽油干点、轻柴油倾点、催化裂化中的反应热、再生器的烧焦状况、反应产品分布和催化剂循环量以及某些精馏塔的两端质量指标估计等，这些关系到产品质量的关键变量，由于质量测量仪表的缺乏或不可靠，无法获得实时的可靠的在线信息，因此，可采用工艺稳态模型、神经网络模型和动态数学模型来推断估计。

2. 多变量动态过程模型辨识技术

获取对象的动态数学模型是实施先进控制的基础。对于复杂工业过程，需要强有力的辨识软件，以便在剔除一些过失虚假数据的基础上，把分段有效数据有机地组合起来，最终将实际工业生产环境下获得的现场装置试验数据，变为多输入、多输出（MIMO）动态数学模型。实际工业过程模型化是一项专门的技术，它涉及过程动态学、系统辨识、统计学以及人工智能等多种知识。尽管目前类似模型预测控制这样的先进控制策略均采用工业试验的方法来获取控制模型，但是那些准确并可靠的机理模型（first principle model）和智能模型的建立也有望成为有效的控制模型。

3. 先进控制策略

先进控制采用了合理的控制目标和控制结构，可更好地适应工业生产过程的需要。先进控制主要解决的问题：

（1）个别重要过程变量控制性能的改善，主要采用单变量模型预测控制与原控制回路构成所谓的“透明控制”的方式。

（2）解决约束多变量过程的协调控制问题，主要采用带协调层的多变量预测控制策略。

（3）推断质量控制，利用软测量的结果实现闭环的质量卡边控制。涉及到的主要控制策略有模型预测控制、推断控制、协调控制、质量卡边控制、统计过程控制。正在兴起与开发中的控制有模糊控制、神经控制、非线性控制和鲁棒控制。

4. 先进控制的实施

先进控制在实施时需要解决许多具体的工程问题，其中包括：

（1）合理地选择被控的区域，这不仅意味着系统的平稳性，更重要的是它直接决定着先进控制所能获得的经济效益。

（2）正确整定基本 PID 控制回路和先进控制系统，整定基本回路是为实施先进控制奠定基础，而整定先进控制则是为在动态响应与鲁棒性之间做出权衡。

（3）合理限制控制变量的变化量和变化率，保证控制系统的平稳性和对不确定因素的鲁棒性。

（4）建立良好的先进控制人机界面，确保在最常用的流程图画面上看得到先进控制的信息，便于投用、维护和操作。

（三）过程模型的建立

先进控制或优化控制实现的基础是建立过程模型，没有被控过程的模型，就无法进行先进控制和优化控制。用于描述方程的模型有各种形式，通常都用数学方程的方法来表示，称为数学模型。

1. 过程建模原理

在工业生产过程建模中,必须十分强调建模的一般原理,即质量与能量的守恒定理,因为任何工业生产过程都遵守这一自然规律。

对于一个工业生产过程的动态模型,一般都由一个或多个微分方程与一个或多个代数方程组合在一起来表示。其中微分方程一般是常微分方程[ordinary differential equations (o. d. e)],有时也用偏微分方程[partial differential equations (p. d. e)]来表示,在工程中应用较多的为常微分方程。

工业过程的动态模型通常应用在非稳定状态下,用物料与能量的平衡关系来建立,工业过程模型中的代数关系式通常来自热力学与传递的关系,例如,流体的粘度是温度的函数,传热系数是流体流速的函数等。

2. 数学模型建立步骤

用数学模型来模拟一个真实的工业生产过程时,首先要保证所描述的模型方程个数必须与模型的输入和输出关系相一致,这才能确保模型方程具有唯一的解,也就是说模型中的变量个数要等于独立方程的个数。然而,对于一个大型的复杂的工业过程稳态或动态模型,要求满足这样的条件是件不容易的事情。但是,对于方程,要想具有唯一的解,未知变量个数必须等于独立的模型方程个数。换句话说,这种必须具备的条件是要求系统方程的自由度(degree of freedom)等于零,即

$$N_f = N_v - N_e = 0 \tag{9-1}$$

式中 N_f——自由度;

N_v——输入变量个数加上输出变量个数;

N_e——独立方程个数(包括微分方程和代数方程)。

构建一个工业过程的模型,首先要确定模型中哪些量是可由设备尺寸、物料的物性常数等来确定的已知常数或参数;第二步是确定 N_e 个输出变量,这些变量将通过求解模型微分方程和代数方程来得到;第三步确定时间函数的模型输入变量。所有这些工作是对该工业过程及环境做深入了解与分析的过程。例如,过程物料的输入速率可能就是上游过程单元的输出。工业过程动态模型建立步骤如图 9-1 所示。

二、软测量技术

在许多生产装置中,存在着一大部分由于技术或经济上的原因,很难通过传感器进行测量的变量,如精馏塔的产品组分浓度、生物发酵罐的菌体浓度和化学反应器的反应物浓度及产品分布等。为了解决此类过程的控制问题,以前往往采用两种方法:一种方法是采用间接的质量指标控制,如精馏塔灵敏板温度控制、温差控制等,但此法难以保证最终质量指标的控制精度;另一种方法是采用设备投资较大的在线分析仪表,由于维护成本高,测量滞后较大,而使得调节品质不理想。为了解决上述问题,逐步形成了软测量方法及其应用技术。

软测量就是选择与被估计变量相关的一组可测变量,构造某种以可测变量为输入、被估计变量为输出的数学模型,用计算机软件实现重要过程变量的估计。这类数学模型及相应的计算机软件也被称为软测量器或“软仪表”。软测量器估计值可作为控制系统的被控变量或反

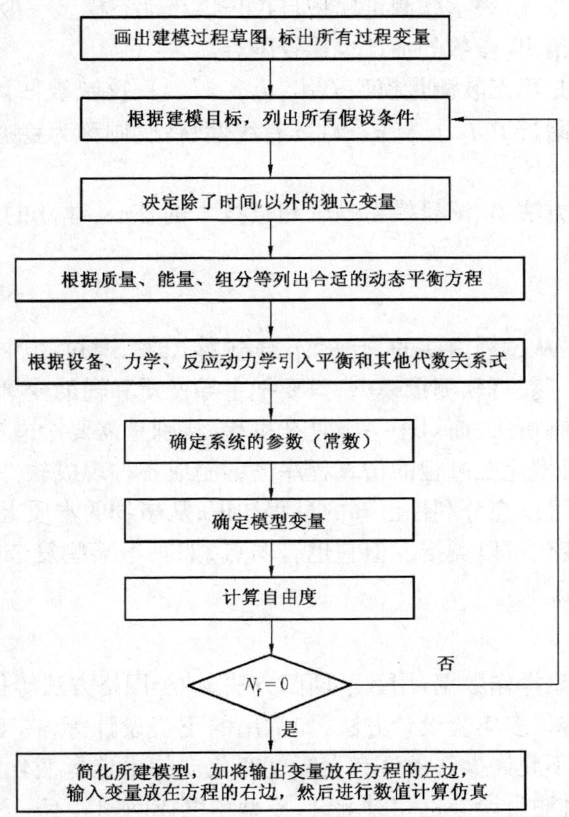

图 9－1　工业过程动态模型建立步骤

映过程特征的工艺参数，为优化控制与决策提供重要信息。软测量技术包括软测量建模方法、软测量工程化实施技术及软测量模型的自校正与维护。

（一）软测量建模方法

软测量器的基本结构如图 9－2 所示。图中 x 为估计变量集，d_1 为不可测扰动，d_2 为可测扰动，u 为对象的控制输入，y 为对象可测输出变量。x^* 为可能有的离线分析计算值或大采样间隔的测量值（分析仪输出），一般用于离线辨识模型的参数，也用于软测量模型的在线自校正。

软测量建模就是根据可测数据得到被估计变量 x 的最优估计，即

$$\hat{x} = f(d_2, u, y, x^*, t) \quad (9-2)$$

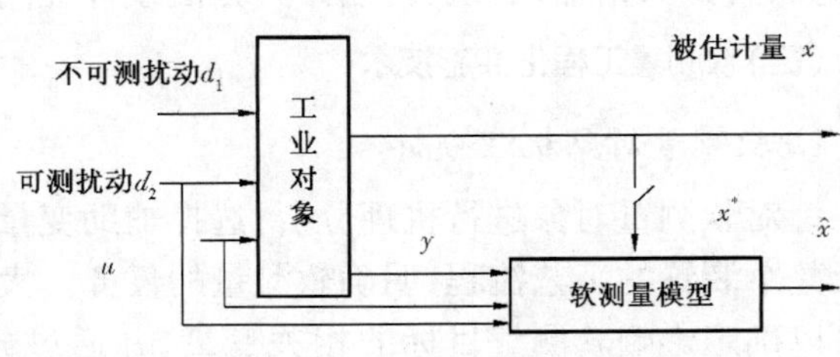

图 9－2　软测量器的基本结构

式中函数 $f(d_2, u, y, x^*, t)$ 即为动态软测量模型，它不仅反映被估计变量 x 与输入 u 和可测扰动 d_2 的动态关系，还包括了被估计变量 x 与可测输出变量 y（辅助变

量)之间的动态联系,其中 x^* 表示软测量模型自校正。该动态模型一般具有非线性特性,模型结构通常需由机理分析给出,参数的估计也比较困难。

工程应用较广泛的是稳态软测量模型 $f(d_2,u,y,x^*,t)$,反映被估计变量 x 与可测数据的稳态关系。若在工作点附近 $f(d_2,u,y,x^*,t)$ 具有线性特性,则称为稳态线性软测量模型参数的估计相对比较方便。

软测量建模的主要方法:软测量模型是软测量技术的核心,建立的方法有机理建模、经验建模以及两者的相结合。

1. 机理建模方法

从机理出发,也就是从过程内在的物理和化学规律出发,通过物料平衡、能量平衡和动量平衡建立数学模型。为了获得软测量模型,只要把主导变量和辅助变量做相应调整就可以了。对于简单过程可以采用解析法,而对于一个复杂过程,特别是需要考虑输入变量大范围变化的场合,采用仿真方法。典型化工过程的仿真程序已编制成各种现成软件包。

机理模型的优点是可以充分利用已知的过程知识,从事物的本质上认识外部特征;有较大的适用范围,操作条件变化可以类推。但它也有弱点,如对于某些复杂的过程难以建模,必须通过输入、输出数据验证。

2. 经验建模

通过实测或依据积累操作数据,用数学回归方法、神经网络方法等得到经验模型。

进行测试,理论上有很多实验设计方法,如常用的正交设计等,在工程实施上可能会遇到困难。因为工艺上可能不允许操作条件有大幅度变化。如果选择变化区域过窄,不仅所得模型的适用范围不宽,而且测量误差也相对上升,模型精度成问题。有一种办法是吸取调优操作经验,即逐步向更好的操作点移动,这样可能一举两得,既扩大了测试范围,又改进了工艺操作。测试中另一个问题是稳态是否真正建立,否则会带来较大误差。另外,数据采样与产品质量分析必须同步进行。最后是模型检验,检验分自身检验与交叉检验,建议提倡交叉检验。经验建模的优点与弱点与机理建模正好相反,特别是现场测试,实施中有一定难度。

3. 机理建模与经验建模相结合

把机理建模与经验建模结合起来,可兼两者之长,补各自之短。结合方法有:主体上按照机理建模,但其中部分参数通过实测得到;通过机理分析,把变量适当结合,得出数学模型函数形式,形成模型结构,估计参数就比较容易,其次可使自变量数目减少;由机理出发,通过计算或仿真,得到大量输入数据再用回归方法或神经网络方法得到模型。

(二)软测量工程化实施技术

1. 软测量对象机理分析

针对软测量对象进行机理分析,选择辅助变量。在此阶段首先要了解和熟悉软测量对象以及整个装置的工艺流程,明确软测量的任务。大多数软测量对象属于灰箱系统,通过机理分析可以确定影响软测量目标的相关变量,并通过分析各变量的可观、可控性初步选择辅助变量。这种采用机理分析指导辅助变量选择的方法,可以使软测量的设计更合理。

2. 数据采集和预处理

从理论上讲，过程数据包含了工业对象的大量信息，因此数据采集是多多益善，不仅可以用来建模，还可以校验模型。实际需要采集的数据是与软测量对象实测值对应时间的辅助变量的过程数据。数据的预处理包括数据变换和数据校正。最简单也是最常用的数据预处理是用统计假设检验剔除含有显著误差的数据后，再采用平均滤波的方法去除随机误差。如果辅助变量个数太多，需要对系统进行降维，降低测量噪声的干扰和软测量模型的复杂性。降维的方法可以根据机理模型，用几个辅助变量计算得到不可测的辅助变量，如分压、内回流比等；也可以采用 PCA、PLS 等统计方法进行数据相关性分析，剔除冗余的变量。

3. 建立软测量模型

将经过第二步预处理后的比较可靠的过程数据分为建模数据和校验数据两部分，对于建模数据，可以采用前两节介绍的回归分析和人工神经网络分别进行拟合，再用校验数据检验模型。根据交叉检验结果以及装置的计算能力确定模型结构和模型参数。当然也可以根据机理分析直接确定建模方法。

4. 设计模型校正模块

实践证明，如果不具有模型校正模块，软测量的适用范围可能很窄。校正又分为短期校正和长期校正，以适应不同的需求。为了避免突变数据对模型校正的不利影响，短期校正时还将附加一些限制条件。

5. 软测量实现

在实际工业装置上实现软测量，将离线得到的软测量模型和数据采集及预处理模块、模型校正模块以软件的形式嵌入到装置的 DCS 上。设计安全报警模块，当软测量输出值与分析仪测量值的偏差超过限幅值时报警，提示操作员密切注视生产过程。此外，还需设计工艺员修改参数界面，使工艺员可以根据生产需要很方便地修改诸如理想干点等参数；设计操作员界面，将软测量输出值等直观地展现在操作员面前，并能及时输入软测量目标的化验值。

6. 评价软测量

在软测量运行期间，采集软测量对象的实测值和模型估计值，根据比较结果评价该软测量模型是否满足工艺要求。如果不满足，要利用过程数据分析原因，判断是模型选择不当、参数选择不当，还是该时间段内的工况远离模型的预测范围，找到失败原因后再重复以上步骤，重新设计软测量。

（三）软测量模型的自校正与维护

工业生产过程的对象特性，由于工艺改造、原料改变、操作条件变化等原因，会发生变化，如果软测量模型不做修正，软测量精度会逐渐下降。通常采用在线自校正和不定期更新的两级学习机制，确保模型能跟踪过程的变化。

1. 在线自校正

根据被估计变量的离线测量值与软测量估计值的误差，对软测量模型进行在线修正，使软测量器能跟踪系统特性缓慢变化，提高静态软测量器的自适应能力。最简便的在线校正算法为常数项修正法，即取软测量模型为

$$\hat{x} = f(d_2, u, y) + \Delta x \tag{9-3}$$

$$\Delta x = \beta(x^* - \hat{x}) \tag{9-4}$$

式中,若 $\Delta x > \Delta\max$ 则 $\Delta x = \Delta\max$;若 $\Delta x < \Delta\min$ 则 $\Delta x = \Delta\min$;$\Delta\max$、$\Delta\min$ 分别为每次修正的上、下限幅值;β 为自适应因子,调节模型自校正的强度。

2. *模型更新*

当对象特征发生较大变化,软测量器经在线学习也无法保证预估精度时,必须利用软测量器运算所累积的历史数据,进行模型更新。通常采用人工干预下的软测量模型离线重构,即调整模型结构,重新估计模型参数;或根据新的样本数据训练 ANN 使模型适应新的工况。

为了实现软测量模型长周期自动更新,可以设计一个软测量器评价软件模块,由它做出是否需要更新模型的决策,并调用离线的模型更新软件。软测量模型精度评价模块,是利用模型误差(离线分析值与估计值之差)历史数据的统计值来描述模型的精度。设第 k 次离线测量值对应的模型误差为 $e(k)$,$\varepsilon>0$ 为允许的模型误差,统计 N 次模型误差,发现有 m 个超限的误差,即 $e(k_i)>\varepsilon, i=1,\cdots m$,则模型精度 $=(m/N)\%$。当模型精度逐渐下降到某个预定值,即可做出更新模型的判决。

三、专家控制系统

专家控制(Expert control)是智能控制的主要内容之一,专家控制系统是一种计算机程序。它用一个计算机系统来模拟人类专家的推理过程和知识,能以人类专家的水平解决问题。

(一)专家系统组成

典型的专家系统由知识库、数据库、推理机、解释部分及知识获取五部分组成,如图 9-3 所示。

(1)知识库是专家系统第一个重要组成部分,它存储以适当形式表示的从专家那里得到的关于某个领域的专门知识、经验以及书本知识和常识,它是领域知识的存储器。知识库的内容包括两类:一是领域的事实知识,即共有的理论知识;二是试探式知识,它是人类专家在一个领域内实践的正确经验。知识库的可用性、确实性和完善性三方面是设计专家系统知识库的性能指标。知识库的性能是专家系统取得高符合率的基础。

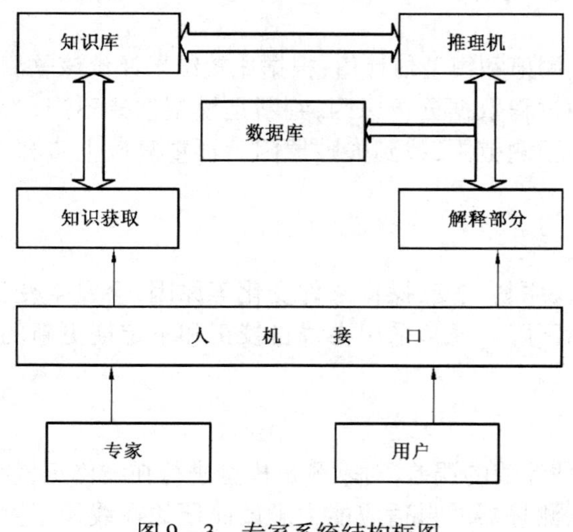

图 9-3 专家系统结构框图

(2)数据库用于存入专家系统领域内的初始数据和推理得到的中间结果和最终结果。例如,气象专家系统的数据库中存放的是当前的气象要素(气压、温度、湿度、云量等初始灵敏数据),推理得到的未来天气发展趋势的中间数据以及需要输出的某时某地天气预报数据。

(3)推理机不是硬设备,而是一组程序,用来控制和协调整个系统的运行。它根据初始数据,利用知识库中的知识,按一定的推理策略,去解决当前的问题。它分为正向推理、反向推理。正向推理是从原始数据和已知条件进行推理的方式。这种推理方式也称数据驱动策略,或称为由底向上策略。反向推理则是先提出结论或假设,然后去找支持这个结论或假设的条件或证据是否存在。这种由结论到数据的反向推理策略,又称为目标驱动策略,即由顶向下策略。

(4)解释部分也是一组程序,用来向用户解释与推理结果有关的一些问题。

(5)知识获取部分是一组数据,用来建立、修改和扩充知识库。知识获取部分应具有以下功能:

① 将新知识加入知识库;

② 删除知识库中不符合可用性、确实性、完善性的知识;

③ 根据实践结果,校验知识库中规则的可靠性;

④ 根据实践的结果总结出新的知识,并且存入知识库中。

另外,还有控制器对整个专家系统工作过程进行控制、管理和协调。

专家系统运行过程中知识库不断扩大,当知识库扩大到一定程度,而推理机已不能相适应时,就要重新构造功能更强的推理机。

(二)专家控制系统

1. 专家控制系统基本结构

专家控制系统基本结构框图如图 9-4 所示。

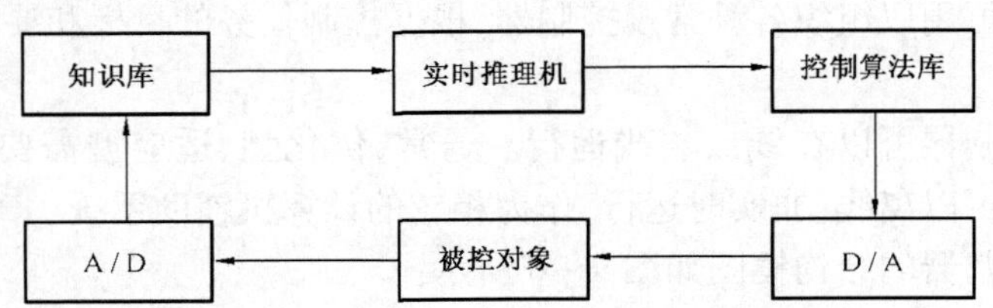

图 9-4 专家控制系统基本结构框图

2. 专家控制系统分类

专家控制系统分为直接型专家控制器和间接型专家控制器。

1)直接型专家控制器

直接型专家控制器用于取代常规控制器,直接控制生产过程或被控对象,具有模拟(或延伸、扩展)操作工人智能的功能。该控制器的任务和功能相对比较简单,但需要在线、实时控制。因此,其知识表达和知识库也较简单,通常由几十条产生式规则构成,以便于增删和修改。直接型专家控制器的结构框图如图 9-5 中的虚线框所示。

2)间接型专家控制器

间接型专家控制器用于和常规控制器相结合,组成对生产过程或被控对象进行间接控制的智能控制系统,具有模拟(或延伸、扩展)控制工程师智能的功能。该控制器能够实现优化适应、协调、组织等高层决策的智能控制。按照高层决策功能的性质,间接型专家控制器可分

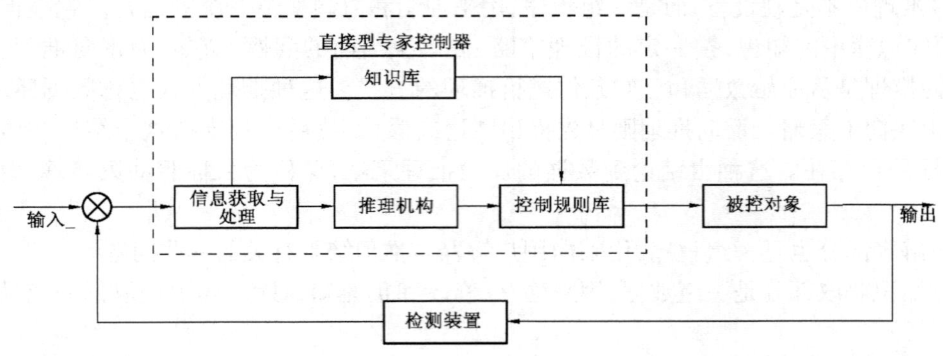

图9－5　直接型专家控制器的结构框图

为以下几种类型。

(1)优化型专家控制器,是基于最优控制专家知识和经验的总结和运用。通过设置整定值、优化控制参数或控制器,实现控制器的静态或动态优化。

(2)适应型专家控制器,是基于自适应控制专家的知识和经验的总结和运用。根据现场运行状态和测试数据,相应地调整控制律,校正控制参数,修改整定值或控制器,适应生产过程、对象特性或环境条件的漂移和变化。

(3)协调型专家控制器,是基于协调控制专家和调度工程师的知识和经验的总结和运用。该型控制器可用以协调局部控制器或各子控制系统的运行,实现大系统的全局稳定和优化。

(4)组织型专家控制器,是基于控制工程组织管理专家或总设计师的知识、经验的总结和运用。该型控制器可用以组织各种常规控制器,根据控制任务的目标和要求,构成所需要的控制系统。

间接型专家控制器可以在线或离线运行。通常,优化型、适应型需要在线、实时、联机运行;协调型、组织型可以离线、非实时运行,作为相应的计算机辅助系统。

间接型专家控制器的结构框图如图9－6所示。

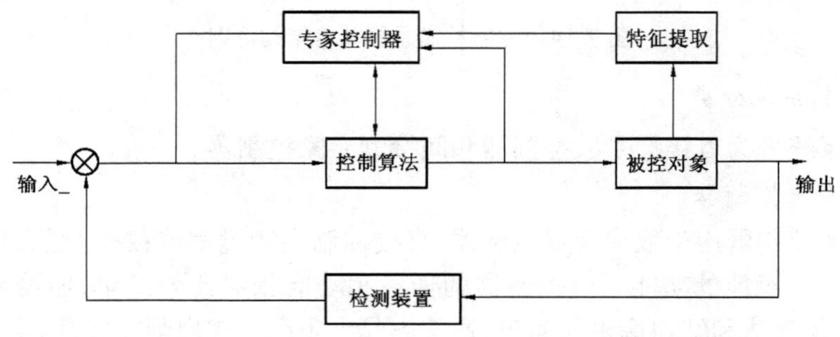

图9－6　间接型专家控制器的结构框图

四、自适应控制

在日常生活中,所谓自适应是指生物能改变自己的习性以适应新的环境的一种特征。因此，直观地讲，自适应控制器应当是这样一种控制器，它能修正自己的特性以适应对象和扰动的动态特性的变化。

自适应控制（Adaptive Contro1）的研究对象是具有一定程度不确定性的系统，这里所谓“不确定性”是指描述被控对象及其环境的数学模型不是完全确定的，其中包含一些未知因素和随机因素。

任何一个实际系统都具有不同程度的不确定性，这些不确定性有时表现在系统内部，有时表现在系统外部。从系统内部来讲，描述被控对象的数学模型的结构和参数，事先并不一定能确切知道。作为外部环境对系统的影响，可以等效地用许多扰动来表示。这些扰动通常是不可预测的，它们可能是确定性的，如常值负载扰动，其幅值和出现的时间是不可预知的，也可能是随机性的。此外，还有一些测量噪声从不同的测量反馈回路进入系统。这些随机扰动和噪声的统计特性常常是未知的，面对这些客观存在的各式各样的不确定性，如何设计适当的控制作用，使控制器自动地修正自己，使得某一指定的性能指标达到并保持最优或近似最优，这就是自适应控制所要研究解决的问题。

（一）自适应控制系统的类型

自从20世纪50年代末期由美国麻省理工学院提出第一个自适应控制系统以来，先后出现过许多不同形式的自适应控制系统。发展到现阶段，无论从理论研究还是从实际应用的角度来看，比较成熟的自适应控制系统分为两类：模型参考自适应控制系统（Model Reference Adaptive System，简称 MRAS）和自校正调节器（Self－tuning Regulator，简称 STR），

1. 模型参考自适应控制系统

模型参考自适应控制系统由以下几部分组成，即参考模型、被控对象、反馈控制器和调整控制器参数的自适应机构等部分，其组成框图如图9－7所示。

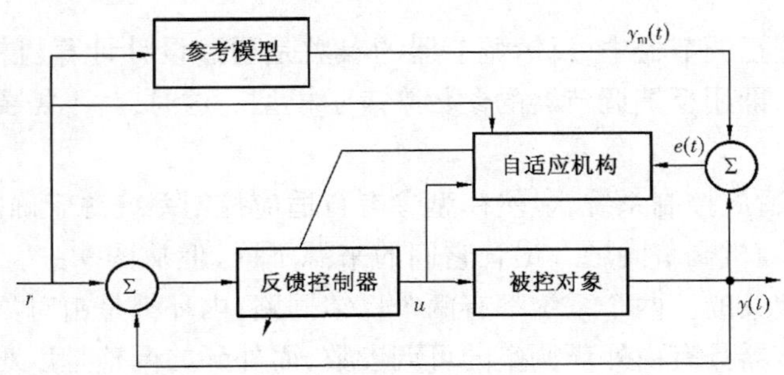

图9－7　模型参考自适应控制系统组成框图

从图9－7可以看出，这类控制系统包含两个环路：内环和外环。内环是由被控对象和反馈控制器组成的普通反馈回路，而反馈控制器的参数则由外环调整。

参考模型的输出 y_m，直接表示了对象输出应当怎样理想地响应参考输入信号 r。这种用模型输出来直接表达对系统动态性的要求的做法，对于一些运动控制系统往往是直观方便的。

反馈控制器参数的自适应调整过程是这样的：当参考输入 $r(t)$ 同时加到系统和参考模型的入口时，由于对象的初始参数未知，反馈控制器的初始参数不可能调整得很好。因此，一开始运行系统的输出响应 $y(t)$ 与模型的输出响应 $y_m(t)$ 是不可能完全一致的，结果产生偏差信

号 $e(t)$,由 $e(t)$驱动自适应机构,产生适当的调节作用,直接改变反馈控制器的参数,从而使系统的输出 $y(t)$逐步地与模型输出 $y_m(t)$接近,直到 $y(t)=y_m(t)$,$e(t)=0$ 后,自适应参数调整过程也就自动中止。当对象特性在运行中发生了变化时,反馈控制器参数的自适应调整过程与上述过程完全一样。

2. 自校正调节器

自适应控制系统的一个主要特点是具有一个被控对象数学模型的在线辨识环节,具体地说是加入了一个对象参数的递推估计器。

由于估计的是对象参数,而调节器参数还要求解决一个设计问题方能得出。这种自适应控制系统可用图 9-8 的结构框图描述。这种自适应调节器也可设想成由内环和外环两个环路组成,内环包括被控对象和一个普通的线性反馈调节器,这个反馈调节器的参数由外环调节,外环则由一个递推参数估计器和一个设计机构所组成。这种系统的过程建模和控制的设计都是自动进行,每个采样周期都要更新一次。这种结构的自适应控制器称为自校正调节器,采用这个名称为的是强调控制器能自动校正自己的参数,以得到希望的闭环性能。

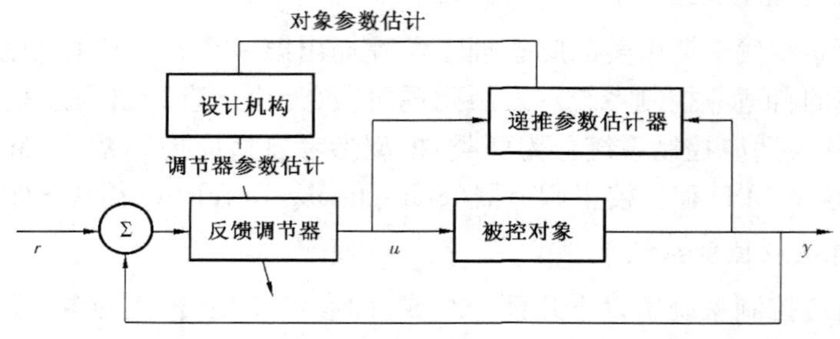

图 9-8 自校正调节器

图 9-8 中的自校正调节器中,反馈调节器的参数是通过设计计算机构间接更新的,也可以将对象重新参数化,即用反馈调节器的参数来表示模型。这时,就不需要进行设计计算这个环节。

比较以上两种自适应控制系统,显然模型参考自适应控制系统源于确定性的伺服问题,而自校正调节器则源于随机调节问题。尽管它们的来源不同,但从图 9-7 与图 9-8 可以清楚地看出,它们是密切相关的。两个系统都有两个反馈回路,内环都是由对象和调节器组成的普通反馈回路,内环调节器具有由外环调整的可调参数,而外环的调整是以对象输入和输出的反馈为基础。不过在模型参考自适应控制系统中,调节器的参数是直接更新的,而在自校正调节器中,调节器的参数经由参数估计和控制的设计计算而间接进行更新的。

(二)自适应控制系统的应用

自适应控制系统问世以来至今,在工程应用方面取得了广泛的应用,出现了一批成功应用的实例。在工业过程控制方面,由于原材料成分的不稳定(其成分随机波动),或者由于改换产品品种,或者由于设备磨损等因素都可能使工艺参数发生变化,从而使产品质量不稳定。常规 PID 调节器不能很好地适应工艺参数的变化,往往需要经常进行整定。当采用自校正调节器后,由于调节器参数可以随着环境和特性的变化而自动整定,所以对各种不同的运行条件,调节器都能很好地工作，使被控过程输出对其设定值的方差达到最小。这样既保证了产品质量、又节省了原材料和能源的消耗。

五、预测控制

预测控制，也称为模型预测控制(Model Predictive Control)，模型预测控制是一类基于对象模型通过预测被控对象的输出并结合反馈校正来决定其最优控制作用的计算机控制算法。它是一种面向工业过程的特点，对模型要求低、控制综合质量好、在线计算方便的优化控制算法，其核心思想为滚动优化。由于它采用多步输出预测、滚动优化和反馈校正等控制策略，因而控制效果好、鲁棒性强，适用于控制不易建立精确数学模型且比较复杂的工业过程，在石油、化工和航空等领域中得到十分成功的应用。

(一)模型预测控制的基本特征

模型预测控制是一种基于模型的多变量控制算法，其控制算法核心与特征是：可预测过程未来行为的动态模型，在线反复优化计算并滚动实施的控制作用和模型误差的反馈校正。

1. 预测模型

预测控制是一种基于对象模型的控制算法，这一对象模型称为预测模型，它可根据对象的历史信息和未来输入预测其未来的输出。

2. 滚动优化

滚动优化是模型预测控制的另一个主要特征，它通过某一性能指标的最优化来确定未来的控制作用。这一性能指标涉及系统未来的行为。预测控制的优化与传统意义的离散最优控制算法不同，离散最优控制是采用一个不变的全局优化目标，而预测控制采用滚动优化模式，其优化性能指标只涉及到从该时刻起未来有限的时间，而到下一采样时刻，这一优化时段同时向前移动。

3. 反馈校正

由于实际应用对象中往往存在着非线性、时变、模型失配和干扰等不确定因素，使模型预测不可能准确地与实际相符。在预测控制中，通过系统输出测量值与模型预测值比较，得出模型的预测误差，再利用模型预测误差校正模型的预测，从而得到更为准确的将要输出的预测值。正是这种模型预测加反馈校正的机制使预测控制具有很强的抗干扰和克服系统不确定性的能力。

(二)模型预测控制的基本原理

模型预测控制系统的基本构成如图9-9所示。

预测控制的基本原理是基于预测控制算法，即内部模型、反馈校正、参考轨迹和滚动优化。

1. 内部模型

所谓内部模型就是被控对象的阶跃响应或脉冲响应。通过内部模型，可以由系统的输入量直接预测其输出。

2. 反馈校正

由于对象特性的变化和干扰的影响，预测模型给出的预测输出与对象的实际输出之间存

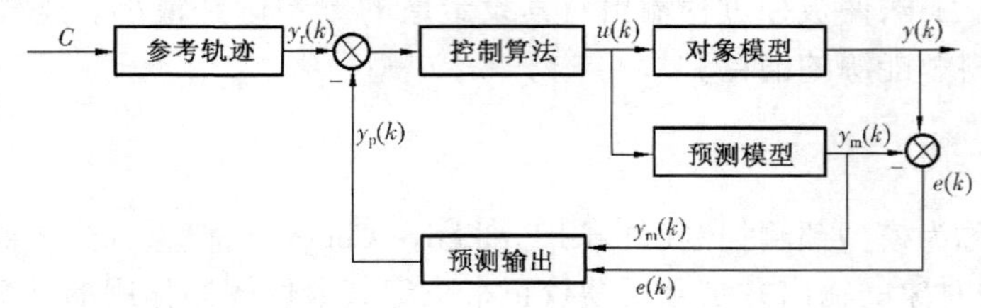

图 9-9 预测控制系统的一般结构

在偏差,这可通过在模型预测值 $y_m(k)$ 的基础上附加一误差项 $e(k)$ 来进行反馈修正,从而给出较精确的闭环预测值。

3. 参考轨迹

预测控制的目的是使系统的输出变量 $y(t)$ 沿着一条事先规定的曲线逐渐到达设定值 y_{sp}。这条指定的曲线称为参考轨迹 y_r。通常,参考轨迹采用从现在时刻实际输出值出发的一阶指数形式。

4. 滚动优化

在模型算法控制中,k 时刻的优化目标就是要选择未来 p 个控制量,使在未来 p 个时刻的预测输出 y_p 尽可能接近由参考轨迹所确定的期望输出 y_r。

六、模糊控制系统

模糊控制(Fuzzy Control)是以模糊集合论、模糊语言变量及模糊逻辑推理为基础的计算机智能控制,模糊控制是建立在模糊推理基础上的一种非线性控制策略。

(一)基本概念

1. 模糊语言变量

通常用语言来表达人们的经验或感觉,例如,温度的“高”与“低”,控制作用的“大”与“小”等修饰语言等都是模糊语言变量。

2. 模糊集合

其集合所表达概念的内涵和外延边界都不是明确的,比如“高”与“低”,“青年”、“中年”和“老年”就是模糊的概念。将“青年”看作一个集合,则它就是一个模糊集合。

3. 隶属度函数

小于40岁为“青年”,那么35岁的人毫无疑问属于“青年”,其属于“青年”的程度为1,39岁人属于“青年”的程度为0.7,40岁人属于“青年”的程度为0.5,41岁人属于“青年”的程度为0.3等。这种属于的程度称为隶属度函数。

若模糊集合“青年”用字母 A 表示,隶属度函数用 μ 表示。A 中的元素用 x 表示,则 $\mu A(x)$ 便表示了 x 属于 A 的程度。上述的例子可写成:

$$\mu A(35)=1,\mu A(39)=0.7,\mu A(40)=0.5,\mu A(41)=0.3,\cdots$$

$$集合域\quad A=\{x\}$$

$$\mu A:x \to [0,1]$$

(二)模糊控制器的基本结构

模糊控制系统一般按输出误差及其变化率来实现对工业过程的控制。图 9－10 给出了模糊控制器的基本结构。模糊控制系统的结构与一般的计算机数字控制系统基本相似,模糊控制器由计算机实现,通过 A/D、D/A 转换接口与模拟环节连接,构成闭环反馈控制系统。

基本模糊控制器包括模糊化、模糊规则基、模糊推理、解模糊化(非模糊化)和输入、输出量化等部分。图 9－10 中 SP 为设定值,y 为过程输出,e 和 $\dot{e}$ 分别为控制偏差和偏差变化率,E 和 E_c 分别是 e 和 $\dot{e}$ 经过输入量化以后的语言化变量,U 为基本模糊控制器输出语言化变量,u 为经过输出量化以后的实际输出值。

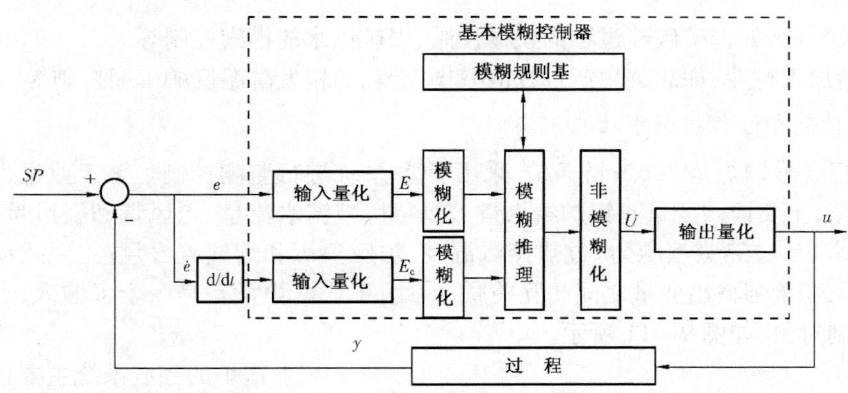

图 9－10 模糊控制器的基本结构

(三)模糊控制器的工作原理

模糊控制器的控制规律由计算机的程序实现。实现一步模糊控制算法的过程描述如下:微机经中断采样获取被控制量的精确值,然后将此量与给定值比较得到误差信号 e,一般选误差信号作为模糊控制器的一个输入量。把误差信号 e 的精确量进行模糊化变成模糊量。误差 e 的模糊量可用相应的模糊语言表示,得到误差 e 的模糊语言集合的一个子集 E(E 是一个模糊矢量),再由 E 和模糊控制规则 R(模糊算子)根据推理的合成规则进行模糊决策,得到模糊控制量 u,即

$$u = E \cdot R$$

模糊控制系统与通常的计算机数字控制系统的主要差别是采用了模糊控制器。模糊控制器是模糊控制系统的核心,一个模糊控制系统的性能优劣,主要取决于模糊控制器的结构、所采用的模糊规则、合成推理算法,以及模糊决策的方法等因素。

(四)模糊控制的应用

1. 模糊控制在家电中的应用

模糊电子技术是 21 世纪的核心技术,模糊家电是模糊电子技术的最重要应用领域。所谓模糊家电,就是根据人的经验,在电脑或芯片的控制下实现可模仿人的思维进行操作的家用电

器。典型的模糊家电产品有:

(1)模糊微波炉:在炉内部装有多个传感器,这些传感器能对食品的重量、高度、形状和温度等进行测量,并利用这些信息自动选择化霜、再热、烧烤和对流四种工作方式,并自动决定烹制时间。

(2)模糊洗衣机:可以自动识别洗衣物的重量、质地、污脏性质和程度,采用模糊控制技术来选择合理的水位、洗涤时间、水流程序等。

2. 模糊控制在过程控制中的应用

(1)工业炉方面:如退火炉、电弧炉、水泥窑、热风炉、煤粉炉的模糊控制。

(2)石油化工方面:如蒸馏塔的模糊控制、废水 pH 值计算机模糊控制系统、污水处理系统的模糊控制等。

(3)煤矿行业:如选矿破碎过程的模糊控制、煤矿供水的模糊控制等。

(4)食品加工行业:如甜菜生产过程的模糊控制、酒精发酵温度的模糊控制等。

3. 模糊控制在过程控制中的应用实例

某热电厂 3 号锅炉是 70t/h 链条炉,采用 DCS 系统进行监测控制。该工业过程是一个复杂的控制对象,主要输入变量是锅炉给水量、燃料量、减温水流量、送风量和引风量;主要输出变量是汽包水位、过热蒸汽压力、过热蒸汽温度、炉膛负压和烟气氧含量;主要扰动变量是负荷。这些输入变量与输出变量之间相互关联,因此,工业锅炉设备是一个多输入、多输出且相互关联的控制对象,如图 9 - 11 所示。

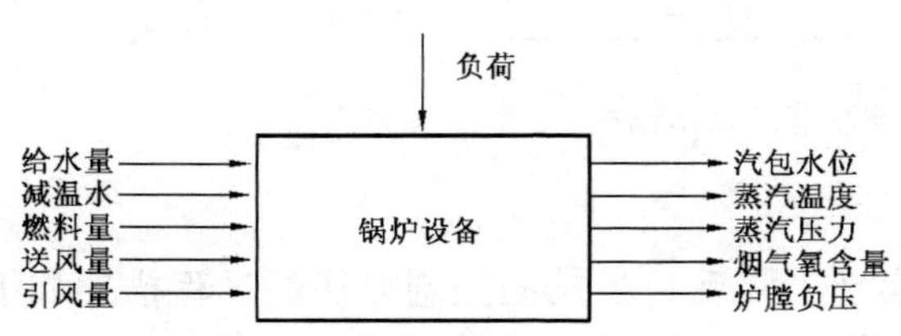

图 9 - 11 锅炉对象变量示意图

工业锅炉的控制系统主要包括以下几部分:汽包水位控制系统、蒸汽温度控制系统、燃烧控制系统、蒸汽压力控制系统、空煤比比值控制系统及炉膛负压控制系统。其中,蒸汽温度是锅炉平稳运行的重要指标,采用减温水调节。但由于调节通道存在较大的滞后,升温与降温过程具有不同的特性,且受蒸汽压力影响较大,一般均由操作人员手控,难以达到良好的控制效果。较好的方案是将减温器入口蒸汽温度作为前馈引入,但由于工艺条件所限,无法实施。为此设计了如图 9 - 12 所示的蒸汽温度控制系统,以蒸汽温度为主变量,减温水流量为副变量构成串级控制系统,内环采用 PID 控制器,外环为 PID 型模糊控制器。

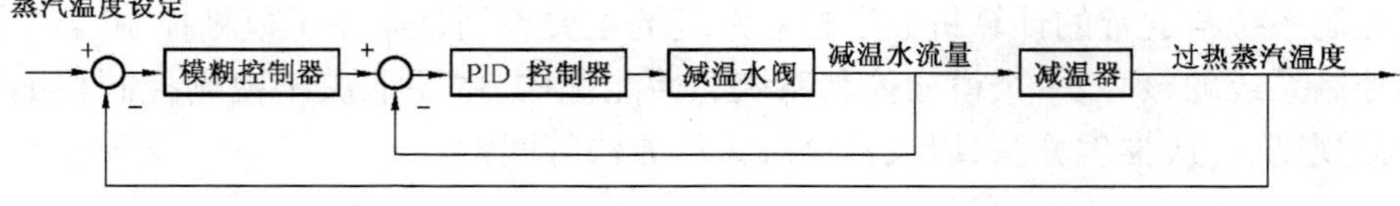

图 9 - 12 蒸汽温度控制系统

模糊控制器模块选用三角形隶属度、线性凸组合生成的控制规则表、重心法解模糊,其整体结构为 P1D 型模糊控制器。具体的模糊控制模块功能示意如图 9 - 13 所示。

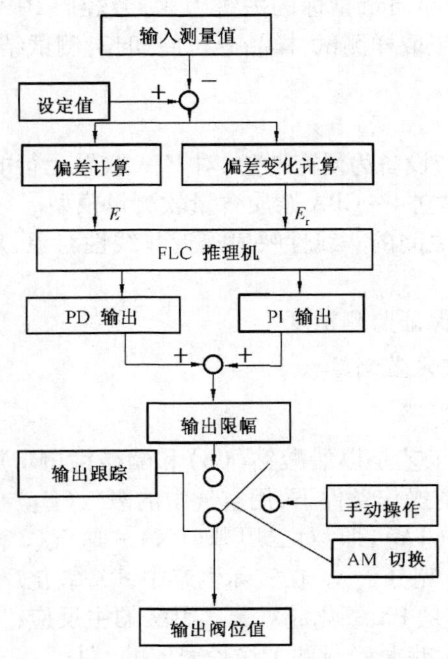

图 9－13　模糊控制模块功能示意图

模糊控制器采取双输入、单输出形式，即以被控变量与设定值的偏差及偏差变化量为输入，经模糊推理得到控制器输出。

第二节　先进控制技术的工业应用

随着计算机技术和网络技术的迅速发展，DCS、PLC 控制系统的计算程序功能、控制功能和通信功能越来越强大。因此，在石油化工等行业中实现与应用先进控制技术成为可能。下面介绍基于 DCS 控制系统，运用先进控制理论，在石油化工生产装置实现先进控制技术应用的几个实例。

一、软测量技术应用

软测量技术是把自动控制理论与工业生产过程的工艺机理有机地结合起来，对采用硬件设备（传感器）难以测量或不能测量的工艺参数，以软件代替硬件，通过其他可测工艺参数推算和估计出来。这种方法具有如下优点：仪表硬件投资少；不需像成分分析仪表那样精心维护；仪表的响应迅速；能连续给出测量参数。目前，利用软测量技术，进行在线监测生产工艺介质含量或密度应用比较多，下面介绍两个石油化工生产过程软测量技术应用实例。

（一）4－CBA 杂质含量在线监测

4－CBA 杂质含量在线监测是由华东理工大学开发设计，在某石化公司 PTA 装置成功实施的先进控制技术应用项目。4－CBA（对羧基苯甲醛）作为 PTA 装置氧化反应过程中产生的一种有害杂质是影响 PTA 产品质量指标的关键因素，芳烃厂 PTA 生产装置自开车以来，4 - CBA 杂质含量一直是采用人工取样测试，样品分析周期长，测试结果滞后，难以提供实时信息以指导生产操作。

项目实施的主要步骤：

(1)以 PTA 装置主要生产设备为研究对象，对 PTA 装置运行的状态参数进行实时监测。

(2)采用神经网络技术建立 4 - CBA 杂质含量软测量模型。

(3)通过输入、输出样本之间的非线性映射逼近非线性对象，从而在线监测 4 - CBA 杂质含量。

(4)应用在线校正技术，保证监测精度。

1. 进行工艺原理分析，确定监测参数

1)氧化装置工艺原理分析

芳烃厂 PTA 装置的氧化工艺是以醋酸钴(Co)和醋酸锰(Mn)为催化剂，以溴化氢(HBr)为促进剂，在 15bar 和 201℃的操作条件下，用空气中的氧气(O_2)在醋酸溶剂(HAc)中把对二甲苯(PX)氧化成对苯二甲酸(TA)，即：对二甲苯(PX) + 氧气($3O_2$)⟶对苯二甲酸(TA) + 水($2H_2O$) + 热量(318.7kcal/克分子)。在实际生产中，PX 氧化反应是比较复杂的化学反应。其过程有两类反应发生：一类是 PX 氧化成对苯二甲酸的主反应；另一类是伴随着主反应同时发生的副反应。主反应实际上也是经过两个途径完成的，即：

对甲基苯甲酸 $\xrightarrow{O_2}$ 对羧基苯甲醛(4-CBA)

↑ $1/2O_2$ ↓ $1/2O_2$

对二甲苯(PX) $\xrightarrow{O_2}$ 对甲基苯甲醛 对苯二甲酸(TA)+水

↓ O_2 ↑ $1/2O_2$

对苯二甲醛

两个反应途径的定量比例为 10:1左右，反应总转化率为 95% 以上。

在 PX 氧化过程中可能发生的副反应比主反应要复杂得多。PX 的氧化反应是在高温、过量氧和强搅拌的条件下进行的，因此在进行主反应的同时，系统中的 PX 与溶剂醋酸会发生部分燃烧，并生成一氧化碳、二氧化碳和水。

氧化反应过程中的反应分配率大体如下：

转化成对苯二甲酸约 94%(重量)；对二甲苯生成副产物约 4%(重量)；发生燃烧约 2%(重量)；溶剂燃烧占 PX 总消耗量的 9% ~10% 左右(重量)。

从氧化尾气所含的 CO_2 的分析数据来看，CO_2 的 60% 是来自醋酸燃烧；40% 是来自 PX 燃烧。在醋酸燃烧中，生成的 CO_2 和水的比例约为 75%，其余 25% 生成的是醋酸甲酯。系统中还会产生少量甲醇。

此外，如果氧化反应的配料比不当，或因对二甲苯、辅助原料和化学品不纯，带入某些杂质时，也会发生一些副反应而生成更多的副产物，最终作为杂质进入氧化物流中。

2)影响氧化反应产生 4 - CBA 杂质含量的因素

在氧化反应过程中，影响产生 4 - CBA 杂质含量的主要因素有：催化剂的用量；反应温度和反应压力；尾气中 CO_2 的含量（氧化深度）；反应物中的水含量；反应停留时间；溶剂比等。相关变量与产生 4－CBA 杂质含量的关系见表 9－1。

表 9－1 相关变量与产生 4－CBA 杂质含量的关系

相关变量		TA 中 4－CBA 含量
催化剂	钴浓度↑	↓
	锰浓度↑	↓
	溴浓度↑	↓
溶剂比↑		↑
反应物料含水量↑		↑
反应温度及压力↑		↓
停留时间↑		↓
尾气中 CO_2 含量↑		↓

3）氧化反应的主要工艺参数

芳烃厂氧化装置主要包括催化剂罐 F1－702A/B、进料混合罐 F1－203、氧化反应器 D1－301、第一结晶器 D1－401、第二结晶器 D1－402、第三结晶器 D1－403、真空过滤机 M1－410A/B、母液分离罐 F1－411A/B、过滤泵 G1－412A/B、干燥机 M1－423、溶剂脱水塔 D1－601、回收塔 D1－631 等。

影响氧化反应的主要工艺参数见表 9－2。

表 9－2 影响氧化反应的主要工艺参数

设备名称	工艺参数	仪表位号	波动范围
D1－301	操作温度	TRA1129	196～202℃
	操作压力	PRCA1115	1.45～1.55MPa
	尾氧含量	QRA1119	3.5%～4.5%
D1－401	操作压力	PRC1218	1.2～1.3MPa
	操作液位	LRCA1206	50%～80%
	尾氧含量	QRA1213	4.5%～5.5%
	冲洗溶剂量	FRCA1203	≤12m^3/h
D1－402	操作压力	PRCA1210	0.3～0.4MPa
	操作液位	LRCA1208	20%～40%
D1－403	操作压力	PRCA1281	0.035～0.06MPa
D1－601	塔顶温度	TI1931	82～89℃
	塔底温度	TI1723	122～130℃
D1－631	塔顶温度	TRC1923	63～70℃
	塔底温度	TRCA1933	80～98℃
M1－423	出料温度	TRCA1450	120～150°C

4)数据处理

(1)辅助变量的选择。

根据氧化反应工艺分析,将催化剂混合液的进料流量(FRCA1000)、PX对二甲苯进料流量(FRCA1002)、混合罐母液进料流量(FRC1001)、反应器操作温度(TRA1129)、反应器进料流量(FRCA1101)、反应器空气进料量(FR1103)、反应器尾氧含量(QRA1119)、反应器二氧化碳含量(QRA1118)、反应器搅拌电流(EI1157)和二次氧化尾氧量(QRA1213)等选作软测量建模的辅助变量。数据的采集通过DCS系统进行,每4h记录一次4-CBA杂质含量的人工分析值,共收集历史数据730组。

应该指出,反应器的压力(PRCA1115)是影响4-CBA杂质含量的一个重要的参数,在实际装置中反应器的压力是非常平稳的,根据记录的压力数据,反应器的压力始终在1.5MPa,在建立4-CBA杂质含量模型时该压力没有考虑,这也说明了压力在装置中对4-CBA杂质含量的影响已经降低到了最低的程度。

(2)数据处理。

为了保证软测量精度、数据正确性和可靠性十分重要,采集数据必须进行各种预处理。

① 误差分析。数据误差分为随机误差和过失误差两类。前者是随机因素的影响,如操作过程微小的波动或测量信号的噪声等,常用滤波的方法来解决。过失误差包括仪表的系统误差(如堵塞、校正不准等)以及不完全或不正确的过程模型(受泄漏、热损失等不确定因素影响)。

② 统计判别。对数据采用拉依达准则,进行进一步的异常数据剔除。拉依达准则又称3δ准则,是一种最常用,也是最简单的准则,它以实验次数充分为前提。一般前提下,对于一组样本数据,如果样本中只存在随机误差,则根据随机误差的正态分布规律,其偏差落在$\pm 3\delta$以外的概率约为0.3%。所以在有限次数的样本中,如果发现偏差大于3δ的数值,则可以认为它是异常数据而予以剔除。

③ 平滑滤波。即采用平均滤波的方法去除随机误差。平滑滤波法是用线性函数进行滑动平滑的,其工作原理是取第I点及附近若干点的数据,根据最小二乘法的原则确定一条拟合的直线方程,然后由该直线方程计算出第I点的因变量作为平滑后的数据值。

④ 归一化变换。对数据进行必要的归一化处理是很重要的,归一化处理后的数据用于建模,效果有非常大的改善。具体操作如下:

设某一变量的数据样本空间为$X=(X_1、X_2、\cdots X_n)$,则归一化的数据为

$$\frac{X' = X - \min(X)}{\max(X) - \min(X)}$$

2. 软测量模型的整体设计

采用机理与经验相结合的建模方法,通过历史操作数据,用主元分析PCA和神经网络方法(BPN、RBFN、…)完成了PTA氧化过程4-CBA杂质含量软测量模型的整体设计。

1)主元分析

因为样本数据中含有冗余信息,变量之间可能存在相关性,影响软测量的精度。为了解决该问题,在尽可能保持原有信息的基础上减少变量个数,确定主元变量。

主元分析(PCA)是一种数据压缩并从中提取有用信息的方法,已在数据处理中应用得越来越频繁。PCA 的思想主要是将由过程数据和质量分析数据等变量组成的高维数据空间投影到低维特征空间,特征空间中的主元变量保留原始变量的特征信息而消去冗余信息,它是解决数据相关问题,提高模型运算速度的重要工具。进行主元分析后按累积方差(贡献率)的90%选取主元变量即可很好地反应过程信息而滤去冗余信息。

通过对 10 个变量进行主元分析,其情况见表 9－3。

表 9－3 主元分析表

内容	特征值	贡献率,%	累积贡献率,%
1	47.5348	18.8377	18.8377
2	29.3482	11.6305	30.4682
3	27.0834	10.7330	41.2012
4	26.9902	10.6961	51.8973
5	26.7617	10.6055	62.5028
6	24.0082	9.5143	72.0170
7	22.3532	8.8584	80.8755
8	18.4916	7.3281	88.2036
9	15.4962	6.1411	94.3446
10	14.2706	5.6554	100.0000

从表 9－3 可以看出该模型选用九个辅助变量来建立软测量模型,就可以达到主元贡献率为90%以上,后面的一个辅助变量不起什么作用,它包含的只是一些冗余信息,完全可以不考虑,这样一方面可以简化软测量模型,另一方面也可以保证有良好的建模效果。

2)RBF 网络

RBF 网络是一个两层的前向网络,输入数目等于所研究问题的独立变量数,中间层选取基函数作为转移函数,从输入层到隐层空间的变换是非线性的,隐层到输出层是线性的,隐层单元的变换函数是一种局部分布的对中心点径向对称衰减的非线性函数,即径向基函数。输出层为一个线性组合器。

RBF 网络训练方法快速,学习算法不存在学习的局部最优问题,且由于参数调整是线性的,可望获得较快的收敛速度,同时具有全局逼近的性质和最佳逼近性能,非常适合系统的实时辨识和控制。径向基函数神经网络如图 9－14 所示。

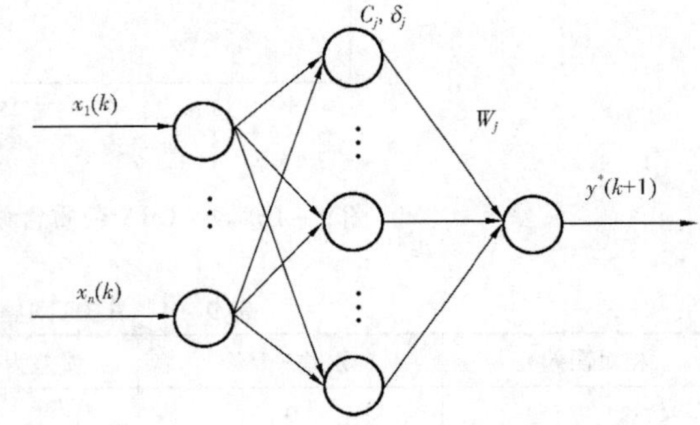

图 9－14 径向基函数神经网络模型

本课题经过大量的实验及分析,找到了一组较佳的参数,所建模型能用较少的神经元实现较好的预测结果,便于在现场工程实施。最后的 RBF 网络其宽度为 20、网络的隐含层为 20。基于主元分析(PCA)的 RBF 网络建模的训练结果如图 9-15 所示。相应的 RBF 网络预测结果如图 9-16 所示,这里虚线是预测数据。其泛化性能见表 9-4。

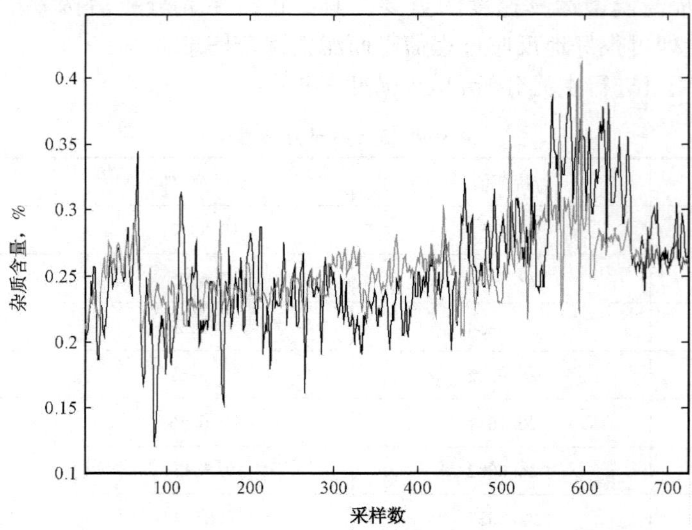

图 9-15 4-CBA 杂质含量 RBF 网络模型训练结果

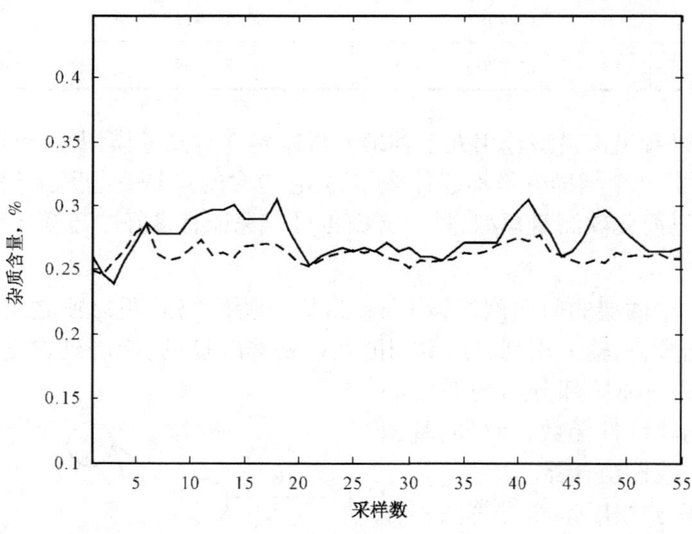

图 9-16 4-CBA 杂质含量 RBF 网络模型预测结果

表 9-4 RBF 网络模型泛化性能表

相对误差	误差 <1%	误差为 1% ~5%	误差为 5% ~10%	误差 >10%
数量(共 55)	9	23	16	7
所占比例,%	16.36	41.82	29.09	12.73

3)校正后的 RBF 网络

从以上仿真结果可以看出,单用某种方法建模还不能满足本课题软测量精度指标。当然,也可以采用多种方法的结合(也称为混合模型)。考虑到程序是直接加载在现场 DCS 系统中,为了节省系统空间,故采用校正的方法来使测量精度达到要求。

在 RBF 网络程序后增加一个校正程序,其校正系数为 1.3。其预测结果如图 9-17 所示。这里虚线是预测数据。

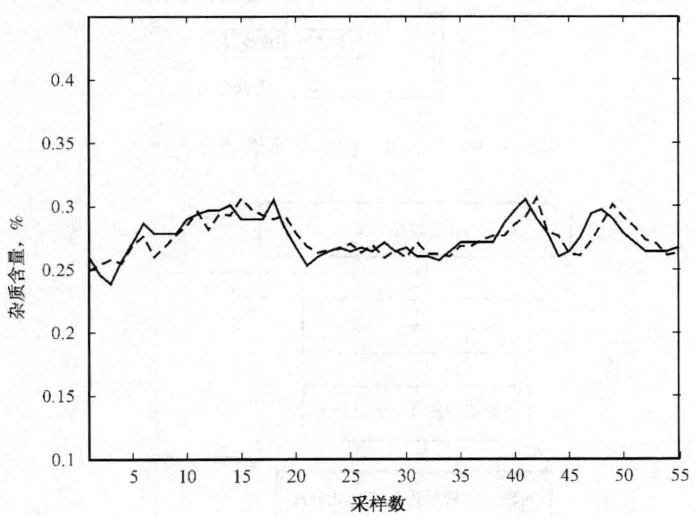

图 9-17 校正后的 64 区 RBF 网络模型预测结果

校正后 RBF 网络泛化性能见表 9-5。

表 9-5 校正后 RBF 网络模型泛化性能表

相对误差	误差 <1%	误差为 1% ~2%	误差 >2%
数量(共 55)	54	1	0
所占比例,%	98.1	1.9	0

从图 9-17 中可见,校正后的泛化性能很好,满足了本项目的要求。

从上述一系列仿真结果可以看出,选用九个辅助变量,采用主元分析后建立的 RBF 神经网络进行软测量建模,并加上校正是可行的,不仅简化操作,节省时间,而且泛化性能较好。

3. 工程实施

在完成软测量模型设计之后,即可进入工程实施阶段。在 Honeywell TPS 系统的 APP 应用处理平台,利用历史数据进行仿真建模,采用 CL 语言编写软测量程序。

4-CBA 软测量系统程序框图如图 9-18 所示,运行程序中的各个辅助变量由 DCS 系统实时采集,并通过调用已经建好的模型对输入数据进行计算,得出实时的软测量值,其测量流程如图 9-19 所示。

系统输出以数字和曲线两种方式进行显示。

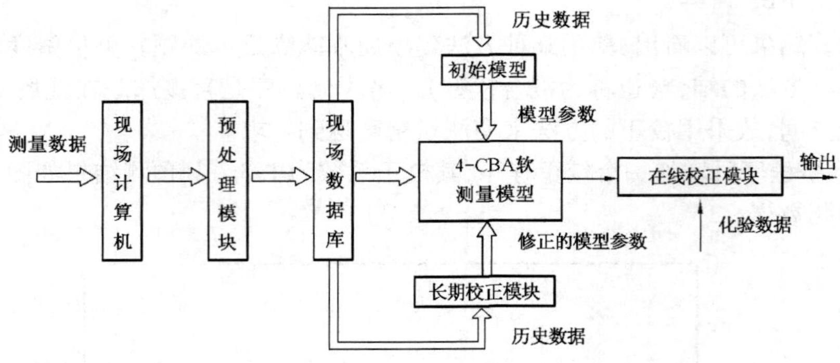

图 9－18　4－CBA 软测量系统程序框图

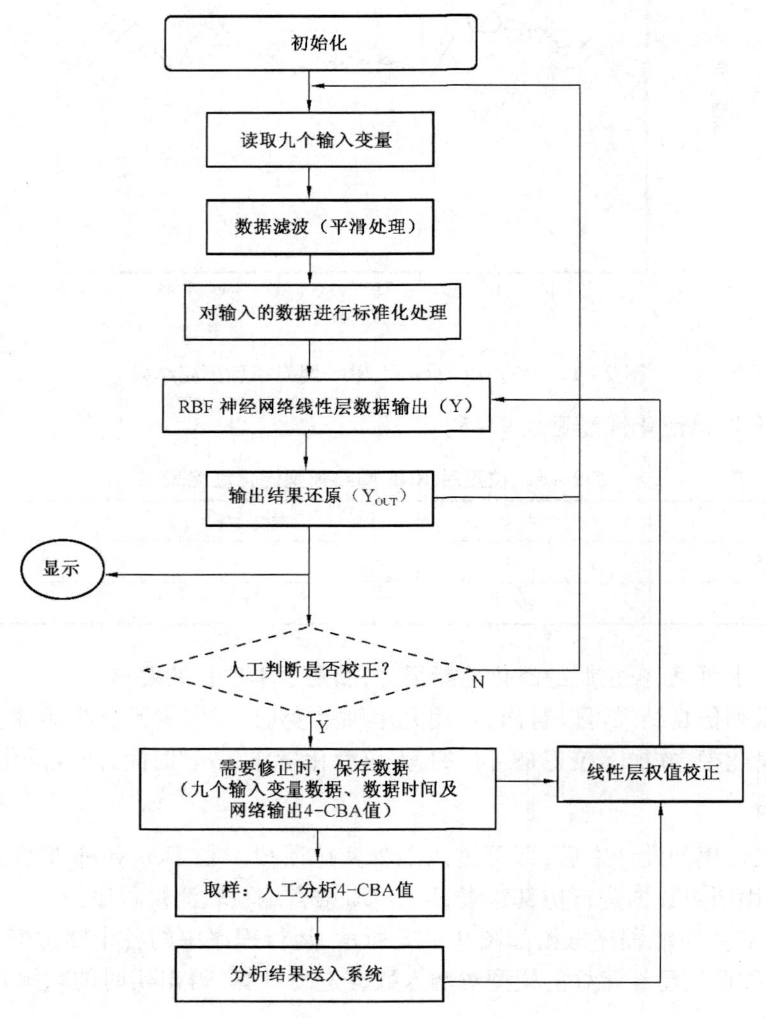

图 9－19　4－CBA 软测量流程图

4. 运行考核、分析

软测量模型现场实施之后，进行运行考核，数据对照表见表9－6。

表9－6　4－CBA杂质含量在线监测数据与人工取样分析数据对照表

取样时间	人工分析值	在线监测值	绝对误差
9月9日2:00	0.26	0.255	0.005
6:00	0.25	0.246	0.004
9月10日10:00	0.26	0.253	0.007
14:00	0.26	0.251	0.009
9月11日10:00	0.26	0.261	0.001
14:00	0.28	0.276	0.004
9月12日18:00	0.28	0.275	0.005
22:00	0.27	0.268	0.002
9月14日2:00	0.25	0.247	0.003
6:00	0.25	0.248	0.002
9月17日18:00	0.23	0.221	0.009
22:00	0.23	0.230	0.000
9月19日2:00	0.23	0.231	0.001
6:00	0.23	0.231	0.001
9月20日10:00	0.28	0.275	0.005
14:00	0.29	0.286	0.004
9月21日10:00	0.28	0.273	0.007
14:00	0.28	0.274	0.006
9月22日18:00	0.28	0.277	0.003
22:00	0.29	0.284	0.006
9月24日2:00	0.27	0.266	0.004
6:00	0.26	0.252	0.008
9月27日18:00	0.27	0.265	0.005
22:00	0.28	0.274	0.006
9月29日2:00	0.27	0.266	0.004
6:00	0.26	0.253	0.007
9月30日10:00	0.26	0.259	0.001
14:00	0.27	0.267	0.003
10月1日10:00	0.25	0.249	0.001
14:00	0.28	0.271	0.009

续表

取样时间	人工分析值	在线监测值	绝对误差
10 月 27 日 10:00	0.29	0.292	0.002
14:00	0.28	0.283	0.003
10 月 29 日 10:00	0.29	0.291	0.001
14:00	0.29	0.293	0.003
10 月 31 日 10:00	0.25	0.258	0.008
14:00	0.28	0.283	0.003

从 4 - CBA 杂质含量在线监测结果可以看出,用软测量监测的 4 - CBA 值与人工分析值接近,即能够用该软测量模型对 4 - CBA 杂质含量实施在线测量,以实现对 4 - CBA 杂质含量实行 24h 的监控,其精度符合本项目研发的技术指标。

(二)炼油厂催化裂化装置反应—再生部分软测量技术应用

典型的流化催化反应过程,采用再生器提升管催化反应技术,由于它的生产工艺复杂性,许多过程变量或状态无法在线直接测量。

1. 软测量模块

对催化裂化装置的反应—再生部分软测量,首先建立了催化剂循环量、反应热、烧焦状况及产品分布共四个软测量模块,计算出反映催化剂烧焦和催化裂化反应状况方面的十余个工艺参数。

(1)催化剂循环量模块(CAT - STON)工艺参数:CAT202 催化剂循环量,t/h;CATOIL 剂油比,%。

(2)反应热模块(NEW - HR)工艺参数:HR201 反应热,kJ/kG。

(3)催化剂烧焦状况估计模块(NE - CRG)工艺参数:CRG200 待生剂定碳,%;CRG201 半再生剂定碳,%;CRG202 再生剂定碳,%;BUR201 一再烧焦比,%;BUR202 二再烧焦比,%。

(4)裂化反应产品分布估计模块(NEWYIELD)工艺参数:YLD201 富气产率,%;YLD202 粗汽油产率,%;YLD203 轻柴油产率,%;YLD204 油浆产率,%;YLD205 生焦率,%。

2. 数据预处理模块

软测量模块采集现场仪表测量得到的温度、压力、流量、液位、成分分析参数共 50 余点,现场信号的预处理十分重要。在软测量的投用和维护过程中,设计了故障判断处理和滤波两个模块,以抑制仪表故障、失真、DCS 数据点非作业状态、杂信号等的干扰。它们是:

(1)故障判断处理模块(PRE - PRCS):

① 检测 50 点信号的 DCS 数据点的非作业状态,登录非作业位号;

② 检测现场仪表信号的断路故障、登录位号;

③ 判断现场信号的真伪,抑制大部分伪信号;

④ 对以上故障分别做出替换、保持等处理。

(2)滤波模块(D FILTER):

分别对压力、温度、流量、液位、成分分析量施以不同的滤波算法，抑制 PRE - PRCS 模块所不能抑制的干扰。

3. 基于工艺计算的模型

(1)催化剂循环量。催化剂循环量是表征催化裂化装置运行状况的重要工艺参数。由于生产过程的危险性，导致固体催化剂循环量是不可测量的参数。实际生产中通常采用标定数据，通过热量平衡计算获得一段时期平均的催化剂循环量。现采用动态与稳态相结合的方法，建立催化剂循环量的在线软测量仪表。催化剂循环量在线软测量如图 9 - 20 所示。

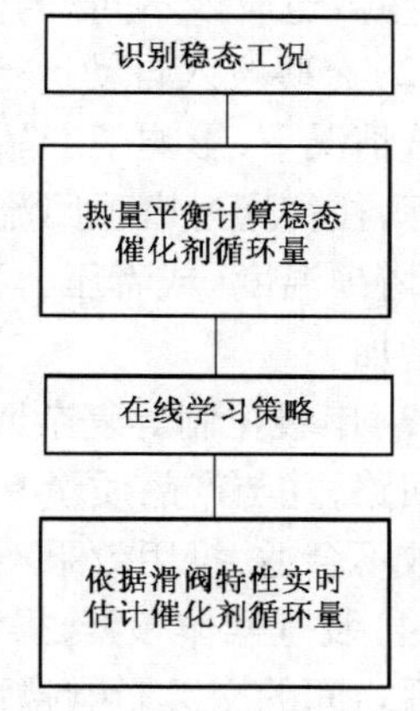

图 9 - 20 催化剂循环量的在线软测量示意图

(2)催化裂化反应热。由反应器热量恒算得

裂化反应热 = 催化剂带至反应器的热量 - 油品升温热 - 注入提升管及汽提段水蒸气的升温热 - 反应系统热损失

然后可通过裂化反应热计算出反应热，即

$$反应热 = \frac{裂化反应热 \times 1000}{总进料流量 \times 0.82}$$

4. 实施平台

软测量模块和数据预处理模块均在 DCS 系统应用模块上实现，例如，在 Honeywell TPS 系统 APP 模块上实现。软测量计算结果存入 TPS 系统历史数据库，在操作站作软件测量显示画面组态，可任意查看软测量数据及其历史曲线。

二、连续重整装置控制优化与参数整定

化工装置控制优化与参数整定是北京化工大学开发设计的基于现代控制理论预测和内模控制的方法与 PID 相结合的控制器优化软件。在控制系统中采用预测 - PID、内模 - PID 技术去优选 PID 参数的控制形式，使控制对象稳定、响应速度快、控制精度高，实现装置优化运行。某石化公司连续重整装置通过控制优化与参数整定项目实施，提高了自控率和平稳率，提高了控制质量和控制水平，从而提高了产品质量和收率，并降低了能耗。

(一)石油化工生产装置自控率和平稳率现状

目前石油化工行业普遍存在控制系统自控率低、控制功能开发应用技术落后，造成生产装置运行不平稳、产品质量低、功耗大等问题。

(1)DCS 系统中的 PID 控制器手动状态。PID 是控制器的主要控制形式，但是，PID 参数如何进行设置？到底哪样的 PID 参数最优？现场操作工、工艺人员难以给出准确回答，也就是说，PID 参数的整定是一个古老而又令人困惑的问题。目前，化工生产装置中很多 PID 调节器投不上自动，或者操作工设置 PID 参数投自动以后装置波动太大，保证不了生产的精度要求，只好改为手动。

在某石化公司连续重整装置中，工艺技术人员对回路进行过仔细的整定，虽然回路自控率能够长周期超过 80% 左右，但由于各方面的原因，各参数整定的值相近程度很大，“回路特性

不同、参数也应该不同”的体现还不充分。

(2)有些投入自动运行的PID回路效果不好。表现为波动幅度太大,有的都接近等幅振荡。该情况下,影响了产品质量、能耗高。例如,在连续重整装置中塔的塔顶温度是重要的控制指标,往往通过塔顶回流量进行串级调节,由于PID参数难以整定,目前串级基本难以投用,此时,塔顶温度(或者压力)波动幅度较大,且不平稳,这样就造成分馏的效果受到影响,能耗也会增加。

(3)串级控制等复杂回路基本都没有投用。装置中串级、选择控制等回路往往是非常重要的回路,并与产品质量有显著关系,而目前本装置中串级、选择等回路要么没有投用,要么由于参数不合适,投用效果不好。

(4)装置操作频繁,操作工劳动强度较大。装置越复杂,设备间的关联耦合因素越多,物料前后之间的交叉影响越强烈,加上有的回路投不上自动、有的回路投自动控制效果不好,因此,操作工需要时刻关注生产情况进行正确操作。

上述问题,其核心和实质就是控制器优化的参数整定问题。因此,采用先进控制技术,对化工装置控制优化与参数整定,以实现装置平稳优化运行是企业发展的需要,也是自动化仪表发展的趋势。

(二)连续重整装置控制优化与参数整定项目实施

1. 项目实施步骤

(1)搭建“控制器优化与参数整定”的软件、硬件平台,建立控制器优化站与DCS的通信接口。

(2)对连续重整装置的工艺员、操作工、仪表工程师进行项目培训。

(3)对于一些利用常规操作工操作数据难以满足控制器优化及参数整定的回路,与装置的工艺员一起进行闭环状态下的阶跃测试。

(4)利用操作工操作数据或者阶跃测试数据辨识对象的动态响应模型。

(5)根据得到的回路模型,利用先进控制进行控制器的优化与参数整定,以提高控制质量、自控率、装置运行效果。

(6)对于一些回路,为了保证控制质量,在线更改DCS中相关回路控制形式的组态。

(7)进行控制器控制效果的优化及仿真,将优化后的结果投入装置运行并加强观察,如果没有达到预期目标则进一步改进,直到达到要求。

2. 技术方案设计

对于连续重整装置,本项目所实施的“控制器优化和参数整定软件包”运行于控制器优化站,优化以后的控制算法和控制器参数运行于操作站。现场控制站和操作站是常规集散控制系统(DCS)的组成部分。

控制器优化站通过通信接口从DCS系统操作站(或者工程师站或服务器)中读取数据,DCS中运行的为常规PID算法,DCS的操作站提供人机操作界面、服务器(或历史模块)存放历史趋势数据、实时趋势数据、打印报表等。

通过图9-21所示的结构,进行控制器形式的优化、控制器参数的整定,达到高质量、高精度控制的目的。

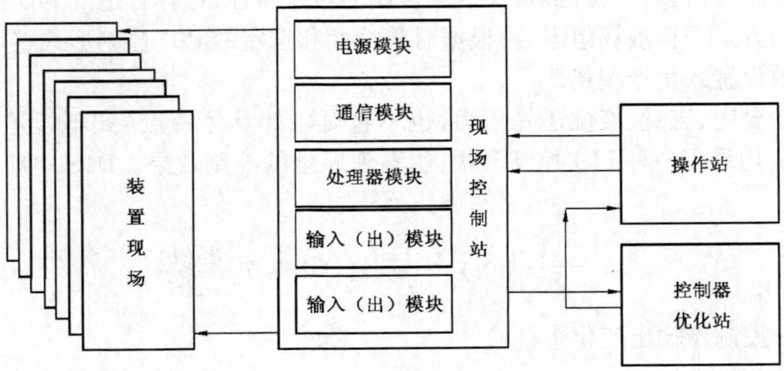

图 9－21　控制器参数优化的实施

图 9－21 中的控制器优化站按模块化的方式运作，模块及总体架构如图 9－22 所示。

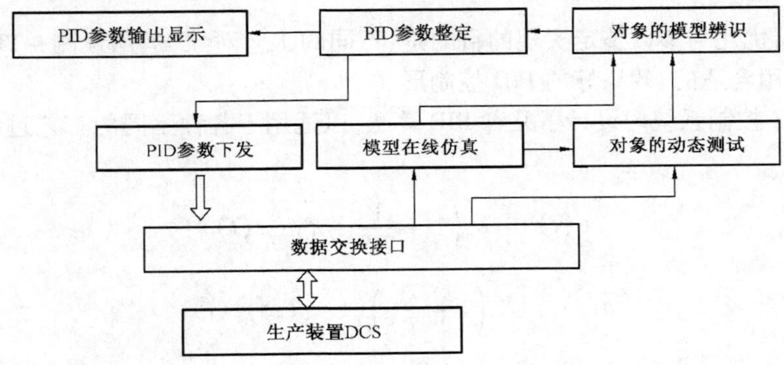

图 9－22　控制器优化整定模块图

各子系统主要功能如下：

(1)数据交换接口模块从生产现场读取数据。

(2)对象的动态测试模块产生各类的测试信号加入被控对象，得到期望的测试数据。

(3)对象模型辨识模块根据测得的过程数据，辨识得到对象的特性。

(4)模型仿真模块根据对象实测的数据进行比对，看模型是否达到期望的精度，若达到，则满足要求，若不满足，则重新进行辨识。

(5)PID 参数整定模块根据辨识得到的模型进行控制器参数的整定。

(6)整定后的 PID 参数可以根据需要进行显示或下发到生产现场。

对图 9－22 中的数据交换接口模块，可以购买现成的 DCS 通信模块。

3. 实施方案设计

本项目开展连续重整装置控制器优化与参数整定，以达到提高自控率、提高控制质量与控制水平、提高产品质量、降低能耗的目的。

(1)用预测控制和内模控制的方法与 PID 相结合，采用预测－PID、内模－PID 技术去优选 PID 控制的形式。

对每一个回路,进行对象特性辨识,根据辨识的对象特性,选择合适的 PID 控制形式,然后对该回路的控制方式进行现场组态,再根据对象特性和选定的 PID 控制形式整定 PID 参数,将合适的 PID 参数设置入生产现场。

当前无论是温度、流量、液位还是压力,也不管对象的具体特点(如不管是加热炉还是分馏塔),控制形式均采用一种 PID 控制形式,达不到理想的控制效果。DCS 中所有回路采用标准 PID 形式,即

$$u(t) = \frac{1}{\delta}\left[e(t) + \frac{1}{T_i}\int e(t)\mathrm{d}t + T_d\frac{\mathrm{d}e(t)}{\mathrm{d}t}\right] \tag{9-5}$$

式中 $u(t)$——控制器输出变化量;

δ——比例度;

T_i——积分时间,min;

T_d——微分时间,min;

$e(t)$——偏差值。

装置控制器优化与参数整定实现的目的是:不同的工艺对象,运用预测 - PID、内模 - PID 及仿真技术,选用合适的、效果好的 PID 控制形式。

国内外 DCS 控制系统内设计了几种 PID 算法,以适用于各种不同的工艺过程控制。比较常用的算法是:

$$u(t) = K_c\left(1 + \frac{1}{T_iS} + T_dS\right)e(t) \tag{9-6}$$

$$u(t) = K_c\left(1 + \frac{1}{T_iS}\right)(1 + T_dS)e(t) \tag{9-7}$$

$$u(t) = K_c\left(1 + \frac{1}{T_iS}\right)\frac{1 + T_dS}{1 + T_fS}e(t) \tag{9-8}$$

$$u(t) = K_c\left[e(t) + \frac{1}{T_i}\int e(t)\mathrm{d}t + T_d\frac{\mathrm{d}e(t)}{\mathrm{d}t}\right] \tag{9-9}$$

对于流量的调节可采用以下 PID 形式,即

$$u(t) = K_c\left(1 + \frac{1}{T_iS}\right)\frac{1 + T_dS}{1 + T_fS}e(t) \tag{9-10}$$

式中 $u(t)$——控制器输出变化量;

K_c——控制器放大系数;

T_i——积分时间,min;

T_d——微分时间,min;

T_f——微分滤波时间,min;

$e(t)$——偏差值;

S——工艺对象响应速率,1/min。

在这种形式下,流量调节阀前泵对流量抖动干扰的影响就将滤除,能起到好的控制效果。对于一个对象,对该对象选定的特定的 PID 控制形式,根据对象的具体特点,用预测、内模等先

进控制算法去整定 PID 的参数,使对象稳定、响应速度快、控制精度高。

(2)项目实施中采用先进控制技术(APC)、优化技术(用于 PID 参数寻优)、辨识建模技术、OPC 技术、数据处理技术、数据库技术等。

① 集散控制系统(DCS)中数据交换接口的实施。基于 OPC、XML 等,针对不同的 DCS(如横河、FOXBORO 等)、不同操作系统(WINDOWS、UNIX)采用不同的数据交换接口,这些接口要做到双向读数、写数,并且保证了原 DCS 操作的可靠性。DCS 的接口中采用 API 接口标准,采用 DCS 中提供的 API 函数进行接口通信。采用 Access 关系型数据库,做到数据存储格式的标准化。

② 对象特性的真实、准确获取。对象特性获取时,采用闭环阶跃辨识为主的方法,因此对过程的影响几乎忽略不计,并且特性获取准确。但在生产现场,一些技术细节,如采样周期、信号幅度等如何设置,要按照工程化、结合现场实用的观点设计。

③ 确定选用合适的控制器形式(是标准 PID 还是微分先行等)。根据不同的被控对象(温度、流量、压力、液位)及不同对象的不同特性(加热炉的大小等不同性能会有很大差异),选择合适的控制器形式(有的选用标准 PID、有的选用微分先行、有的选用积分分离)。

(3)安全稳定保障。在炼油化工装置中,安全性是第一位的,项目实施中应做到了以下几点:

① 闭环阶跃辨识为主的对象特性获取方法,对过程的影响几乎忽略不计,保证了装置的安全性。

控制回路对象特性的获取非常关键,只有抓住了对象特性才能做到高水平的控制。然而,对象特性获取时要加入测试信号,测试信号不当将对装置产生影响,从而引入干扰。对象特性获取时,采用闭环阶跃辨识为主的方法,因此对过程的影响几乎忽略不计,并且特性获取准确。这样,就保证了装置的安全可靠生产。

② 在装置控制器优化与参数整定过程中,只是从 DCS 的工程师站读取数据,而不直接往 DCS 工程师站写入数据,保证了数据的单向传输和操作的安全性。

③ 采用先进控制优化 PID 控制器形式和整定 PID 参数,既保留了 PID 控制器的鲁棒性,又具有先进控制精度高、响应快的特点,使系统快速、稳定、可靠。

4. 系统平台设计

控制器优化与参数整定系统结构如图 9-23 所示。

1)硬件配置

上位机工作站作为控制器优化站,配置为:工作站,19in 显示/2.7GCPU/1.2G 内存/120G 硬盘,双以太网卡。网络通信采用 TCP/IP 方式。

2)软件配置

操作系统:控制器优化站为 Windows XP。

数据库:Microsoft Access。

DCS 的数据接口:根据本项目生产装置采用的 Foxboro DCS,采用 API 接口。API 接口是应用程序的调用接口,其实就是操作系统留给应用程序的一个调用接口,应用程序通过调用操作系统的 API 而使操作系统去执行应用程序的命令(动作)。

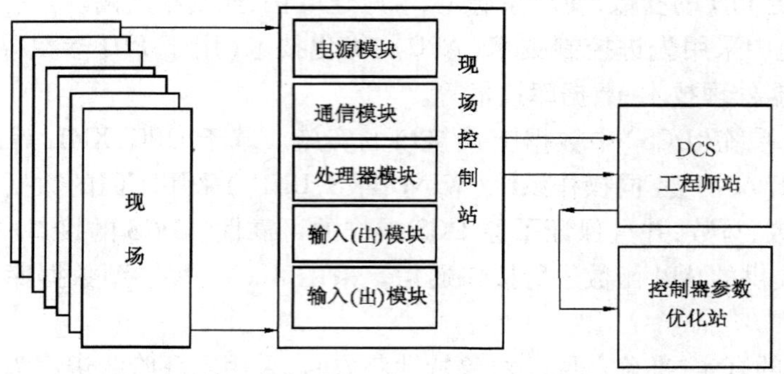

图 9－23 控制器优化与参数整定系统结构图

控制器优化软件包:包括数据通信、数据库管理、数据采集模块、建模及优化模块、控制器优化、控制器仿真、自控率监控、平稳率监控、加密硬件及软件等。

5. 装置控制器优化与参数整定后控制回路效果

1)预加氢汽提塔 T601

参数优化前,预加氢汽提塔 T601 的画面流程图如图 9－24 所示。由图可以看出,汽提塔加热炉温度 TIC6028 的控制事关 T601 塔的塔底温度,项目实施前 TIC6028 串级投不上自动,手工操作波动较大。当 TIC6028 手动操作时,加热率温度波动很大,导致 T601 的塔底温度变化很大,从而对 T602 的生产操作产生非常大的影响。

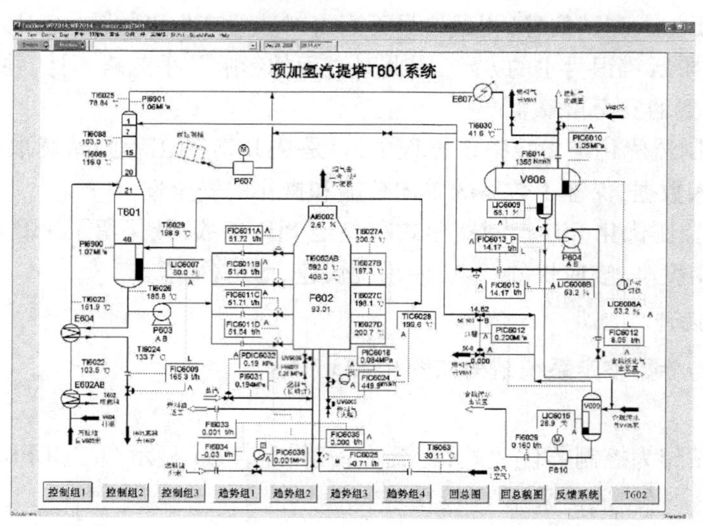

图 9－24 加氢汽提塔 T601 优化前流程图

TIC6028 原来的 PID 参数为 P＝150,I＝1,D＝5,优化后的 PID 参数为 P＝110,I＝4.5,D＝5。图 9－25 所示为 TIC6028 控制器优化前后的控制效果图。

TIC6028 高水平自动以后,加热炉的温度保持了稳定,建立了稳定且可靠的平衡,保证了 T601 的生产。

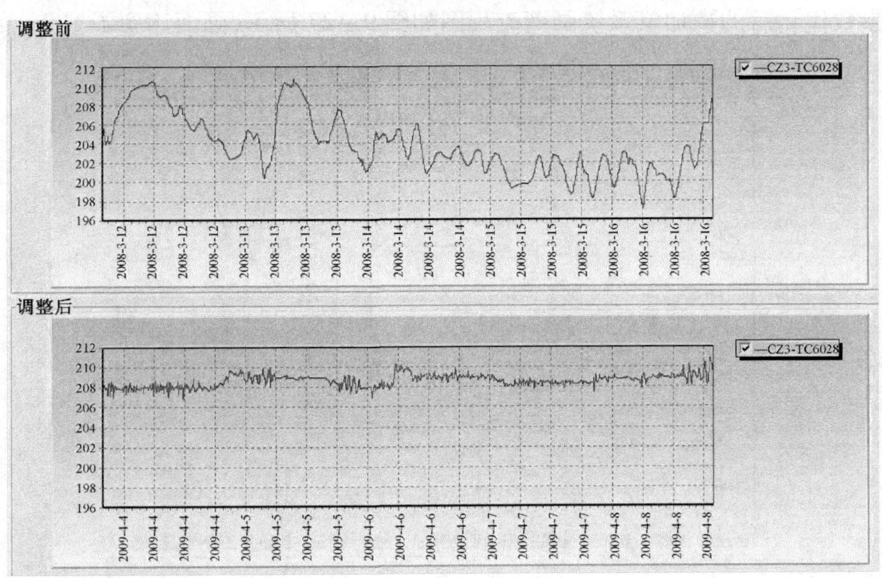

图 9－25　TIC6028 控制器优化前后控制效果图

汽提塔塔顶回流和缓冲罐的串级 LIC6008－FIC6012 投不上自动,手工操作波动较大。在项目实施过程当中发现这个回路的组态是错误的,并进行了修改。当 LIC6008 手动操作时,缓冲罐的液位波动导致 T601 的塔顶回流非常不稳,从而对重整的后续生产操作产生非常大的影响。

LIC6008 原来的 PID 参数为 P＝230,I＝0.4,D＝3.5,优化后的 PID 参数为 P＝125,I＝0.6,D＝0。图 9－26 所示为 LIC6008 控制器优化前后的控制效果图。

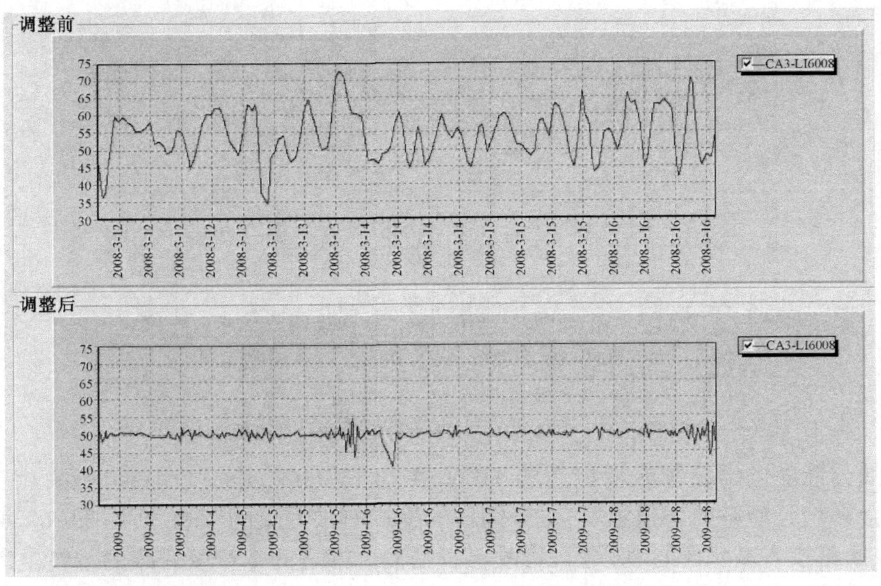

图 9－26　LIC6008A 控制器优化前后控制效果图

进行参数优化后的预加氢系统画面流程图如图 9－27 所示,画面达到了 100% 的自控率。

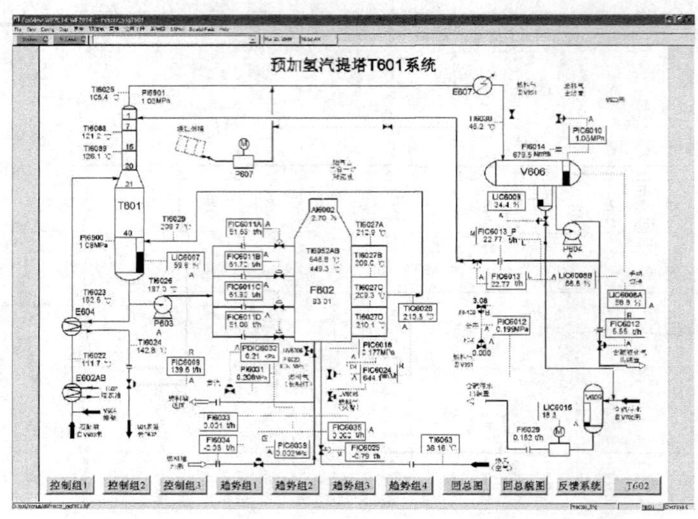

图 9－27 预加氢汽提塔 T601 系统优化后画面

2)预加氢石脑油分馏塔 T602 系统

直馏石脑油经过预加氢后,进入分馏塔进行处理,该生产环节是装置的关键部分,参数优化前的分馏塔流程画面如图 9－28 所示。

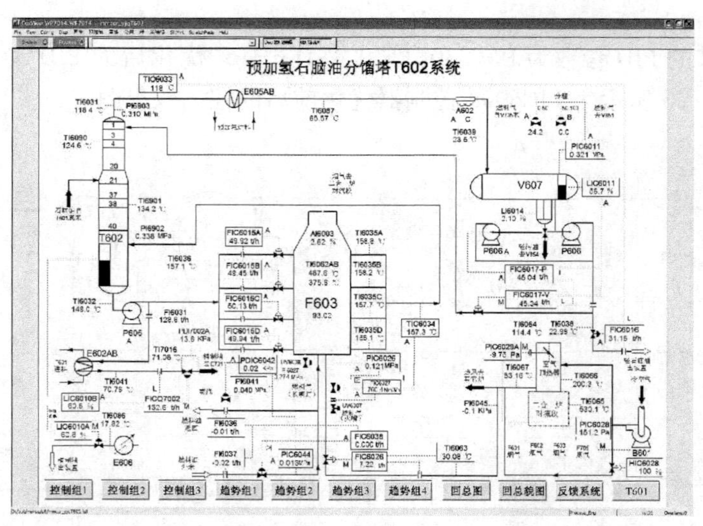

图 9－28 预加氢石脑油分馏塔 T602 优化前画面

石脑油分馏塔进出装置流量控制器 TIC6034 与 FIC6027 是一个串级回路,由于 FIC6027 的波动将会影响分馏塔的塔顶温度,对分馏塔的生产有很严重的影响,所以 TIC6034 的控制非常关键,该回路投入高水平自动以后,将改善石脑油分馏塔的生产及后续的重整生产。

由图 9－29 可以看出,控制效果大为改观,温度的变化范围大幅度减小。

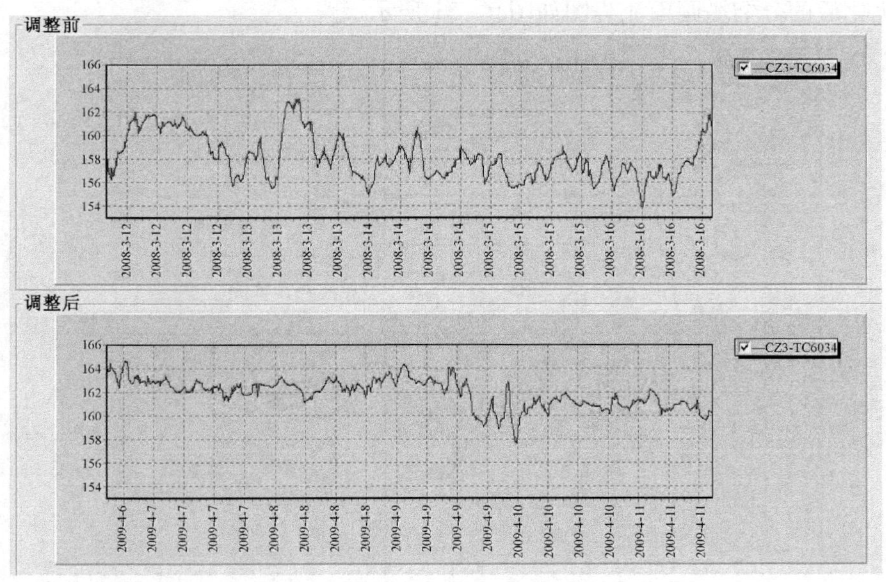

图 9－29　TIC6034 控制器优化前后控制效果图

汽提塔 T602 画面中的加热炉串级回路 TIC6033－FIC6016 中 TIC6033 的温度变化较大，导致汽提塔塔底温度变化很大，且加热炉的瓦斯波动很剧烈，甚至有停车的可能。在项目的实施过程中重点对这个回路进行了优化整定。

TIC6033 原来的 PID 参数为 P＝60，I＝0.8，D＝5，优化后的 PID 参数为 P＝100，I＝0.8，D＝5。调节效果如图 9－30 所示。

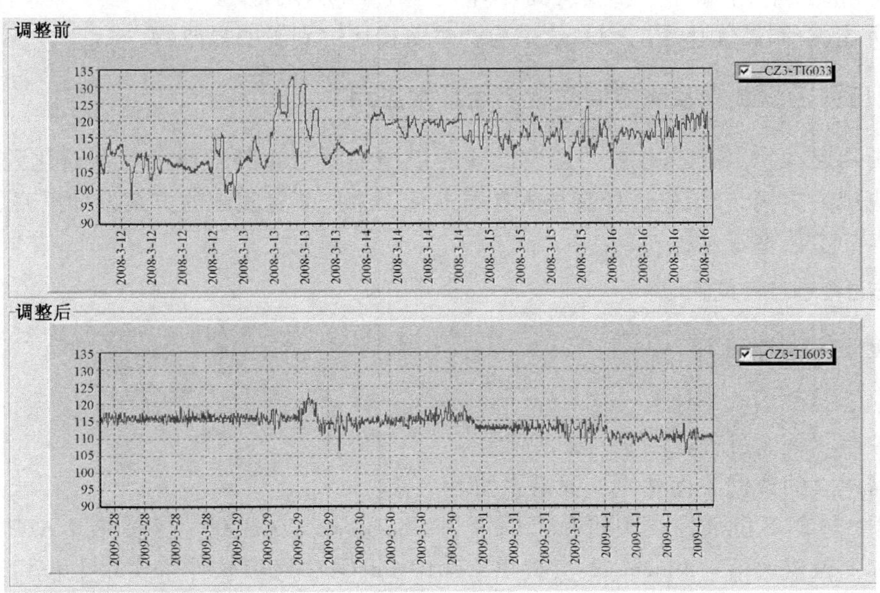

图 9－30　TIC6033 控制器优化前后控制效果图

参数优化后的分馏塔画面流程图如图 9 - 31 所示。

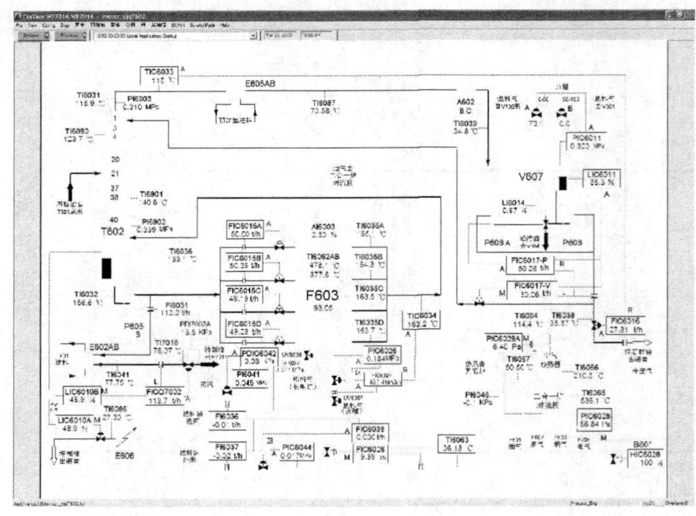

图 9 - 31　预加氢石脑油分馏塔 T602 优化后流程图

回路控制效果对比小结:

(1)项目实施后自控率大幅度提高。

(2)由图形对比可以看出,关键被控变量标准偏差都降低了 30% 以上。

(3)串级等复杂控制回路都由没有投用变为高精度的投用。

(4)回路能长周期稳定运行,且各控制变量波动满足工艺设计的要求。

(5)由于自控率、平稳率大幅度提高,降低了操作工劳动强度。

综上所述,控制器优化后的控制效果与调整前相比得到了明显改善。

三、低压聚乙烯装置预测控制与软测量技术应用

以美国阿斯本(Aspentech)公司开发设计的预测控制与软测量技术在某石化公司低压聚乙烯装置应用为实例,介绍先进控制技术在石油化工生产装置实施的方案设计策略、建模方法以及控制器的参数整定过程。

(一)先进控制方案实施策略

1. 先进控制方案设计

1)控制器建立的数据流程

先进控制实施的过程如图 9 - 32 所示。

控制器建立的数据流程具体步骤描述如下:

(1)建立与 DCS 的通信。该装置的 DCS 为 Honeywell TDC3000 系统,配置 APP 节点作为数据接口和上位机通信。Aspentech 会提供 CIMIO for OPC 通信软件来实现上位机和 DCS 的读写通信。图 9 - 32 中的 CIMIO SERVER 以下为 DCS 部分。

(2)建立通信后要进行数据采集工作。Aspentech 会提供数据采集软件 Collect 来完成这

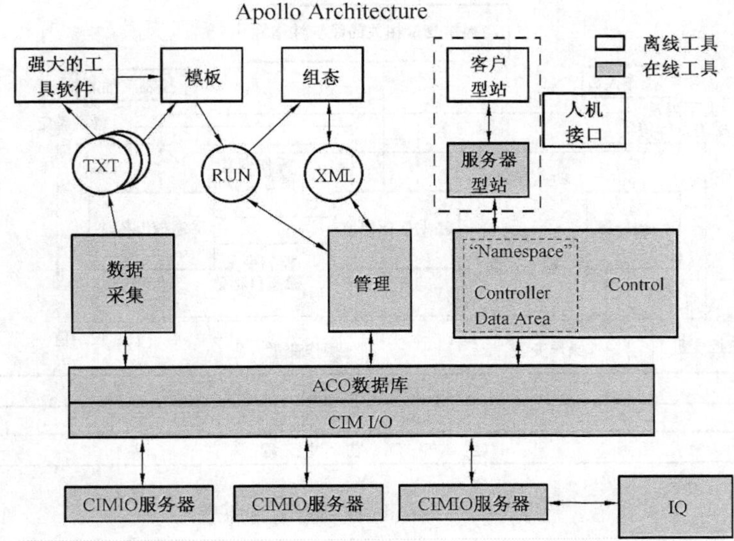

图 9－32 控制器建模及运行数据流程示意图

一任务。工程师站会根据项目的需要定义所需要采集的位号。应该说明的是，位号的定义应该越全面越好。数据文件为＊. txt 或＊. clc 文件。

(3)进行装置阶跃测试。在测试之前，Aspentech 和项目工作组将会共同制订一套安全可行的测试方案。以氢气乙烯比为例，在稳定工况下，保持其他变量不动，分别对乙烯、催化剂、氢气和放空进行阶跃测试，得到相应的测试数据。其他被控变量也是按此分别测定各个操作变量对它们的测试数据。

(4)得到阶跃测试数据后，利用模型辨识软件 Powertools 进行模型辨识，得到数学模型，例如，氢气、催化剂、乙烯、放空分别对于氢气乙烯比的响应模型。

(5)当所有的被控变量的数学模型都辨识完毕后，由项目组成员共同进行确认，然后在 Apollo model 内进行控制器组装，得到＊. run 文件，即控制器模型文件。

(6)然后在 Apollo Config 内配置控制器的输入、输出，即把控制器内的变量和 DCS 的实际位号相关联，得到＊. xml 文件，即控制器配置文件。

(7)在控制器正式投运之前，需要进行离线的仿真模拟，进行各种测试，以考察控制器的动作是否符合工艺的操作，并进行各种控制参数的调整。

(8)离线仿真结束后，得到了初步整定的控制器，可以进行在线投运。利用 Apollo manager 软件管理控制器的加载和运行。在投运过程中，Aspentech 的工程师会 24h 倒班监视控制器的运行状态，并及时调整控制器参数，进一步整定控制器，使控制器更加符合实际生产工况。

(9)图 9－32 中 View client 和 View server 为控制器在线观察界面。

2)控制器闭环控制优化的原理

Apollo 模型预测控制系统主要核心包括预测、优化和动态控制三个阶段。

如图 9－33 所示，Apollo 在传统的算法基础上创造性地引入了稳态优化的概念。图中虚线包围的部分即为 Apollo 在线部分的核心，对此进行说明。

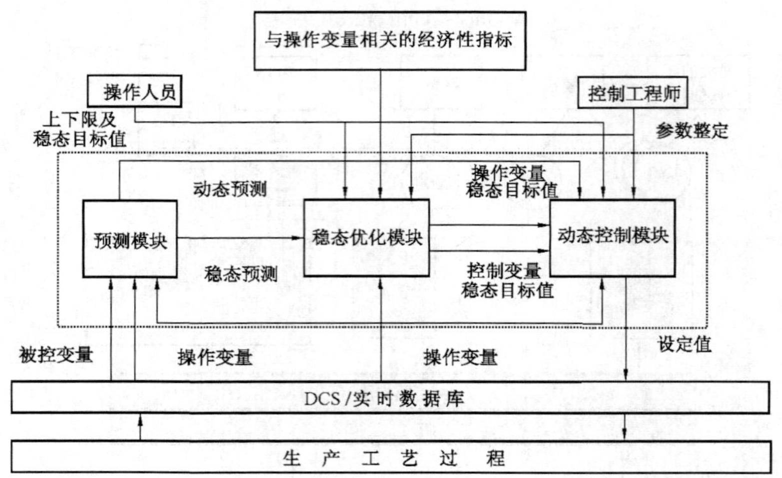

图 9-33 Apollo 控制器运行原理

(1)预测。

模型预测使用的公式为

$$\delta CV = A \cdot \Delta I \tag{9-11}$$

利用过去时刻操作变量的变化量预测被控变量将变化的轨迹,即为预测模块要解决的问题。可以将式(9-11)变为

$$\delta CV_{\text{future}} = A \cdot \Delta I_{\text{past}} \tag{9-12}$$

式中 $\delta CV_{\text{future}}$——被控变量将来时刻的变化量;

A——代表模型;

ΔI_{past}——过去时刻操作变量的变化量。

在控制器执行的每一周期,预测功能都要运行。运行分为三步:

① 利用当前操作变量的测量值,更新对被控变量的预测值;

② 将预测的被控变量的数值与当前被控变量的测量值进行对比,并进行校正(即反馈校正过程);

③ 根据时间,平移预测数据。

(2)稳态优化。

Apollo 稳态优化是约束条件下的多变量函数寻优问题,根据目标函数的不同分为两种:线性规划和二次规划。稳态优化分为两个阶段:

① 根据经济性优化阶段。如果在此阶段利用的是线性规划寻优,当上述指标项为被控变量,则稳态可表示为操作变量的函数,即

$$\phi = P - F - U \tag{9-13}$$

式中 ϕ——目标函数;

P——产品销售收入;

F——原料成本；

U——公用工程消耗。

最终合并同类项，优化问题的目标函数可归纳为

$$\phi = \text{cost}'_1 \Delta MV_{1_{ss}} + \text{cost}'_2 \Delta MV_{2_{ss}} + \cdots + \text{cost}'_i \Delta MV_{i_{ss}} \tag{9-14}$$

式中 cost'_i——操纵变量 i 的调节量为 1 时使整个系统的成本发生的变化量；

$\Delta MV_{i_{ss}}$——操纵变量 i 由目前数值变化至稳态数值时的调节量。

如果在此阶段利用的是二次规划寻优，则优化问题的目标函数为

$$\phi = (\text{cost}'_1 \Delta MV_{1_{ss}} + \text{cost}'_2 \Delta MV_{2_{ss}} + \cdots - A)^2 \tag{9-15}$$

式中 A——整个系统所能获得的最大利润值。

② 可行性判断阶段。如果在此阶段利用的是线性规划寻优，则优化问题的目标函数为

$$\phi_{\min} = \varepsilon'_1 W_1 + \varepsilon'_2 W_2 + \cdots + \varepsilon'_i W_i \tag{9-16}$$

式中 ε'_i——第 i 个被控变量经过稳态时间后的越限值；

W_i——罚因子。

罚因子与“等重要性误差衡量系数（ECE，Equal Concern Error）”互为倒数，即

$$W_i = ECE_i^{-1}$$

如果在此阶段利用的是二次规划寻优，则优化问题的目标函数为

$$\phi_{\min} = \varepsilon'^2_1 W_1 + \varepsilon'^2_2 W_2 + \cdots + \varepsilon'^2_i W_i \tag{9-17}$$

式中 W_i——罚因子，与 ECE 的平方互为倒数，即 $W_i = ECE_i^{-2}$。

稳态优化可有机地把经济性优化与可行性惩罚结合起来。

（3）动态控制。

图 9-34 和图 9-35 形象地说明了动态控制模块的功能。

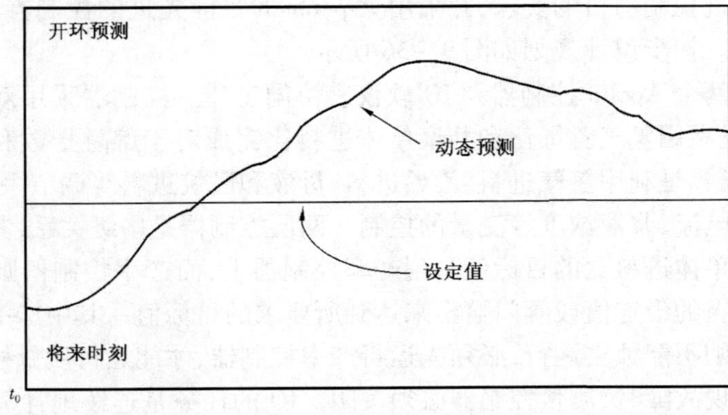

图 9-34 预测被控变量动态变化轨迹

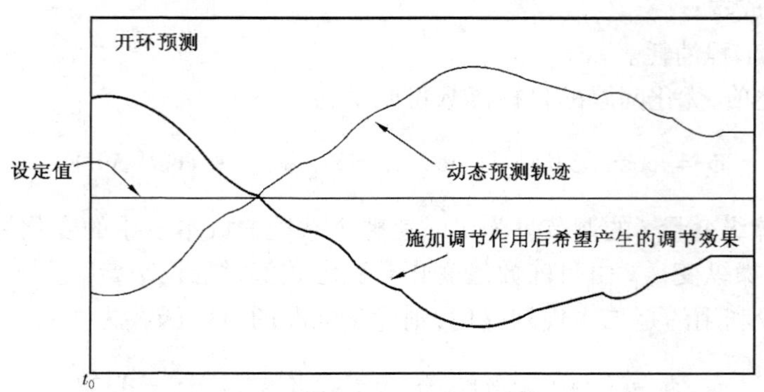

图 9－35 动态控制产生的镜像效果

图 9－34 说明基于过去时刻操作变量的变化量,Apollo 控制器推测出被控变量在将来时刻的动态变化轨迹偏离了设定值。为了避免被控变量偏离设定值,Apollo 将调整操纵变量,产生上述动态轨迹的镜像调节效果,如图 9－35 所示。

由于不能完全实现镜像效果,所以利用最小二乘原理实现如下残差平方和的最小化,即

$$r^T r = r_1^2 + r_2^2 + \cdots = \sum_{i=1}^{m} r_i^2 \tag{9-18}$$

式中 r_i——第 i 个被控变量实际变化轨迹与预测轨迹之间的残差;

T——采样周期。

残差向量的计算公式为

$$r = A \times \Delta MV - e \tag{9-19}$$

$$e = SP_{给定值} - PV_{测量值}$$

控制器将预测的被控变量目标值向下传递至下层的常规控制回路,作为常规控制回路的设定值。之后再返回前述 Apollo 控制系统在线运行步骤①循环执行。

3)项目控制系统的结构规划

针对该装置先进控制项目的要求,并采用 Aspentech 目前先进的控制器设计概念,进行控制系统结构的设计。初步设计规划如图 9－36 所示。

控制方案包括两个 Apollo 控制器和 IQ 软仪表协同工作。控制器采用双层结构。上层为质量控制器,任务是利用氢气乙烯比和共聚单体进料比完成对于熔融指数和密度的控制。下层为产率控制器,任务是利用氢气进料、乙烯进料、母液和已烷进料等调节手段实现产率、氢气乙烯比、压力、搅拌电流、浆液浓度等变量的控制。两层控制器是串级关系,其中质量控制器将氢气乙烯比或共聚单体进料比的目标值写到产率控制器上,而产率控制器则调节相应的氢气进料或共聚单体进料的设定值或阀门输出来达到所要求的目标值。其中产率控制器可以独立运行。质量控制器则不能独立运行,必须先运行产率控制器,才能运行质量控制器。当产率控制器停止或色谱出现故障时,质量控制器必须关闭。IQ 的任务是连续地计算当前釜内的熔融指数和密度。IQ 可以独立工作,其计算结果可以供操作员参考,也可以同控制器一起工作,实现产品质量的闭环控制。

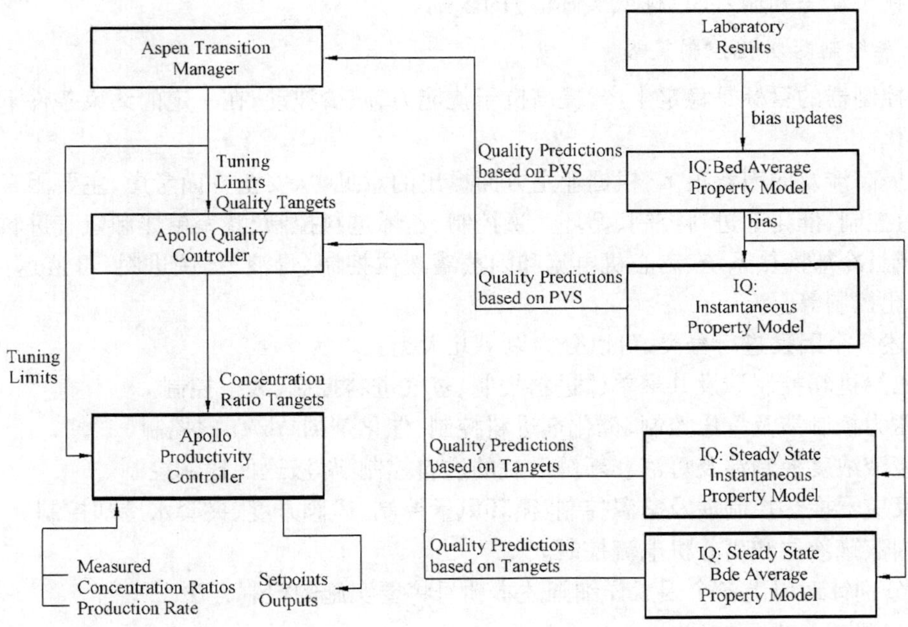

图 9-36 控制系统结构图

实现闭环控制的工作原理如下所述。

首先,IQ 根据从现场读到的参数(如氢气乙烯比等)计算出当前的熔融指数,这个计算结果被送到质量控制器。质量控制器内含有氢气乙烯比对熔融指数的模型,它会根据当前的熔融指数计算出氢气乙烯比调整的方向,并把氢气乙烯比的设定值传给下层,即产率控制器。由产率控制器根据当前乙烯、催化剂的进料来调整氢气达到要求的设定值。

质量预测软仪表需要利用实验室数据进行更新校正。共有以下几种类型的预测值:

(1)平均值预测:

① 代表了聚合釜出口的实际物性;

② 包含所有工艺过程上的滞后和延迟。

(2)瞬时值预测:

① 代表没有滞后和延迟的质量;

② 在牌号切换过程中可以在不产生次品的前提下适度允许超调。

(3)稳态预测:

① 质量控制器的操作变量是产率控制器的目标值;

② 质量控制器的被控变量是软仪表的预测值;

③ 由于不可能做出浓度目标和实际浓度之间的动态关系(在不同的约束条件下)基于实际浓度的被控变量会带来不必要的模型误差,并且会导致控制器目标不必要的调整;

④ 稳态质量预测通过基于目标而不是实际值的预测解决了上述问题。

实时(动态)的质量预测用于操作员信息和切换过程中切换管理软件的反馈。另外,实时(动态)的质量预测还用于利用实验室数据进行偏差更新。所有这些预测都使用同样的模型,不同之处在于动态和输入(目标或实际值)的区别。

2. 产率控制器实施控制策略

产率控制器的目标是稳定生产,提高抗干扰能力,减少波动,在一定的约束条件下,实现产量的最大化。

产率提高涉及的因素很多,根据业主方面提出的意见,从安全方面考虑,主要因素有:温度控制、压力控制、催化剂进料控制、循环气量控制、乙烯进料控制、共聚单体和氢气进料控制、浆液浓度控制、冷却换热系统、离心机电流和闪蒸罐液位控制、母液、己烷进料、母液返回比例控制、Al/Ti 比控制等。

将上述各个因素进行分类,可以分为以下几大类:

(1)乙烯进料控制涉及共聚单体进料控制、氢气进料控制、放空控制。

(2)压力控制涉及釜压控制、催化剂进料控制、催化剂的 Al/Ti 比控制。

(3)浆液浓度控制涉及母液和新鲜己烷的进料控制、母液返回比例控制。

(4)反应器换热控制涉及釜温控制、循环风量控制、风阀开度、夹套水冷却控制。

(5)闪蒸罐液位和离心机电流控制。

下面分别针对以上各个因素详细阐述本项目将要实施的控制方法。

1)反应器乙烯进料控制

乙烯进料最大化意味着获得的产量最大,所以,将该控制器设计成在满足约束条件的情况下,尽可能地提高乙烯进料。

为了实施产率的控制,需在 DCS 系统上进行与产率有关的一些计算,并建立相应计算点。这些变量在产率控制方案中是被控变量。

乙烯进料量的变化对于聚合釜内各项控制参数及后系统都有影响,是牵一发而系全身。另外,聚合釜内乙烯进料量的增加也受装置内其他因素的制约,特别是换热能力和后系统离心机的制约。因此,在改变乙烯进料的同时必须同时调整其他可控手段来维持系统的稳定。多变量控制器可以轻易地处理此类问题。影响提高负荷的后系统中的其他过程约束另外有模型描述。

2)反应器压力控制

影响聚合釜压力的操作变量有(以一釜为例):催化剂流量、氢气进料、放空阀的开度,乙烯进料。

聚合压力的变化通常是由乙烯分压的变化首先引起的。如果乙烯进料增加、催化剂进料或者活性相对减少,乙烯分压就会上升。在维持一定氢气乙烯比的前提下,必然会增加氢气的进料,结果就会导致釜压的上升。这时候最好的方法就是加大催化剂进料,消耗乙烯分压,从而使氢气进料也相对减少,达到降低釜压的目的。

在牌号切换时,会打开放空阀放掉过多的氢气,同时也会放掉部分乙烯,会导致釜压的下降。所以放空对于釜压的影响不能忽略,尤其是生产串联牌号时的一釜的压力。

基于以上考虑,将催化剂进料和放空阀开度作为调节釜压和乙烯分压的主要手段,其中放空阀只在牌号切换时打开,平时关闭。另外,乙烯进料、氢气进料作为前馈干扰变量。

尽管压力对质量没有影响,出于安全方面的考虑,还是要将压力控制在一定范围之内。压力会控制在接近它的操作上限以节省一些催化剂。

3）氢气、乙烯比控制

氢气、乙烯比的控制思路是，由上层质量控制器或操作员根据当前熔融指数给出氢气、乙烯比的目标值，该目标值由产率控制器通过调节氢气流量来实现。

有效而稳定的氢烯比控制是 HDPE 装置实施 APC 项目成功的关键。有关影响氢气、乙烯比的操作变量有（以一釜为例）：催化剂流量、氢气进料、放空阀的开度、乙烯进料。氢气进料和放空阀开度在控制器中均为操作变量，催化剂流量、乙烯进料作为前馈变量（干扰变量），只考虑它的影响而不利用它调节氢气、乙烯比。

控制器会根据乙烯进料的变化、催化剂进料的变化自动调节氢气的进料以维持一定的氢气、乙烯比。

4）共聚单体进料比

根据工艺操作习惯，对于密度的控制是通过调节共聚单体与乙烯的进料比值来实现的。因此，控制方案中也沿用这一思路。

共聚单体进料比的控制思路是，由上层质量控制器或操作员根据当前密度给出共聚单体比的目标值，该目标值由产率控制器通过调节共聚单体流量来实现。

控制器会根据乙烯进料的变化、密度的变化自动调节共聚单体进料以维持一定的进料比。

5）浆液浓度控制

为了实施多变量控制器对浆液浓度的控制，需在 DCS 系统上进行一些相关计算，并建立相应点。

通常，产率的增加会导致浆液浓度的增加。在生产应用中，浆液浓度要求在较小范围内波动。在正常生产时，通常随着乙烯进料的变化而改变新鲜溶剂和母液进料以维持稳定的浆液浓度。

出于节能降耗的考虑，一般会尽量增加母液的返回量，同时减少新鲜己烷的进料。这样一则可以减轻回收系统的负担，二则可以利用母液中残余的催化剂。

是不是可以不用新鲜己烷而全部使用母液呢？回答是否定的。原因是，母液中含有低聚物，如果没有新鲜己烷的加入，釜内的低聚物将会积累从而增加浆液的粘度，进而影响到液相的传质，影响到聚合反应。因此，必须控制母液的加入量，同时加入一定量的新鲜己烷以控制低聚物的积累。

母液的返回率应该有一个上限，这就是上面设置母液复用率 RML3201 和 RML3221 来约束母液进料的原因。上限一般设为 80% 左右。

6）冷却系统控制

乙烯进料越多，释放出的反应热也就越多。及时地去除反应热是提高产率的关键。另一方面，温度对熔融指数影响极大，所以工艺要求温度控制必须足够稳定。在预测试阶段，发现 DCS 上现有的温度控制回路工作很好，所以保留现有的温控自动回路。但是温控回路的阀门开度作为一个被控变量，在维持一定的温度时，当乙烯增加时阀门输出会降低，因此风阀开度过低是很危险的。另一个需要关注的变量是釜顶换热器前后压差，一般不希望压差太高，那意味着接近换热极限了。

影响聚合釜传热的另一个因素是夹套水的流量和温度。一般而言,80%的反应热由己烷蒸发带走,20%的反应热由夹套带走。因此,当夹套水流量增大或水温降低时,将有利于撤热,风阀的开度会上升,风量则会下降。

综上所述,影响风阀开度、换热器压差的主要因素有:乙烯进料、催化剂进料、母液己烷进料、釜顶换热器循环水流量、夹套水流量及温度。

在控制过程中,如果釜内热量过多,一般会引起风阀开度减小,风量增加,压差增大。这时控制器首先调节夹套水的流量,然后人工调节釜顶换热器循环水流量(因为该流量没有调节阀,只有人工调节),最后会适当调节乙烯进料以缓和换热。

7)闪蒸罐液位和离心机电流控制

把闪蒸罐和离心机看作一个子系统。闪蒸罐液位是一个典型的积分变量,它有多个输入而只有一个输出。输入分别是两釜的乙烯进料、己烷和母液进料。输出是液位控制阀。通常,液位控制回路是打开的,阀门开度由人工调节以避免冲击离心机。所以,需要阀门输出作为一个操作变量,同时控制液位和离心机电流。

值得注意的是,闪蒸罐和离心机受前面流程的影响比较大。例如,增大乙烯进料会导致溶剂进料的增加,从而导致闪蒸罐液位控制阀的增大和离心机扭矩及电流的增高。通常离心机是提高产率的一个约束。

(二)控制器结构设计

1. 产率控制器

1)产率控制器结构

产率控制器的操作变量和被控变量见表9-7。注意不是所有的变量都同时使用。

表9-7 产率控制器变量表

位号	描述	备注
	操作变量	
R1CAT	一釜催化剂进料	PV
FIC3221	一釜乙烯进料	SP
FIC3222	一釜共聚单体进料	SP
FIC3223	一釜氢气进料	SP
FIC3224	一釜己烷进料	SP
FIC3225	一釜母液进料	SP
TICA3224	一釜夹套水开度	OP
HC3211	一釜放空阀开度	OP
R2CAT	二釜催化剂进料	PV(并联模式)
FIC3241	二釜乙烯进料	SP
FIC3242	二釜共聚单体进料	SP
FIC3243	二釜氢气进料	SP
FIC3244	二釜己烷进料	SP
FIC3245	二釜母液进料	SP

续表

位 号	描 述	备 注
	操作变量	
TICA3244	二釜夹套水开度	OP
HC3231	二釜放空阀开度	OP
LIC3243	液位调节阀开度	OP
	前馈变量	
TICA3224	一釜夹套水入口温度	PV
TICA3244	二釜夹套水入口温度	PV
FLAG1		
	受控变量	
HDPEL3	C 线产率	
HDPE3201	一釜产率比例	
AICA3212	一釜 H_2/C_2	
AICA3232	二釜 H_2/C_2	并联模式
AICA3232S	二釜 H_2/C_2	串联模式
SL3201	一釜浆液浓度	
SL3221	二釜浆液浓度	并联模式
SL3221S	二釜浆液浓度	串联模式
R1COM	一釜共聚单体进料比	
R2COM	二釜共聚单体进料比	
PICA3221. PV	一釜压力	
PICA3241. PV	二釜压力	并联模式
RML3201	一釜母液复用率	
RML3221	二釜母液复用率	
TICA3221. OP	一釜风阀开度	
TICA3241. OP	二釜风阀开度	
PDIA3211. PV	一釜压差	
PDIA3231. PV	二釜压差	
LIC3243. PV	闪蒸罐液位	
EIA3311. PV	离心机电流	
XIA3311. PV	离心机扭矩	

2）产率控制器模型

产率控制器共有 21 个受控变量，每一个变量都包含一个模型，共有 21 个模型。

3）产率控制器组态参数

产率控制器组态参数设置包括稳态优化和动态优化两部分，其中每个部分又可分为各个变量的上下限、优化方法、权重计算等。绝大部分参数(个别除外)都可以在线通过浏览器进行更改,但是不同的角色具有不同的更改权限。操作员只能更改最基本的参数,如在工程师设定的范围内变化操作员上下限、对于单个变量的开停操作、对于控制器的开停操作等。工程师有权更改所有的参数,除了能够更改所有操作员参数外,还能够调整其他高级参数,例如,工程师上下限、优化方法的选择、各个变量权重的改变等。

在实际操作中,不同的生产牌号具有不同的操作范围。操作员、工程师以及配方管理软件会根据当前的牌号在线设置不同的上下限,因此,在这里列出各个变量的工程师上下限和操作员上下限没有实际意义。这里只列出各个变量的有效值范围,即 Valid High 和 Valid Low,这个有效范围一旦确定,是不可在线更改的。

2. 质量控制器

1)质量控制器结构

质量控制的任务是维持质量在预定目标和以最小量过渡料完成快速牌号切换。

根据工艺提出的意见,影响产品质量的因素主要有氢气乙烯比、共聚单体加入量、氢气进料量、主催化剂加入量、反应器温度、母液返回量、两釜出料、放空、乙烯进料比等。现逐一分析如下:

(1)氢气、乙烯比是影响熔融指数的主要因素之一。根据三井提供的设计资料,熔融指数和氢气、乙烯比成对数的线性关系。在实际生产过程中,根据以前的生产经验,也是氢气、乙烯比影响最大。而乙烯进料量、氢气进料量、催化剂加入量及活性以及放空等都是影响氢气、乙烯比的因素。

可以说氢气、乙烯比综合反映了各个进料及釜内聚合反应的结果。影响这个结果的原因有很多,但只要控制住这个结果,就控制住了熔融指数。质量控制器的目的就是将氢气、乙烯比的目标值送给产率控制器,由产率控制器完成控制氢气、乙烯比的任务。

(2)反应温度也是影响熔融指数的一个主要因素。但是三井的设计是不用温度调节熔融指数的,因此温度平时被控制在一个恒定的数值。根据预测试的结果,决定保留 DCS 上的温控自动回路。

(3)从理论上讲,共聚单体的进料也会影响熔融指数,在其他条件不变的情况下,加大共聚单体的进料会导致熔融指数上升。但是在实际过程中,共聚单体对熔融指数的影响往往在熔融指数的波动中被淹没。在建模过程中,将根据实际数据来决定是否采用共聚单体作为一个影响因素。

(4)釜压升高会加快聚合链的增长反应速度,但同时也会相应增加链转移反应的速度,因此不会对相对分子质量造成影响,也就是说不会影响熔融指数。

(5)对于两釜的进料比,无论是在串联还是在并联,他们影响的是粒料的熔融指数和相对分子质量分布。其实只要控制了聚合釜内的熔融指数,粒料的熔融指数也就控制住了。工程师可以通过设定一釜的产率比 HDPE3201. PV 来达到控制进料比的目的。至于相对分子质量的分布,则属于产品性能设计的范畴。

质量控制很大程度上依赖于色谱分析仪。如果色谱不可靠,那么质量控制将无法有效工作。

2)质量控制器模型

质量控制器共有六个被控变量,每个被控变量都包含一个数学模型,共六个模型。

3)质量控制器组态

质量控制器组态参数设置包括稳态优化和动态优化两部分,其中每个部分又可分为各个变量的上下限、优化方法、权重计算等。绝大部分参数(个别除外)都可以在线通过浏览器进行更改,但是不同的角色具有不同的更改权限。操作员只能更改最基本的参数,如在工程师设定的范围内变化操作员上下限、对于单个变量的开停操作、对于控制器的开停操作等。工程师有权更改所有的参数,除了能够更改所有操作员参数外,还能够调整其他高级参数,例如,工程师上下限、优化方法的选择、各个变量权重的改变等。

在实际操作中,不同的生产牌号具有不同的操作范围。操作员、工程师以及配方管理软件会根据当前的牌号在线设置不同的上下限,因此,在这里列出各个变量的工程师上下限和操作员上下限没有实际意义。这里只列出各个变量的有效值范围,即 Valid High 和 Valid Low,这个有效范围一旦确定,是不可在线更改的。

3. 产品质量预测(软仪表)

1)软仪表 IQ 模型建立过程

软仪表 IQ 的建模过程大致和控制器的建模过程类似,如图 9-37 所示。主要分为以下几个步骤;

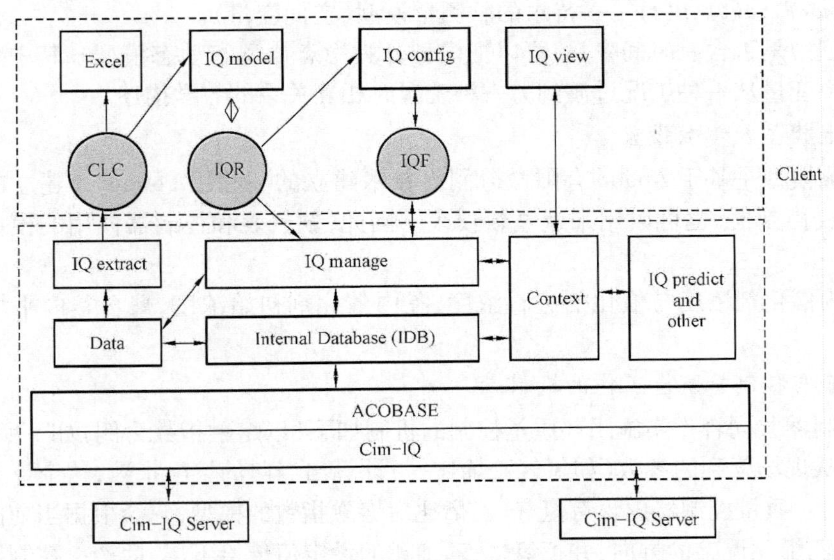

图 9-37 软仪表建模及运行示意图

(1)数据收集。数据收集有两种方式,一种是利用数据采集软件在线收集 DCS 的数据,另一种是收集以往各个产品牌号的生产数据,每个牌号至少需要 50 组相关的数据。数据的格式可以是 *. clc 文件,也可以是 excel 电子表格。

(2)利用软仪表模型开发软件 IQ model 进行数据处理和建模,生成 *. iqr 模型文件。

(3)利用软仪表配置软件设置模型的输入、输出,使模型变量与 DCS 实际位号连接,并设置实验室偏差校正方法。软仪表配置文件是 *. iqf 文件。

(4)在线运行。在上位机上利用软仪表管理软件 IQ manage 加载和运行软仪表,并通过 IQ view 软件在线观察软仪表的运行情况。

2)软仪表 IQ 的工作原理

软测量模型的建立过程实际上是利用大量的过程数据和目标变量的离线分析数据,推导出由系统的输入变量和可测的系统辅助输出变量来表征系统主导输出变量模型的过程。可以将上述过程抽象成如图 9-38 所示的软测量基本框架图。

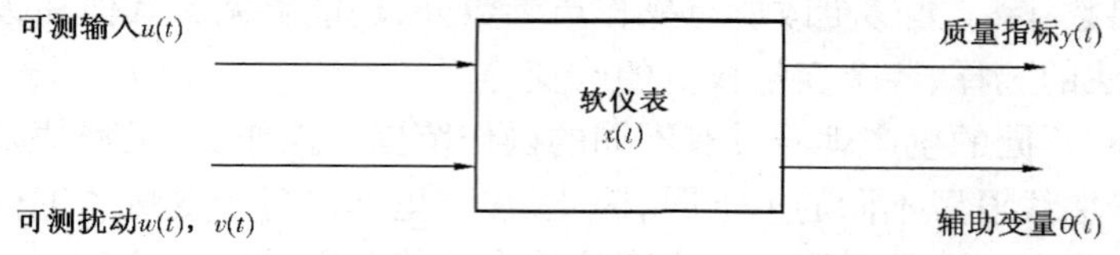

图 9-38 软测量基本框架

所有的过程都存在于时间—空间中,这就是说,软测量模型可以表示为时间变量和其他变量(这些变量可以被称作空间变量)的函数,即

$$y(t) = f[u(t), w(t), v(t), \theta(t)] \tag{9-20}$$

式中 t——时间变量;

$u(t), w(t), v(t), \theta(t)$——待求的软测量模型(空间变量)。

根据模型中是否含有时间变量,可以把模型分为稳态模型和动态模型。其中动态模型是对系统的主要变量从一种工况过渡到另一种工况时相互关系的数学描述。

3)软仪表模型及参数设置

质量预测模型是基于 Apollo 有限微分网络技术建立的。利用 Powertool 建立的模型既可以用来组装成控制器,也可以用来建立软仪表。因此,软仪表和控制器使用的模型是完全相同的。

聚合釜内催化剂浓度与催化剂进料浓度、釜内催化剂初始浓度、聚合釜内平均停留时间相关。

4)软仪表与控制器配合工作的机制

IQ 与控制器共同合作实施闭环质量控制的机制如下(以熔融指数为例)如下所述。

IQ 根据从现场读到的参数(如氢气乙烯比等)计算出当前的熔融指数,这个计算结果被送到质量控制器。质量控制器内含有氢气、乙烯比对熔融指数的模型,它会根据当前的熔融指数计算出氢气、乙烯比调整的方向,并把氢气、乙烯比的设定值传给下层,即产率控制器。由产率控制器根据当前乙烯、催化剂的进料来调整氢气达到要求的设定值。

因此,IQ 的计算结果最终会反映到氢气流量的调节。为了保证 IQ 计算的准确性,除了建模时力求准确以外,在运行时还需要不断根据实验室的分析结果校正 IQ 的计算值。

软仪表的计算值和实验室分析值之间存在偏差是必然的。这种偏差来自两个方面,一个是测量误差,另一个是模型偏差。为此,IQ 内部建立了一整套完善的实验室偏差校正机制来在线校正计算值,如常规法,累计偏差法,统计偏差法等。通常采用常规校正法。对于不同的误差也可以采取不同的处理方法，比如对于测量误差，可以将实验室的结果取平均值。对于模型偏差，通常采取整体迁移的方法进行校正。

四、先进控制技术实施平台

目前，先进控制技术实施平台大多数是在 DCS 控制系统实现的，如 Honeywell TPS 系统的 APP 应用处理平台、横河 CS3000 系统的 APCS 高级过程控制站等。他们的特点是都具有高级运算功能和先进优化控制功能，具有与控制系统内部和外部设备通信功能，为用户和第三方开发自己的应用提供安全、标准的控制系统数据、访问工具和先进控制技术应用平台。

（一）APP 应用处理平台

APP（Application Process Platform）是 Honeywell 全厂一体化系统 TPS 中一个功能强大的、开放的应用软件平台。APP 应用处理平台是基于 AM 的 TPS 节点。它又是 TPS 系统中基于 Windows NT 的开放式应用上位机。使用开放系统的标准技术，例如，分布式组成对象模型 DCOM（Distributed Component Object Model）、对象链接和嵌入 OLE（Object Linking and Embedding）、面向过程控制的对象链接和嵌入 OPC（OLE for Process Control）等，APP 将 AM 的全部功能提升到开放式的操作环境。APP 控制系统网络结构如图 9－39 所示。

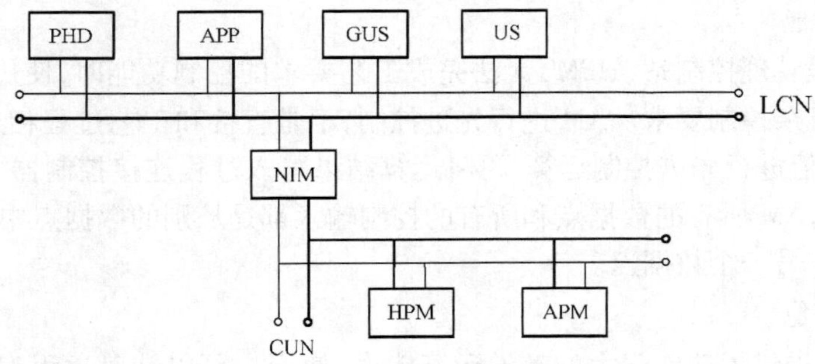

图 9－39 APP 控制系统网络结构图

1. APP 应用处理平台硬件和软件配置

APP 同 GUS（Global User Station）全局用户操作站、PHD（Process History Database）过程历史数据库等 TPS 系统中的节点一样，也常用双处理器结构设计，其硬件平台的配置也与 GUS 相同。它具有两个功能强大的处理器，即 Intel Xeon 和 LCNP4。它的操作系统为微软的 WINDOWS 2003 服务器版。APP 节点通过 LCNP4 直接与 TPS 网络进行通信。

APP 软件包括：基本软件（in APP）和可选软件。

（1）基本软件特性：

① 支持现有的 AM 的全部功能；

② 现有的 AM checkpoint 可以转换成 APP 中 AM 端的可执行程序；

③ 独立于 Windows 操作系统；

④ 可与 Honeywell Uniformance PHD 数据库直接相连。

（2）APP 开放应用软件包选项：

① 提供开放式网络中的开放式应用平台;

② 与基本软件提供的 AM 功能并行处理,为网络中的基于 OPC、HCI 的应用提供实时 TPN 数据。

包括的可选软件为:

TPN Server - OPC/HCI real - time data server;

System Infrastructure - Provides security and"systemness";

File Transfer - Allows transfer of files between PC and TPN。

2. APP 应用处理平台主要功能

APP 的基本功能是基于 AM 的 CL 程序,除了与管理网通信的功能外,APP 可以担负高级先进控制和优化的功能,APP 是一专多能。

1)AM 通信功能

AM 是 LCN 网上的节点,它能与 TDC - 3000 系统的两种网络 LCN、UCN 上的所有节点进行通信。AM 能够读、写 TDC - 3000 上的所有装置。

AM 读、写 HPM 的必要条件是:UCN 控制状态为 FULLI;HPM 控制状态为 FULLI;AM 点的输入连接状态必须是 ACTIVE;AM 点的状态为 ACTIVE。

2)AM 控制功能

当高性能过程管理控制站(HPM)无法完成工艺要求的控制功能时,使用 AM 的控制功能可以灵活地满足复杂控制要求。AM 进行先进控制,不是直接和工艺过程相连,而是读取和过程连接的 HPM 的值进行先进控制运算,再将运算结果写入过程连接控制器中完成高级控制。AM 无特定的 I/O,AM 所有的数据点和所有的控制输入都是从别的数据点中读取的,AM 数据点的输出都是写入另一个数据点。

3)AM 运算功能

AM 控制语言提供了功能强大的教学运算能力,使用户可以针对过程编写复杂的运算程序或优化程序。AM 为用户提供了灵活的处理周期。AM 点可选择快速处理器,处理周期为 1s、2s、5s、10s、30s、1min、2min;慢速处理器,处理周期为:1min、2min、5min、10min、15min、30min 和 1h、8h、12h、24h。用户可以选择前景处理或后台处理来执行程序。

4)与用户画面的交互作用

Honeywell TPS 系统提供了操作灵活的用户画面,操作员可以通过用户画面完成过程控制操作。如果不用 AM,用户画面的切换将会非常频繁,而且用户画面提供给操作员的信息对于复杂操作的系统是不够的。AM 的自定义用户参数太大扩展了信息量,操作更加灵活。

3. APP 的典型应用

APP 的典型应用有:优化控制;信息管理;通信;过程监控。

(二)ACE 应用控制器

ACE(Application Control Equipment)应用控制器是 Honeywell PKS 系统中的一个节点,主要用于复杂运算、复杂控制和先进控制等高级应用。

Experion 的系统结构为用户扩展控制规模和增加高级控制提供了最大的机会,对此可通过利用标准 PC 硬件得以实现。应用控制器(ACE)安装在带 Windows 2000 Server 操作系统的 PC 服务器平台上,其执行环境是基于过程控制器使用的相同的控制执行环境 CEE。基本执行周期为 500ms。ACE 的组态采用与控制器相同的组态工具 Control Builder 和功能模块,并且可以实现 ACE 节点之间、ACE 与过程控制器 C300 之间、ACE 与现场总线接口模件 FIM 之间的对等(peer to peer)通信。

这些特点为控制执行提供了最大的灵活性。重要的控制策略可在全冗余的过程控制器中进行,而优化、开车、停车顺序控制或其他高级控制可以在 PC 平台上的 ACE 中执行。另外,ACE 节点的可使用内存比过程控制器要大出约八倍。

ACE 的另一大特点是支持 OPC 客户端。通过 OPC 的客户端,ACE 中的各种控制模式、脚本语言及顺序控制可直接对系统中的任何参数进行读写,而组态方法如同使用 Experion 内部的参数名字进行连接一样,简单方便。ACE 独有用户算法功能块(CAB)是基于 Visual Basic. Net 编程语言的用户自定义系统功能块。ACE 应用控制系统网络结构如图 9-40 所示。

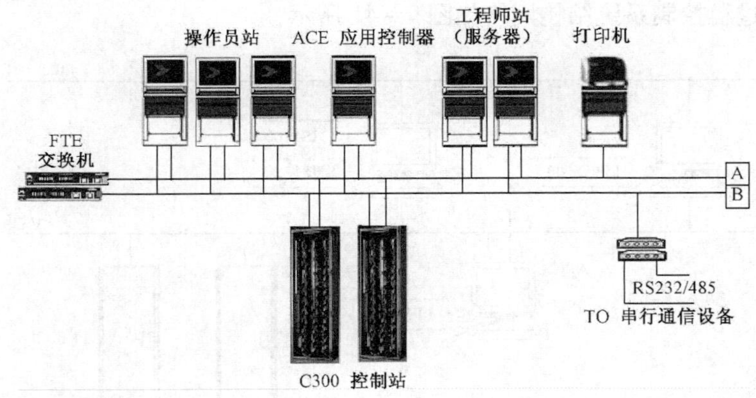

图 9-40 ACE 应用控制系统网络结构图

(三)APCS 高级过程控制站

APCS(Advanced Process Control Station)高级过程控制站是横河 CENTUM CS3000 系统 V-net网中的一个节点,它连接 V 网或 V 网/IP 的服务电脑,为改善工厂效率提供先进控制的服务。在生产过程中普通的 FCS 控制站为 1s 内的小变化执行典型的持续不断的定位点控制。APCS 的设计主要是执行以下的典型控制:

(1)需要在长间隔时间内执行大量计算的控制。

(2)对于在较长间隔时间内,由于季节变化或设备状态变化等频繁发生情况下所要求的控制。

APCS 的功能组态是由 LFS1200 APCS 控制功能、LHSSETA APCS 文件夹软件包完成的。

1. APCS 控制功能

APCS 控制功能包含 CENTUM CS3000 中的 FCS 相同的功能块,并在此基础上 APCS 实现复杂运算和复杂控制、顺序控制和先进控制等功能。APCS 还具有信息输出功能,这个功能把事件从一个 FCS 通知到另一个 FCS、HIS 或者计算机,信息被序列功能排序。

2. APCS 高级过程控制站配置

(1)硬件要求:

型号:IBM PC/AT 兼容服务器;

CPU:Pentium 400MHz 以上;

RAM:256MB 以上;

Hard disk:4GB 以上;

通信口:Ethernet 网卡;

扩展槽:一个 PCI 槽(用于控制总线接口卡)。

(2)软件要求:

Windows 2000 server Pack4;

Windows server 2003 service Pack1;

APCS 的功能组态软件包。

APCS 高级过程控制系统结构网络如图 9 - 41 所示。

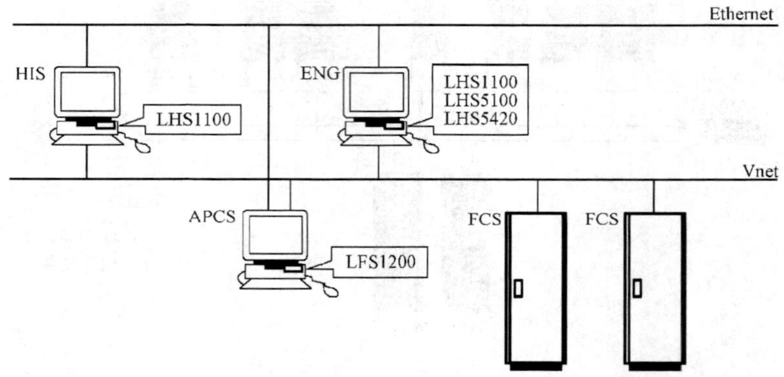

图 9 - 41 APCS 高级过程控制系统网络结构图

思考题

1. 工业生产过程数学模型建立的原理与步骤?
2. 如何进行工业生产过程软测量机理分析?
3. 预测控制的核心技术有哪些?
4. 如何在石油化工生产装置实施先进控制方案?

第十章　企业管理信息系统

第一节　概　　述

迅猛发展的信息技术大大推动了社会的进步，正在改变着人们的工作、学习、生活和思想。使用管理信息系统代替原来的手工管理方式，重新认识和再造企业原有的业务流程，已经成为企业在激烈的市场竞争中取胜的战略手段之一。

一、管理信息系统基本概念

管理信息系统是一种基于计算机的系统，其组成元素包括计算机硬件、软件、通信、业务（或生产）流程、操作人员和管理人员，其主要功能是对生产数据和其他数据进行采集、存储、加工、传播、使用和反馈数据，其目的是把数据转变成有价值的信息。

二、管理信息系统的发展历程与发展趋势

（一）管理信息系统的发展历程

随着计算机硬件和软件技术水平的不断提高，计算机技术在企业中的应用越来越深入，管理信息系统从低级的事务处理不断向高级的决策支持系统、人工智能系统等形式发展。

20 世纪 70 年代以后，以 Unix 系统为代表的操作系统逐步成熟，以 Oracle 系统为代表的数据库系统的开发应用，使计算机得以在企业管理中的应用更加普遍。该阶段的计算机应用被称为管理信息系统（MIS——management information system）。

20 世纪 70 年代末，个人电脑、局域网络技术的迅猛发展起来，计算机承担起了琐碎和繁重的文档管理、公文流转和日常记事等工作，办公室人员共享网络中的各种资源。这个阶段的计算机应用被称为办公自动化系统（OAS——office automation system）。

20 世纪 90 年代末和 21 世纪初，随着 Internet 的广泛应用，计算机技术在企业中的作用越来越重要。计算机技术不仅仅被看成是一种管理手段，而是作为保证企业成功的一种战略资源。计算机的应用不仅仅局限于企业内部，而是遍布诸多相关的企业。企业资源计划（ERP——enterprise resources planning）、工厂制造执行系统（MES——manufacturing execution system）等新概念层出不穷，信息管理系统的概念和内涵越来越丰富。从计算机应用的发展历程看出，管理信息系统的概念是动态的，其内容随着信息技术的发展和在管理中的应用不断发生变化。

（二）管理信息系统的发展趋势

根据信息管理系统的演变过程，可以探索和研究管理信息系统的演变规律与发展趋势。从深度来看，管理信息系统从简单的事务记录向复杂的决策支持演变；从功能来看，信息管理

系统从局部业务的自动化处理向系统级的信息系统方向发展;从广度来看,信息管理系统正在从单个业务部门或部分业务部门的独立应用向整个组织的集成应用方向发展;从作用来看,管理信息系统正在从一个单纯的业务工具向战略手段演变。

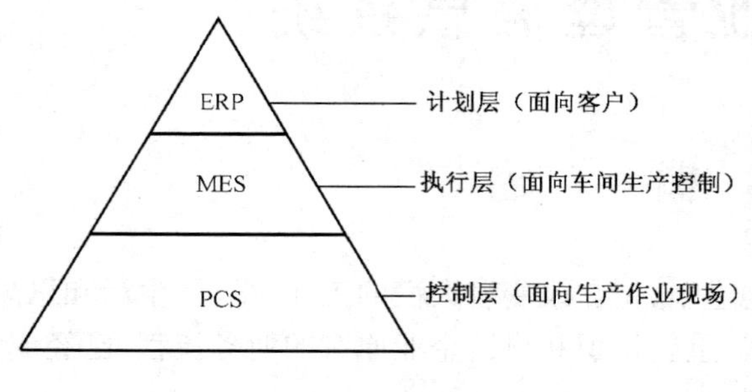

图 10-1 企业信息管理系统构架

三、流程业管理信息系统构成

流程业信息管理系统由 ERP、MES、PCS 三层集成,如图 10-1 所示,并已经成为得到广泛接受的解决企业信息集成问题的解决方案。

ERP 系统中的各模块需要下层架构提供支持,其数据源来自于 MES 系统。MES 系统在企业管理业务中起到了承上启下的作用,向上支撑 ERP 系统,向下连接过程控制层 PCS。PCS(Process Control System)过程控制系统是信息化建设的基础,常见系统有:DCS、PLC 及 APC 等。

第二节 ERP 系统

企业资源计划 ERP 是管理信息系统在企业中的典型应用之一,也是一种全新的基于信息技术的企业管理模式,是企业信息化建设必经之路。从当前的研究状况来看,企业资源计划的发展大致经历了四个阶段,即基本的 MRP 阶段、闭环 MRP 阶段、MRP Ⅱ阶段和 ERP 阶段。ERP 的形成是随着产品复杂性的增加、市场竞争的加剧、信息全球化的迅猛发展而产生的。

一、ERP 的特点及核心内容

ERP 的特点和核心内容概括起来就是:一种先进的管理模式;一种网络化的信息系统;一款商品化的软件产品。具体说明如下:

(1)企业内部管理所需的业务应用系统,主要是指财务、物流、人力资源等核心模块。

(2)物流管理系统采用了制造业的物料需求计划 MRP(Material Requirements Planning)管理思想;财务管理系统有效地实现了预算管理、业务评估、管理会计、ABC 成本归集方法等现代基本财务管理方法;人力资源管理系统在组织机构设计、岗位管理、薪酬体系以及人力资源开发等方面同样集成了先进的理念。

(3)ERP 系统是一个在全公司范围内应用的、高度集成的系统。数据在各业务系统之间高度共享,所有源数据只需在某一个系统中输入一次,保证了数据的一致性。

(4)对公司内部业务流程和管理过程进行了优化,主要的业务流程实现了自动化。

(5)采用了计算机最新的主流技术和体系结构:B/S、Internet 体系结构,Windows 界面。在能通信的地方都可以方便地接入到系统中来。

(6)ERP 系统具有集成性、先进性、统一性、完整性、开放性。

二、ERP 系统主要功能

ERP 是当今国际上先进的企业管理模式，其主要思想是对企业所有的人、财、物及信息等资源进行综合平衡和优化管理，面向全球市场协调企业中的各个管理部门，围绕市场导向开展各种业务活动，使企业在激烈的市场竞争中全方位发挥自己的能力，从而取得最好的经济效益。

ERP 系统功能是为了解决企业中的各种业务问题而具备的能力。虽然 ERP 系统的基本原理非常明确，但是在 ERP 系统的基本原理的基础上形成的 ERP 系统功能是模糊的，不同的 ERP 产品厂商提供的产品功能也不尽相同。

ERP 系统仍未成熟，处在一个需要不断发展和完善的过程中，虽然说 ERP 系统的功能是模糊的，但是并不妨碍人们对 ERP 系统功能的研究和 ERP 系统的实践。相反，正是由于 ERP 系统功能方面没有权威的观点，人们在 ERP 系统功能方面可以尽力地创新。

2003 年 6 月 4 日，中华人民共和国信息产业部发布了编码为 SJ/T 11293—2003《企业信息化技术规范　第 1 部分：企业资源规划系统（ERP）规范》，该标准已于 2003 年 10 月 1 日起正式实施。该标准比较详细地规定了 ERP 系统的功能技术要求。在该标准中，给出了 20 个功能模块的功能描述、评比标准以及每个功能描述的重要程度。标准中的 20 个功能模块如图 10－2 所示。

环境与用户界面	经营决策	MRP	自动分录
系统整合	BOM 管理	采购管理	固定资产管理
系统管理	工艺管理	库存管理	应收管理
基本信息管理	人力资源管理	车间任务管理	应付管理
营销管理	质量管理	总账管理	成本管理

图 10－2　ERP 系统功能模块

除 SJ/T 11293—2003 标准之外，国家有关部门还提出了制造业信息化建设的一些具体要求。在 ERP 系统方面，至少应该具有五个功能域、23 个功能模块，其功能框架如图 10－3 所示。

三、ERP 系统技术实现

ERP 系统是以关系型数据库管理系统为基础，B/S、INTERNET 体系结构，以 Web 服务为用户应用层和 Windows 操作界面的计算机管理软件实现的。Oracle 和 SQL SERVER 关系型数据库是企业信息管理系统中常用的数据库，SQL 全称是“结构化查询语言（Structured Query Language）”，SQL 是关系数据库管理系统的标准。SQL 通常使用于数据库的通信，完成一些数据库的操作任务，比如在数据库中定义数据、更新数据，或者从数据库中检索数据、控制数据。当今的 ERP 系统软件开发应用速度快，市场竞争激烈。从国外的 ERP 产品来看，SAP 公司和 Oracle 公司依然在 ERP 系统市场上处于领先地位。

基础数据
MPS
MRP
生产订单管理
生产作业管理
生产工序管理
生产管理
采购计划管理
供应商管理
采购订单管理
采购管理
销售计划管理
销售合同管理
销售客户管理
销售管理
入库管理
出库管理
盘点与结转
库存分析
库存查询
库存管理
总账管理
应收账款管理
应付账款管理
成本核算
固定资产管理
财务报表
财务管理

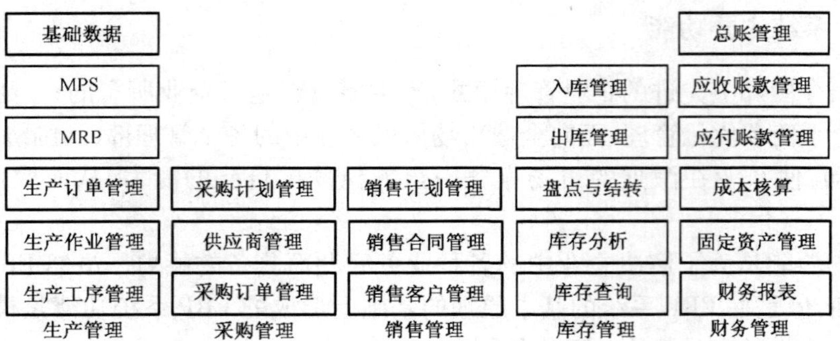

图 10－3　ERP 系统功能框架

SAP 公司成立于 1972 年,总部位于德国沃尔多夫市,是全球第一大企业管理软件提供商。德国 SAP 公司提供 SQL 关系型数据库管理系统,如 R/3 系统,目前升级系统为 mySAP ERP 系统。mySAP ERP 系统由四个系统组成,即财务系统(分析、财务管理)、人力资本系统、运营管理系统(采购和物流支持、产品开发和制造、销售和服务)和公司服务系统。

Oracle 公司(甲骨文公司)1977 年创立,是世界上最大的企业软件公司,向遍及一百多个国家的用户提供数据库、工具和应用软件以及相关的咨询、培训和支持服务。Oracle 电子商务套件 11i. 10 英文名称是 Oracle E－Business Suite 11i. 10,Oracle 电子商务套件主要功能模块如图 10－4 所示。Oracle 电子商务套件 11i. 10 能在同一系统中提供商务智能信息和交易信息,使企业实时了解自己的业务运作状况。

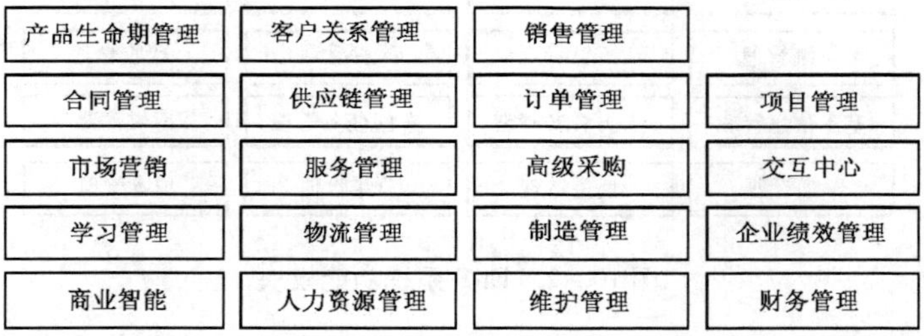

产品生命期管理
客户关系管理
销售管理
合同管理
供应链管理
订单管理
项目管理
市场营销
服务管理
高级采购
交互中心
学习管理
物流管理
制造管理
企业绩效管理
商业智能
人力资源管理
维护管理
财务管理

图 10－4　Oracle 电子商务套件主要功能模块

目前,国内 ERP 系统产品众多,不同的产品之间的功能差距很大。例如,神州数码公司的易飞 ERP 是面向中小企业的管理系统,金蝶公司的 EAS(Enterprise Application Suites)企业应用套件是面向大中型企业的企业集成应用系统,新中大公司开发的 URP(Union Resource Planning)联盟体资源计划是面向企业联盟体的管理模式和应用系统。

四、ERP 今后的发展趋势

ERP 的管理范围有继续扩大的趋势,扩充供需链管理、继续融合企业本身的所有经营业务、电子商务和办公自动化(OA)等。ERP 系统还日益与计算机辅助设计 CAD(Computer Aided Design)、计算机辅助制造 CAM(Computer Aided Manufacturing)、计算机辅助工艺设计 CAPP(Computer Aided Process Planning)、产品数据管理 PDM(Product Data Management)等系统融合，互相传递数据。这样，就使得企业管理人员在办公室中完成的全部业务都纳入到计算机系统管理范围中，实现了对企业的所有工作及相关外部环境的全面管理。

第三节 MES 系统

生产执行系统 MES（Manufacturing Execution System）是一项复杂的技术，在整个信息化体系中起着关键的承上启下作用。MES 技术一经提出，立刻得到了企业界和有关研究机构的注意，20 世纪末，国外对 MES 技术的研究和应用风起云涌，形成了一些产品，取得了一定的经验。近几年来随着石化、钢铁等流程工业的 MES 系统技术得到较大发展，MES 系统已成为国内外企业信息化建设的重点，成为企业优化资源利用、降低成本，提升企业生产精细化管理水平，提高企业竞争力的一个重要手段。

一、MES 系统功能

（一）MES 系统主要功能

MES 系统较好地解决了生产过程控制层与经营计划层的信息交换。它通过计划监控、生产调度，实时传递生产过程数据，来对生产过程中出现的各种复杂问题进行实时处理，在信息化中起到了关键作用。目前，国内外各企业纷纷开始 MES 的研究和应用，但由于 MES 具有明显的行业特征，不同行业甚至不同企业的 MES 功能都有很大的不同。

（二）化工行业 MES 系统功能

化工行业属于典型的流程工业，不同于离散加工工业的刚性特点，过程具有时变性、非线性等显著特点，同时化工工艺流程长，装置规模大，控制复杂，装置与装置之间关联度大，生产的协调复杂，开发具有高度自动化的生产调度系统是其核心；同时化工企业往往具有高能耗、资源消耗大等特点，通过 MES 系统的实施，优化解决企业能源、资源的平衡，降低能耗物耗，从而降低生产成本是实施成功的关键；同制造型企业一样，MES 系统是联系生产和管理的纽带，解决好生产制造与经营管理之间的信息有效沟通还是 MES 系统成功的基础。化工行业制造执行系统的主要功能如下所述。

1. 生产过程信息采集

生产过程信息集成管理系统是整个 MES 系统的基石。它既为生产部门提供了实时的基础数据以及显示，又为其他功能模块的实施提供了数据保证。一般来说，生产过程信息管理系统可分为两层：其一为信息层，它是以相对稳定的数据源采集的数据为基础，进行信息集成，形成相对稳定的数据结构，它的核心是由实时历史数据库和关系型数据库构成，其中实时历史数据库存储由 DCS 和 PLC 等来的实时数据，而关系型数据库存储静态数据，对还未能实时采集的信息可以定时手工录入；其二是功能层，以信息层所提供的相对稳定的数据结构为基础，根据管理处室的要求，对数据进行加工处理，在此基础上为有关人员提供对生产过程数据的查询、统计、分析工具，利用这些工具，为企业的各个部门提供各种基础生产报表、趋势分析、报警管理等。

2. 数据校正

过程数据校正的目的是在原始测量数据的基础上,对原始测量数据进行协调,使协调后的数据更好地保持物料平衡关系。校正后的数据能够更好地应用于过程分析、过程控制、过程建模和过程性能评估等方面,能为上层应用提供更准确有效的数据。

3. 设备状态监控

设备状态监控的主要作用是跟踪设备的运行状态,对设备的定期计划性和预防性的维护提供操作指导,保存历史事故和故障信息,提供故障诊断库,对异常故障提供报警和处理,并实现设备管理与生产管理的同步与协调。

4. 质量管理

质量管理提供原材料及产品质量分析记录、实验室管理、实验数据分析等功能,对生产过程及结果的质量情况进行跟踪分析,为生产管理提供质量数据。

5. 安全环保节能管理

安全环保节能管理是MES系统的一个重要功能,化工企业的安全生产和环境保护是企业生存的生命线,是生产正常运行的基本条件。能源分析和管理也是化工生产的一个主要关注点,是降低成本的一个主要方面。

6. 动态成本管理

根据生产情况动态计算生产过程成本,为生产计划和调度政策的制订提供成本依据。生产调度模块是MES的核心,根据ERP系统计划要求,依据生产资源,例如,物料、设备、质量等的动态变化情况,确定最佳的调度策略并落实执行。

二、MES系统构成

MES系统一般由用户界面层、业务逻辑层和数据访问层构成,石油化工行业的MES系统集成构架基于生产流程的特点分为四层,即基础层应用、执行层应用、运行管理层应用、表现层应用,每一层又由各个功能模块组成,其系统构架如图10-5所示。

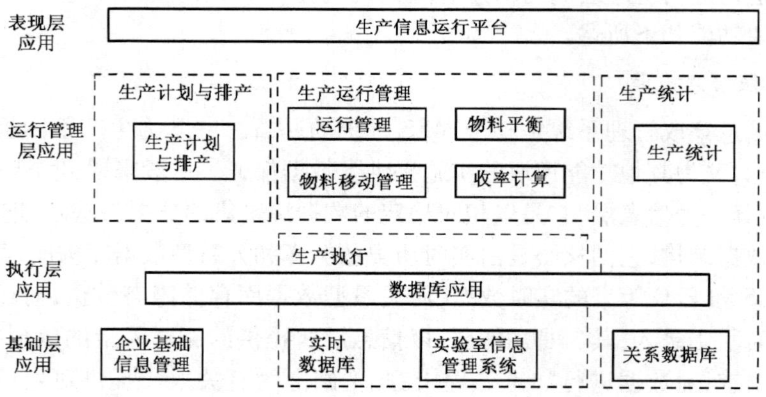

图10-5 MES系统构架

(一)基础层应用

基础层主要包括数据采集、数据库、企业基础信息管理模块和实验室信息管理系统模块。MES 系统的基础数据由生产过程实时数据和企业基础的信息组成。其中生产过程实时数据通过 DCS、PLC 控制系统采集上来,企业基础信息通过人工输入方式进行采集。

1. 数据库

MES 系统数据库通常采用实时数据库和关系数据库,实时数据库用于采集、存储和管理实时生产过程数据,以及长期的历史生产数据信息。关系数据库用于输入和存储企业基础信息和管理信息。

2. 企业基础信息管理系统

企业基础信息管理系统(PRM)主要是用于存储和管理企业的基础信息,包括企业结构、装置、管线、储罐等物理情况及其从属关联关系信息。其主要功能有:

(1)能够对企业的基础物理信息进行集中管理,对企业静态的物理基础信息进行配置及维护。

(2)通过不同的视角,用树状图的方式来组织和展示企业参考模型中各类对象相互间的层级关系。

(3)实现对企业参考模型中数据库对象的显示和查询、数据库对象记录集的排序和多种模糊查询方式,可以帮助模型的配置与维护人员快速查找和准确定位所关心的配置信息。

(4)全中文多视角的树状图展示,可以全面而形象地反映企业各个静态物理单元之间的逻辑关系。

3. 实验室信息管理系统

实验室信息管理系统 LIMS(Lab Information Management System)主要是对实验室的质量检验信息进行管理,并为生产执行及时提供质检报告。以实验室为中心,将各人员、仪器、试剂、方法、环境、文件等影响分析数据的因素有机结合起来,采用先进的计算机网络、外设接口、数据库技术和标准化的实验室管理思想,组成一个开放的分布式体系。其主要功能有:

(1)自动采集化验仪器数据,并直接将数据输入实验数据库及历史质量数据存储。

(2)样品分析结果可手工直接输入 LIMS 数据库,并立即与产品的质量指标对比。数据输入时可自动检查,提供了各种标准报表及复杂报表。

(3)分析项目不能直接获取结果时,提供计算功能。

(4)与实时数据系统的集成能力,并利用统计学方法(SQC)对数据进行监督。

(5)进行人员、设备、消耗品库存管理和资源的分配与跟踪。

(6)采样分析状态,实验过程文档管理,自动生成产品质量证书及产品认证管理,授权用户可对组态数据进行管理。

(二)执行层应用

执行层应用由生产执行系统和数据库应用平台构成。

1. 生产执行系统

生产执行系统即为生产调度指挥系统和操作控制系统(DCS、PLC)。

2. 数据库应用平台

数据库应用平台主要功能是将全部的实时及相关应用数据集成在一个统一的平台上，主要包括：

(1)数据接口平台。数据接口连接关系数据库和实时数据库构成数据库应用平台。

(2)应用基础平台。

(3)在数据库应用平台上实现生产过程信息集成。其中实时过程历史数据库(PHD)存储由 DCS 和 PLC 等来的实时数据，而关系型数据库存储静态数据，不能实时采集、可以定时手工录入信息，如实验室数据等其他数据。在应用基础平台可以实现数据计算、监控及数据挖掘与分析，还具有系统管理、历史数据库备份、接口维护等系统维护工具功能。

(三)运行管理层应用

以信息层所提供的相对稳定的数据结构为基础，根据管理处室的要求，对数据进行加工处理，在此基础上为有关人员提供对生产过程数据的查询、统计、分析工具。利用这些工具，为企业的各个部门提供各种基础生产报表、趋势分析、报警管理等。运行管理层应用主要包括：

1. 运行管理系统

运行管理系统 OM(Operation Management)是按照生产计划和生产排产系统产生的作业计划，对生产运行的整个过程进行管理和监控，包括运行管理、操作指导和操作员日志管理。其主要功能有：

(1)定义装置操作条件的范围，维护定义并考核执行情况。

(2)定义设备操作的条件范围，维护定义并考核执行情况。

(3)定义安全、环保的约束条件，维护定义并考核执行情况。

(4)定义月生产计划转换成装置的生产目标，并作为监控的约束条件。

(5)可以监控各装置的生产平稳情况。

(6)定义运行计划下的生产操作条件，形成操作指令，下达给操作班组，及时下达调整的指令。

2. 物料移动管理系统

物料移动管理系统 PT(Production Tracker)主要是对工厂内的物料移动进行计划、执行、监控和记录。通过实时数据提取，进行统一的物流信息管理。其主要功能有：

(1)在系统中统一进行装置物料和罐油品质量计算。

(2)采用国家计量标准算法，每隔一定周期自动进行物料质量转换。

(3)统一各装置、罐区的每日报量时间。

(4)可以跟踪装置生产物流信息，及时查询装置物料的来源和去向。

(5)及时对储罐的收、付、存情况进行跟踪、记录和汇总。

(6)合理调整数据采集时间与数据分析时间比例，提高生产管理效益。

3. 物料平衡管理系统

物料平衡系统 PB(Production Balance)通过物料平衡的方法，对测量得到的生产数据进行整合，为其他应用提供准确的数据。其主要功能有：

(1)提供合理的数据校正方法,保证原始数据不可更改。

(2)通过日物料平衡业务职能,整合装置和罐区的物流信息、物料平衡统计分析报表。

(3)进行全厂半成品物料平衡管理,改进生产统计流程。

(4)及时发现损坏仪表,减少操作过程的损耗。

4. 收率计算

收率计算模块主要支持对生产期间加工量和收率的计算。通过物料数据接口平台进行数据采集和修正生产实时数据和实验室数据,并进行信息处理和收率计算。收率计算模块是全厂分装置的物料质量综合信息查询平台,通过收率计算,为改进生产流程和工艺参数提供依据。

5. 生产计划与排产

生产计划与排产又称调度系统软件 PS(Production Scheduler),用于为炼化厂调度建立模型。例如,原油接收、装置生产、油品调和等,对炼化厂全厂生产调度提供决策支持。通过建立全厂调度模型,PS 系统利用先进的优化技术,以罚值等参数为标准,为调度人员选定最优的调度方案提供支持,提高调度水平,并帮助炼厂设定合理的生产目标,从而提高企业效益。其主要功能有:

(1)集成了原油到港信息、原油品种、原油管输信息、原油到厂信息和原油库存信息,合理地进行原油输送、原油罐收付、原油混合配比等方面的原油调度。

(2)建立生产装置和油罐调度模型,预测各装置产品产量和油罐库存的变化情况,合理地安排装置原料和油罐的调度,比较各种工况下的调度方案。

(3)集成了半成品油、成品油的库存信息和油品的质量分析数据,优化计算调和配方和成品库存,合理安排油品调和调度。

6. 生产统计系统

生产统计系统 PA(production Analysis)是在物料移动及物料平衡系统的系统设计实施基础上,对生产运行管理部门和生产操作层用户的业务进行充分的分析。数据源可以来自实时数据库、MES 的应用模块以及各厂或车间的报表数据源。生产统计报表的发布是基于生产运行信息平台(WPKS)。其主要功能有:

(1)基于物料移动信息和生产运行日物料平衡数据,实现生产调度日报的功能。

(2)可以对生产运行数据进行数据汇总和分析。

(3)提供报表数据的提取、修改、打印、组合查询等功能,为最终用户提供实用方便的操作界面。

(四)表现层应用

MES 系统表现层是生产信息运行平台 WPKS 即 Workcenter PKS(Workcenter Process Knowledge System)。生产信息运行平台是生产计划与排产、生产统计、生产运行管理、企业基础信息管理和实验室信息管理的集成界面。其主要功能有:

(1)为企业的公司领导提供了直观反映关键生产运行指标信息的查询平台,主要包括了产品收率、装置生产、库存能力等绩效管理信息的生成和展示功能,可有助于快速进行经营决策和生产指挥。

(2)为企业生产管理人员搭建一个生产信息汇总、统计及查询的信息平台,可实时掌握企业的生产运行、物料移动、生产执行和生产统计等情况,加强了各业务层次间的信息集成和数据共享。

(3)操作人员通过生产信息运行平台,可对装置物料质量计算信息、物料路由信息、储罐油品计量信息、移动等信息进行综合查询,方便了各生产单元之间了解相关的物料收付流向信息,从而能快速准确地进行生产安排和生产流程优化。

三、信息管理系统数据通信技术

ERP 和 MES 中各系统间以及各控制层之间的信息必须可以自由流动,为此需要在它们之间构建通信网络。目前常规的做法是在管理层(监控层)与控制层之间通过工业以太网交换信息,控制层与现场设备层之间通过现场总线交换信息。控制系统 DCS 或 PLC 具有进行以太网和现场总线(Profibus、Modbus 等)通信的功能,具有 OPC 标准通信接口。生产过程数据通过 OPC 接口采集后存储在实时数据库中,其他静态数据和信息通过人工录入到关系数据库中,实时数据库和关系数据库都集成到开放的信息和应用数据库平台上,实现更有效地信息共享。ERP 系统数据多数来源于 MES 系统,MES 系统数据来源于控制系统和实验室等。MES 系统信息应用和数据通信构架如图 10-6 所示。

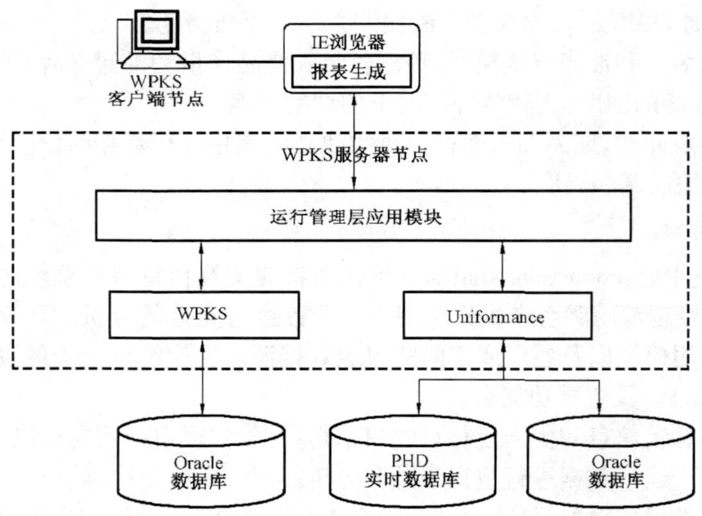

图 10-6 MES 系统信息应用和数据通信构架

(一)生产信息集成平台

生产信息集成平台 WPKS(Workcenter PKS)是以 B/S、C/S 结构软件、INTERNET 网络体系结构,以 Web 服务和 WINDOWS 操作界面的用户应用平台。信息应用平台上将每个功能模块(运行管理系统、生产计划与排产和生产统计系统等)封装成一个个 Web 服务对象,并通过 Web 服务对象提供的操作接口,组合完成一组工作,并构建出一个大粒度的 Web 服务对象,实现子系统的服务功能。每个 Web 服务对象在服务注册器中进行注册,当用户访问时直接调用已注册的服务对象,就可方便地完成 MES 的功能。

C/S 结构软件，即 Client 客户机/Server 服务器模式，分为客户机和服务器两层，客户机具有一定的数据处理和存储能力，通过把应用软件的计算和数据合理地分配在客户机和服务器两端，可以有效地降低网络通信量和服务器运算量。由于服务器连接个数和数据通信量的限制，这种结构的软件适用于在用户数目不多的局域网内使用。

B/S 结构软件，即 Browser 浏览器/Server 服务器模式，是随着 Internet 技术的兴起，对 C/S 结构的一种改进。在这种结构下，软件应用的业务逻辑完全在应用服务器端实现，用户表现完全在 Web 服务器实现，客户端只需要浏览器即可进行业务处理，是一种全新的软件系统构造技术。这种结构更成为当今应用软件的首选体系结构。

B/S 结构软件具有在异地浏览和信息采集的灵活性。在任何时间、任何地点、任何系统，只要可以使用浏览器上网，就可以使用 B/S 系统的终端。采用 B/S 结构，客户能完成浏览、查询、数据输入功能。

（二）数据库平台

Uniformance（Unified for Performance）数据库平台是 Honeywellg 公司推出的一种数据库管理系统，数据库管理系统（Data Base Management System，简称 DBMS）是为数据库的建立、使用和维护而配置的软件，它提供了安全性和完整性等统一控制机制，方便用户管理和存取大量的数据资源。Uniformance 为全厂范围数据采集、存储和管理建立一整套单一、开放、集成的一体化应用平台。它是一种开放型数据库系统，集成工厂所有的过程数据、商业管理数据并支持相关应用。Uniformance 由商业应用软件（Business Application）和过程历史数据库（PHD：Process History Database）和关系数据库（Oracle）等组成，如图 10－7 所示。

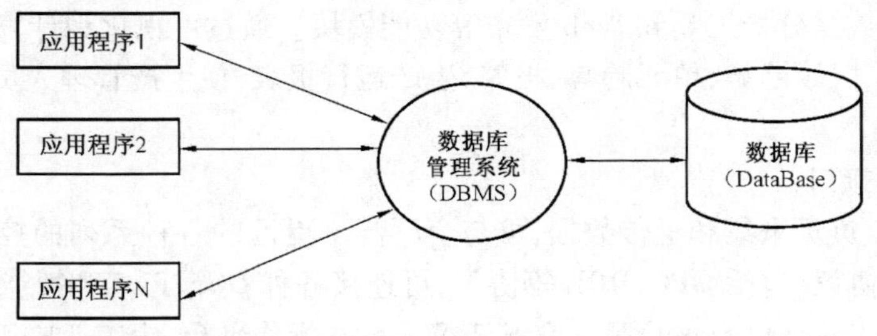

图 10－7 Uniformance 数据库平台构架

Uniformance 能实现数据采集、数据存储处理和桌面应用等功能。在采集实时数据的同时，还能采集非连续的数据，例如，试验室的分析数据、物料的移动数据、报价及操作改变等。

Uniformance 作为一体化应用平台不仅可以管理实时数据，还能实现对事件信息、事务性数据和应用数据的管理。在系统内部实现实时数据库和关系数据库的无缝连接，极大地方便了应用软件的开发。

Uniformance 作为一体化应用平台分别设置了实时数据库、事件数据库、事务性数据库和应用数据库，这些数据库存放不同类型的数据，支持不同的应用。实时数据库用于存放和管理过程的实时数据，例如，测量值；事件数据库用于存放过程报警、操作改变、过程改变、SOE 等事件；实验室分析结果、物料移动数据、设备和产品信息等事务性数据可以存放在事务性数据库中；应用性数据库用于支持一些特殊应用，如先进控制（APC）等。

在数据处理过程中,Uniformance 系统对每一个数据进行出错检查,剔除跳变的值、坏值,并给予可信度显示,确保数据的可靠性。由于操作使用的工程量单位和生产管理用的工程单位不同,系统可实现工程量单位的自动转换。数据的压缩可以实现大量数据的长期存储。系统的虚拟位号功能提供对原始数据进行加工和处理手段,处理结果以位号形式显示,极大地方便使用。

Uniformance 是运行在 MES 系统的开放的信息和应用集成软件,主要为 MES 系统提供统一的数据库管理平台,用于改善工厂的管理和运行。Uniformance 通过共用的软件结构和数据模型,实现商业信息和开展信息的集成。它对消除企业内部信息的无效流动和改善传统的使用方法有益,企业的信息可以更有效地共享,企业员工能更好地相互协调,从而使工作效率大大提高。系统中的数据只需输入一次,就能在这个单一的综合应用平台供其他用户使用。

1. 数据库系统

在 MES 系统中主要应用实时数据库和关系数据库。实时数据库是数据库系统发展的一个分支,它适用于处理不断更新的快速变化的数据及具有时间限制的事务处理。实时数据库是数据和事务都有定时特性或定时限制的数据库,它和关系数据库一起构成了企业的数据支撑平台,对企业生产信息集成起着极其重要的作用。

1)实时数据库系统

实时数据库系统可以采集丰富的为生产过程所需的全部实时信息。该系统从控制系统采集工业生产的有关数据后存放到实时数据库中,然后根据生产需求进行计算和处理,以图形、报表的形式表现出来。通常每个实时数据库产品都具备数据采集接口、实时数据库、生产数据可视化工具、生产数据分析工具和 Web 发布等功能模块。通过可视化和计算工具制作企业生产全貌、区域总貌、区域趋势、单元趋势、报警、生产运行报表,使生产管理人员可以及时准确了解企业生产过程。

(1)数据采集接口。

数据采集接口负责采集和上传数据,可与全厂甚至更远的各种系列的控制和传感设备连接,支持多种通信协议,包括 OPC、DDE 等协议,可连接各种 DCS、PLC 和智能仪表等。

OPC(OLE for Process Control)是一套基于 Windows 操作平台,为工业应用程序之间提供高效信息集成和交互功能组件对象模型的接口标准。

DDE(Dynamic Data Exchange)是最早的基于 Windows 的数据交换方法,有三种方式可供选择:冷连接、温连接和热连接。一般都是由客户端向服务器端发出连接申请,并且必须指明服务器端的名字和标题。在连接建立后,数据可以双向流动。例如,抓图软件 SnagIt,它提供了 DDE 接口,能够让其他应用程序来控制它。DDE 是完全向后兼容的,从 16 位平台转到 32 位,源代码几乎不用修改。

DDE 设备是指与组态软件进行 DDE 数据交换的 Windows 独立应用程序,因此,DDE 设备通常就代表了一个 Windows 独立应用程序,该独立应用程序的扩展名通常为 EXE 文件,组态软件与 DDE 设备之间通过 DDE 协议交换数据。例如,Excel 是 Windows 的独立应用程序,当 Excel 与组态软件交换数据时,就是采用 DDE 的通信方式进行。

数据采集接口应具有以下性能指标:

① 数据库读写速度，应达到5000~10000采样点/s；

② 数据写入频率，应支持秒级扫描频率，能对不同数据源的数据变化率分别配置采集频率；

③ 数据采集接口，支持直接通过OPC、DDE等标准接口规范与控制系统连接；提供与某些常用的工控组态软件产品连接的驱动程序；提供开发接口API，定制开发与各种产品连接的驱动程序，API（Application Programming Interface）为应用程序的调用接口，其实就是操作系统留给应用程序的一个调用接口，应用程序通过调用操作系统的API而使操作系统去执行应用程序的命令（动作）；

④ 存储转发功能，当遇到网络繁忙或其他原因与实时数据库断开连接时，能够缓存数据以及缓存足够大数据量，以应付相当长的与实时数据库断开时间；

⑤ 接口程序的故障恢复功能，反映接口的健壮性。

（2）实时数据库。

实时数据库用于工厂数据的自动采集、存储和监视，可以在线存储每个工艺过程点的多年数据，提供清晰精确的操作画面，用户既可浏览工厂当前也可回顾过去的生产情况。实时数据库典型的特征如下：

① 强大和完善的历史数据管理能力；

② 真正的数据库管理系统，采用C/S或B/S结构可同时与多个数据源连接，可支持大量用户数；

③ 具有开放的数据访问方式：支持SQL、ODBC等标准的数据库交互语言和接口规范，ODBC（Open Database Connectivity）为开放数据库互联，是微软公司开放服务结构（WOSA，Windows Open Services Architecture）中有关数据库的一个组成部分，它建立了一组规范，并提供了一组对数据库访问的标准API（应用程序编程接口），这些API利用SQL来完成其大部分任务，ODBC本身也提供了对SQL语言的支持，用户可以直接将SQL语句送给ODBC；应用程序要访问一个数据库，首先必须用ODBC管理器注册一个数据源，管理器根据数据源提供的数据库位置、数据库类型及ODBC驱动程序等信息，建立起ODBC与具体数据库的联系，这样，只要应用程序将数据源名提供给ODBC，ODBC就能建立起与相应数据库的连接；

④ 具备优良的数据压缩算法，提供高性能的数据压缩比率；

⑤ 具备高速的数据读写频率，存储和获取时间序列的实时数据，具备生产管理要求的实时性；

⑥ 具备安全访问机制；

⑦ 与应用耦合关系少，适合在不同类型的实时系统之间做数据集成，用户很容易集成生产调度、能源管理、质量管理、LIMS等管理系统，起到了业务管理和实时生产之间的桥梁作用。

（3）数据分析工具。

数据分析工具是实时数据库的客户端工具软件，可以最大限度地发挥存储在实时数据库中数据的价值。它通过公司网络和简单的操作即可访问、查询工厂的实时、历史数据，并提供实时的温度、压力和流量等数据分析，趋势图对比，以及生产能耗单耗报表等功能。

（4）生产过程可视化工具。

生产过程可视化工具利用工艺流程图方式直观地向生产管理人员提供信息，监控生产过程的主要参数变化和设备运行状况,有总貌、局部、单元和装置流程图。

(5)Web 功能。

所有的分析数据和监控画面均放在企业门户网站上,无论在哪里都能随时随地了解生产现场情况。

PHD 过程历史数据库是 Honeywell 公司推出的一种实时数据库,PHD 软件建立了一个单一的统一的数据库结构,它将实时的历史数据和相关的事件记录组合在一起,以满足先进控制、优化、商业和其他用户自定义或第三方提供的应用软件对数据的需求,由于实时数据和事件数据用一个数据模型相连,因此,应用软件也能把企业的资产和商业系统相联系,同时,也能简化应用软件的编程、操作和维护。在同一系统中的不同应用软件,不管它是多变量控制还是在线产量计算,都使用单一的数据库结构和工具软件包,因此,数据完全一致,使接口和用户的集成工作大大减少。

2)关系数据库

由关系模型构成的数据库是关系数据库,Oracle 是美国 Oracle(甲骨文)公司推出的关系数据,是专门为在 Internet 上进行数据管理而设计的数据库开发平台,Oracle 关系数据库用于存储静态数据。关系数据库由包含数据记录的多个数据表组成,用户可在有相关数据的多个表之间建立相互联系。在关系数据库中,数据被分散到不同的数据表中,以便使每一个表中的数据只记录一次,从而避免数据的重复输入,减少冗余。

2. 应用程序

商业应用软件为用户提供了综合的操作管理,帮助用户做出决策、制订计划、查明问题并得到有效的解决方法。商业应用软件包括企业管理(Plant Management)、过程计划(Process Planning)、操作管理(Operation Management)、质量管理(Quality Management)和环境管理(Environmental Management)等软件。

四、过程实时数据采集

随着化工企业自动化整体水平的提高,企业中的控制系统及控制设备的种类也越来越多,同时,随着市场经济的发展,各个企业也对控制系统的要求越来越高,除了要满足常规的控制以外,还要求控制系统能将各个过程数据传送到上位的 MES 系统中去,进行数据后处理加工、共享、性能优化。

从 DCS、PLC 系统推出后至今,自动化仪表控制系统本身已经经历了若干次的发展和革新。随着科学技术的飞速发展,特别是近年来在计算机技术、网络技术、数字通信技术取得的成就,使控制系统扩展了对 OPC(OLE for Process Control)通信接口的支持,专门推出了应用服务器软件,为 DCS、PLC 系统与工厂信息网络通信提供了一个可靠的数据接口。另外,霍尼韦尔公司的 APP 应用处理平台本身就具有与 PHD 的数据接口,保证通信可靠,实现无痕连接。

目前,控制系统过程数据的采集有两种方式:利用标准的 OPC 接口实现通信;利用控制系统制造厂商提供的专用软件实现通信。MES 系统实时数据采集原理如图 10-8 所示。

霍尼韦尔公司向用户提供的实时数据采集技术方案是基于 RDI 实时数据接口(Real Time Database Interface)的将霍尼韦尔 TPS 系统过程数据库与 MES 核心数据库(霍尼韦尔 PHD 过

程历史数据库)建立无缝连接的最优技术方案,而OPC是用于MES核心数据库与第三方DCS系统(非霍尼韦尔)建立连接的通信方式。

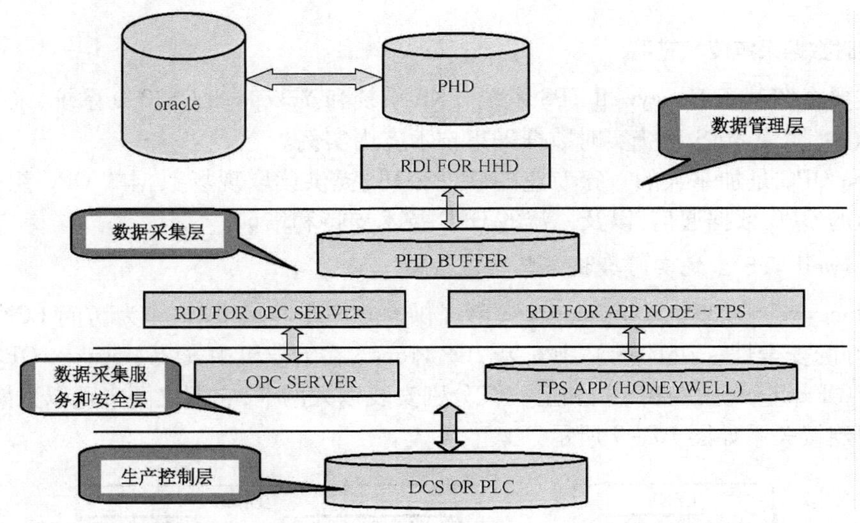

图10-8 MES系统实时数据采集原理图

(一)OPC标准接口

OPC是一种用于过程控制的OLE(Object Linking and Embedding,对象连接与嵌入)接口,它是一种开放式、独立与生产厂家的标准接口,接口允许Windows应用程序访问过程数据,从而使得不同生产厂商设备与PC应用程序之间的数据交换成为可能。OPC应用服务器软件的推出,使用户通过PC机能在线读取DCS、PLC过程管理系统的数据。

对于目前较流行的OPC通信协议,各个控制系统制造厂商提供专门的OPC通信软件,同时也可以选用第三方,如:MATRICON公司的OPC通信软件。由于OPC是工控领域数据访问的一个国际标准规范,它基于Microsoft的COM技术标准,已被国外绝大多数的控制系统厂商所采用,国内控制系统厂商也相继支持该规范。OPC标准统一了Microsoft Windows平台下的实时数据访问与采集接口,并提供了比传统DDE方式更快的数据访问速度。

(二)APP应用处理平台

APP应用处理平台是基于AM(Application Module应用模块)的TPS节点,它又是TPS系统中基于Windows NT的开放的应用上位机。使用开放系统的标准技术,例如,分布式组成对象模型DCOM(Distributed Component Object Model)、对象连接和嵌入OLE(Object Linking and Embedding)、面向过程控制的对象连接和嵌入OPC(OLE for Process Control)等,APP将AM的全部功能提升到开放式的操作环境,并为用户和第三方开发自己的应用提供了一种安全、标准的控制系统数据的访问工具。

APP同GUS、PHD等TPS系统中的节点一样,其硬件平台的配置也与GUS相同,也采用双处理器结构设计,并配有APP节点属性基本软件。APP是LCN网络上的一个节点,构成能与过程数据双向通信的数据服务器,与现有的其他LCN节点和UCN节点构成TPS系统。

APP 作为霍尼韦尔公司 TPS 系统中的 LCN 一个网络节点,具有与 Uniformance PHD 平台的通信数据接口,可以最大限度地满足 MES 系统对过程数据的需求,保证通信可靠,实现无痕连接。

(三)实时数据采集技术应用

本文主要介绍基于 Honeywell TPS 系统、PKS 系统和 Yokogawa CS3000 系统,采用 Matrikon OPC 接口软件,实现 MES 系统实时数据采集技术应用实例。

Matrikon OPC 是加拿大的一家专业的软件公司,提供读取现场数据的 OPC 组态软件,提供畅通无阻的 OPC 数据通信,以及一流的 OPC 技术支持和培训。

1. Honeywell TPS 系统实时数据采集实施方案

对于 Honeywell 的 TPS 系统,Matrikon 所提供的方案是将 GUS 站作为访问 LCN 的网关代理,具有较好的安全性。在 GUS 站中安装 TCP Proxy ,在上位机中安装 Matrikon OPC Server 和 Matrikon OPC Explorer。在 GUS 站和上位机分别安装以太网卡,它们之间实现以太网通信。实时数据采集连接关系如图 10 - 9 所示。

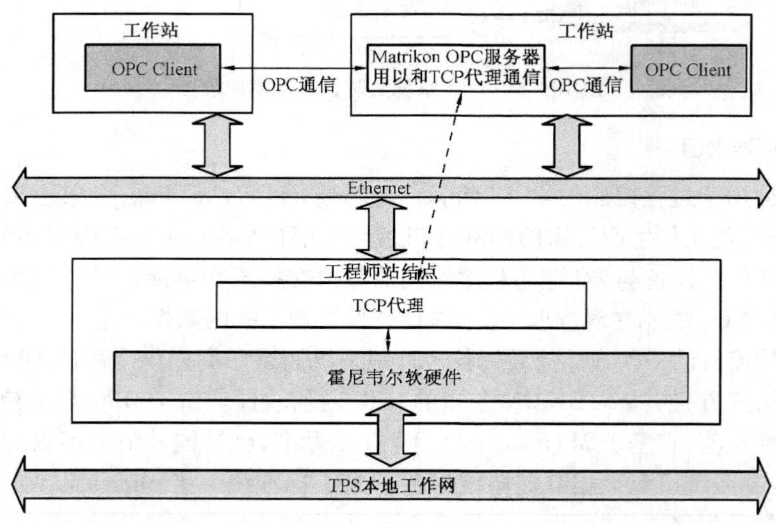

图 10 - 9 Honeywell 的 TPS 系统实时数据采集连接关系图

TCP Proxy 是运行于 GUS 站上的网关,也是唯一需要在 GUS 上运行的程序,在 1000 点/s 的更新数率下,占用系统资源仍较少。TCP proxy 一定要安装在 GUS 站上才能使用。它是 OPC 服务器从 DCS 读取数据的代理,它接受 OPC Server 的读数请求,然后从 LCN 网络上读取数据,将读到的数据传送给 OPC Server。上位工控机安装的软件 Matrikon OPC server for Honeywell TPS:从 TCP proxy 来的数据是一个专有的通信协议,而要实现 MES 系统与不同的 DCS 交换数据需要一个统一的协议,目前这个统一的协议就是 OPC 协议。Matrikon OPC server 就是将专用的通信协议转成标准的 OPC 协议。Matrikon OPC Explorer:是一个标准的 OPC 客户端,可以测试 OPC 服务器的数据通信状态,方便调试使用。

通过 OPC 接口采集来自 DCS、PLC 控制系统的工艺实时数据。OPC 接口不能采集到工艺流程图、画面等，只能简单地把位号值传送到 MES 系统中，然后由 MES 系统的组态软件来实现流程图、画面和报表等功能，如图 10－10 所示。

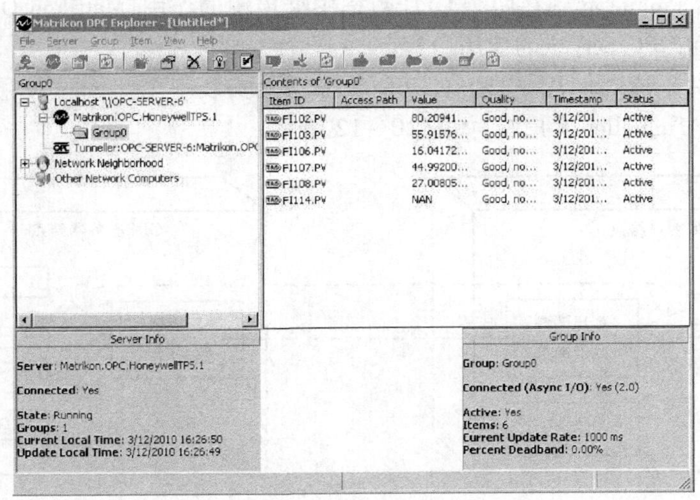

图 10－10　DCS、PLC 实时数据在 MES 系统中的显示画面

2. Honeywell PKS 系统实时数据采集实施方案

Honeywell PKS 系统服务器中安装有 OPC 接口，针对 DCS 系统本身已经提供 OPC 接口的系统，MES 可以直接通过 DCOM 连接 DCS 上的 OPC 接口。但 DCOM 协议与 Windows 底层安全相关，为了达到跨网访问目的，不得不对 MES 系统开放系统权限，这样就存在一定安全隐患。Matrikon 针对 OPC 协议的安全问题开发出了领先的 Tunneller 软件。该软件将传统的 OPC 基于 DCOM 传输的方式，改为单端口的 TCP/IP 协议。这样跨网络的 OPC 访问不再依赖系统的安全配置，不再需要开放系统端口和系统权限，使得 DCS 与外部的连接仅通过一个可控的专用端口来进行。Honeywell PKS 系统实时数据采集网络结构如图 10－11 所示。

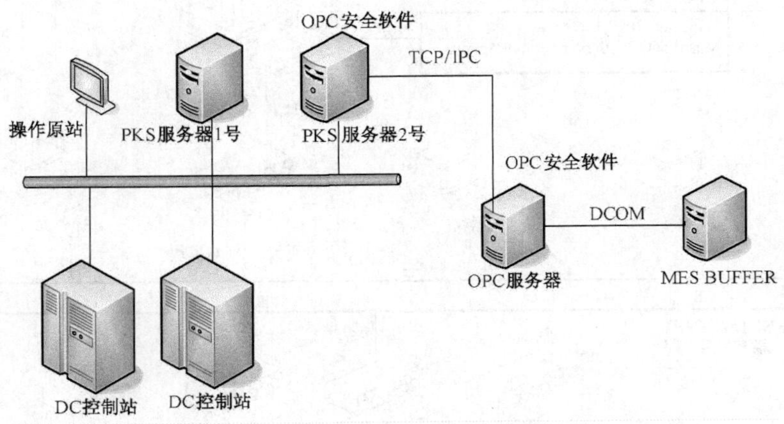

图 10－11　Honeywell PKS 系统实时数据采集网络结构图

在PKS服务器上安装Matrikon OPC安全软件,在OPC服务器上安装Matrikon OPC安全软件和配置Matrikon OPC Server软件。

Matrikon OPC Funnel起到在两个OPC数据中继传输的作用,Matrikon OPC Tunneller起到安全穿越网络访问OPC Server的作用。

Tunneller软件是成对使用,需要在OPC服务器上安装一个Tunneller服务端,在MES的buffer机器上安装Tunneller客户端,如图10-12所示。

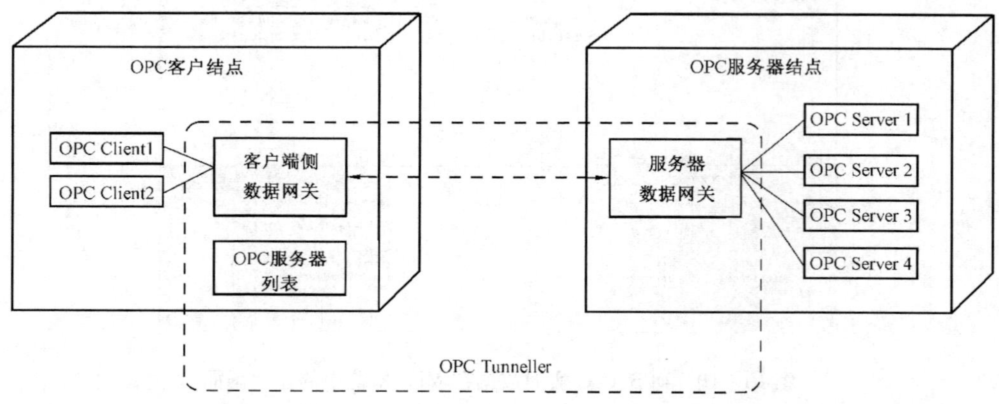

图10-12 Matrikon OPC安全软件构架图

3. Yokogawa CS3000系统实时数据采集实施方案

1)不具有OPC接口的DCS系统实时数据采集方案

Matrikon软件对于YOKOGAWA CS3000系统需要增加一台ACG站作为通信网关,从V-NET获取数据,ACG站对V网有隔离保护的作用,具有很高的安全性。Yokogawa CS3000系统实时数据采集网络结构如图10-13所示。

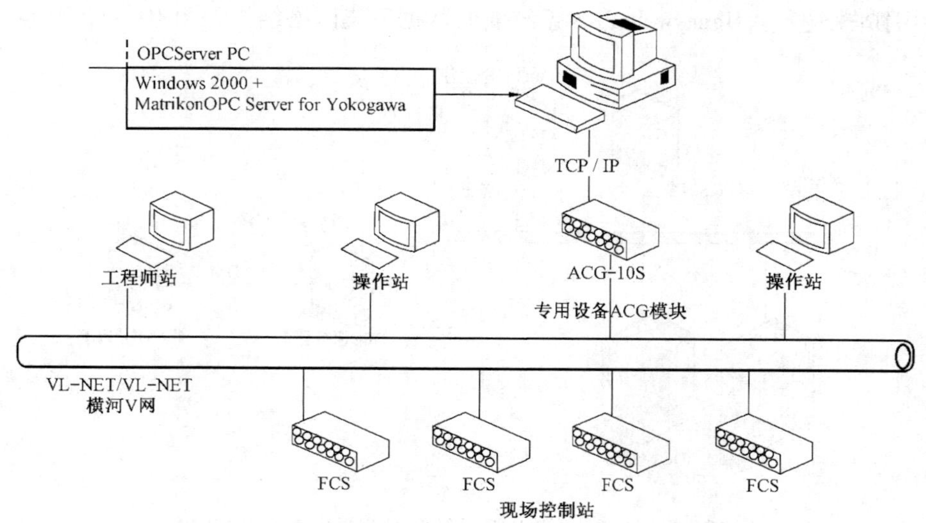

图10-13 Yokogawa CS3000系统实时数据采集网络结构图

在 V－NET 增加 ACG－10S 设备，通过 ACG－10S 连接一台上位机，在上位机安装 Matrikon OPC Server for YOKOGAWA 和 Matrikon OPC Explorer 软件。

在 Yokogawa CS 3000 系统中需要一个专用的通信设备 ACG 卡。ACG 是横河提供的一个专用通信单元，提供一个开放的通信接口，使得外部程序可以直接从横河的 DCS 系统中读取数据，Matrikon OPC server 通过 ACG 来读取 DCS 数据，然后对外以标准的 OPC 协议发布数据。ACG 是连接在 V－NET 网络的，需要专用的 V－NET 通信电缆。

Matrikon OPC Explorer：是一个标准的 OPC 客户端，可以测试 OPC 服务器的数据通信状态，方便调试使用。

2）具有 OPC 接口的 DCS 系统实时数据采集方案

对于已经有 OPC 的 CS3000 的系统可以直接连接 MES 系统，出于安全考虑，建议使用 Matrikon 的 Tunneller。具有 OPC 接口的 DCS 系统实时数据采集网络结构如图 10－14 所示。

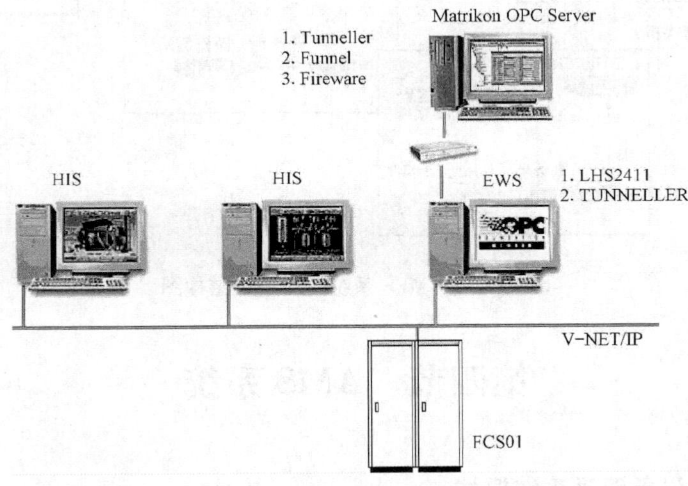

图 10－14 Yokogawa CS3000 系统实时数据采集网络结构图

DCS 系统要求：具有 LHS2411 或 NTP－100（横河提供的 OPC 软件授权包）授权包的站。

上位机（应用站）需求：软件需求 Microsoft Windows XP；硬件需求 Intel Pentuim 4 或更高/512MB RAM 或更高/双以太网网卡。

实施步骤：

（1）在工程师 EWS 上安装 MATRIKON OPC 软件包。

（2）进行服务器配置。

（3）安装一台双网卡的 OPC 服务器。

（四）MES 系统网络构成

MES 系统网络主要由 OPC 通信接口、OPC 服务器、缓冲寄存器（Buffer）、交换机、MES 服务器等构成，MES 系统网络拓扑结构如图 10－15 所示。

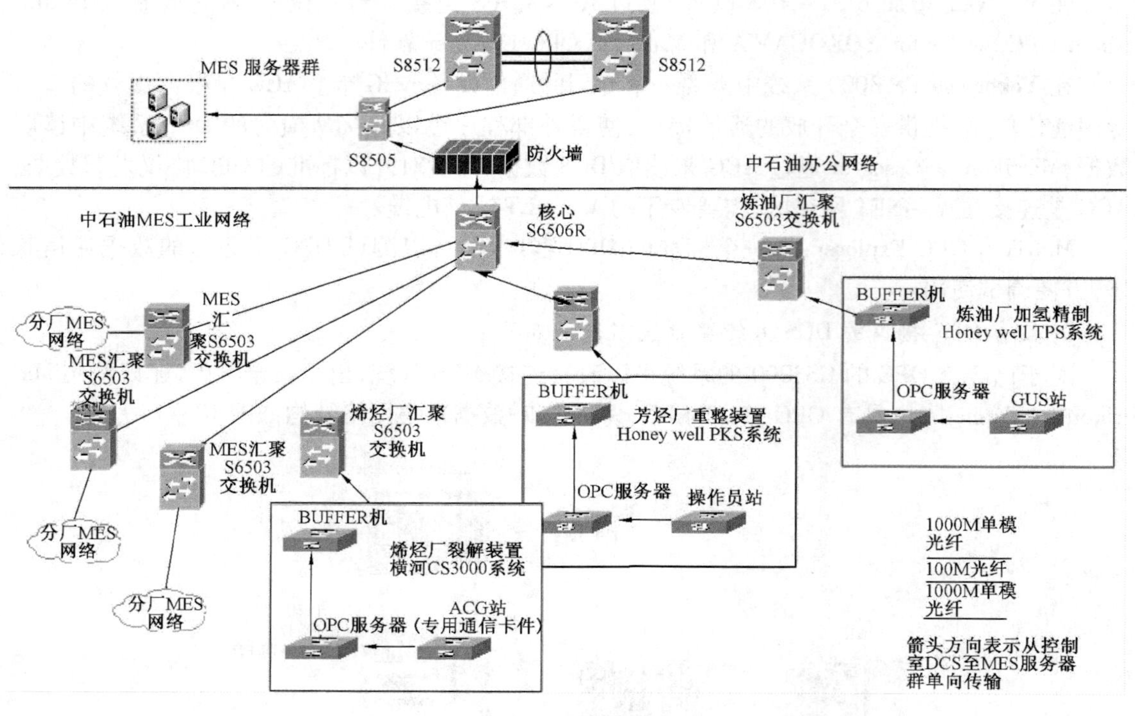

图 10 - 15 MES 系统网络拓扑结构图

第四节 AMS 系统

一、AMS 智能设备管理系统概述

随着现代工业自动化技术的发展，当今石化、电力、冶金等生产工作流程的控制大都采用以微处理器为基础的集散控制系统，即 DCS(Distributed Control System)，实现了生产操作的集中管理和风险分散。但现场设备的维护管理却落后于 DCS 的发展，一直沿用传统的校验、维修、调试等管理模式。如何提高工业现场设备的管理水平、降低维护成本、优化工厂设备的运行？AMS 系统(Asset Management System，智能设备管理系统)的出现提供了很好的解决方案。下面以艾默生的智能设备管理系统为例加以介绍。

二、AMS 系统简介

AMS 智能设备管理系统是针对 HART 以及基金会现场总线设备进行在线组态、诊断、校验管理、历史事件记录管理的一体化方案，同时还支持常规设备的管理。AMS 系统有其自身的软件包，可以跟 DCS 软件包很好地集成在一起，在现场设备的调试和维护过程中发挥了巨大的作用。

三、AMS 系统网络构架

AMS 智能设备管理系统支持服务器、客户端方式。一套 AMS 智能设备管理系统配置一台 AMS 服务器、若干客户端,客户端可以是 DCS 系统的工程师站或操作员站。AMS 服务器提供了一个系统与现场 HART 或基金会总线设备的接口,为用户提供了一个集中安全的现场设备信息数据库。通过不同的 AMS 客户端,用户能在不同的监控或维护地点观察和了解现场设备的相关信息,如图 10-16 所示。

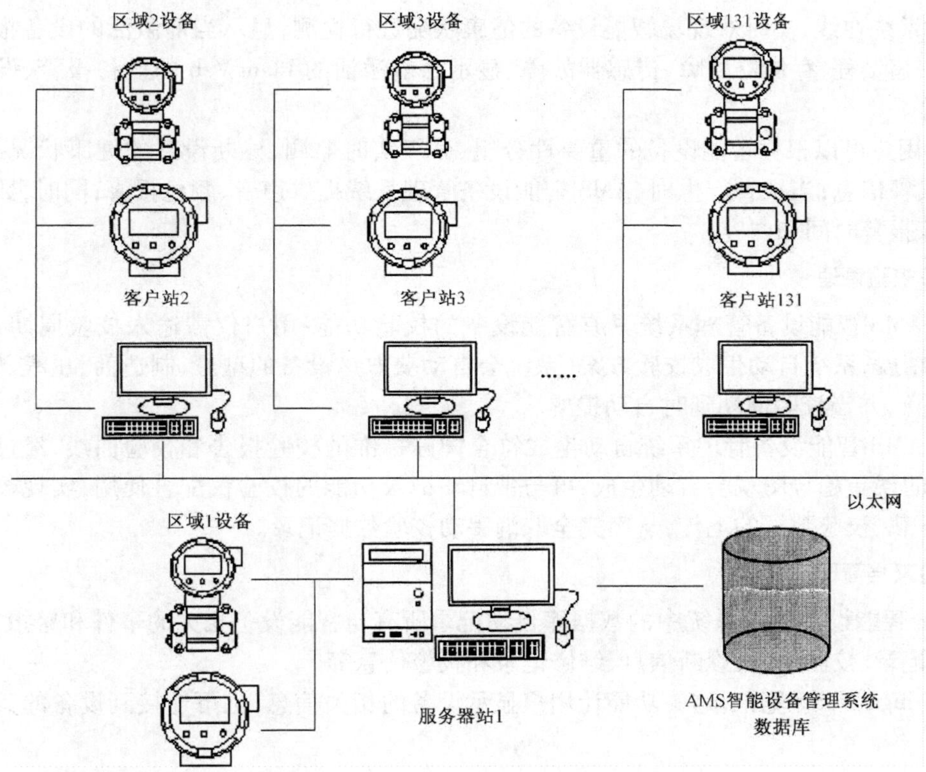

图 10-16 现场设备的相关信息

AMS 智能设备管理系统可以与艾默生过程控制系统 Delta V 系统实现无缝连接,AMS 智能设备管理系统的网络可以建立在 Delta V 系统网络之上,既不需要新的系统网络硬件而可以共享 Delta V 系统的网络电缆、交换机等设备。AMS 智能设备管理系统也可以通过多路转换器,采用 RS485/RS232 的通信方式与其他第三方系统(DCS、ESD、SIS、PLC、SCADA)连接,实现真正意义上的智能设备管理,而不局限于某套自控系统。

四、AMS 系统功能

(一)组态

AMS 智能设备管理系统对于 HART 或基金会现场总线设备具有组态功能,让用户在控制室就能方便地查看、修改、替换现场设备的组态信息,所有的操作都会被记录在数据库中,做到有据可查。

(1)连接并组态现场智能设备,可对智能设备进行自动扫描。

(2)自动记录修改信息。谁修改的、修改的理由、修改之前之后的参数,以及其他操作信息都可以从数据库中调出。

(3)设备组态比较。设备当前组态、不同历史组态之间可实现比较,并可选择将历史组态中参数下载到当前设备中,从而避免人为输入的错误。

(二)智能设备状态检测及故障报警功能

(1)系统在线、实时对现场智能设备的健康状况进行检测,显示当前激活的设备报警或诊断,例如,超量程、存储器故障、传感器故障、显示当前激活的 PlantWeb 的设备报警、设备的报警诊断等。

(2)用户可以根据智能设备的重要性分组、分级实时监测、诊断设备的健康状况,并可按需组态报警信息;当报警产生时,AMS 智能设备管理系统提供声音、颜色报警;同时,数据库自动记录该报警时间和内容。

(三)校验管理

(1)AMS 智能设备管理系统具有智能设备的校验功能,用户仅需输入校验周期、校验点数、仪表精度,系统自动生成校验方案(系统会自动获取该设备的型号、制造商、量程、输入、输出信号等),并当校验周期到时自动提醒。

(2)AMS 智能设备管理系统自动生成符合国际标准的校验报告和校验曲线,经过几次标定,设备的误差趋势图就会自动生成,可与带自动记录功能的校验仪配合使用,实现校验方案的自动下载、校验数据的上传,从而完全取消手动校验数据记录。

(四)文档管理

AMS 智能设备管理系统中的数据库自动记录所有与智能设备相关的事件和警报:登入信息、组态记录、校验信息、诊断信息、维修记录和报警信息等。

Drawings/Notes 笔记,这一功能让用户显示设备的相关信息,也可连接到设备的其他相关文件。

(五)工程助手(EA)

工程助手,针对多变量变送器,实现高级组态、维护、诊断和测试计算功能。

(六)阀门高级诊断

针对不同的阀门或阀门定位器(Fisher Control、Flowserve、Masoneilan、Smar),实现多种高级诊断。以 Fisher Control FIELDVUE 定位器为例,高级诊断可包括:动态误差带、驱动信号、阶跃响应、阀门特征曲线、在线性能诊断等。

(七)流量计校验

流量计校验功能,针对罗斯蒙特(RoseMount)的科里奥利流量计,检查流量传感器流量管的刚性。该流量计校验功能采用带指导的多面板对话框形式,为用户检查流量管结构和综合性能,例如,能检测到流量管刚性变化,如果流量计的刚性值与工厂出厂指标不一致,可能的原因是被腐蚀了。

（八）开车调试功能

AMS 智能设备管理系统显示智能设备的连接位置（控制器、卡件、通道等），结合 DCS 系统，能实现设备回路检查工作。AMS 智能设备管理系统可命令现场发出指定信号，参照 DCS 系统，仅一个人就能设置和检查回路，通过在 AMS 智能设备管理系统记录审查记录手动事件，做到有案可查。

使用 AMS 智能设备管理系统的组态功能设备，设备参数被归类成组显示在若干画面中，当设备组态被改变时记录审查自动记录归档，可供随时察看。

AMS 智能设备管理系统快速检查（QuickCheck SNAP - ON）将过程控制回路的多个设备成组，快速实现回路接线以及回路连锁测试，并提供智能设备投运状况报告，大大减少调试时间（据统计可减少 40% ~60% 的调试时间），从而减少调试成本投入，大幅度提高企业的经济效益。

（九）开放接口功能

AMS 智能设备管理系统提供多个开放的接口、可供第三方存取设备和其他信息，例如：

（1）OPC（OLE for Process Control）服务是一个 AMS 智能设备管理系统的开放接口。它允许 OPC 客户端应用程序读取 HART 设备和 FF 设备的数据。

（2）AMS 智能设备管理系统提供 XML Web 服务。XML Web 服务作为 WEB 浏览接口，通过它可存取 HART 设备、FF 设备或第三方应用的常规设备信息，例如，用户使用它可得到所有设备清单（含通用信息）、设备工厂结构清单、设备报警清单（含激活报警清单、设备监视清单、监视状态）、系统的记录审查、设备组态清单、校验报告清单、校验排序清单等。所有这些用户可通过 WEB 浏览，输入特定的地址，得到 XML 格式的结果，结果可用微软的 Excel 软件打开并编辑。

（3）AMS Asset Portal 设备管理平台，对 AMS 智能设备管理系统和其他系统进行数据采集和统计，并以友好的界面显示给用户，让工厂的工程师及管理层在办公室即可了解现场设备的运行状况，并做出决策。Asset Portal 与 ERP 系统或 CMMS 系统相连，可弥补 ERP 系统或 CMMS 系统不能对在线运行设备自动管理的不足。AMS Asset Portal 自动记录设备故障或需检验维修的事件，并上传给 ERP 系统或 CMMS 系统，自动生成工作指令；当工作结束时，AMS 智能设备管理系统数据库自动记录该事件，从而避免工作指令手动输入，确保及时进行故障维修。

五、AMS 智能设备管理系统的连接方案

AMS 智能设备管理系统支持 HART 设备和 FF 设备（并不局限于艾默生公司的设备），均可在同一界面管理。AMS 智能设备管理系统不仅可以与多个艾默生过程控制系统实现无缝连接（如 DeltaV、OVATION 等），也可以与其他第三方系统连接。

（一）AMS 智能设备管理系统与艾默生过程控制 Delta V 系统的连接方案

AMS 智能设备管理系统与 Delta V 系统相连，无需其他额外的硬件，直接与现场的 HART 设备和（FF）总线设备进行在线通信。运用 AMS 智能设备管理系统的强大功能，极大地降低调试费用和维护成本，提高了效率，如图 10 - 17 所示。

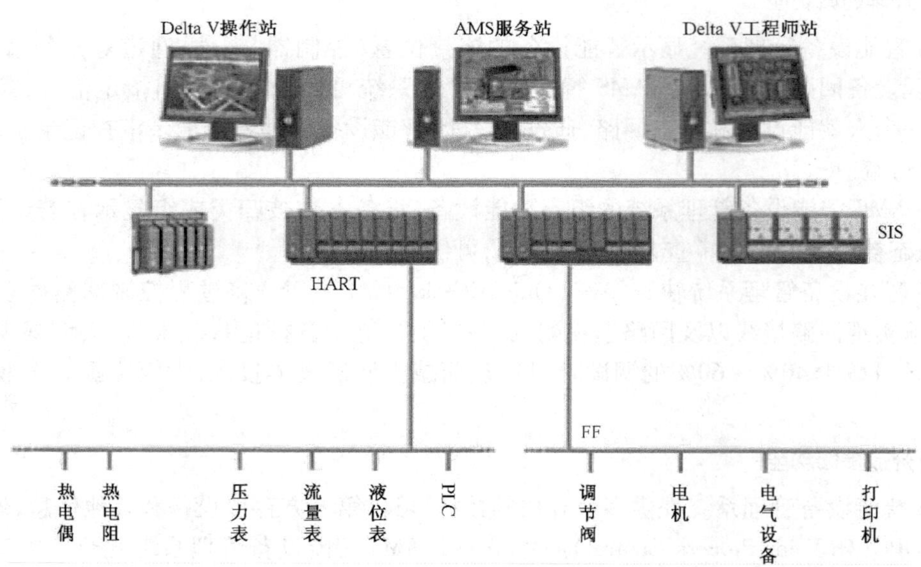

图 10－17 AMS 智能设备管理系统与艾默生过程控制 Delta V 系统的连接

(二)AMS 智能设备管理系统与艾默生过程控制 OVATION 系统的连接方案

利用现有 OVATION 网络架构,即可实现现场的 HART 设备和(Ff)现场总线设备以在线的方式进行通信和诊断,实现 AMS 智能设备管理系统的强大管理功能,如图 10－18 所示。

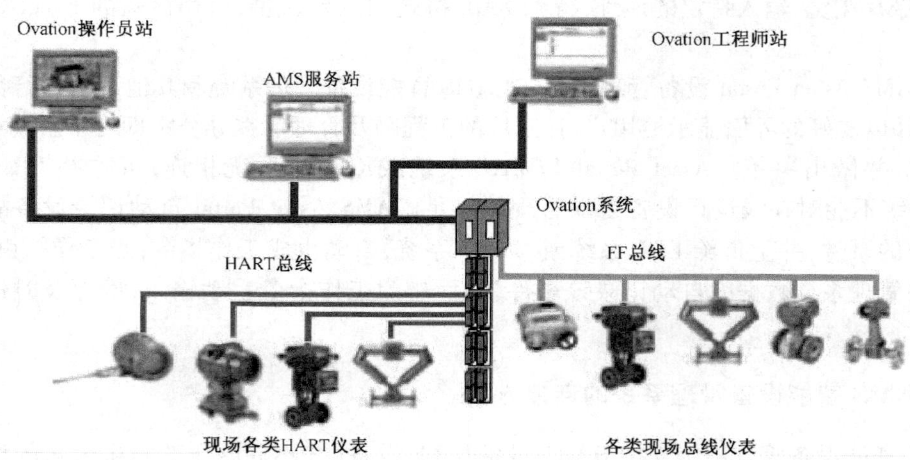

图 10－18 AMS 智能设备管理系统与艾默生过程控制 OVATION 系统的连接

(三)AMS 智能设备管理系统与第三方控制系统的连接方案

AMS 智能设备管理系统也可以通过多路转换器的方式与第三方系统相连,实现对 HART 设备的管理,如图 10－19 所示。

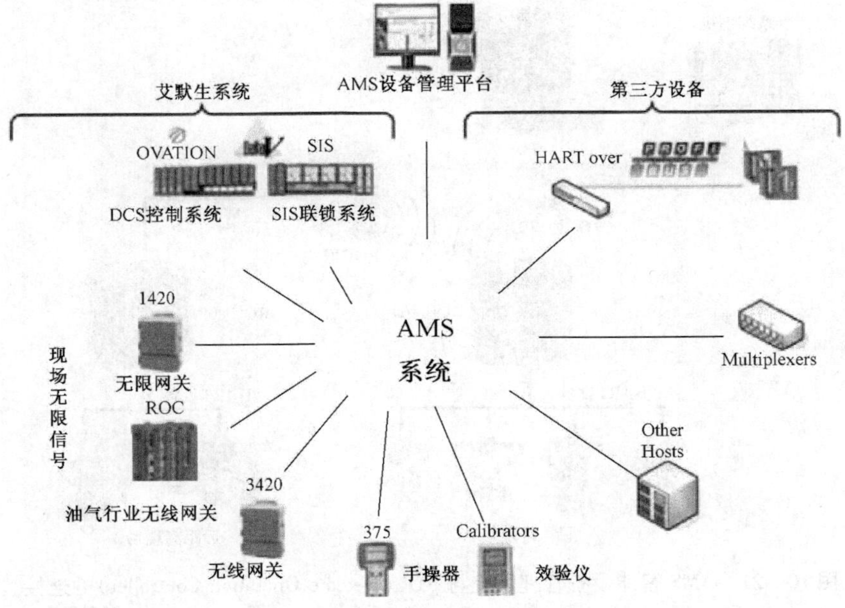

图 10-19　AMS 智能设备管理系统与第三方控制系统的连接

(四)AMS 智能设备管理系统与无线仪表的连接方案

通过 1420 网关与无线仪表相连,实现对现场无线智能设备的管理和维护,如图 10-20 所示。

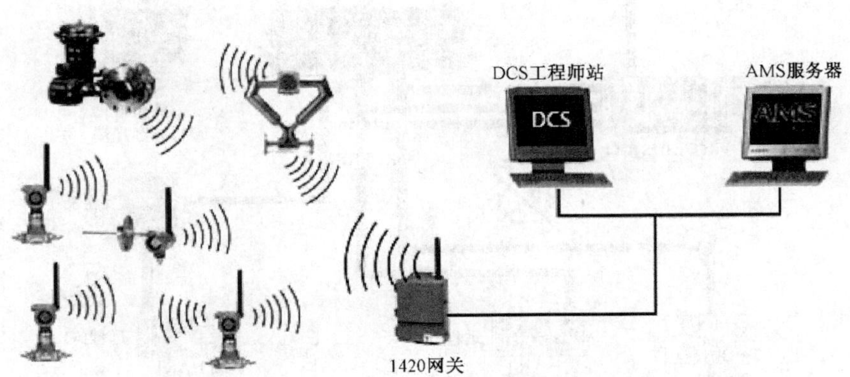

图 10-20　AMS 智能设备管理系统与无线仪表的连接

(五)AMS 智能设备管理系统与 ROC(Remote Operation Controller)的连接方案

AMS 智能设备管理系统通过 ROC 能够实现远距离和现场智能仪表相连,如图 10-21 所示。

(六)AMS 智能设备管理系统与 ProfiBus 系统的连接方案

AMS 智能设备管理系统通过以太网和 ProfiBus 的转换器,实现对远端的 HART 设备进行通信和诊断,实现 AMS 智能设备管理系统的管理功能,如图 10-22 所示。

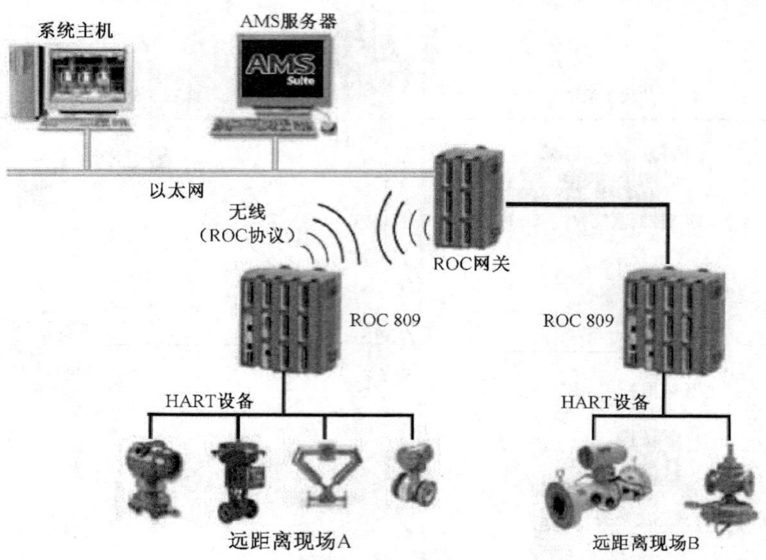

图 10－21　AMS 智能设备管理系统与 ROC(Remote Operation Controller)的连接

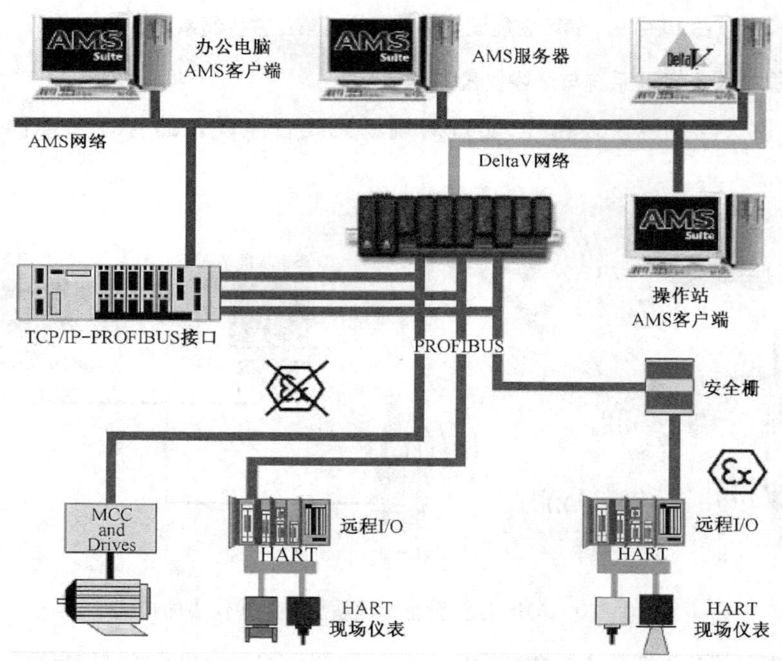

图 10－22　AMS 智能设备管理系统与 ProfiBus 系统的连接

六、AMS Asset Portal(AMS 资产信息平台)

AMS 资产信息平台是艾默生 AMS 设备管理组合预测诊断应用的一部分,它基于网络技术,显著地简化了所有资产信息的整合;通过网络,它向工厂各层次的工作人员提供信息,展现给用户完整的工厂资产健康状况,使信息得到有效使用并支持管理人员做出正确的决定。

AMS 资产信息平台的典型数据源包括 AMS 设备管理组合的应用软件:智能设备管理系统、机械设备状态管理系统和设备性能监测系统等,也可以是任何开放 OPC 接口的其他信息源。这些信息以用户友好的 Web 界面显示给用户,有多种图形报表格式可供选择,可以直观了解关键设备的健康状况和相关信息。

使用 AMS 资产信息平台的工作单通知功能,可以接收和过滤数据源的报警信息,根据设定发送指令去 ERP 系统(如 SAP、MAXIMO 等)生成维护工作单,从而自动完成从设备报警到设备检修工作单的整套流程,如图 10－23 所示。

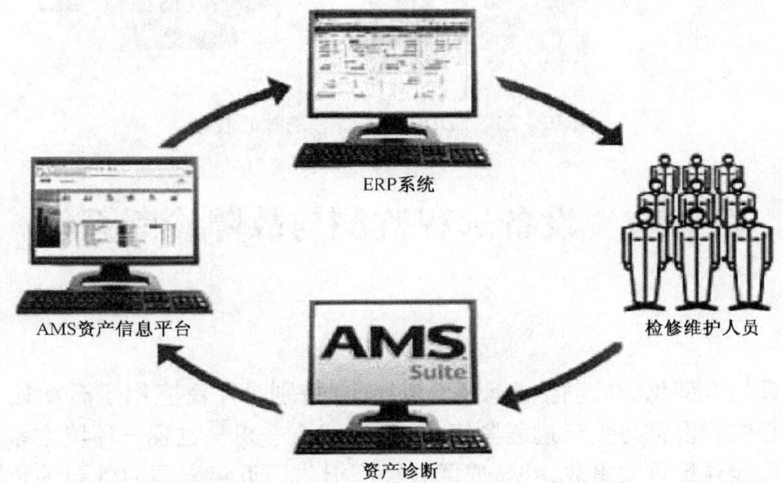

图 10－23　设备检修工作单的整套流程

七、EDDL 介绍

AMS 智能设备管理软件内置现场总线基金会及 HART 协议基金会注册的所有设备的 EDD 文件,无需组态或者安装可以对经过基金会认证的仪表,实现即插即用方式的连接。EDDL 作为设备管理的核心技术,不同厂商的仪表,不同版本的仪表都可以纳入到统一的智能设备管理平台中。采用 EDDL 技术最大化地保护了工厂的投资,使设备管理贯穿于整个工厂的运营周期中,如图 10－24 所示。增强型 EDDL 技术提供了棒状图、指针图、趋势图,方便组态及调试。

八、Plantweb Service(工厂管控网服务)

AMS 智能设备管理系统工厂管控网服务是成功应用 AMS 智能设备管理系统的保证,通过安装配置(INSTALL),优化执行(IMPLEMENT)和流程融入(INCORPORATION)三步专业化的服务,持续提升 AMS 智能设备管理系统的使用价值,最大化资产投资汇报率,提高设备可用性,最小化非计划停车风险,降低维护成本。AMS 智能设备管理系统实时在线诊断设备的强大优势通过工厂管控网服务的流程优化将提升公司的设备维护水平。

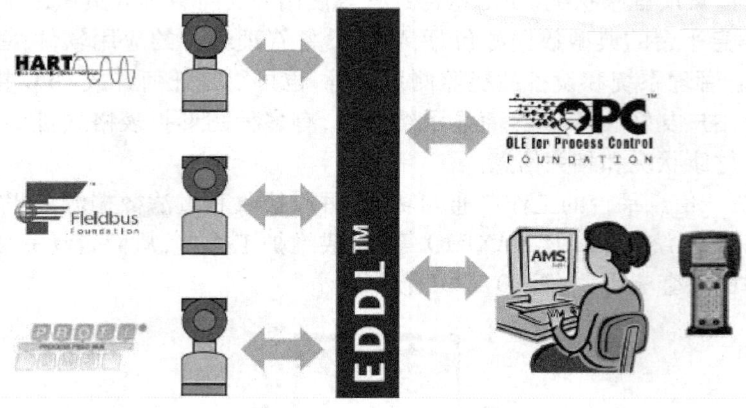

图 10 - 24 EDDL 设备管理的核心技术

第五节 设备远程监测与故障诊断系统

一、概述

现代装备日趋大型化、高速化、自动化、智能化,特别是广泛应用于石油化工行业的大型泵、压缩机、离心机等设备与生产过程紧密相连,形成人—机—过程—环境大系统。这类系统一旦发生故障可能导致重大事故,并造成巨大经济损失。近年来国内外石油化工行业开发和应用了一些大型及关键机组在线监测系统、机泵巡检系统、管道腐蚀监测系统,这类信息系统的应用有效地提高了对大型机组运行状态的监测,有效降低了设备生产运行风险,同时为建立公司级别的"远程监测及故障诊断平台"打下了良好的基础。

从设备故障诊断技术诞生以来,诊断系统由面向单台或单一类型的设备,发展到以计算机网络为基础,把分布在各处的传感器与各种服务和管理站点联系起来的分布式监测与诊断系统。INTERNET 在全球范围的迅速发展,为实现远程设备故障诊断提供了条件和基础。远程检测与故障诊断系统是通过设备监测和故障诊断技术与计算机网络技术相结合,在大企业的重要关键设备上建立状态监测点,采集设备状态数据。而在技术力量较强的核心单位建立诊断中心,是对设备运行进行分析诊断的一项新技术。远程诊断的实现既能使机械设备的故障诊断更加灵活方便,应用更加广泛,又能实现资源共享,避免重复开发,加强企业与外部科研院所的交流。

二、系统功能与特点

设备远程监测及故障诊断系统是以石油化工生产装置的大型机组在线监测系统、机泵巡检系统、管道腐蚀监测系统等为基础,通过异构系统的集成架构搭建远程监测诊断数据平台,将目前在役运行的各生产装置监测检测系统数据远程传输到远程监测诊断分析中心。形成分布式监测、集中诊断分析及管理的布局。

设备远程监测及故障诊断系统提供分别针对燃气轮机、离心压缩机、泵类设备等关键机组建立多参数融合分析及故障诊断工具箱，为远程诊断中心的分析诊断提供有效的工具，实现当机组出现故障或早期故障征兆的及时捕捉、精确诊断、准确预测，为设备的维修工作提供可靠参考依据。

设备远程监测与故障诊断平台是设备远程监测及故障诊断系统的上层信息管理和显示平台。远程监测诊断及动态信息管理平台的搭建不仅实现了对运行机组及管道的集中监测和诊断分析，同时将作为企业设备人员日常的工作平台，提供新闻咨询、故障管理、专家会诊、知识中心、资源中心等多个功能，以满足企业的安全与维修需要。远程监测及故障诊断系统的开发应用，将有效促进石油化工行业信息化建设的步伐，为企业设备维修和其他管理人员提供强大的管理信息平台，在提高设备专业管理水平方面起到一定作用。

三、系统构架

远程监测及故障诊断系统由设备在线检测系统、DCS、PLC、网络通信系统和设备远程监测与故障诊断平台构成。设备在线检测系统根据监测对象的范围不同又分为：关键机组在线监测系统、机泵类设备和巡检系统。设备在线检测系统主要有：BENTLY3300/3500、WOODWARD 505 等；设备远程监测与故障诊断平台主要有服务器、上位机和系统软件及设备远程监测与故障诊断程序应用软件等。远程监测及故障诊断系统网络结构如图 10－25 所示。

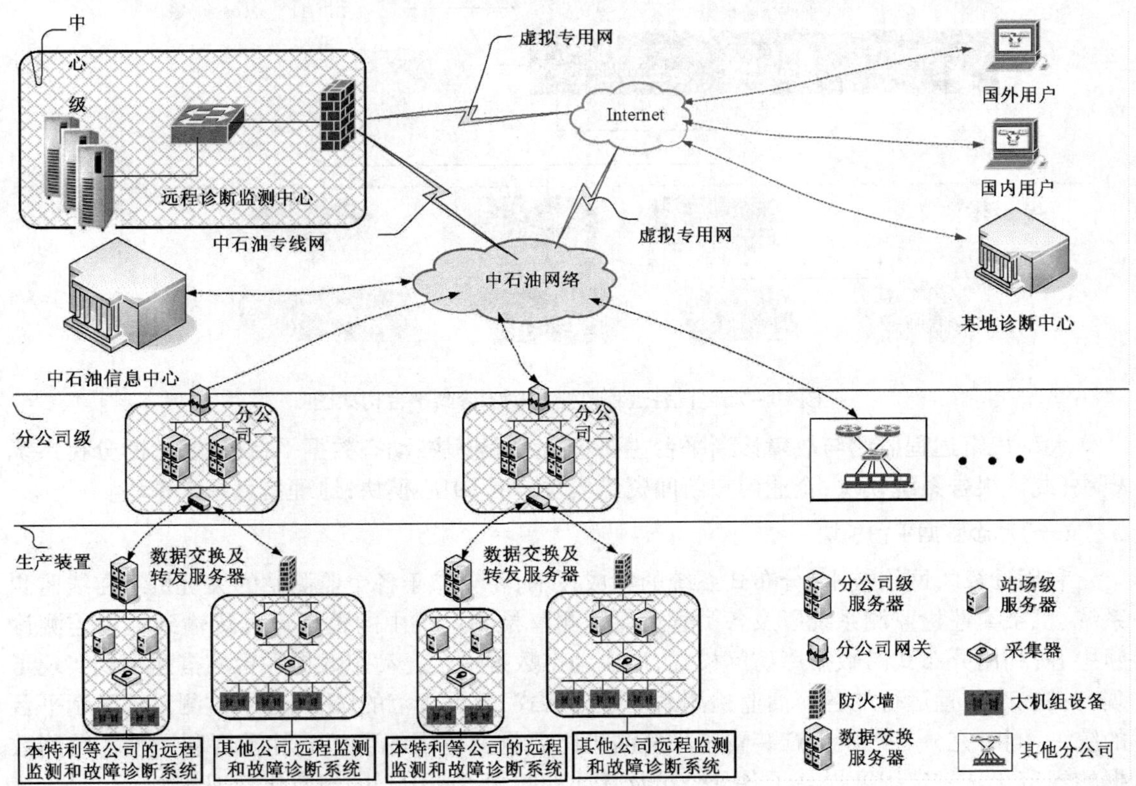

图 10－25　远程监测及故障诊断系统网络结构

四、设备远程监测与故障诊断平台

设备远程监测与故障诊断平台是基于石油化工行业内部局域网,以诊断技术和大规模实时数据库为基础,为运行设备、大型机组提供的远程管理平台、远程诊断和维护平台以及强大的系统内或异地专家信息交流、诊断平台,为解决运行设备、大型机组的疑难故障提供全方位的解决方案。设备远程监测与故障诊断平台构架,如图 10 – 26 所示。

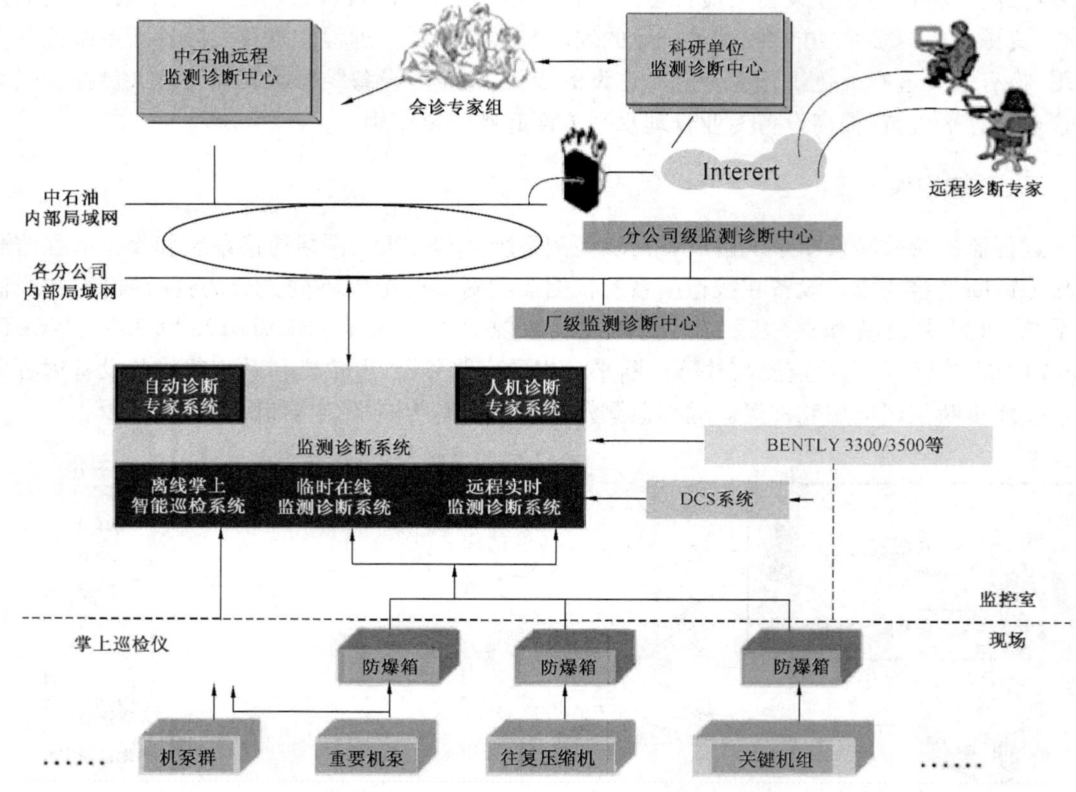

图 10 – 26 设备远程监测与故障诊断平台构架图

大型机组远程监测与故障诊断平台主要包括六个模块:动态数据平台模块;诊断分析系统模块;统计报告系统模块;企业门户新闻资讯模块;知识中心模块;地理信息系统模块。

(一)动态数据平台模块

利用计算机网络技术、分布式系统的集成技术,将分布于各个监测站的关键机组在线监测系统、机泵类巡检监测系统以及各类管道腐蚀测厚检测系统中的数据远程传输到远程监测诊断中心,利用分布式跨数据库访问模式,形成动态数据平台。动态数据平台的搭建不仅实现了现有在生产装置运行的各厂商监检测系统数据格式、数据规范的统一、各个监测系统显示平台的统一,同时充分考虑了生产装置未来监测机组数量及范围的可扩充性及可利用性。监测数据的规范化从一定程度提高了各分公司及其远程监测诊断中心的规范化管理能力。

动态数据平台模块能够提供完备的针对实时数据、短时趋势数据、历史数据及启机、停机数据的各种监测分析图谱等，如图 10 - 27 和图 10 - 28 所示。通过图谱能对机组设备进行组态和运行状态分析、预测，企业设备监测管理人员可以通过远程监测系统，及时监控各类设备运行状况，分析其设备变化趋势轨迹和潜在故障或异常部位及其原因。主要图谱有：

(1) 机组状态总貌图（可通过总貌图上的测点直接进入到分析系统中）。

(2) 趋势图（包括任意时间段趋势图、不同测点趋势比较图，用户可定义：分、时、日、周、月、年或任意时间段）。

(3) 频谱分析图、时域分析图、轴心轨迹、波特图等。

(4) 重要事件处理记录等。

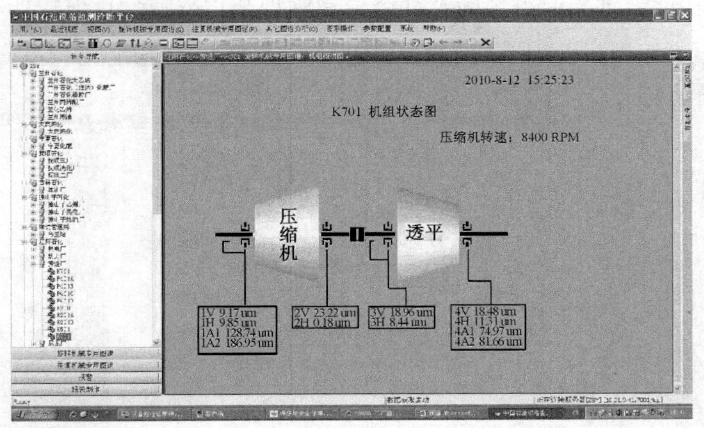

图 10 - 27 远程监测诊断及动态信息管理平台设备实时概貌图

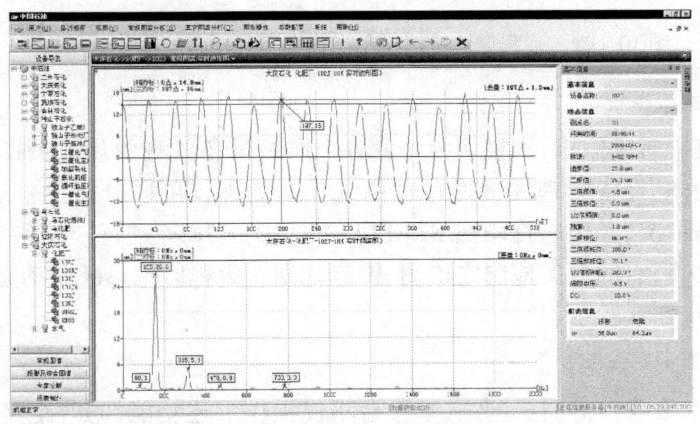

图 10 - 28 远程监测诊断及动态信息管理平台设备实时图谱

(二) 诊断分析系统模块

近 20 年来，随着科学技术的不断进步与发展，故障诊断技术已经成为一门较为完善的新兴综合性工程学科。故障诊断是在一定工作环境下，根据系统运行过程中产生的各种信息判断系统是正常运行还是发生了异常现象，并判定产生故障的原因和部位，以及预测、预报系统运行状态的技术。应用现代信息技术和人工智能实施设备诊断工程,逐步实现状态维修和预知维修,是大型流程工业企业降低生产成本的重要途径之一。

这里所讲的诊断分析系统模块包含旋转机械信号处理特征提取、早期预警、故障模式识别及诊断三个主要模块,并以各类设备故障征兆库、故障规则知识库、故障案例库为知识支撑,提供针对机泵类设备典型故障,如滚动轴承类、齿轮箱类等特征提取自动识别诊断工具。针对离心压缩机各类典型故障,如转子、轴系、支撑、流体、临界、部件、共振等平稳或非平稳信号的特征提取和多源信息融合诊断。本模块同时提供故障管理功能,将故障的现象、特征、原因、诊断分析过程、维修情况标准化、量化存储于故障案例库中,同时提供故障检索、故障诊断分析过程再现、故障统计等功能。远程监测诊断及动态信息管理平台故障分析模块如图 10 - 29 所示。

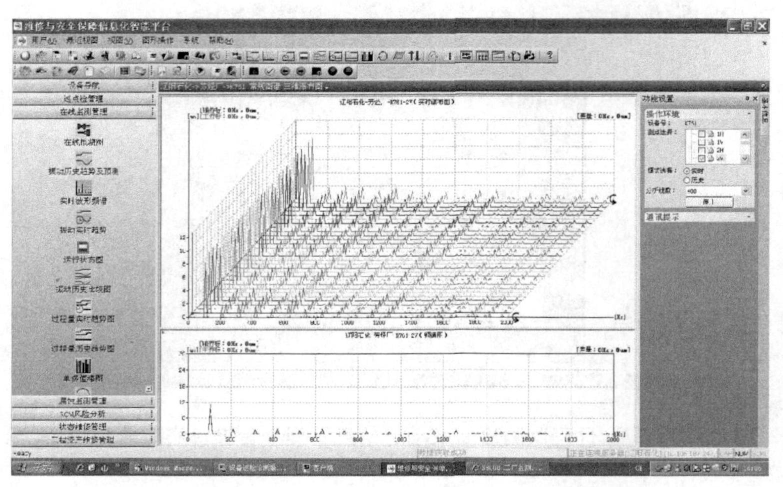

图 10 - 29 远程监测诊断及动态信息管理平台故障分析模块

(三)统计报告系统模块

为满足企业集中管理需求,本模块为企业各个层级设备监测管理人员提供灵活的统计分析以及报表报告功能,设备管理人员通过这些统计功能不仅可以分析设备运行情况、报警状态、监测情况、故障情况,并导出打印到 EXCELL、WORD、PDF 等进行归档和申报,进而可以发现设备的变化和故障,有的放矢地制定检测、维修计划。远程监测诊断及动态信息管理平台统计报告模块如图 10 - 30 所示。

(四)企业门户新闻资讯模块

作为企业生产、设备口的门户网站,本平台不仅提供上述功能,同时也是企业的日常交流平台,在该模块中提供公司动态、会议新闻、资源中心、设备事件等功能。图 10 - 31 所示为中国石油化工板块远程诊断网主页。

(五)知识中心模块

知识中心模块包含以下主要内容:

(1)知识库。包括检修规程、检修标准;各类转动设备检修记录、验收记录及相应表格;有关故障诊断等专业相关基础知识、内部论文和相关文章;专家多年现场实践总结出的设备故障

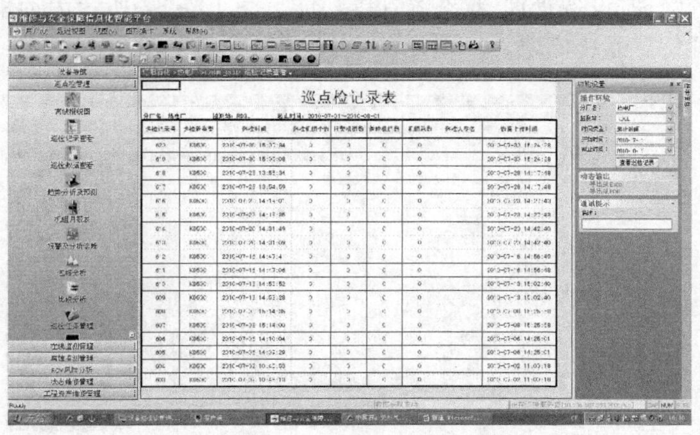

图 10－30　远程监测诊断及动态信息管理平台统计报告模块

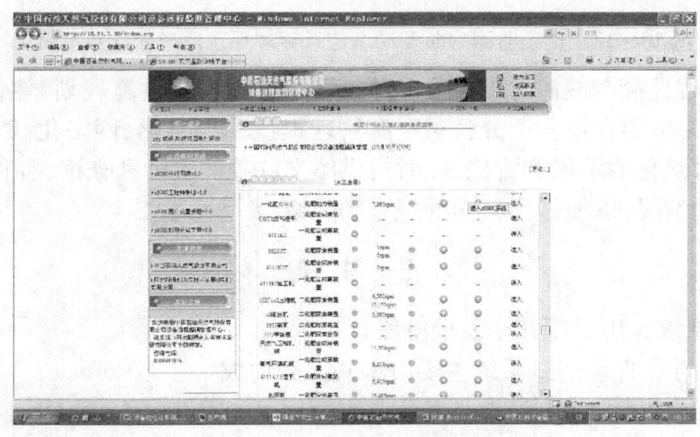

图 10－31　中国石油化工板块远程诊断网主页

诊断及维修经验列表、故障特征与征兆对照表、典型故障的咨询和历年来故障成功诊断实例、历年经过检修实践和检验后的关键机组的维修建议书等。这些信息可通过计算机方便查询。

(2)故障库。根据权限可以上传和下载故障诊断方面的案例分析、事故分析报告等,对出现故障机组的故障频谱、轨迹等特征参数归类存储,同时附有故障测试分析报告,为类似故障的诊断积累经验。

(3)结构库。主要包括机组设备档案,如机器总剖面图,压缩机和工业透平、电机等机组主要技术参数表、轴承图、联轴节图、压缩机及工业透平维修状态调整表、检修记录、日常维护记录等,为机组的故障分析和计算提供依据。

(六)地理信息系统模块

地理信息系统模块作为补强功能出现在“远程监测诊断分析动态信息平台”中,利用地理信息系统图层显示、集中管理等优势,将地理信息系统与状态监测、检测系统、设备管理系统相结合,将大型集团各个分公司设施设备分布信息、生产控制信息以及相应的基础数据相结合,完成综合生产装置管理、设备管理、状态统计等功能。图 10－32 所示为远程监测诊断及动态信息管理平台地理信息系统模块。

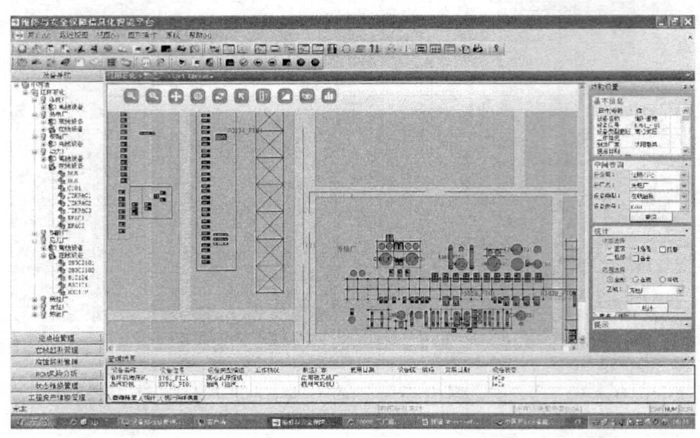

图 10－32　远程监测诊断及动态信息管理平台地理信息系统模块

“大型机组远程监测与故障诊断平台”改变了大集团企业设施规划、建设、管理以及资料保存的传统模式，为集团企业各个分公司资源管理提供了信息化、网络化、数字化、可视化、智能化以及决策的科学化的手段和方法，随时提供图文并茂的统计和查询，有利于管理者全面了解整个企业资源的情况，以便做出科学的规划和决策。

思　考　题

1. 管理信息系统经历了哪几个发展阶段？
2. 石油、化工行业管理信息系统主要由哪几部分构成？
3. 在 MES 系统中，对 DCS 和 PLC 系统实时数据采集有几种方式？主要有哪些区别？
4. 数据库管理系统由哪几部分构成？其作用是什么？
5. AMS 具有哪些功能？
6. 以本特利 3500 型机组监控系统为例，说明机组监控系统的结构？
7. 石油化工行业设备远程监控和故障诊断管理信息平台主要由哪几部分组成？其功能和特点有哪些？

参 考 文 献

[1] 吴国熙. 调节阀使用与维修. 北京:化学工业出版社,1999.
[2] 韩兵,火长跃. 现场总线仪表. 北京:化学工业出版社,2007.
[3] 王慧峰,何衍庆. 现场总线控制系统原理及应用. 北京:化学工业出版社,2006.
[4] 韩兵. 现场总线系统监控与组态软件. 北京:化学工业出版社,2008.
[5] 方彦军,孙健副. 智能仪表技术及其应用. 北京:化学工业出版社,2004.
[6] 孙优贤,邵惠鹤. 工业过程控制技术. 北京:化学工业出版社,2008.
[7] 王树青. 先进控制技术及应用. 北京:化学工业出版社,2005.
[8] 韩璞,王建国. 自动化专业概论. 北京:中国电力出版社,2006.
[9] 陆德民. 石油化工自动控制设计手册. 北京:化学工业出版社,2000.
[10] 罗超理,封宏观,杨强. 管理信息系统原理与应用. 北京:清华大学出版社,2008.